Heike Schmidt-Röger

Das große Ulmer Hundebuch

Heike Schmidt-Röger

Das große Ulmer Hundebuch

280 Farbfotos

Ulmer

Inhaltsverzeichnis

Wissenswertes über Hunde

Eine wunderbare Freundschaft…

Erziehen und Beschäftigen

Rundum fit

Geleitwort

Das vorliegende Buch stellt zum ersten Mal wirklich kompetent und fundiert alle Aspekte dar, die Hundehalter/innen sich überlegen sollten, bevor sie einen Hund übernehmen – sowohl aus medizinischer wie verhaltensbiologischer Sicht. Viel zu häufig werden Auswahl und Erziehung des Hundes nicht nach den Anforderungen des Hundes selbst, sondern nach der Situation der Familie, in der er sich befinden wird, ausgewählt. Dies kann zu Problemen führen, insbesondere wenn Arbeitshunde als Modehunde plötzlich zu angeblich idealen Familienhunden erklärt werden.
Das Buch von Heike Schmidt-Röger folgt dagegen einem ganz anderen Ansatz. Es erläutert den Lesern zunächst, woher der Hund kommt, welche Eigenschaften er aus dieser Stammesgeschichte als Lebewesen mitbringt und vor welche Probleme er dann in unserer heutigen Gesellschaft gestellt wird. Aus diesem biologischen und teilweise auch medizinischen Fachhintergrund heraus gibt das Buch stets wichtige, praktisch umsetzbare Ratschläge – von der Kaufentscheidung bis zu einfachen Ausbildungs- und Trainingsmaßnahmen. Dabei folgt es keinem Schema, sondern stellt stets die Bedeutung der individuellen Unterschiede und individuellen Eigenschaften – sowohl des Hundes als auch des Menschen, der ihn betreuen wird – heraus. Gerade das ist eine besondere Stärke, denn in viel zu vielen Fällen werden Hunde nach Muster, möglichst mit eingetragenem Warenzeichen, erzogen. Das funktioniert häufig einfach nicht!
Bezeichnend für das Buch ist auch die klare Stellungnahme, dass ein guter Hundetrainer enorm wichtig ist, sowie die Betonung, dass Stress und andere Herausforderungen des Alltags nicht vermieden werden, sondern Bewältigungsstrategien für diese und andere Umweltanforderungen herausgebildet und trainiert werden müssen. Das Buch verweist hier stets auf neue verhaltensbiologische Erkenntnisse. Die Autorin hat sich die Mühe gemacht, diese auch zu finden und zu verwerten, was man ihr nicht hoch genug anrechnen kann.
Auch rund um die Gesundheit ist das Buch vielseitig und kompetent geschrieben und nimmt sowohl zum Thema Impfprophylaxe als auch zum Thema der Übertragbarkeit von Krankheiten zwischen Hund und Mensch eindeutig Stellung.
Wer das Buch gelesen hat, sollte zumindest vor den gängigsten Fehlern in der Mensch-Hund-Beziehung gewappnet sein. Letztlich kommt es immer auf die individuelle Sozialkompetenz des betreffenden Teams an, es gibt ebenso wenig-sozialkompetente Hunde wie auch wenig-sozialkompetente Menschen. Wenn beide zusammentreffen, kann dies zu Problemen führen. Man sollte sich also gut überlegen, ob man einen Hund verhaltensgerecht führen kann. Die Anforderung des Tierschutzgesetzes, ein Tier seinem Verhalten entsprechend zu halten, zu verpflegen und auch seinen Verhaltens- und Bewegungsbedürfnissen Folge zu leisten, gelten natürlich auch für Privathalter. Nach der Lektüre dieses Buches sollte zumindest niemand mehr sagen, er/sie hätte nicht gewusst, wie man es richtig macht.
Aus all diesen Gründen sei dem Buch eine möglichst große Verbreitung gewünscht. Ich hoffe – auch im Interesse vieler Hunde – dass ihre Besitzer dieses Buch vor der Kaufentscheidung bereits gelesen, verstanden und auch verinnerlicht haben.

Fürth, Oktober 2007
PD Dr. Udo Gansloßer

Vorwort

Für mich war es immer selbstverständlich, dass Hunde zur Familie gehören. Als ich zehn Jahre alt war, begannen meine Eltern mit ihrer Dackelzucht. So konnte ich die Geburt und die Entwicklung etlicher Hundegenerationen hautnah erleben. Ich genoss es, mit den Welpen und erwachsenen Hunden zu spielen und mich mit ihnen zu beschäftigen. Schon damals beobachtete ich mit Begeisterung, wie so ein kleines Geschöpf zu einer Persönlichkeit heranwächst.
Mit zwölf Jahren bekam ich meinen ersten eigenen Hund. Kasper war ein zweijähriger Dackelrüde, auf den wir durch eine Zeitungsannonce aufmerksam wurden. Er war ganz mein Hund und wich mir nicht mehr von der Seite. Obwohl er aufgrund seiner Vorgeschichte große Angst vor Männern hatte, schaffte mein Vater es, sein Vertrauen zu gewinnen und konnte ihn nach etwa einem Monat das erste Mal streicheln. Ich fand es faszinierend, dass ein Hund sich wieder neu auf Menschen einlassen kann, wenn man das notwendige Wissen, das Verständnis und die Geduld mitbringt.
Dackeldame Gina, die Afghanin Tasha und der Afghane Nicky, der siebenjährig bei meinem Mann und mir einzog, sind nur einige der Hunde, die ihren festen Platz in meinem Herzen haben. Heute leben der zwölfjährige Afghane Shalim und der vierjährige Dackel Paul bei uns. Shalim ist ein Hund mit trauriger Vorgeschichte, den wir zweijährig aus dem Tierheim übernahmen. Dank der Unterstützung einer kompetenten Hundetrainerin mit intensivem Einzeltraining lernte er, sich an uns zu orientieren – und nicht zuletzt wieder „Hund zu sein". Paul kam als Welpe zu uns. Trotz meiner Hundeerfahrung war es eine neue Herausforderung, den lebhaften kleinen Kerl eigenverantwortlich großzuziehen.
Unsere Hunde haben unseren Tagesablauf und unser ganzes Leben beeinflusst: unsere Entscheidungen bei der Wahl des Wohnumfeldes, der Urlaubsziele oder des Autokaufs. Dafür bekommen wir aber auch eine ganze Menge zurück: Zuneigung, Loyalität, lustige und innige Momente.
Ich habe durch meine Arbeit viele Menschen und ihre Hunde kennengelernt. Die meisten Halter kümmern sich mit großem Einsatz und sehr liebevoll um ihre Hunde. Doch es ist erstaunlich, mit wie viel Unwissenheit manche Menschen ihren Hunden begegnen und sich dann über unerwünschtes – aber eigentlich vollkommen normales – Verhalten wundern. Noch mehr erstaunt es mich, wie sorglos viele Leute ihren neuen Gefährten auswählen. Nicht selten machen sie sich mehr Gedanken vor dem Autokauf, als vor der Auswahl eines vierbeinigen Familienmitglieds. Und die Probleme lassen meist nicht lange auf sich warten. Glücklich können sich dann die Hunde schätzen, deren Menschen an dieser Aufgabe wachsen und mit viel Einsatz versuchen, ihrem Hund gerecht zu werden.
Es gibt weder ein Schema, noch eine Bedienungsanleitung, welche für alle Hunde anwendbar sind. Jeder Vierbeiner ist eine eigenständige Persönlichkeit, mit individuellen Erfahrungen und Bedürfnissen, auf die es einzugehen gilt. Ich hoffe, in diesem Buch gerade Anfängern in der Hundehaltung und durchschnittlich erfahrenen Hundehaltern die Information und Anregungen zu geben, die als Basis für ein gutes und erfülltes Zusammenleben zwischen Mensch und Hund notwendig sind. Das Leben mit Hund ist eine Bereicherung, fordert vom Halter aber auch Engagement und Kompromisse. Wer das erkennt und bereit ist, auch möglicherweise anstrengende Zeiten mit seinem vierbeinigen Gefährten zu meistern, bringt die besten Voraussetzungen für einen guten Hundehalter mit – und wird durch seinen tierischen Freund belohnt, weil er sich ihm voller Vertrauen anschließt.

Herborn, im Januar 2008
Heike Schmidt-Röger

Entwicklung unserer Hunde

Der Hund ist das älteste Haustier und uns so nahe wie kein anderes. Wie kam er zu dieser herausragenden Stellung? Was macht ihn so besonders? Ein Blick in die Entwicklung vom Wolf zum Hund hilft uns zu verstehen, wie dieser Vierbeiner sich für den Menschen unentbehrlich gemacht hat.

Der Hund – das älteste Haustier

Bernhardiner, Chihuahua, Mops und all die anderen Hunderassen haben viel gemeinsam, unterscheiden sich aber nicht nur im Aussehen, sondern auch in ihren Bedürfnissen und in ihrem Verhalten. Das zu wissen und zu berücksichtigen, ist nicht nur bei der Auswahl, sondern auch bei der Haltung und Führung eines Hundes wichtig.

Der Stammvater Wolf hat dem Hund die Grundlagen für viele Fähigkeiten und Eigenschaften in die Wiege gelegt, die das enge Zusammenleben mit dem Menschen ermöglichen: Anpassungsvermögen, das Leben in komplexen Sozialstrukturen und differenzierte Kommunikation.

Wie der Mensch auf den Hund kam

Voller Spannung sitzt Golden Retriever Sam an dem ihm zugewiesenen Platz. Sein Blick folgt dem Dummy, der von Frauchen in hohem Boden über die Wiese geworfen wird. Endlich kommt das Signal für ihn – Frauchen nickt und er prescht los. Zielgerichtet läuft er in die hoch gewachsene Wiese, bald hat er den Duft des Dummys in der Nase, nimmt ihn ins Maul und bringt ihn zurück.

Was hier wie ein ausgelassenes Spiel aussieht, ist für Sam Arbeit – er geht auf die Jagd. Frauchen ist sein Jagdkumpan und der Dummy (ein Stoffbeutel) die Beute. Alle für die Erfüllung dieser Aufgabe benötigten Eigenschaften sind Sam in die Wiege gelegt und haben ihren Ursprung beim Stammvater Wolf. Wölfe leben wie Menschen in komplexen Sozialstrukturen und kommunizieren differenziert miteinander. Viele Fähigkeiten, die wir heute besonders bei Gebrauchshunden schätzen, sind abgeleitet aus dem Jagdverhalten des Wolfes. Unsere Hunde sind keine Wölfe mehr, trotzdem lohnt ein Blick auf den wilden Vorfahren, um unsere Hausgenossen besser zu verstehen.

Mit Erbgutanalysen konnte die Forschung eindeutig beweisen, dass der Wolf (*Canis lupus*) der Stammvater des Haushundes ist. Haushunde werden heute als *Canis lupus* forma *familiaris* bezeichnet. Der Zusatz „forma" macht kenntlich, dass es sich um eine Zuchtform handelt und nicht um eine eigene Art oder Unterart.

Der Wolf ist das erfolgreichste und anpassungsfähigste wild lebende Landraubtier und hat vor Tausenden von Jahren fast die gesamte nördliche Halbkugel und die verschiedensten Lebensräume erobert. Möglichkeiten der Domestikation – der Haustierwerdung – gab es also an vielen Orten.

Wann es die ersten Hunde gab, hat die Wissenschaft bis heute noch nicht zweifelsfrei geklärt. Der älteste eindeutig einem Hund zuzuordnende archäologische Fund ist ein Unterkiefer aus einem Grab in Oberkassel in der Nähe von Bonn. Er gehört zu einem Hund, der zusammen mit einem Mann und einer Frau bestattet wurde und auf ein Alter von etwa 14.000 Jahren datiert wird. In diesem zeitlichen Rahmen wurde bisher auch die Haustierwerdung des Hundes angesiedelt.

Wissenschaftliche Studien weichen bei der zeitlichen Bestimmung voneinander ab: In einer 1997 veröffentlichten Studie schwedischer und amerikanischer Genetiker über molekulargenetische Vergleiche des Erbgutes von Wolf, Kojote und Hund vertreten die Wissenschaftler die These, der Hund hätte sich schon vor über 100.000 Jahren vom Wolf getrennt. Hingegen beschreibt eine Studie aus dem Jahr 2002 eine Trennung vor 15.000 Jahren. Nach heutigem Stand der Wissenschaft geht man davon aus, dass es mehrere Domestikationsvorgänge gegeben hat.

Als der Wolf sich erstmals dem Menschen angeschlossen hat, konnte der Mensch nicht auf „Haustier-Erfahrungen" mit anderen Tieren zurückgreifen.

Ob der damalige Mensch den Wolf gezielt für seine Zwecke gezähmt und dann domestiziert hat, bleibt fraglich.
Seine große Verbreitung verdankt der Wolf seiner enormen Anpassungsfähigkeit. Er ist ein Meister im Besetzen von Nischen und der Erschließung von Nahrungsquellen. Einer Theorie nach blieb es dem Wolf sicherlich nicht verborgen, dass es in der Nähe des Menschen Nahrhaftes abzustauben gab, vielleicht entstand dadurch eine gegenseitige Toleranz. Auch heute ist häufig zu beobachten, dass Wölfe auf Müllkippen nach Fressbarem suchen. Dieses gegenseitige Zulassen von Nähe kann Hunderttausende von Jahren gedauert haben. Die Biologen Ray und Lorna Coppinger vertreten das Modell, dass sich Wölfe selbst domestiziert haben. Ihrer Meinung nach wagten sich nur Tiere mit geringer Fluchtdistanz in die Nähe menschlicher Siedlungen und vermehrten sich in dieser ökologischen Nische. Dadurch könnten zahmere Wölfe entstanden sein.
Vermutlich kam es immer wieder einmal dazu, dass junge Wolfswelpen von Menschen aufgezogen wurden. Sicherlich sind viele dieser Wölfe in fortgeschrittenem Alter wieder zurück in die Wildnis gezogen, der eine oder andere aber in der Nähe der Siedlung geblieben. Erik Zimen konnte bei dem Volk der Turkana im Norden Kenias beobachten, dass die Frauen gleichzeitig auch Hunde säugen und großziehen, wenn sie Kinder bekommen.
Aus diesen bei den Menschen aufgezogenen Wölfen könnten sich dann nach etlichen Generationen die ersten Haushunde entwickelt haben. Diese lebten zwar mit den Menschen, mussten vermutlich aber selbst für ihr Auskommen sorgen und sich unter anderem von Abfällen ernähren, wie das heute auch noch die Straßenhunde (Pariahunde) tun.
Obwohl es die ersten Hunde gab, kann man noch nicht von Zucht reden. Trotzdem griff der Mensch in die Entwicklung des Hundes ein, auch wenn dies anfangs wahrscheinlich nicht zielgerichtet geschah. Hunde, die sich aggressiv gegenüber Menschen verhielten oder andere unerwünschte Verhaltensweisen zeigten, wurden vermutlich verjagt oder getötet, manche sicherlich auch gegessen. Das Füttern von besonders nützlichen oder „beliebten" Tieren verschaffte diesen einen Vorteil gegenüber den Artgenossen. Aus diesem Grund vermehrten sich in Menschennähe hauptsächlich die Tiere, die vom Menschen bevorzugte Merkmale oder Verhaltensweisen aufwiesen.

Entstehung der Rassen

Einmal angestoßen, kann der Domestikationsvorgang recht schnell ablaufen, wie die Ergebnisse eines 1959 groß angelegten Versuchs unter Leitung des Forschers D. Belyaev mit Füchsen einer Pelztierfarm in Russland bewiesen haben. Indem immer nur die Tiere mit der geringsten Fluchtdistanz verpaart wurden, zeigten sich bei einigen Füchsen schon nach wenigen Generationen die ersten ohne Scheu, die dem Menschen sehr zugetan waren. Zudem kam es zu äußerlichen Veränderungen bezüglich der Fellfarben und zu Größenunterschieden, auch Schlappohren und Bellen traten vermehrt auf. All das sind die unbeabsichtigten Folgen einer Selektion anhand des Verhaltens – so könnte es auch beim Wolf gewesen sein.

Erste Hundetypen

Die ersten Knochenfunde von Hunden fallen mit der Zeit zusammen, in der die Menschen, bis dahin Jäger und Sammler, sich für immer längere Zeit an Lagerplätzen aufhielten und sesshaft wurden. Etwa 12.000 v. Chr. begann der Mensch im Vorderen Orient mit Ackerbau und Viehzucht. Diese neue Lebensweise erforderte auch immer spezialisiertere Hunde. Angepasst an die Lebensbedingungen, wie das Klima und die Bevorzugung durch den Menschen, entstanden die ersten Hunde, die sich für den Menschen in einer besonderen Weise als nützlich zeigten und einem bestimmten Typ zuzuordnen waren. Genetischen Untersuchungen zufolge zählen z. B. Basenji, Alaskan Malamute, Akita Inu und Afghanischer Windhund zu den Rassen, die am nächsten mit dem Wolf verwandt sind.

Das Hetzen ist ein Element aus dem Jagdverhalten des Wolfes, auf das Windhunde selektiert wurden.

Viele Rassen sind verschwunden

In den letzten Jahrhunderten sind viele Rassen entstanden, etliche aber auch ausgestorben. Häufig war es der Wegfall des eigentlichen Aufgabengebietes oder die Entstehung neuer, effektiverer Rassen, die diese Hunde überflüssig machten. Manchmal fielen Hunde auch politischen Umbrüchen zum Opfer, so wurden während der Revolution in Russland die Barsoi-Zuchtstätten fast gänzlich zerstört. Einige Rassen konnten durch aufwändige Zuchtprogramme aus wenigen Restbeständen erhalten oder wieder rückgezüchtet werden, wie die Schweizer Sennenhunde und der Irish Wolfhound. Der Großspitz und der Deutsche Pinscher gehören inzwischen auch zu den gefährdeten Rassen.

Die Rasse „Großer Münsterländer" wird seit 1922 rein gezüchtet.

Im 4. Jahrtausend v. Chr. gab es in Ägypten und Mesopotamien schon Windhunde und Mastiffs, von altägyptischen Abbildungen sind kc. In den folgenden Jahrhunderten entwickelten sich auch in anderen Ländern weitere Schläge bzw. Typen, wie Jagdhunde und Schoßhunde. Mit der Zeit kamen immer mehr spezialisierte Hundeschläge dazu, die für bestimmte Aufgaben eingesetzt wurden, wie Hütehunde.

Obwohl es schon in früheren Kulturen Hunderassen gab, die nach dem Äußeren gezüchtet wurden – wie die Palasthunde am Chinesischen Kaiserhof – stand beim größten Teil der Rassen doch die Leistungsfähigkeit im Vordergrund. So war es gängige Praxis, andere Rassen einzukreuzen, um gewünschte Eigenschaften zu verstärken oder hinzuzufügen.

Die Eigenschaften, die für die Zucht spezialisierter Jagd- oder Hütehunde benötigt werden, sind schon beim Wolf zu finden. Eine Beute zu orten, sie zu fixieren, sich langsam anzupirschen, sie dann zu hetzen, zu packen, zu töten, zu zerreißen und schließlich zu fressen – all das sind die einzelnen Elemente, aus denen sich die Jagd eines Wolfes zusammensetzt. Je nach Beute können auch andere Elemente gezeigt werden, z. B. statt des Hetzens der Mäuselsprung, mit dem kleine Beute gejagt wird. Im Ganzen ergeben die Elemente eine Verhaltenssequenz, die genetisch verankert ist. Bei unseren Jagd- und Hütehunden wurde die Sequenz durch Hervorhebung oder Verminderung einzelner Elemente an die jeweilige Aufgabe angepasst. Der Border Collie beispielsweise ist ein Meister darin, die Schafe zu fixieren und sich anzupirschen. Er darf sie aber weder hetzen noch die Sequenz zu Ende führen. Dies heißt jedoch nicht, dass er dazu nicht in der Lage wäre – wie es die immer wieder auftretenden Fälle beweisen, in denen Border Collies die Schafe packen.

Die moderne Hundezucht

Heute werden Rassehunde in Vereinen nach vorgeschriebenen Standards bewertet und gezüchtet, Einkreuzungen anderer Rassen sind nicht mehr vorgesehen. England war im 19. Jahrhundert der Vorreiter der modernen Hundezucht. Nach diesem Vorbild wurden auch bald in Deutschland die ersten Rassezuchtvereine gegründet, die die unter Vereinsobhut gezüchteten Welpen in Stammbücher (Zuchtbücher) eintrugen. Diese Vereine schlossen sich 1906 zum „Kartell der stammbuchführenden Spezialclubs für Jagd- und

Hunde vor hundert Jahren

Die meisten Rassehunde haben sich in den letzten hundert Jahren sehr verändert. Viele sind allein aufgrund ihres Körperbaus oder ihrer Behaarung gar nicht mehr in der Lage, ihrer ursprünglichen Aufgabe nachzugehen. Machen Sie sich selbst ein Bild vom Wandel unserer Rassehunde, indem Sie die heutigen Tiere mit alten Abbildungen vergleichen.

Nutzhunde" zusammen, aus dem später der „Verband für das Deutsche Hundewesen" (VDH) entstand. Hundezucht ist seitdem eine kontrollierte Angelegenheit. Ziel war und ist es, die Hunderassen zu erhalten und zu verbessern. So werden auch in vielen Standards spezielle Fehler aufgeführt, die zum Ausschluss des davon betroffenen Hundes von der Zucht führen. Zudem wird neben der Leistungsfähigkeit auch das Aussehen der Hunde bewertet. Heute sehen manche Rassen ganz anders aus als noch vor hundert Jahren. Während einige Vereine sich Leistung und Schönheit der Hunde zum Ziel gesetzt haben und die Zuchthunde Arbeitsprüfungen vorweisen müssen, gibt es viele Rassen, bei denen sich Arbeits- und die sogenannten Showlinien voneinander getrennt haben und sich oft äußerlich und im Verhalten voneinander unterscheiden.

Übliche Zuchtpraktik ist die Linienzucht, bei denen durch Verpaarung miteinander verwandter Tiere gewünschte Merkmale hervorgehoben werden. Verstärkt wird dieser Effekt bei der früher noch öfter als heute durchgeführten Inzucht: der Zucht mit sehr nahen Verwandten. Dies birgt aber auch die Gefahr, dass unerwünschte Merkmale und Krankheiten stärker zum Vorschein treten. Besonders bei seltenen Rassen mit wenig zur Verfügung stehenden Zuchthunden kann das problematisch sein. Diese Genverengung kann aber ebenfalls bei Rassen mit einer breiteren Zuchtbasis auftreten, wenn erfolgreiche Rüden wesentlich häufiger zum Zuchteinsatz kommen als andere. Auch der Ausschluss gesunder Hunde, die aber in einem äußerlichen Merkmal nicht dem allgemeinen Zuchtziel oder Rassestandard entsprechen, hat den zur Verfügung stehenden Genpool erheblich eingeschränkt.

Als Folge dessen und durch die Praxis einiger verantwortungsloser oder uninformierter Züchter gibt es bei fast jeder Rasse bestimmte Erbkrankheiten, die vermehrt auftreten – bei vielen Rassen ist die Lebenserwartung drastisch gesunken. Kranke Hunde werden heute schon von Seiten der Zuchtvereine und von jedem seriösen Züchter von der Vermehrung ausgeschlossen. Es ist die größte Herausforderung der modernen Hundezucht, das Kulturgut Rassehund gesund, vital und leistungsfähig zu erhalten. Ein Schritt dazu wäre, schon im Rassestandard festzuschreiben, dass nur mit Hunden gezüchtet werden darf, die frei vom Verdacht auf Erbschäden sind. Eine andere Möglichkeit könnte sein, gesunde Hunde nicht

Dies ist ein Show-Dackel aus Großbritannien mit langem Rücken und extrem großem Brustkorb mit kaum vorhandenem Bodenabstand. Dieses Beispiel zeigt, welche grotesken Formen die übertriebene Zucht auf willkürliche Schönheitsideale zur Folge hat.

Im Gegensatz dazu ein in Deutschland gezüchteter Langhaardackel ohne anatomische Übertreibung: Der Rücken ist gerade und nicht zu lang, der Brustkorb hat ausreichend Abstand zum Boden.

Begleiter und Gesellschafter: eine Aufgabe, die Hunde vor völlig neue Herausforderungen stellt.

nur wegen der Farbe oder anderer Merkmale auszusortieren, und dadurch den Genpool der zur Zucht zur Verfügung stehenden gesunden Hunde zu vergrößern.

Hund – Mensch

Über fünf Millionen Hunde leben in deutschen Haushalten. Einige gehen einer Vollzeitbeschäftigung nach, und es kommen immer mehr Berufsfelder für unsere Vierbeiner dazu (siehe Seite 180). Die meisten unserer Hunde werden jedoch als vierbeinige Familienmitglieder gehalten, ohne „praktischen" Nutzen. Umso größer sind die positiven psychischen Effekte, die das Zusammenleben mit dem Hund mit sich bringt: Die Vierbeiner helfen uns beim Stressabbau, verbessern dadurch unsere Gesundheit, strukturieren unseren Tagesablauf, machen uns kommunikativer und bieten Gesellschaft. Kurzum, ein Hund tut einfach gut.
Sport und Beschäftigung mit Hund boomen wie noch niemals zuvor und als Freizeitpartner ist er nicht mehr wegzudenken.

Im Gegensatz dazu steht, dass immer mehr Menschen Probleme mit ihrem Vierbeiner haben und professionelle Hilfe für deren Lösung brauchen. Die Anforderungen, die an einen Familien- und Begleithund gestellt werden, sind enorm hoch. Treten Probleme in der Hundehaltung auf, haben diese ihren Ursprung oft schon in der Auswahl.
Ein immer aktueller Trend: Der Hund soll möglichst exotisch sein. Viel zu oft wird das neue Familienmitglied mehr nach seinem Aussehen ausgesucht, als nach seinen Bedürfnissen und den Möglichkeiten des Menschen, diese zu erfüllen.
Hunde brauchen Pflege, Zuwendung und Beschäftigung. Leider neigen einige Hundehalter dazu, dies falsch zu verstehen und ihre Schützlinge zu vermenschlichen. Die eigenen Bedürfnisse werden auf den Vierbeiner übertragen, und statt ihn hundegerecht auszulasten und zu führen, wird er zum Kindersatz oder Statusobjekt. Das Geschäft mit Zubehör für den Hund boomt, im Jahr 2006 wurden im Fachhandel 123 Millionen Euro umgesetzt (Quelle: Industrieverband Heimtier e. V.). Immer mehr Hunde werden heute mit Dingen ausstaffiert, die mehr der Darstellung der Finanzkraft des Besitzers als der sinnvollen Haltung dienen. Das Futter aus einem Designernapf schmeckt nicht besser und der Spaziergang mit einem Halsband nach der neuesten Mode macht auch nicht mehr Spaß. Dem Hund ist egal, woraus er frisst und mit was er eingekleidet ist. Ihm ist wichtig, dass sein Mensch ihm Orientierung und sinnvolle Beschäftigung bietet.
Der Mensch hat den Hund geformt und zu dem gemacht, was er heute ist. Dadurch tragen wir Verantwortung. Dieser müssen wir gerecht werden, indem wir auf die Bedürfnisse unserer vierbeinigen Gefährten eingehen. Davon profitieren nicht nur unsere Hunde, sondern auch wir. Zum Glück erkennen immer mehr Hundehalter, worauf es in der Mensch-Hund-Beziehung wirklich ankommt und sehen des Menschen besten Freund als das, was er ist: ein Hund – nicht mehr und nicht weniger.

Kleines Hunderassen-ABC

Weltweit gibt es rund 400 Hunderassen. Die Fédération Cynologique Internationale (FCI), die Weltorganisation der Kynologie, der auch der VDH angehört, erkennt zurzeit 339 verschiedene Rassen an, die in zehn Gruppen eingeteilt sind (Stand 01/2008). Diese Gruppen werden nachfolgend kurz beschrieben und einige ausgewählte Rassen vorgestellt. Der Schwerpunkt liegt dabei auf den ursprünglichen Aufgaben der Rassen. Denn daraus leiten sich häufig die Ansprüche eines Hundes an Haltung und Beschäftigung ab. Natürlich gibt es immer wieder Tiere, deren Verhalten von dem der anderen Rassevertreter abweicht – jeder Hund ist ein Individuum mit eigener Persönlichkeit. Trotzdem ist das Wissen um die ursprüngliche Verwendung eines Hundes ein wesentlicher Baustein, um den Hund besser zu verstehen, und eine wichtige Information für die Auswahl des passenden Hausgenossen.

Gruppe 1

Hüte- und Treibhunde

Sektion 1: Schäferhunde
Sektion 2: Treibhunde (ausgenommen Schweizer Sennenhunde)

In der Gruppe 1 tummeln sich zahlreiche Rassen, die nur die ursprüngliche Arbeit mit dem Vieh gemeinsam haben, sich in Aussehen, Eigenschaften und Arbeitsweise aber erheblich voneinander unterscheiden.
Die Deutschen Schäferhunde zogen einst mit dem Schäfer umher und patrouillierten auf einer gedachten Grenzlinie, damit die Schafe nur dort weideten, wo es erlaubt war. Im Europäischen Umland entstanden Schäferhundrassen, die mehr oder weniger noch heute in der Lage sind, an Schafen eingesetzt zu werden, auch zu deren Bewachung: in Belgien z. B. Malinois, Tervueren, Laekenois und Groenendael, in den Niederlanden der Nederlandse Herdershond, in Frankreich Briard, Picard, Beauceron und Berger des Pyrenees.
Treibhunde arbeiten eng mit dem Halter zusammen und sind nicht für weites, selbstständiges Arbeiten geeignet. Sie treiben das Vieh durch Zwicken und Bellen vorwärts, z. B. Australian Cattle Dog, Appenzeller Sennenhund und Australian Shepherd.
Collies hatten die Aufgabe, die sich oft selbst überlassenen Schafe zu treiben oder heranzuholen. Die konzentrierte Arbeit und die Beachtung der Signale des Schäfers haben bei vielen Collies (z. B. Langhaar Collies) zu hochsensiblen Sinnen geführt. Einige Tiere können durch Umweltreize leicht überfordert werden, was sich in Unsicherheit und Übererregtheit zeigen kann.
Herdenschutzhunde wie der Kuvasz, der Komondor und der Bergamasker Hirtenhund fallen ganz aus diesem Schema heraus. Als Welpe wachsen sie in der Herde auf, sehen das Vieh als ihresgleichen an und bewachen es selbstständig. Ihre primäre Aufgabe ist nicht der Kampf, sondern Angreifer mit ihrer Präsenz abzuschrecken. Dazu sind stattliche und Fremden gegenüber tendenziell misstrauische Hunde notwendig. Diese Hunde lassen sich kaum mit Hilfsmitteln wie Leckerchen und Spielzeug, zur Mitarbeit motivieren, sondern bedürfen einfühlsamer, aber klarer und konsequenter Führung. Heute werden sie wieder vermehrt eingesetzt, z. B. im Rahmen von Wolfsprojekten in Sachsen und in der Schweiz oder auch in Afrika, wo sie das Vieh vor Leoparden und Geparden beschützen.

Deutscher Schäferhund

Der Deutsche Schäferhund ist der weltweit beliebteste Rassehund. Im Jahr 2006 wurden vom VDH fast 17.000 Welpen registriert. Einst gab es in Deutschland viele verschiedene Schäferhunde. Rittmeister Max von Stephanitz legte Ende des 19. Jahrhunderts mit Gleichgesinnten einen Standard für Deutsche Schäferhunde fest, sodass sie fortan nicht mehr nur nach ihren Gebrauchseigenschaften, sondern auch nach einem einheitlichen Äußeren und bestimmten Verhaltenseigenschaften gezüchtet wurden.
Gewünschte Eigenschaften sind laut Rassestandard neben Ausgeglichenheit, Nervenfestigkeit, Selbstsicherheit und Gutartigkeit (außerhalb von einer Reizlage) unter anderem auch Mut, Kampftrieb und Härte, um als Begleit-, Wach-, Schutz-, Dienst- und Hütehund geeignet zu sein. Schon diese Aufzählung macht deutlich, dass dieser Hund eine verständnisvolle, kompetente, konsequente und souveräne Erziehung und Führung benötigt, um sich von seiner besten Seite zu zeigen. Zudem ist es wichtig, diesen anspruchsvollen Vierbeiner geistig und körperlich auszulasten, damit seine Energie in die gewünschten Bahnen gelenkt werden kann. Für die Zucht werden nur stockhaarige Hunde mit Unterwolle zugelassen. Es ist wichtig, diese Hunde nur bei einem engagierten und verantwortungsbewussten Züchter zu kaufen, um gesunde und sozialverträgliche Tiere mit besten Veranlagungen zu bekommen, denn viele Schäferhunde sind mit Krankheiten belastet. Weiße Schäferhunde („Weißer Schweizer Schäferhund") sind von der FCI als eigene Rasse vorläufig anerkannt.

FCI-Standard Nr. 166
Größe: Rüden 60–65 cm, Hündinnen 55–60 cm
Gewicht: Rüden 30–40 kg, Hündinnen 22–32 kg

Berger de Brie (Briard)

Bereits im 14. Jahrhundert wurden französische Schäferhunde beschrieben. Der Briard stammt von Hof- und Bauernhunden Frankreichs ab und hatte einst die Aufgabe, Schafherden zu bewachen und zusammenzuhalten. Heute ist es eher die Ausnahme, dass diese rustikalen Schäferhunde an der Herde arbeiten. Dank ihrer Ausdauer und ihres Arbeitswillens eignen sie sich aber für viele andere Aufgaben. So setzte das Militär sie im Krieg als Meldehunde ein und auch im Polizei- und Schutzdienst haben sie sich bewiesen, nicht zuletzt wegen ihrer starken Schutzbereitschaft. Wesentlich häufiger ist der Franzose mit dem langen, leicht gewellten Haar allerdings als Familienhund anzutreffen. Damit dieser temperamentvolle Vierbeiner ein ausgeglichener und zuverlässiger Begleithund wird, braucht er eine sensible, aber konsequente Erziehung und einen Menschen, der ihm durch klare Führung Grenzen zeigt und Orientierung gibt. Vor allem benötigt dieser Schäferhund eine anspruchsvolle Aufgabe, z. B. im Hundesport, in der Apportierarbeit oder als Rettungshund, die seiner Ausdauer und seinem Arbeitswillen gerecht wird. Wird dieser hübsche Hund lediglich als schmückendes Accessoire angeschafft, nicht ausgelastet oder nicht souverän geführt, werden all die Eigenschaften, die er zur Erfüllung seiner ursprünglichen Aufgabe benötigte und noch heute in sich trägt, zum Problem: scheinbar unendliche Energie, Misstrauen Fremden gegenüber, der Anspruch, seine Herde (auch die zweibeinige) zusammenzuhalten und die Bereitschaft, diese zu beschützen und zu verteidigen.

FCI-Standard Nr. 113
Größe: Rüden 62–68 cm, Hündinnen 56–64 cm
Gewicht: keine Angabe, etwa 30–40 kg

Border Collie

Border Collies sind in den letzten Jahren leider zu Modehunden avanciert. Neben ihrem schönen Aussehen haben auch ihre Leichtführigkeit und ihre hoch gelobte Intelligenz dazu beigetragen. Diese aus der schottisch-englischen Grenzregion (border = Grenze) stammenden Hütehunde sind Arbeitshunde, die seit Hunderten von Jahren auf Leistung und Gebrauch gezüchtet wurden. Border Collies sind Koppelgebrauchshunde, die auf große Entfernung die Schafe sammeln und zum Schäfer bringen. Typisch sind das sogenannte „Auge“ oder „eye“, das Anstarren bzw. Fixieren der Schafe, um sie unter Kontrolle zu halten, sowie die geduckte Gangart. Beim Hüten wirkt der Hund so angespannt, als stehe er unter Strom. Ein großes Problem bei der Haltung als reinem Familienhund ist häufig die geistige Unterforderung dieser arbeitswilligen Hunde: Zwei Stunden Fahrrad fahren konditioniert zwar die Muskulatur, aber die Hunde werden nicht zufriedener. Sie zeigen dann unerwünschtes Verhalten, indem sie nervös, hektisch, unausgeglichen, aggressiv, destruktiv oder ängstlich werden. Oder sie hüten alles, was ihnen in den Weg kommt, ob Kinder, Jogger, andere Tiere, Autos, oder sie jagen gebannt Insekten oder Lichtreflexionen. Anspruchsvolle Beschäftigungen können die Arbeit als Rettungshund oder Fährtenarbeit sein. Selbst Hundesport wie Agility, Flyball oder Dog Dancing lastet die arbeitswilligen Hunde nicht immer aus. Die beste Beschäftigung ist immer noch das Hüten.

FCI-Standard 297
Größe: etwa 53 cm
Gewicht: etwa 15–20 kg

Gruppe 2

Pinscher und Schnauzer, Molosser, Berghunde, Schweizer Sennenhunde

Sektion 1: Pinscher und Schnauzer
Sektion 2: Molossoide
Sektion 3: Schweizer Sennenhunde

Früher wurde nicht zwischen Pinschern und Schnauzern unterschieden. Sie waren die rau- und kurzhaarige Variante eines Hundetyps, der besonders bei Fuhrleuten sehr geschätzt wurde, da sie eifrige Rattenjäger waren, was gerade in Pferdeställen sehr nützlich war. Während der Schnauzer sich besonders im letzten Jahrhundert zum beliebten Begleithund gemausert hat, wurde der Deutsche Pinscher im Jahr 2003 genauso wie der Deutsche Spitz zur gefährdeten Nutztierrasse erklärt. Auch der Dobermann zählt zur Sektion der Pinscher und Schnauzer und wurde im 19. Jahrhundert vom Steuereintreiber Louis Dobermann aus verschiedenen Rassen gezüchtet. Einst häufig als Schutzhunde eingesetzt, gelten Dobermänner heute als Hunde für erfahrene Menschen. Diese müssen es verstehen, den Tieren einfühlsame, aber konsequente Führung zu geben, damit sie nicht unsicher oder nervös werden. Die Molossoiden sind u. a. unterteilt in die Doggenartigen, wo sich z. B. die Rassen Fila Brasileiro, Shar Pei, Deutscher Boxer, Deutsche Dogge und Rottweiler wiederfinden. Einige Rassen der Molossoiden gehören zu den sogenannten Listenhunden (siehe Seite 265), für deren Haltung Auflagen zu erfüllen sind (Informationen gibt es beim zuständigen Ordnungsamt). In diese Sektion gehören auch die Berghunde; u. a. der als Herdenschutzhund eingesetzte Anatolische Hirtenhund und der Hovawart, der seit Jahrhunderten als Hofhund und Wächter geschätzt wird, sowie der stattliche Bernhardiner. Auch der Neufundländer gilt als Berghund, obwohl er früher häufig für die Arbeit im Wasser eingesetzt wurde und auch heute immer öfter wieder in der Wasserrettung eine Aufgabe findet (siehe Seite 174). Die traditionsreichen Schweizer Sennenhunde (Appenzeller, Berner, Entlebucher und Großer Schweizer) trieben auf den Almen das Vieh, zogen Milchkarren oder wurden als Wachhunde eingesetzt.

Schnauzer

Früher wurde der Schnauzer rauhaariger Pinscher genannt. Wie seine kurzhaarigen Kollegen hatte er die Aufgabe, auf Bauernhöfen und in Ställen Ratten zu fangen, daher auch seine alte Bezeichnung „Rattler“. Heute wird der bärtige Geselle fast ausschließlich als Familien- und Begleithund gehalten. Dank seiner Unerschrockenheit ist der Schnauzer ein guter Wächter, der sich nicht bestechen lässt und stets bereit ist, sich und seine Familie zu verteidigen. Er lernt gerne und braucht eine Aufgabe, die ihn auslastet. Hundesport ist eine ideale Beschäftigung für den agilen und bisweilen etwas eigensinnigen Vierbeiner. Entsprechend seiner einstigen Aufgabe besitzt er auch heute noch Schneid und geht einer Rauferei selten aus dem Weg, kann mit frühzeitiger und konsequenter Erziehung aber gut gelenkt werden. Der Schnauzer schließt sich eng seiner menschlichen Familie an und ist ein fröhlicher Kumpel, mit dem man durch dick und dünn gehen kann. Für engagierte Anfänger in der Hundehaltung ist der rustikale Vierbeiner ein geeigneter Kandidat. Häufig wird er auch als Mittelschnauzer bezeichnet, um ihn vom Zwerg- und vom Riesenschnauzer abzugrenzen. Sein raues Fell muss regelmäßig getrimmt werden, um es von abgestorbenen Haaren zu befreien.

FCI-Standard 182
Größe: Rüden und Hündinnen 45–50 cm
Gewicht: Rüden und Hündinnen 14–20 kg

Rottweiler

Die Vorfahren des Rottweilers gehen in die Römerzeit zurück, wo sie als Treibhunde das Vieh beschützten. In der Gegend um Rottweil mischten sie sich mit einheimischen Hunden. Die ortsansässigen Metzger züchteten sie schließlich gezielt, damit sie Großviehherden, Haus und Hof bewachten und Lastenkarren transportierten. Seine Veranlagung zu beschützen, seine Unerschrockenheit, seine Robustheit und seine Körperkraft machten den stämmigen Vierbeiner zum oft verwendeten Gebrauchshund der Polizei. Auch heute wird er noch häufig für den Schutzdienst eingesetzt und verteidigt seine Menschen ohne zu zögern. Zudem ist der Rottweiler ein beliebter Begleithund, der sich eng an seine Menschen anschließt. Laut Rassestandard soll seine Gestalt auf große Kraft, Wendigkeit und Ausdauer schließen lassen. Dies verlangt dem Hundeführer ab, ihm körperlich gewachsen zu sein. Wie bei vielen anderen Rassen haben verantwortungslose Menschen dazu beigetragen, dem Rottweiler ein schlechtes Image einzuhandeln. In den richtigen Händen und aus guter Zucht ist dieser traditionsreiche Hund ein loyales und freundliches Familienmitglied. Er benötigt aber eine gute Sozialisation, konsequente Erziehung und einen verantwortungsbewussten, souveränen und durchsetzungsfähigen Menschen an seiner Seite, der ihm deutlich Grenzen setzt. Hündinnen gelten als leichtführiger als Rüden, was sich nach Einsetzen der Geschlechtsreife häufig bestätigt. Es ist wichtig, diesem arbeitswilligen Hund eine Aufgabe zu geben, die ihn auslastet, z. B. Nasenarbeit.

FCI-Standard 147
Größe: Rüden 61–68 cm, Hündinnen 56–63 cm
Gewicht: Rüden etwa 50 kg, Hündinnen etwa 42 kg

Berner Sennenhund

Der Berner Sennenhund ist der populärste der vier Schweizer Sennenhundrassen. Ursprünglich als „Dürrbächler“ bezeichnet, wurde dieser Bauernhund zum Bewachen, Treiben des Viehs und Ziehen von Karren im Kanton Bern eingesetzt. Die Reinzucht begann 1907. Er gilt als gutmütig, freundlich und leichtführig. Sein teddyhaftes Aussehen machte den dreifarbigen Hund jedoch derart beliebt, dass unseriöse Züchter die Rasse entdeckten und ohne Hundeverstand vermehrten. Dies hatte zur Folge, dass sowohl Gesundheit und Lebensdauer als auch Wesensveranlagungen von Hunden dieser Herkunft sich zum Nachteil veränderten. Wie bei anderen Rassehunden auch, muss man darauf achten, nur Tiere von verantwortungsbewussten Züchtern zu erwerben, deren Zuchtziel und Aufzucht höchste Maßstäbe an die Sozialverträglichkeit und die Gesundheit der Tiere stellen. Mit anderen großen, reich behaarten Hunden hat er gemein, dass er sich gern draußen aufhält, Hitze aber meidet und sich dann lieber ein kühles Plätzchen sucht. Gut sozialisiert und erzogen ist der Berner Sennenhund ein Vierbeiner, der seiner Familie viel Freude bereitet. Unterschätzt werden sollte der plüschige Vierbeiner jedoch nicht, seine Größe und Kraft erfordern einen Menschen, der ihm klare Rahmenbedingungen vorgibt. Als Beschäftigung bieten sich gelenkschonende Sportarten für die rund 40 kg schweren Hunde an, denen sie meist mit Begeisterung nachgehen.

FCI-Standard 45
Größe: Rüden 64–70 cm, Hündinnen 58–66 cm
Gewicht: keine Angabe

Gruppe 3

Terrier

Sektion 1: Hochläufige Terrier
Sektion 2: Niederläufige Terrier
Sektion 3: Bullartige Terrier
Sektion 4: Zwerg-Terrier

Terrier sehen zwar süß aus, haben es aber oft faustdick hinter den Ohren. Einst als furchtlose Jäger z. B. auf Füchse und Otter gezüchtet, strotzen sie vor Energie, Temperament, Hartnäckigkeit und Ausdauer, oft gepaart mit Eigensinn. Aus diesem Grund benötigen sie eine frühzeitige und konsequente Erziehung. Ihr Einsatz unter der Erde im Bau des Beutetieres war namensgebend (lat. terra = Erde). Die kleinsten sind die Yorkshire Terrier, die früher mutig Ratten fingen. Auch heute noch fast ausschließlich im jagdlichen Einsatz ist der Deutsche Jagdterrier, der sich ohne zu zögern mit einem Wildschwein anlegt. Als reiner Familienhund ist er fehl am Platz. Wie viele andere Terrier auch besitzen sie eine tendenziell niedrige Reizschwelle (siehe Seite 265). Bullartige Terrier sind aufgrund einiger tragischer Vorfälle in Verruf geraten. Wie so oft waren es auch hier verantwortungslose Halter, die eine ganze Hundegruppe in Misskredit brachten. Einige dieser als pauschal gefährlich eingestuften Rassen wurden früher tatsächlich in Hundekämpfen eingesetzt. Dieses verabscheuungswürdiges „Vergnügen“ findet auch heute noch in vielen Ländern meist im Verborgenen statt, obwohl diese Tierquälerei im westlichen Kulturkreis inzwischen verboten ist. Heute sind diese Rassen in vielen Ländern beliebte Familienhunde, wie der Staffordshire Bullterrier in Großbritannien oder der schlankere American Staffordshire Terrier in Amerika, der dort oft als Therapiehund eingesetzt wird. Liebhaber dieser Rassen schwärmen von der Menschenfreundlichkeit und Loyalität ihrer Vierbeiner. Wer einen Staff bei sich aufnehmen möchte, muss in vielen Bundesländern strenge Auflagen erfüllen und sich seiner Verantwortung bewusst sein, diese Hunde vorbildlich zu halten. Dazu braucht es Hundeerfahrung, Körperkraft, das Engagement, den Hund bestens zu sozialisieren und sicher und souverän zu führen. Denn auch die Staffs besitzen die vielen Terriern typische Eigenschaft, einer Rauferei mit Artgenossen nicht aus dem Weg zu gehen: Das muss man kontrollieren können. Vor der Aufnahme eines „Listenhundes“ (siehe Seite 265) sollte man sich beim zuständigen Ordnungsamt erkundigen.

Border Terrier

Der Border Terrier stammt aus dem schottisch-englischen Grenzgebiet und wurde 1920 als Rasse anerkannt. Früher wurde er als spezialisierter Helfer zur Jagd auf Füchse und Otter eingesetzt. Dazu war ein wendiger, witterungsunempfindlicher und ausdauernder Hund nötig, der zwar Schärfe gegenüber seiner Beute zeigt, sich im Umgang mit anderen Hunden aber als friedlich erweist – Raufer kann man in der Meute nicht gebrauchen. Die Fähigkeit, einem Pferd folgen zu können, wird sogar im Rassestandard verlangt. Er wird dort als ein Hund beschrieben, der überwiegend ein Arbeits-Terrier ist. Obwohl einige Hunde sich auch heute noch bei der Jagd beweisen, ist dieser lebhafte Terrier zunehmend ein beliebter Familienhund geworden. Er ist der ideale Begleiter für souveräne und Natur liebende Menschen, die ihm viel Beschäftigung bieten und seiner Ausdauer und Energie gerecht werden, z. B. durch Nasenarbeit oder im Hundesport. Der unternehmungslustige Vierbeiner verfügt über jagdlichen Schneid, ist lebhaft und mutig. Seine Jagdpassion muss durch Gehorsam so gelenkt werden können, dass sie keine Probleme bereitet. Mit früher und konsequenter Erziehung können das auch engagierte Ersthundehalter leisten. Das raue Fell wird durch regelmäßiges Auszupfen des toten Haares in Form gehalten.

FCI-Standard 10
Größe: keine Angabe
Gewicht: 5,1–7,1 kg

Jack Russell Terrier

Der Jack Russell Terrier (rau-, glatt- oder stichelhaarig) gehört zu den niederläufigen Terriern und wird oft mit dem Parson Russell Terrier (rau- und glatthaarig) verwechselt – eine Unterscheidung ist für den Laien oft nicht einfach: Der Parson Russell ist größer und quadratischer gebaut, der Jack Russell ist kleiner und im Körperbau etwas länger als hoch. Die seit Ende des 20. Jahrhunderts getrennt geführten Rassen wurden vom 1795 geborenen Reverend John (Jack) Russell aus Fox- und anderen Terrierrassen gezüchtet. Sein Ziel war es, Terrier zu züchten, die mit den Foxhoundmeuten bei der schnellen Jagd zu Pferde mithalten konnten und den Fuchs lebend aus dem Bau trieben und nicht töteten. Für ihre einstige Arbeit im Fuchsbau mussten die Hunde draufgängerisch, selbstsicher und furchtlos sein, über Jagdpassion, viel Energie und Ausdauer verfügen. Durch Reiterkreise Ende des vergangenen Jahrhunderts als Begleithund entdeckt, machten diese Terrier Karriere als reine Familienhunde: dabei werden ihr Temperament und ihre terriertypischen Eigenschaften oft unterschätzt. Nur mit guter Sozialisation, konsequenter Erziehung und Durchsetzungsvermögen kann man diese Hunde zuverlässig führen. Obwohl diese Terrier klein sind, sind sowohl Jack Russell als auch Parson Russell bei bequemen oder wenig aktiven Haltern fehl am Platz. Deswegen eignen sie sich eher für engagierte und kundige Hundehalter, die ihnen zusätzlich viel Beschäftigung bieten, z. B. in der Fährtenarbeit, beim Apportieren, im Hundesport oder bei der Ratten- und Mäusejagd auf Gehöften und in Reitställen.

FCI-Standard 345
Größe: ideal 25–30 cm
Gewicht: 5–6 kg

Airedale Terrier

Größter Vertreter dieser Gruppe ist der Airedale Terrier. Die Rasse entstand Mitte des 19. Jahrhunderts im englischen Yorkshire und wird auch als „König der Terrier" bezeichnet. Einst gezüchtet als vielseitig verwendbare Jagdhunde, entdeckte bald auch das Militär diese heute zu den Schutzhunden zählenden Terrier und setzte sie in verschiedenen Kriegen als Melde- und Sanitätshunde ein. Neben ihrer noch immer vorhandenen jagdlichen Passion beweisen Airedale Terrier bei ihrer Arbeit bei Polizei, Zoll und Grenzschutz sowie als Blinden- und Rettungshunde auch heute noch die Bandbreite ihrer Fähigkeiten. Die Hunde mit dem krausen Fell sind temperamentvoll, voller Energie, mutig, entschlossen, reaktionsschnell, ausdauernd, beschäftigungsintensiv, robust und zäh. Vierbeiner mit diesen Eigenschaften brauchen einen Menschen an ihrer Seite, der sie souverän und konsequent lenkt und einfühlsam, aber ohne Rangordnungsdebatte, den Rahmen des erlaubten Verhaltens vorgibt und seine Position vertritt. Ohne klare Führung und gute Sozialisation kann das veranlagte Schutzverhalten zum Problem werden, was sich z. B. in Aggression gegen Artgenossen zeigen kann. Um diesen stattlichen Terrier körperlich und geistig auszulasten, muss sein Halter viel Engagement aufbringen. Ideal sind etwa anspruchsvolle Apportierarbeit oder der Job als Rettungshund. Mit dem richtigen zweibeinigen Partner ist der Airedale Terrier ein ausgeglichener und zuverlässiger Begleiter.

FCI-Standard 7
Größe: Rüden ca. 58–61 cm, Hündinnen ca. 56–59 cm
Gewicht: keine Angabe

Gruppe 4

Teckel

Sektion 1: Dachshund

Den kurzbeinigen Hunden mit den langen Ohren hat die FCI eine ganze Gruppe gewidmet. Die kleinen Vierbeiner mit großer Persönlichkeit sind laut VDH-Welpenstatistik immer noch der Deutschen zweitliebste Rassehunde. Drei Größen und drei Haararten stehen in verschiedenen Farben zur Auswahl: der bärtige Rauhaardackel, der elegante Langhaardackel und der athletische Kurzhaardackel, jeweils in den Größenvarianten Standard-, Zwerg- oder Kaninchenteckel.
Einst aus Bracken gezüchtet (beim Rauhaardackel wurden auch Terrier eingekreuzt, beim Langhaar Wachtelhunde und Spaniel), ist der Dackel bereits seit dem Mittelalter bekannt. Obwohl er ein vielseitiger Jagdhund ist, der z. B. auch zuverlässig auf Fährte geht und stöbert, war seine Hauptaufgabe der Einsatz unter der Erde im Dachs-, Fuchs- oder Kaninchenbau. Daher misst sich seine Größe auch nicht nach der Widerristhöhe, sondern nach dem Brustumfang. Diese niederläufigen Vierbeiner werden heute weit öfter als Familienhunde denn als Jagdhunde gehalten.

Dachshund, Dackel, Teckel

Bei ihrer jagdlichen Arbeit waren zähe, ausdauernde und flinke Hunde mit schneller Auffassungsgabe und guter Nase gefragt. Dazu gehörte der Mut, sich gegen einen oft körperlich überlegenen Gegner durchzusetzen. Im Bau mussten sie selbst Entscheidungen treffen und konnten sich nicht auf die Hilfe ihrer Menschen verlassen. Alle diese einst notwendigen Eigenschaften tragen Dackel auch heute noch mehr oder weniger ausgeprägt in sich, was sich häufig in Distanzlosigkeit Artgenossen und Menschen gegenüber sowie Hartnäckigkeit bei der Durchsetzung ihrer Interessen – dem Dickkopf – zeigt. Dackel aus jagdlichen „Hochleistungslinien" sind als reine Familienhunde oft nicht leicht zu führen. Dann ist sicher die Wahl eines Züchters besser, der bei seinen Hunden nicht vorrangig Wert auf die jagdliche Eignung legt, sondern auf die Eignung als Familienhunde. Bei ausreichender Beschäftigung, z. B. Fährten- oder Apportierarbeit, guter Sozialisation, frühzeitiger Erziehung, souveräner und vor allem konsequenter Führung hat man mit diesem kleinen Hund einen fröhlichen und anhänglichen Vierbeiner an seiner Seite, der gerne und leicht lernt. Das Schwierigste bei seiner Erziehung ist es vielleicht, trotz des sprichwörtlichen Dackelblicks auf der Ausführung des geforderten Verhaltens zu bestehen. Obwohl Dackel flink und wendig sind, sollte wegen ihres langen Rückens auf sportliche Aktivitäten verzichtet werden, bei denen der Hund viel springen muss.

FCI-Standard 148
Standardteckel: Brustumfang über 35 cm, Gewichtsobergrenze etwa 9 kg
Zwergteckel: Brustumfang über 30 bis 35 cm
Kaninchenteckel: Brustumfang bis zu 30 cm

Gruppe 5

Nordische Schlitten-, Jagd-, Wach- und Hütehunde, europäische und asiatische Spitze, Urtyp

Sektion 1: Nordische Schlittenhunde
Sektion 2: Nordische Jagdhunde
Sektion 3: Nordische Wach- und Hütehunde
Sektion 4: Europäische Spitze
Sektion 5: Asiatische Spitze und verwandte Rassen
Sektion 6: Urtyp-Hunde
Sektion 7: Urtyp-Hunde zur jagdlichen Verwendung
Sektion 8: Jagdhunde vom Urtyp mit einem Ridge auf dem Rücken

In dieser Gruppe sind einige der ursprünglichsten Rassen zu finden. Zu den nordischen Schlittenhunden gehören neben dem Siberian Husky noch der Alaskan Malamute, der Samojede und der Grönlandhund. Die Ursprünglichkeit erkennt man bei Husky und Malamute auch daran, dass sie Jagdverhalten in allen Sequenzen zeigen (siehe Seite 14). Zu den nordischen Jagdhunden gehören Spezialisten wie die Elchhunde, die Laiki, Karelischer Bärenhund, Finnen-Spitz und der Lundehund mit seinem biegsamen Körper und zusätzlichen Zehen. Die meisten dieser Jagdhunde könnten sich nur schlecht der Enge unseres Lebensstils anpassen und wären auch bei alternativer Beschäftigung mit einem Leben als Familienhunde unterfordert. Vielseitig eingesetzt wurden die nordischen Wach- und Hütehunde, z. B. um Rentierherden zu treiben. Der Islandhund meldet und vertreibt Nutz- und Wildtiere, die sich über Anpflanzungen hermachen. Neben dem Deutschen Spitz finden sich hier auch der Italienische Spitz und die asiatischen Verwandten, u. a. der Chow Chow sowie Akita und Shiba. Urtyp-Hunde sind u. a. der Canaan Dog, der Pharaoh Hound, die Peruanischen und Mexikanischen Nackthunde, der Basenji aus Afrika und der Thai Ridgeback. Urtyp-Hunde zur jagdlichen Verwendung sind der Podenco Ibicenco sowie der Podenco Canario, der Cirneco dell'Etna und die portugiesischen Podengos. Den meisten Hunden dieser Gruppe ist gemein, dass sie kaum zur engen Kooperation mit dem Menschen gezüchtet wurden und dazu neigen, selbstständig Entscheidungen zu treffen – und einen dementsprechend erfahrenen Halter benötigen.

Siberian Husky

Der Siberian Husky ist die populärste und gleichzeitig die Schlittenhundrasse mit dem geringsten Körpergewicht. Er ist ein recht ursprünglicher Hund, worauf auch seine buschige Ringelrute hinweist. Seine Vorfahren waren reine Arbeitshunde – Nutztiere, um Lasten zu ziehen, und mit ihrem dicken Fell angepasst an das raue Klima Sibiriens. Diesem Bewegungsdrang muss bei der Haltung unbedingt Rechnung getragen werden, z. B. durch Schlittenhundesport oder tägliche lange Fahrradtouren. Wer dies nicht leisten kann, sollte besser ganz auf einen Husky als Familienmitglied verzichten. In der Stadt ist dieser Hund fehl am Platz, denn er liebt es, sich im Freien aufzuhalten und zwischen Haus und Garten zu pendeln, wo er sich oft eine Schlafkuhle in der Erde gräbt. Der Garten sollte hoch eingezäunt und sicher sein, da viele Huskys sich als wahre Ausbruchskünstler erweisen. Huskys lernen zwar leicht, sind aber sehr selbstständige Hunde. Sie besitzen meist eine stark ausgeprägte jagdliche Veranlagung und verhalten sich auf ihrem Grundstück fremden Artgenossen gegenüber territorial – gute Wachhunde sind sie aber trotzdem in der Regel nicht. Ihr plüschiges Aussehen und die faszinierenden, oft blauen Augen dürfen nicht darüber hinweg täuschen, dass diese anspruchsvollen Hunde in die Hände fachkundiger und engagierter Menschen gehören, die ihnen viel Zeit widmen und ihnen eine einfühlsame und konsequente Erziehung bieten können.

FCI-Standard 270
Größe: Rüden 53,5–60 cm, Hündinnen 50,5–56 cm
Gewicht: Rüden 20,5–28 kg, Hündinnen 15,5–23 kg

Deutsche Spitze

Sie gelten als die Nachfahren des steinzeitlichen Torfhundes und die älteste Hunderasse Mitteleuropas. Spitze sind Bauern- und Hofhunde mit langer Tradition. Bellfreudig melden die wuscheligen Vierbeiner seit Jahrhunderten jeden Besucher, der sich ihrem Grundstück nähert. Dementsprechend verhalten sie sich stark ausgeprägt territorial und besitzen ein natürliches Misstrauen Fremden gegenüber. Diese einst wichtigen Eigenschaften haben die alte Rasse unpopulär werden lassen, der Großspitz wurde 2003 sogar zur gefährdeten Nutztierrasse erklärt. Verschwinden diese Hunde, geht uns auch ein Kulturgut verloren. Dabei haben diese Hunde etliche Stärken, die sie zu angenehmen Gefährten machen. Spitze neigen nicht zum Wildern und Streunen, lernen leicht, sind unbestechliche Wächter und ihren Menschen gegenüber sehr anhänglich. Jedoch muss sich der Halter die Loyalität seines Hundes durch kompetente und souveräne Führung verdienen, da diese Hunde recht selbstständig sind. Spitze gibt es in verschiedenen Größen und Farben (auf dem Foto ein Wolfspitz, auch Keeshond genannt), die kleinsten sind beliebte Schoßhunde. Spitze besitzen in der Regel eine hohe Lebenserwartung.

FCI-Standard 97
Größe:
Wolfspitz/Keeshond: 49 cm ($^{+}/_{-}$ 6 cm)
Gro spitz: 46 cm ($^{+}/_{-}$ 4 cm)
Mittelspitz: 34 cm ($^{+}/_{-}$ 4 cm)
Kleinspitz: 26 cm ($^{+}/_{-}$ 3 cm)
Zwergspitz/Pomeranian: 20 cm ($^{+}/_{-}$ 2 cm)
(Exemplare unter 18 cm unerwünscht)
Gewicht: keine Angabe

Podenco Ibicenco

Der von den Balearen stammende Podenco Ibicenco hat in den letzten Jahren an Popularität im deutschsprachigen Raum gewonnen und zählt zur Gruppe der windhundähnlichen mediterranen Jagdhunde. Viele Tierschutzorganisationen haben es sich zur Aufgabe gemacht, diese Hunde, die im Heimatland nach ihrer Jagdkarriere häufig abgeschoben, ausgesetzt oder getötet werden, zu vermitteln. So stammen die meisten hier gehaltenen Hunde aus dem Ursprungsland. Man darf sich von ihrem grazilen Äußeren nicht täuschen lassen. Sie sind passionierte Jagdhunde, die einem harten Selektionsdruck ausgesetzt waren und nach wie vor sind und sich somit alles andere als zimperlich zeigen. Im Haus sind sie angenehme und ruhige Gefährten, die Fremden eher zurückhaltend begegnen. Im Freien zeigen sich aber ihr Temperament und ihre Jagdfreude in der ganzen Bandbreite. Podencos jagen im Gegensatz zum klassischen Windhund sowohl auf Sicht als auch mit der Nase und den Ohren. Da sie recht selbstständig handeln, wird die meiste Erziehungsarbeit darin liegen, das Jagdverhalten durch Gehorsam in die gewünschten Bahnen zu lenken und Freilauf gewähren zu können. Wenn dies nicht gelingt, muss in großem, sehr hoch eingezäuntem Gelände die Möglichkeit zum Austoben geboten werden. Fährtensuche und Apportierarbeit sind zwei Möglichkeiten, den Podenco Ibicenco zu beschäftigen. Die meisten Anfänger sind mit diesem Jagdhund überfordert. Ein Podenco Ibicenco braucht einen einfühlsamen, sachkundigen, engagierten und souveränen Menschen an seiner Seite, dem er dann zärtlich zugetan ist.

FCI-Standard 89
Größe: Rüden 66–72 cm, Hündinnen 60–67 cm
Gewicht: keine Angabe

Gruppe 6

Lauf- und Schweißhunde

Sektion 1: Laufhunde
Sektion 2: Schweißhunde
Sektion 3: Verwandte Rassen

Laufhunde sind vielfach bekannt durch die Meutejagd hinter dem Pferd. Ihre ursprüngliche Aufgabe war die Parforcejagd (siehe Beagle) auf verschiedenes Wild wie Hase, Fuchs und größere Beute. Dafür waren ausdauernde Vierbeiner mit guter Nase, Verträglichkeit mit Artgenossen, Bellfreude und Eigeninitiative gefragt. Je nach Meute wurde nach unterschiedlichen Gesichtspunkten gezüchtet, oft unterscheiden sich diese Laufhunde aber auch heute nur in Details. Die Sport-Jagd auf lebende Beute ist seit 1932 in Deutschland verboten. Nun verfolgen die Hunde den Duft von Schleppen. So tropft etwa aus einem Kanister am Sattel des Schleppenlegers die Duftlösung, die von den Hunden dann verfolgt wird. In Deutschland werden z. B. Beagles, Foxhounds, Französische Dreifarbige Laufhunde und Bloodhounds in Meuten geführt.
Im Gegensatz zu den schnellen Laufhunden, die bei der Jagd zu Pferde verwendet werden, sind Bracken deutlich langsamer und werden bei der Jagd zu Fuß eingesetzt, z. B. zum Stöbern mit Spurlaut und zur Nachsuche.
Der Bloodhound (Chien de Saint-Hubert) ist eine sehr alte Rasse, die schon im 8. Jahrhundert erwähnt wird und als Vorfahr vieler Laufhunde und Bracken gilt. Er hat von allen Hunden den besten Geruchssinn und kann sogar mehrere Tage alten Fährten folgen. Jagdlich werden Bloodhounds oft auf Schweißfährte (Schweiß ist das Blut eines verletzten Wildes), aber auch von Polizei oder Rettungsdiensten zur Suche von vermissten Personen eingesetzt. Sie eignen sich ideal für Mantrailing. Dabei soll der Hund seinen Führer an der langen Leine zu einer vermissten Person führen, die er anhand ihres Individualgeruchs aufgespürt hat. Die Ausbildung und Erziehung des sanften, aber recht eigenständigen und arbeitswilligen Hundes ist sehr anspruchsvoll.
Schweißhunde wie Bayrischer Gebirgsschweißhund, Hannover'scher Schweißhund und Alpenländische Dachsbracke sind Spezialisten für Schweißfährten. Sie helfen dem Jäger, angeschossenes, aber geflüchtetes Wild zu finden. Als reine Familienhunde eignen sie sich kaum. Denn sie brauchen eine Aufgabe, die sie auslastet – am besten anspruchsvolle Nasenarbeit.

Beagle

Diese kompakten Laufhunde wurden schon vor annähernd 500 Jahren rein gezüchtet. Ihre ursprüngliche Aufgabe war die Parforcejagd auf Hasen. Dabei hatten die Hunde die Aufgabe, die Fährte mit der Nase zu verfolgen, ständig zu bellen und die Beute zum Jäger zu treiben oder sie so lange zu jagen, bis sie vor Erschöpfung von den Hunden gegriffen werden konnte. Die Reiter mussten zusehen, dass sie die Meute nicht verloren. Der Beagle erweist sich dank seiner feinen Nase auch als hervorragender Schweiß-, Fährten- und Stöberhund. Einer Fährte widersteht der passionierte Jagdhund selten – und ist dann mitunter für zwei Stunden verschwunden. Bei der Jagd waren die Hunde auf sich gestellt und mussten neben Ausdauer auch Selbstständigkeit beweisen. Daraus resultiert noch immer der „Dickkopf", der die Erziehung dieser freundlichen und fröhlichen Hunde zu einer echten Herausforderung macht. Als Meutehund zeigt sich der Beagle bei entsprechender Sozialisation unkompliziert mit Artgenossen und auch Menschen gegenüber liebenswürdig. Für einen guten Happen ist der hübsche Vierbeiner fast immer zu haben: Deswegen gilt es, seine schlanke Linie zu bewahren. Alle seine guten Eigenschaften und seine Duldsamkeit haben ihn leider zum Laborversuchshund Nummer eins gemacht. Einige Vereine haben sich der Aufgabe verschrieben, diese Beagle nach ihrem Aufenthalt in human- und veterinärmedizinischen Forschungsanstalten zu vermitteln. Mit engagierten Haltern lernen auch die meisten Laborhunde, sich im normalen Leben zurechtzufinden.

FCI-Standard 161
Größe: 33–40 cm
Gewicht: keine Angabe

Rhodesian Ridgeback

Dieser eindrucksvolle Hund hat seine Wurzeln in Südafrika. Seine Vorfahren gehen auf die Hunde einheimischer Völker zurück, die mit Siedlerhunden gekreuzt wurden, vermutlich u. a. Bloodhound und Windhund. Neben seiner roten Farbe und seinem muskulösen Körper ist der Rückenkamm (Ridge) mit den gegen den Strich wachsenden Haaren sein auffälligstes Merkmal. In Afrika wurde der Rhodesian Ridgeback in Zweier- oder Dreierteams eingesetzt, um Löwen aufzuspüren und in Schach zu halten, bis der Jäger sie erlegen konnte. Zudem bewachte er die Viehherden und Hütten. Heute wird er auch im Schutzdienst verwendet. Er ist ein Spätentwickler, der zwei bis drei Jahre benötigt, um die körperliche und mentale Reife zu erlangen. In dieser Zeit sollten seine guten Eigenschaften gefördert werden, ohne den Hund zu überfordern. Seine Erziehung muss einfühlsam sein, darf aber Konsequenz nicht missen lassen, und benötigt eine enge Bindung und eine klare Rangordnungsstruktur. Er ist ein Hund für Menschen mit viel Hundeverstand, Zeit und Engagement. Nur in den richtigen Händen kann er sicher geführt werden – als Statussymbol ist er völlig fehl am Platz. Er braucht viel Beschäftigung. Besonders geeignet ist er für jede Aufgabe, bei der er auch seine Nase einsetzen kann. Anfänger und selbst durchschnittlich erfahrene Hundehalter werden von den stets wachen Instinkten, gepaart mit überaus schneller Reaktion, der Veranlagung zu bewachen und zu jagen sowie der oft vorhandenen Rüdenrauferei, schnell überfordert.

FCI-Standard 146
Größe: Rüden 63–69 cm, Hündinnen 61–66 cm
Gewicht: Rüden 36,5 kg, Hündinnen 32 kg

Dalmatiner

Zu den verwandten Rassen dieser Gruppe gehört neben dem Rhodesian Ridgeback auch der Dalmatiner. Die schwarz oder braun getupften Dalmatiner haben einst Kutschen über lange Strecken begleitet und besitzen auch heute noch dieses große Bedürfnis nach ausdauernder Bewegung. Auch als Bewacher von Viehherden fanden Hunde der Rasse Verwendung. Ihr auffälliges Äußeres lenkte das Interesse der Medien auf sie und so waren Dalmatiner im letzten Jahrhundert die Stars vieler Kinofilme. In der Folge setzte ein regelrechter „Tupfenboom“ ein und es wurden entsprechend viele Hunde gezüchtet bzw. vermehrt. Heute sind Dalmatiner zwar beliebt, aber keine Modehunde mehr. Sie sind die idealen Begleiter für sportliche Menschen, die ihnen engen Familienanschluss bieten und klare Grenzen setzen. Die Erziehung muss einfühlsam, aber sehr konsequent sein. Rangordnungsdiskussionen sollten am besten von vorneherein unterbunden werden. Die Welpen kommen weiß zur Welt, die Punkte stellen sich nach wenigen Wochen ein. Wie bei vielen weißen oder überwiegend weißen Tieren werden immer wieder taube Dalmatiner geboren. Darauf sollte Dalmatinerkäufer bei der Wahl des Züchters und der Auswahl des Hundes besonders achten.

FCI-Standard 153
Größe: Rüden 56–61 cm, Hündinnen 54–59 cm
Gewicht: Rüden ca. 27–32 kg, Hündinnen ca. 24–29 kg

Gruppe 7

Vorstehhunde (Kontinentale, Britische und Irische)

Sektion 1: Kontinentale Vorstehhunde
Sektion 2: Britische Vorstehhunde

Vorstehhunde haben die Aufgabe, ihrem Führer das Wild (oft Flugwild) in seinem Versteck anzuzeigen und es erst aufzuscheuchen, wenn der Jäger schussbereit ist. Je nach Hunderasse und Art zu jagen müssen sie die Beute suchen und apportieren. Beim Anzeigen des Wildes (dem Vorstehen) verharren die Hunde regungslos, typisch dafür ist die Anwinkelung einer Vorderpfote. Bei uns sind z. B. Deutsch Drahthaar, Deutsch Kurzhaar und Deutsch Langhaar beliebte Vorstehhunde, die sich jedoch so vielseitig zeigen, dass sie für viele Bereiche der jagdlichen Arbeit einsetzbar sind. Der typischste Vorstehhund schlechthin ist sicherlich der englische Pointer mit seiner unverwechselbaren Nase. Setter haben eine etwas andere Arbeitsweise: Sie zeigen das Wild nicht stehend, sondern sitzend an. Auf dem europäischen Kontinent wurden viele regionale Vorstehhunde gezüchtet. In Frankreich bezeichnet man die rauhaarigen Vorstehhunde als „Griffon" und die langhaarigen werden als Epagneul bezeichnet (was als Spaniel übersetzt wurde). In den Niederlanden gibt es den Drent'schen Hühnerhund und den Friesischen Vorstehhund, und der italienische Spinone Italiano ist ein Rassehund, der auf eine lange Tradition zurückblicken kann.
Vorstehhunde zeichnen sich oft durch ihre Menschenbezogenheit aus und brauchen Familienanschluss. Trotz ihrer meist üblichen Leichtführigkeit brauchen sie einen kompetenten und konsequenten Halter, der ihre Jagdleidenschaft in die gewünschte Bahn lenkt. Als reine Familienhunde ohne anspruchsvolle Aufgabe sind sie völlig unterfordert.

Weimaraner

Die in der Region Weimar entstandene Rasse zählt zu den optisch ansprechendsten Hunden überhaupt. Es gibt die athletischen grauen Vorstehhunde in einer lang- und einer kurzhaarigen Variante. Beide gehen ihrer Aufgabe mit Passion nach und sind vielseitig einsetzbar, sowohl beim Vorstehen als auch beim Apportieren, Suchen, Aufspüren und der Wasserarbeit. Zudem verfügen diese raubzeug- und wildscharfen Hunde auch über die Veranlagung, ihre Menschen zu beschützen. Von jeher auf seine Gebrauchseigenschaften gezüchtet, benötigt der Weimaraner eine anspruchsvolle Aufgabe und viel Beschäftigung – wenn nicht im jagdlichen Einsatz, dann z. B. bei der Fährten- oder Apportierarbeit oder auch als Rettungshund. Das Lernen fällt ihm leicht. Wegen seines Schutzverhaltens, seiner Jagdleidenschaft, seiner Größe und seiner Kraft gehört er jedoch in die Hände von Menschen, die über viel Hundeverstand und Erfahrung mit Jagdhunden verfügen, die Zeit und die Möglichkeit haben, ihn seiner Veranlagung nach auszulasten und ihn ohne Rangordnungsdiskussion konsequent führen. Das faszinierende Aussehen besonders der kurzhaarigen Weimaraner führt in letzter Zeit jedoch zu dem Trend, dass sie immer öfter als reine Familienhunde oder Statussymbol gehalten werden – hundgerecht ist diese Art der Haltung nicht. Dort können sie bei Unterforderung und unsachgemäßer Führung für ihre Menschen und ihre Umwelt zur Belastung werden. Nicht umsonst finden sich so viele Weimaraner bei den Tierschutz-Nothilfestellen.

FCI-Standard 99
Größe: Rüden 59–70 cm, Hündinnen 57–65 cm
Gewicht: Rüden 30–40 kg, Hündinnen 25–35 kg

Magyar Vizsla

Der Rövidszörü Magyar Vizsla, der Kurzhaarige Ungarische Vorstehhund, wird bei uns immer bekannter. Es gibt auch eine drahthaarige Variante, den Drotzörü Magyar Vizsla. Der Vizsla ist ein Allrounder, der sich in vielen Bereichen der jagdlichen Arbeit einsetzen lässt; so apportiert er hervorragend, arbeitet gern im Wasser, ist ein guter Spürhund und steht ausgezeichnet vor. Er schließt sich eng an seine Menschen an, lernt leicht und lässt sich leicht führen. Das angenehme Wesen vieler Rassevertreter hat dazu geführt, dass dieser elegante Vierbeiner auch als Begleithund immer beliebter wird. Wenn der Halter ihn einfühlsam und konsequent erzieht und führt, seine Jagdleidenschaft lenken kann und viel Zeit aufwendet, um diesen lebhaften, robusten und ausdauernden Hund durch Fährten- oder Apportierarbeit oder eine anspruchsvolle Sportart auszulasten, zeigt er sich als eine Bereicherung für die Familie. Leider werden Temperament und Energie der Tiere sowie der Aufwand, der mit der Beschäftigung eines passionierten Jagdhundes einhergeht, häufig unterschätzt. Der Vizsla ist ein Hund für sportliche Menschen mit Hundeerfahrung und -verstand, die Spaß an gemeinsamen Aktivitäten haben. Ohne Job ist der Vizsla allerdings unterfordert und all seine guten Eigenschaften können ins Gegenteil umschlagen

FCI-Standard 57
Größe: Rüden 58–64 cm, Hündinnen 54–60 cm
Gewicht: keine Angabe

Kleiner Münsterländer

Der kleinste aller deutschen Vorstehhunde besticht durch sein schönes Aussehen, seinen wachen Blick, sein weiches Fell und sein oft freundliches Auftreten. Der Kleine Münsterländer ist ein leichtführiger Hund mit schneller Auffassungsgabe, der schnell und gern lernt, sich eng an seine Menschen anschließt und an ihnen orientiert. Deswegen ist Familienanschluss bei seiner Haltung sehr wichtig – im Zwinger gehalten verkümmert er. Von jeher nur auf seine Gebrauchseigenschaften gezüchtet, wozu auch die Wildschärfe gehört, ist er ein robuster, ausdauernder und vielseitiger Jagdhund. Er muss unbedingt entsprechend seiner Veranlagung anspruchsvoll beschäftigt werden, damit er sich von seiner besten Seite zeigt. Auch bei diesem Arbeitshund lässt sich immer öfter beobachten, dass er als reiner Familienhund angeschafft und zur Beschäftigung lediglich spazieren geführt wird, was seiner Passion keinesfalls gerecht wird. Unausgelastet sorgen diese hübschen Vierbeiner selbst für Abwechslung, indem sie unkontrolliert jagen, oder sie fallen durch anderes unerwünschtes Verhalten auf. Durch die Namensähnlichkeit wird der Kleine Münsterländer oft mit dem Großen Münsterländer verwechselt.

FCI-Standard 102
Größe: Rüden 52–56 cm, Hündinnen 50–54 cm
Gewicht: keine Angabe

Gruppe 8

Apportier-, Stöber- und Wasserhunde

Sektion 1: Apportierhunde
Sektion 2: Stöberhunde
Sektion 3: Wasserhunde

Apportieren ist das zielgerichtete Bringen und Übergeben einer Beute. Die Retriever (to retrieve = wiederfinden/zurückbringen) haben die Aufgabe zu warten, bis der Jäger das Flugwild geschossen hat. Dann müssen sie es suchen und bringen. Trotz gleichem Arbeitsfeld gibt es große Unterschiede zwischen den Retrieverrassen. Der schlanke, meist schwarze Flat Coated Retriever hat oft ein überschäumendes Temperament, was seine Führung anspruchsvoll macht. Der mitunter eigensinnige Curly Coated Retriever ist ein Spätentwickler und gilt als „Ein-Personen-Hund". Der Chesapeake Bay Retriever schließt sich eng an seine Menschen an. Beide brauchen konsequente Erziehung, eindeutige Führung und gute Sozialisation. Sie verlangen eine klare Rangordnung, sonst kann ihre Veranlagung zu beschützen in Aggression umschlagen. Der kleine Nova Scotia Duck Tolling Retriever hat eine sehr spezielle Jagdmethode: Er spielt am Ufer, bringt Dummys und Stöckchen zu dem im Gebüsch versteckten Jäger, die buschige Rute eifrig wedelnd. Dieses Treiben lockt die Enten an das Ufer. Sind sie nah genug, schießt der Jäger und der Hund apportiert die Beute. Retriever sind allgemein sehr gelehrig, arbeitswillig und ausdauernd, nutzen jede Gelegenheit für ein Bad und brauchen viel Beschäftigung.
Stöberhunde wie die Spaniels hatten die Aufgabe, Vögel oder anderes Wild aus ihrem Versteck für den Jäger aufzuscheuchen. In Großbritannien gibt es neben dem Cocker Spaniel u. a. den eleganten Springer Spaniel und den eher behäbigen Clumber Spaniel. Ein Deutscher Stöberer ist der vielseitige Wachtelhund. Allen gemein ist ihre ausgeprägte jagdliche Motivation, die es zu lenken gilt. Als Familienhund hat sich der pflegeaufwändige Amerikanische Cocker Spaniel etabliert.
Auffälligstes Kennzeichen der zahlreichen Wasserhunde ist das gelockte, gekräuselte oder gewellte Fell. Von den Verhaltensanlagen her sind sie je nach Rasse recht unterschiedlich, arbeiten aber alle mit Eifer im Wasser. Der italienische Lagotto Romagnolo hat sich auch einen Namen als Trüffelsuchhund gemacht.

Labrador Retriever

Alle Retrieverrassen, so auch der Labrador, gehen auf Wasserarbeitshunde Neufundlands zurück, die St. John's Hunde. Ihnen verdankt der Labrador seine Arbeitsfreude, seine Wasserliebe und seine Ausdauer. Dieser robuste Rerievert bestiecht durch sein Temperament, seine Menschenbezogenheit, seine schnelle Auffassungsgabe und sein meist fröhliches Gemüt. Er kann sehr vehement in der Durchsetzung seiner Ziele sein und diese mit Ausdauer verfolgen. Dies ist eine Eigenschaft, die bei der jagdlichen Arbeit oder alternativen Beschäftigung sehr hilfreich ist, im Familienalltag aber durch konsequente Erziehung auch Grenzen und klarer Führung bedarf. Grundsätzlich ist es wichtig, einen Hund mit so viel Energie und Kraft gut zu erziehen, um ihn sicher zu führen – auch der Labrador ist nicht selbsterziehend. Damit ein Labrador ausgeglichen ist und die Vorzüge seiner Rasse und seiner individuellen Persönlichkeit zeigen kann, braucht er körperliche und geistige Auslastung. Hier bieten sich Apportierarbeit und z. B. Fährtenarbeit an. Drei „langweilige" Spaziergänge am Tag und sonst nur auf dem Sofa zu liegen reichen dem agilen Vierbeiner, den es in Schwarz, Gelb und Braun gibt, nicht aus. Während der „Field-Trial-Labrador" aus Arbeitslinien stammt, ein entsprechend höheres Beschäftigungsbedürfnis hat und vom äußeren Erscheinungsbild schmaler wirkt, sind Hunde aus „Show-Linien" kompakter und kräftiger. Bei der Auswahl ist es wichtig einen kompetenten und engagierten Züchter zu finden, um einen gesunden und gut aufgezogenen Hund zu bekommen.

FCI-Standard 122
Größe: Rüden 56–57 cm, Hündinnen 54–56 cm
Gewicht: Keine Angabe

Golden Retriever

Die Vorfahren des beliebten Golden Retrievers sind die aus den St. John's Hunden Neufundlands und englischen Jagdhunden gezüchteten frühen Retriever. Diese wurden mit Tweed-Water-Spaniels und in der Folge mit Irish Settern und sogar Bloodhounds gekreuzt. Als Rasse wurde der Golden in England 1910 anerkannt. Seinen Vorfahren verdankt er auch heute noch seine jagdliche Motivation, die je nach Zuchtlinie und individueller Veranlagung stark ausgeprägt sein kann. Diese Retriever sind zwar leichtführig und lernen gern und schnell, kommen aber keineswegs mit bestandener Begleithundeprüfung auf die Welt: Damit ein Golden ein guter und zuverlässiger Begleithund wird, müssen seine Menschen ihn konsequent erziehen und hundgerecht beschäftigen. Ohne ausreichende Auslastung – vor allem Kopfarbeit – kann auch der als idealer Familienhund geltende Vierbeiner unerwünschtes Verhalten zeigen. Bei den richtigen Haltern sind sie anhängliche, fröhliche und unternehmungslustige Hunde, die sich als angenehme Begleiter erweisen. Zur Beschäftigung bieten sich z. B. Dummyarbeit, Nasenarbeit und bei gesunden Gelenken Agility an. Auch als Therapie- und Assistenzhunde haben Golden Retriever schon oft gezeigt, was in ihnen steckt. Die Hunde mit dem hübschen Fell sind leider immer noch in Mode und werden in Massen von unseriösen Vermehrern „produziert". So begegnet man immer öfter verhaltensauffälligen und gesundheitlich schwer angeschlagenen Hunden. Wer einen gesunden Golden Retriever kaufen möchte, muss den Züchter besonders sorgfältig aussuchen.

FCI-Standard 111
Größe: Rüden 56–61 cm, Hündinnen 51–56 cm
Gewicht: keine Angabe

English Cocker Spaniel

Der Cocker Spaniel wurde früher verwendet, um den Woodcock (Waldschnepfe) aufzustöbern. Heute ist er bei uns mehr als Familienhund denn als Jagdgefährte anzutreffen. Auch als reiner Begleithund wird dieser aufgeweckte Vierbeiner aber sein Jagdhunderbe nicht verleugnen können und sich beim Spaziergang ohne ausreichende Kontrolle selbstständig machen, wenn sich die Gelegenheit bietet. Deswegen muss auch bei diesem hübschen und von der Größe einfach zu handhabenden Hund großer Wert auf die Erziehung gelegt werden. Zur Beschäftigung eignen sich viele an die jagdliche Arbeit angelehnte Aktivitäten, wie das Apportieren und das Fährtensuchen. Auch Hundesport macht ihm Freude, wobei ihm seine Agilität und seine Ausdauer zugute kommen. Als Hausgenosse ist der Cocker ein fröhlicher und unterhaltsamer Geselle, der – richtig erzogen – für gute Laune sorgt, ein prima Spielkamerad und gerne mit seinem Menschen unterwegs ist. Das lange seidige Fell sollte täglich gebürstet und regelmäßig in Form gebracht werden. Im letzten Jahrhundert war der Cocker ein Modehund und wurde in großen Mengen gezüchtet, wodurch seine Gesundheit gelitten hat. Als Besonderheit trat bei einigen roten Hunden die „Cockerwut" auf, die sich in Anfällen gesteigerter Aggressivität zeigte. Seriöse Züchter achten darauf, betroffene Hunde nicht zur Zucht zu verwenden. Heute kommt dies deswegen nur noch äußerst selten vor.

FCI-Standard 5
Größe: Rüden etwa 39–41 cm, Hündinnen 38–39 cm
Gewicht: etwa 12,5–14,5 kg

Gruppe 9

Gesellschafts- und Begleithunde

Sektion 1: Bichons und verwandte Rassen
Sektion 2: Pudel
Sektion 3: Kleine belgische Hunderassen
Sektion 4: Haarlose Hunde
Sektion 5: Tibetanische Hunderassen
Sektion 6: Chihuahua
Sektion 7: Englische Gesellschaftsspaniel
Sektion 8: Japanische Spaniel und Pekingesen
Sektion 9: Kontinentaler Zwergspaniel
Sektion 10: Kromfohrländer
Sektion 11: Kleine doggenartige Hunde

In der Gruppe der Gesellschafts- und Begleithunde finden sich viele Rassen, die allgemein als Schoßhunde gelten. Manche von ihnen können auf eine Jahrtausende alte Geschichte zurückblicken. Die meisten waren ursprünglich von Beruf Luxushündchen, die den Damen der feinen Gesellschaft tagsüber als schmückendes Element und Spielzeug und nachts als Fußwärmer dienten. Äußerlich entsprechen sie oft dem Kindchenschema mit ihren runden Gesichtern, Stupsnasen und großen Augen. Die selektive Verstärkung dieser Merkmale und die Zucht auf immer kleinere Hunde haben gerade im letzten Jahrhundert aus einst meist vitalen Hunden Tiere gemacht, die mit zahlreichen Gesundheitsproblemen zu kämpfen haben. Die Welpen können je nach Rasse oft nur mit Kaiserschnitt auf die Welt kommen und erwachsen müssen einige im Laufe ihres Lebens operiert werden, um lebensfähig zu bleiben. Natürlich gibt es auch Rassen unter diesen Hunden, die von ihrer einstigen Robustheit nichts verloren haben. Ideale Familienhunde für Anfänger sind z. B. die fröhlichen Bichons, die Pudel, die tibetischen Hunde, der Kromfohrländer und der Papillon mit seinen Schmetterlingsohren sowie sein hängeohriger Bruder, der Phalène. Man kann bei fast jeder Rasse noch vitale Hunde finden. Voraussetzung ist die sorgfältige Wahl eines Züchters mit dem Ziel, gesunde Hunde mit hoher Lebensqualität zu züchten. Auch bei der Haltung muss man die Bedürfnisse der Hunde berücksichtigen. Wenn auch von jeher verhätschelt, zeigen sie ihr Temperament, wenn man sie als Hunde behandelt.

Pudel

Lange Zeit war der Pudel einer der populärsten Rassehunde. Er stammt vermutlich von Wasserhunden ab und besitzt eine lange Geschichte. Heute wird er nicht mehr zur Jagd eingesetzt, sondern ist ein beliebter Familienhund, der von seinen Vorfahren das lockige Fell und die Liebe zum Wasser geerbt hat. Er schließt sich eng an seine Menschen an, braucht den innigen Kontakt, reagiert feinfühlig auf deren Stimmungen, ist ein fröhlicher Gesellschafter und unternehmungslustiger Begleiter. Wegen der extravaganten Ausstellungsschuren wird er oft belächelt und von künftigen Hundehaltern häufig erst gar nicht in die engere Wahl genommen. Dabei schätzen Hundekenner die unter dem krausen Haar verborgenen Qualitäten und sehen in ihm den idealen Begleiter, besonders für Ersthundehalter. Früher waren Pudel beliebte Zirkushunde, die dort ihre Kunststückchen vorführten. Tatsächlich lernen sie schnell, wollen es ihrem Halter recht machen und sind bereits nach einer Grunderziehung leicht zu führen. Natürlich brauchen auch diese aufgeweckten und anpassungsfähigen Vierbeiner körperliche Beschäftigung und geistigen Input. Sie eignen sich für fast jede Sportart mit Hund, sind oft begeisterte Apportierer und können auch lernen, auf Fährte zu arbeiten. Kurzum – der Pudel ist ein Allrounder und mit einer praktischen Frisur auch durchaus alltagstauglich. Das Haar fällt nicht aus und sollte regelmäßig geschoren werden.

FCI-Standard 172
Großpudel über 45–60 cm
Kleinpudel über 35–45 cm
Zwergpudel über 28–35 cm
Toypudel unter 28 cm
Gewicht: keine Angabe

Chihuahua

Der kleinste Rassehund der Welt kommt aus der mexikanischen Provinz Chihuahua zu uns. Über die frühe Geschichte dieses Zwerges gibt es nur Spekulationen, manche sehen sie bei den Tolteken in Mexiko, andere in Ägypten und Malta und manche sogar in China. Es gibt Chihuahuas in einer kurz- und einer langhaarigen Variante, letztere entstand erst im 20. Jahrhundert. Der Trend zu immer kleineren Hunden hat der Gesundheit der an sich langlebigen Rasse geschadet. Seriöse Züchter achten darauf, dass die Hunde im Idealmaß liegen (am besten im oberen Maß) und keine offene Schädeldecke (Fontanelle) besitzen, was früher öfter vorzufinden war. In letzter Zeit werden Chihuahuas als Begleithunde immer beliebter. Vorreiter sind häufig in den Medien stets präsente Prominente, die diese Hunde als Accessoires in der Tasche mit sich tragen. Auch wenn dieser verschmuste Vierbeiner wie ein Spielzeug anmutet, ist er doch ein richtiger Hund, der Auslauf, Beschäftigung und Kontakt mit Artgenossen benötigt. Allerdings muss man bei so einem kleinen Hund die Spielkameraden mitunter sorgfältig auswählen, damit er beim Toben nicht zu Schaden kommt. Erziehung ist wichtig, sonst kann der pfiffige, furchtlose und durchsetzungsfähige Vierbeiner sich zum Tyrannen aufspielen, der seine Menschen ganz für sich beansprucht. Lässt man den Chihuahua Hund sein und beachtet dessen Bedürfnisse, hat man auch in der Stadt oder in einer kleinen Wohnung viel Freude an ihm.

FCI-Standard 218
Größe: keine Angabe
Gewicht: ideal 1,5–3 kg, zulässig sind auch Hunde ab 0,5 kg

Kromfohrländer

Die Geschichte dieser jungen deutschen Rasse begann im Jahr 1945 in der Gemarkung Kromfohr im Siegerland. Wohl von amerikanischen Soldaten mitgebracht, fand ein struppiger Streuner Aufnahme bei Frau Ilse Schleifenbaum, den Berichten zufolge handelte es sich um einen Griffon Vendéen-Rüden, der Peter genannt wurde. Dieser beglückte eine Foxterrierhündin aus der Nachbarschaft. Begeistert vom Nachwuchs begann Ilse Schleifenbaum, die Nachkommen rein zu züchten. Kromfohrländer zeigen sich als fröhliche und temperamentvolle Hunde, die sich eng ihren Menschen anschließen und diesen innig zugetan sind. Sie lernen leicht und schnell, sind wachsam und verhalten sich Fremden gegenüber anfangs zurückhaltend. Die Konsequenz darf aber auch bei ihrer Erziehung nicht fehlen. Sie möchten gerne viel mit ihren Menschen unternehmen und immer dabei sein. Erfahrungsgemäß besitzen sie wenig Veranlagung zu jagen, was bei dieser Abstammung erstaunlich ist – Ausnahmen gibt es jedoch immer wieder. Um ausgeglichen zu sein, brauchen diese Vierbeiner sowohl körperliche als auch geistige Auslastung, z. B. im Hundesport. Aus diesem Grund fühlen sie sich an der Seite aktiver Menschen sicherlich am wohlsten. Es gibt diese mittelgroßen Hunde in einer glatt- und einer rauhaarigen Variante.

FCI-Standard 192
Größe: 38–46 cm
Gewicht: Rüden 11–16 kg, Hündinnen 9–14 kg

Gruppe 10

Windhunde

Sektion 1: Langhaarige oder befederte Windhunde
Sektion 2: Rauhaarige Windhunde
Sektion 3: Kurzhaarige Windhunde

Sie sehen aus wie von einem Designer entworfen, und doch zählen einige Windhundrassen zu den ursprünglichsten Hunden. Die exzellenten Hetzjäger jagen auf Sicht, haben auf die Ferne ein ausgesprochen gutes Sehvermögen, und jede schnelle Bewegung am Horizont kann sie zum Losrennen animieren. Je nach Region gehörte es auch zu den Aufgaben des Windhundes, Haus und Vieh zu beschützen.
Windhunde sind entsprechend ihrer einstigen Aufgabe (siehe Saluki, rechts) unabhängige Tiere, die sich nur mit viel Sensibilität, Engagement und Konsequenz erziehen lassen – je nach Rasse und Hund mehr oder weniger. Harte Erziehungsmethoden sind fehl am Platz. Mit Geduld und der richtigen Motivation kann man aber auch einen Windhund überzeugen, das von ihm gewünschte Verhalten zu zeigen. Wer jedoch einen zackigen Befehlsempfänger an seiner Seite haben möchte, wird mit einem Windhund unglücklich. Die stark ausgeprägte Hetzleidenschaft ist genetisch veranlagt und lässt sich nicht eliminieren. Man muss versuchen, dies durch Erziehung zu lenken, um den Hund abrufen zu können – bevor er hetzt. Während des Hetzvorgangs wird sich kaum ein Windhund zurückpfeifen lassen. Deswegen muss man möglichst Freilaufflächen wählen, wo es kein oder nur wenig Wild gibt. Es gilt, den Hund ständig im Auge zu behalten. Nicht immer ist es möglich, einen Windhund von der Leine zu lassen. Dann braucht er die Möglichkeit, sich in einem großen, eingezäunten Gelände, am besten mit Artgenossen, auszutoben, zusätzlich bieten sich Rennsport und Coursing an (siehe Seite 173). Die schlanken Jäger sind ihren Menschen innig, zärtlich und liebevoll zugetan und erweisen sich Fremden gegenüber reserviert.
Die Orientalischen Windhunde sind die ursprünglichsten; zu ihnen gehören Afghanischer Windhund, Saluki, Sloughi und Azawakh.
Zu den Europäischen Windhunden zählen der Greyhound, der bis zu 70 km/h schnell laufen kann, der Whippet, das Italienische Windspiel, Scottish Deerhound, Irish Wolfhound, Galgo Español, Magyar Agar, Barsoi und Chart Polski.

Irish Wolfhound

Der Irische Wolfshund geht vermutlich auf die großen Windhunde der Kelten zurück. Wie der Name sagt, wurde er zur Jagd auf Wölfe, aber auch auf Hirsche und Wildschweine verwendet. Als Kampfhunde kamen sie in Schlachten zum Einsatz und waren als Geschenke für Königshäuser hoch geschätzt. Mit der Ausrottung der Wölfe wäre auch der Wolfshund in Irland gegen Ende des 17. Jahrhunderts fast ausgestorben. Um diese als Kulturgut angesehene Rasse zu erhalten, rekonstruierte Capt. Graham sie aus den wenigen noch vorhandenen Wolfshunden, schottischen Deerhounds, Barsois und Doggen. Aus diesen Zuchtbemühungen entstand der größte Hund der Welt, der draußen seine lebhafte und in der Wohnung seine ruhige Seite zeigt. Aus verantwortungsvoller Zucht ist er sanftmütig, seinen Menschen liebevoll und treu ergeben. Er schreckt allenfalls durch seine Größe, denn typische Schutzhundeigenschaften kann man bei ihm nicht feststellen. Mit Sensibilität und Konsequenz sind Wolfhounds leicht zu führen. Erziehung muss bei einem Hund dieser Größe sein – schon das freudige Anspringen eines Passanten kann mit Verletzungen enden. Wie bei allen großen Hunden muss man bei diesem Spätentwickler der Ernährung und der richtig dosierten Bewegung im Wachstum viel Beachtung schenken, und Wohnung und Auto müssen seiner Größe gerecht werden. Leider hat die Zucht auf Größe der Gesundheit dieser Hunde erheblich geschadet und ihre durchschnittliche Lebenserwartung stark reduziert. Bei der Suche nach einem Züchter sollte auf diese Punkte und die Sozialverträglichkeit viel Wert gelegt werden.

FCI-Standard 160
Mindestgröße: Rüden 79 cm, Hündinnen 71 cm
Mindestgewicht: Rüden 54,4 kg, Hündinnen 40,5 kg

Whippet

Vor wenigen hundert Jahren war es noch dem Adel in England vorbehalten, große Windhunde zu halten. Als Alternative züchteten englische Arbeiter diesen mittelgroßen Windhund aus Greyhound, Italienischem Windspiel und hochläufigem Terrier. Er war Jagdgehilfe bei der Wilderei und später Wettobjekt bei Hunderennen, was ihm den Beinamen „Rennpferd des kleinen Mannes" einbrachte. Inzwischen hat der Whippet sich längst einen Platz als Familienhund erobert. Nach Windhundmanier ist er im Haus ein ruhiger und unauffälliger Gesellschafter, der es warm und kuschelig liebt und sich gerne eng an seine Menschen oder vorhandene Artgenossen schmiegt. Beim Freilauf zeigt der anmutige und grazile Vierbeiner jedoch, dass er alles andere als ein verzärtelter Schoßhund ist, wenn er in atemberaubender Geschwindigkeit über das Gelände flitzt. Springt dabei ein Kaninchen vor ihm auf, kommt seine Hetzveranlagung durch. Whippets lernen gern und leicht. Sie brauchen aber eine konsequente Erziehung, damit sie ihre Menschen mit ihrem Charme nicht einwickeln und den für diese Rasse notwendigen Freilauf bekommen können. Gut erzogen, sind sie leichtführige und unternehmungslustige Begleiter, die sich Menschen und Artgenossen gegenüber sozialverträglich zeigen und ihre Menschen gerne bei ihren Aktivitäten begleiten. Da ihr Fell keine Unterwolle besitzt, sollten sie bei kalten Temperaturen, wie einige andere kurzhaarige Hunde auch, mit einem Mantel geschützt werden.

FCI-Standard 162
Größe: Rüden 47–51 cm, Hündinnen 44–47 cm
Gewicht: keine Angabe

Saluki

Einst war es die Aufgabe des Salukis, genau wie vieler orientalischer Windhunde, gemeinsam mit ihrem zu Pferd oder Kamel reitenden Menschen und je nach Region auch einem Falken auf die Jagd zu gehen. Wurde ein Hase, eine Gazelle oder anderes Wild entdeckt, verwirrte der Falke es durch Angriffe auf den Kopf. Der Hund, bis dahin oft im Sattel transportiert, eilte mit atemberaubender Geschwindigkeit zur Beute und brachte sie zur Strecke. Es waren keine Kommandos für diese Jagd erforderlich, der Hund erfüllte seine Aufgabe aufgrund seiner durch Selektion geförderten Veranlagung. Die Vermischung mit Hunden anderen Typs wurde unterbunden, wodurch sie sich rein erhalten haben. Der vierbeinige Jagdgefährte war ein wertvoller Besitz und wurde hoch geschätzt. Im arabischen Raum, wo Hunde als unrein gelten, war es nur dem Windhund vergönnt, das Zelt mit dem Menschen zu teilen. Es ist auch heute noch die windhundtypische Eigenschaft, sich in der Wohnung ruhig und unauffällig zu verhalten. Im Freien zeigen sie dann ihr ganzes Temperament. Salukis, früher auch Persische Windhunde genannt, sind ideale Gefährten für einfühlsame Menschen, die die nötige Konsequenz besitzen, trotz dieser schönen Augen auf die Ausführung geforderten Verhaltens zu bestehen. Sie sind gute Begleithunde und lernen leicht und gern. Im Gegensatz zu Afghanischen WIndhunden sind Salukis ausdauernder und schätzen sportliche Menschen an ihrer Seite.

FCI-Standard 269
Größe: durchschnittlich zwischen 58–71 cm, Hündinnen proportional kleiner
Gewicht: keine Angabe

So sind Hunde

Damit Sie mit Ihrem Hund kommunizieren und eine vertrauensvolle Beziehung aufbauen können, ist es wichtig zu wissen, wie er seine Umwelt erlebt und wie er sich mitteilt. In diesem Kapitel werden die außergewöhnlichen Sinne des Hundes und die Grundlagen seiner Körper- und Lautsprache beschrieben.

Besser verstehen

Hunde handeln zielgerichtet – genau wie Menschen – um ihre Bedürfnisse zu erfüllen. Das können u.a. sein: die Erlangung oder Sicherung von Futter, Nähe zum Menschen, ein komfortabler Liegeplatz oder die Erfüllung von körperlichen Bedürfnissen wie Fortpflanzung, Nahrungsaufnahme, ausreichend Bewegung oder Ruhe. Es ist jedoch ganz falsch, von den eigenen Bedürfnissen auf die des Tieres zu schließen, also den Hund zu vermenschlichen und dabei die Antriebe, Bedürfnisse und Erfahrungen nicht in Betracht zu ziehen oder nicht zu berücksichtigen, die hinter seinem Verhalten stecken.

Bewegung ist ein Grundbedürfnis von Hunden..

Denken Hunde menschlich?

Wie ein Hund sich in bestimmten Situationen verhält, hängt von vielen verschiedenen Faktoren ab. Dabei spielen Veranlagungen eine genauso große Rolle wie die Erfahrungen des Hundes und daraus erlerntes Verhalten. Auch sein Gesundheitszustand, sein Hormonstatus und die sich daraus ableitende Erregbarkeit, seine Sinneswahrnehmungen und das Verhalten der anwesenden Artgenossen oder Menschen und die Umgebung tragen dazu bei. So muss das Verhalten eines Hundes je nach Situation immer wieder neu bewertet werden, und nicht alle in sein Handeln einfließenden Faktoren sind für den Menschen erkennbar. Wer sich intensiv mit Hundeverhalten beschäftigt, wird besser interpretieren und vorhersehen können, wie sein Hund reagiert. Er weiß, dass auch für den Menschen verborgene Faktoren das Hundeverhalten beeinflussen. Wenn ein Hundehalter das berücksichtigt, kommt er erst gar nicht in die Verlegenheit, unerwünschtes oder unangebrachtes Verhalten mit dem Satz: „Das hat er ja noch nie gemacht!", entschuldigen zu müssen. Im Gegenteil: Sie können dann vorausschauend handeln, steuern und souverän reagieren.

Unterschiedliche Wahrnehmung

Wenn man Sie und Ihren Hund im Anschluss an einen Spaziergang nach den jeweiligen Eindrücken befragen könnte, würde jeder von ganz anderen Erlebnissen berichten.

Während Sie an diesem Frühlingstag vielleicht von den herrlich blühenden Apfelbäumen am Wegesrand schwärmen, ist Ihr Hund ganz aufgeregt, weil er gerochen hat, dass die Nachbarshündin läufig wird und ein fremder Rüde in seinem Territorium markiert hat.

Sie sind vielleicht genervt, weil Sie Ihren Hund nun in die Badewanne stecken müssen, denn er hat sich in stinkendem Aas gewälzt. Ihr Hund ist genervt, weil Sie ihm das Vergnügen nicht gegönnt und ihn – aus seiner Sicht viel zu früh – weggezogen haben.

Sie verstehen nicht, warum Ihr Hund sich jedes Mal aufs Neue laut kläffend und Zähne fletschend in die Leine hängt, wenn er Rocky von nebenan begegnet. Ihr Hund kann aber wieder einen Erfolg für sich verbuchen: Er hat sich, Sie und die ganze Situation gerettet, weil er dem Nachbarshund ordentlich die Meinung gegeigt und wieder einmal Schlimmeres verhindert hat (siehe Seite 115).

Hunde haben eine ganz andere Wahrnehmung als Menschen, sowohl die Sinneseindrücke als auch die Körpersprache betreffend. Je besser Sie verstehen, wie Ihr Hund seine Umwelt wahrnimmt, desto besser können Sie sich in ihn einfühlen und mit ihm kommunizieren.

Die Welt der Hunde

Hunde sind uns mit ihren Sinnen in fast allen Bereichen überlegen. Sie können besser riechen, hören und in der Dämmerung Dinge erkennen, wo wir nur noch Dunkelheit sehen. Alle diese Fähigkeiten sind das Ergebnis einer langen Entwicklung und der Spezialisierung zum Laufraubtier.

Hören

Hunde können zur Ortung von Geräuschen ihre Ohren getrennt voneinander bewegen. Am besten geht das mit aufrecht stehenden Ohren, wie der Wolf und viele ursprüngliche Hundetypen sie haben. Das äußere Ohr fängt dabei den Schall auf und leitet ihn zum inneren Ohr weiter. Aber auch Hunde mit Schlappohren verfügen noch über ein erstaunlich gutes Gehör, man kann sich das vielleicht ähnlich vorstellen wie bei einem Menschen, der locker die Hände vor die Ohren hält. Bemerkenswert ist die Fähigkeit der Hunde, auch Frequenzen in höheren Bereichen wahrzunehmen. Sie sind durchaus in der Lage, Geräusche bis zu etwa 50.000 Hz zu hören. Jugendliche Menschen bringen es immerhin auf bis zu 20.000 Hz, Erwachsene hingegen auf nur bis zu 16.000 Hz. Das erklärt, warum Hunde auf den Pfiff einer für uns lautlos scheinenden Pfeife reagieren. Für ein Raubtier ist diese Fähigkeit nützlich, weil es dadurch Beutetiere orten kann, die in diesen Hochfrequenzen kommunizieren, wie Nager und Hasenartige. Seien Sie also nicht überrascht, wenn Ihr Hund plötzlich mitten auf einem Acker stehen bleibt und wild ein Loch buddelt, denn er hat bestimmt gehört, dass sich darunter eine Maus oder ein Mäusenest verbirgt. Wundern Sie sich auch nicht, wenn er in der Wohnung aus heiterem Himmel ganz aufgeregt bellt: Er hat sicher etwas Spannendes gehört, dass Ihren Ohren verborgen geblieben ist.

Riechen

Besonders imponierend ist der fantastische Geruchssinn der Hunde. Reckt ein Hund seine Nase in den Wind, kann er Düfte aus weiter Entfernung wahrnehmen. Schnüffelt er am Boden, vermag er der Spur eines Menschen zu folgen, etwa weil er dessen mikroskopisch kleine Hautschuppen bzw. deren Zersetzungsprodukte riecht. Dass ein Hund ein millionenfach besseres Geruchsvermögen als der Mensch besitzt, verdankt er verschiedensten Mechanismen. Jeder davon ist allein schon effektiver als bei uns. Eine höhere Atemfrequenz bringt mehr Luft und damit mehr Duftmoleküle in die Nase. Die Riechschleimhaut des Hundes besitzt eine unregelmäßige Oberfläche, ist viel größer als die des Menschen und dichter mit Riechzellen besetzt: beim Menschen sind es ca. 10 bis 15 Millionen, beim Hund durchschnittlich etwa 150 bis 200 Millionen, je nach Größe und Rasse. Bei der Atmung entstehende Turbulenzen verwirbeln die Luft in der Nase, verteilen diese gleichmäßig und erhöhen so die Wahrscheinlichkeit, dass ein Duftmolekül auf eine Riechzelle trifft. Von dort werden die Informationen über ein dicht angelegtes Nervennetz an das Gehirn weitergeleitet und verarbeitet. Insgesamt sind rund 10 Prozent des Gehirns mit der Verarbeitung von Dufteindrücken beschäftigt.
Durch die Zucht entstanden wahre Spezialisten, für die es ein Kinderspiel ist, aus einer millionenfachen Verdünnung noch ein Duftmolekül zu erschnuppern.

Links: Die unabhängig voneinander beweglichen Ohren orten Geräusche aus verschiedenen Richtungen.

Rechts: Hunde können Duftmoleküle noch in millionenfacher Verdünnung wahrnehmen.

Am meisten ragt dabei der Bloodhound heraus, der von allen Hunden die beste Nase hat.
Natürlich kann man einen Hund nicht einfach losschicken, um jemanden zu suchen oder einen Gegenstand zu finden. Damit ein Hund weiß, wonach er suchen muss, braucht es entsprechendes Training (siehe Seite 166). Die Möglichkeiten dabei sind beinahe unbegrenzt, und fast jeder hat schon von Rettungshunden gehört, die Vermisste suchen oder nach Erdbeben Verschüttete aufspüren. Heute werden Hunde auch von Polizei und Grenzschutz eingesetzt, um z. B. Drogen, Brandbeschleuniger, Bargeld, Tabak oder andere Schmuggelware aufzuspüren. Hunde erschnüffeln die Delikatesse Trüffel im Wald oder krank machenden Schimmelpilz in der Wohnung. Sie können anhand von chemischen Veränderungen im Körper epileptische Anfälle oder Unterzuckerung ihres Menschen vorausahnen. Es laufen sogar Studien, die prüfen, ob Hunde anhand der Atemluft erkennen können, ob ein Mensch unter Krebs leidet.
Die Nase des Hundes ist unverzichtbar für deren Kommunikation, denn die Vierbeiner tauschen wichtige Informationen über Körperdüfte aus. Deswegen werden Kot (daran haften Sekrete aus den Analdrüsen, die Duftinformationen enthalten) oder Urin von Artgenossen genau berochen. Körperdüfte verraten einem Hund eine Menge über Menschen und Artgenossen. Pheromone (Duftstoffe) spielen bei der Sexualität, der Sozialisierung und Bindung sowie der Mutter-Kind-Beziehung eine wichtige Rolle. Sie dienen je nachdem der Reviermarkierung oder helfen beim Aufbau von Vertrauen. Verarbeitet werden diese Informationen in der Nasenhöhle im Vomeronasalorgan (Jakobson`sches Organ), von dort werden sie an das Limbische System des Gehirns weitergeleitet, wo die emotionalen Reaktionen des Hundes gesteuert werden. Hunde können zudem bestimmte Hormone riechen. Daraus setzt sich ein ganz bestimmtes Bild des anderen zusammen – ein unverkennbarer Geruch, der zusätzlich etwas über sein momentanes Befinden aussagt. Dementsprechend wird der Hund auch sein Verhalten gegenüber dem anderen anpassen.
Ob zwei Hunde sich riechen können, wird zumeist schon bei der ersten Begegnung durch mehr oder weniger ausgiebiges Beschnüffeln, besonders der Analregion, festgestellt. Der Duft verrät z. B. den Hormonstatus des anderen Hundes, etwa ob es sich um einen potenten Rüden handelt oder in welchem Abschnitt des Zyklus sich eine unkastrierte Hündin befindet. Wenn möglich, sollte man Hunden die Gelegenheit zum Beschnuppern lassen, denn nur dann können sie sich ein komplettes Bild vom anderen machen. Jedoch halten nur souveräne Hunde den Schwanz hoch und lassen dadurch ein Beschnuppern der Analregion zu.
Wir kommen in der Kommunikation mit unseren tierischen Gefährten schon ein ganzes Stück weiter, wenn wir akzeptieren und einkalkulieren, dass sie insbesondere durch ihr Geruchsvermögen Informationen von uns und von anderen Hunden haben, die wir in der Regel nicht in die Beurteilung einer Situation einfließen lassen können.

Sehen

Hunde können mit durchschnittlich 250 Grad (ein Hundeauge allein 150 Grad) ein wesentlich größeres Gesichtsfeld überblicken als der Mensch mit nur rund 180 Grad. Diese Fähigkeit geht aber durch die geringere Überschneidung der Sichtfelder zu Lasten des räumlichen Sehens. Durchschnittlich beträgt die Überschneidung beim Hund 45 Grad, kann aber auch je nach Form des Kopfes und der Lage der Augen größer oder geringer sein. Beim Menschen beträgt die Überschneidung etwa 130 Grad.
Gegenüber dem Menschen besitzen Hunde eine leicht verkrümmte Hornhaut, was zusammen mit anderen Faktoren für eine vermutlich geringere Sehschärfe verantwortlich ist. Bewegt sich ein Beutetier nicht, kann der Hund es oft nur schlecht erkennen. Die Fähigkeit der Hunde, ihre Linsen scharf zu stellen, ist auch geringer als beim Menschen. Besonders bemerkbar macht sich das, wenn sich ein Gegenstand direkt vor ihm befindet, dieser wird oft einfach übersehen.

Räumliches Sehen ist bei Hunden nicht so gut ausgeprägt wie beim Menschen.

Größere Unterschiede bestehen in der Art des Sehens, so können Hunde Farben nicht so deutlich erkennen und differenzieren. Grund dafür ist die Zusammensetzung der Sehzellen, der sogenannten Stäbchen und Zapfen. Letztere sind für die Wahrnehmung von Farben und das scharfe Sehen bei Helligkeit verantwortlich. Der Mensch besitzt drei Zapfentypen, der Hund nur zwei. Der eine Zapfentyp ist für einen Wellenlängenbereich zuständig, der dem Vierbeiner wahrscheinlich blau erscheint, der andere vorwiegend gelb. Die Farbe Rot kommt im Farbspektrum des Hundes überhaupt nicht vor und er kann auch nicht unterscheiden zwischen Rot, Gelb und Grün. Zudem sind die Zapfen beim Hund in einem geringeren Verhältnis gegenüber den Stäbchen vorhanden als beim Menschen.
Die große Anzahl von Stäbchen hat aber auch einen Vorteil, denn sie sind für das Erkennen von Graustufen und das Hell-Dunkel-Sehen zuständig. Diese lichtempfindlichen Sehzellen ermöglichen es den Vierbeinern, selbst in der Dämmerung recht gut sehen zu können. Optimiert wird das Hell-Dunkel-Sehen durch eine reflektierende Schicht hinter der Netzhaut (Tapetum lucidum), die das Licht auf die Sehzellen zurückwirft, wodurch das vorhandene Restlicht besser ausgenutzt wird.

Tasten

Der erste Sinn, auf den ein Welpe vertrauen kann, ist der Tastsinn. Die Berührung einer Zitze mit der Nase löst einen Reiz aus, der Welpe öffnet das Maul, umschließt die Zitze und saugt – nur so kann er sein Überleben sichern.
Im Zusammenhang mit dem Tastsinn fallen besonders die Tasthaare (Sinushaare) auf. Man findet sie vorwiegend an den Lefzen hinter der Nase, an den Wangen und über den Augen. Sie sind lang und fest, in der Haut mit Nerven verbunden und somit besonders empfindlich. Stoßen die Tasthaare über den Augen an einen Gegenstand, wird die Information über Nervenbahnen an das Gehirn weitergeleitet: Die Augen schließen sich sofort, um Verletzungen zu vermeiden. Hunde spüren auch mit ihrer Nase, den Lefzen, der Zunge und den Ballen Berührungen, Bewegungen der Luft, Wärme und Beschaffenheit der Objekte, mit denen sie Kontakt haben. Weitere, nicht so stark ausgeprägte Tastrezeptoren sind im ganzen Körper verteilt, die meisten direkt in der Haut. Der Tastsinn erfüllt viele Funktionen. Berührungen sind für Hunde wichtig, das beginnt schon beim Kontaktliegen der Welpen. Streicheln, Kraulen und Massieren werden von den meisten Hunden als sehr angenehm empfunden und stärken die Beziehung zum Sozialpartner, sei es ein Artgenosse, ein Mensch oder auch eine zum Haushalt gehörende Katze. Es ist wissenschaftlich erwiesen, dass sich bei einem Menschen der Blutdruck senkt, wenn er einen Hund streichelt. Auch bei Pferden sinkt der Blutdruck bei der Körperpflege. Warum sollte der Hund nicht auch so positiv reagieren? Körperkontakt ist ein großer Bestandteil der Kommunikation. Eine liebevolle Berührung als Bestätigung kann je nach Hund eine effektivere Belohnung sein als ein Leckerchen. Durch bestimmte Berührungen wie das Lecken der Mundwinkel des Sozialpartners kann ein Hund seine Untergebenheit oder Verbundenheit signalisieren oder

Am ganzen Körper und im Mund befinden sich Tastrezeptoren.

Die Drei verstehen sich und genießen die innige Nähe.

durch Aufreiten seine Überlegenheit verdeutlichen. Sorglosigkeit und Vertrauen gegenüber seinem Menschen zeigt ein Hund, wenn er sich entspannt auf den Rücken legt und es zulässt und genießt, an seinem empfindlichen Bauch gestreichelt zu werden. Das Schmerzempfinden ist ein unerlässlicher Schutzmechanismus des Körpers. Schmerz bedeutet, dass man sich möglichst schnell dieser Situation entziehen oder diese künftig meiden muss, um den Körper vor (weiteren) Schäden zu bewahren. Hat etwa ein Hund einmal schmerzhafte Erfahrungen mit den Krallen einer Katze gemacht, wird er Katzen künftig aus dem Weg gehen oder sein Verhalten gegenüber den Samtpfoten so anpassen, dass voraussichtlich keine Schmerzen zu erwarten sind. Welpen müssen im Spiel mit Artgenossen erst lernen, wie fest sie zubeißen und wie wild sie toben dürfen, ohne dem Spielpartner Schmerzen zuzufügen (siehe Seite 135). Das Empfinden von Wärme oder Kälte ermöglicht es dem Hund, Anpassung an die Umgebungstemperatur vorzunehmen und sich vor zu starker Hitzeeinwirkung zu schützen. Ist einem Hund heiß, wird er Schatten aufsuchen und automatisch hecheln, um durch die dabei entstehende Verdunstungskälte seine Körpertemperatur zu senken. Auch ein Bad sorgt für Abkühlung.

Schmecken

Hunde können den Geschmack von salzig, bitter, sauer, süß und einige Aminosäuren unterscheiden, sie verfügen aber nur etwa über ein Siebtel der Geschmackszellen des Menschen. Daher spielt der Geschmack bei Ihnen eine geringere Rolle – wichtiger ist für sie der Geruch der Nahrung. Je länger ein Happen im Mund verbleibt, desto besser können sich die Aromastoffe verteilen und die Nase erfreuen. Da Hunde jedoch eher schlingen als genüsslich kauen, kommt es mehr darauf an, wie ein Nahrungsmittel vor der Aufnahme duftet. Was gut riecht, schmeckt auch gut! Wenn Sie Ihren Hund also von einem Futtermittel überzeugen wollen, müssen Sie es ihm nicht schmackhaft machen, sondern wohl riechend.

Verstehen Sie „hündisch"?

Kommunikation ist die Verständigung untereinander. Dabei werden Informationen von einem Sender zu einem Empfänger übermittelt mit der Absicht, das Verhalten des Empfängers gezielt zu beeinflussen. Zur Informationsübermittlung werden Signale eingesetzt. Ziel der Kommunikation sollte es sein, die

Aus der Sicht des Hundes wirkt die freundliche Begrüßung bedrohlich: Die stark angelegten Ohren zeigen Unwohlsein. Besser wäre es, in die Hocke zu gehen.

Information durch Signale so klar zu übermitteln, dass der Empfänger diese eindeutig versteht.
Beispiele: Sofern Ihr Hund das Kommando „Sitz“ beherrscht, setzt er sich hin, wenn Sie (als Sender) ihm (als Empfänger) das entsprechende Hör- oder Sichtzeichen (Signal) geben. Aufgrund des Signals hat der Hund sein Verhalten angepasst.
Oder Ihrem Hund drückt die Blase und er muss dringend nach draußen. Er (Sender) geht zur Terrassentür und kratzt daran (Signal). Daraufhin öffnen Sie (Empfänger) die Tür. Sie haben auf das Signal des Hundes reagiert und das gewünschte Verhalten gezeigt.
Es gibt aber auch unbeabsichtigte Kommunikation, die beispielsweise nur dem Empfänger nutzt. Das ist etwa dann der Fall, wenn ein Hund (Empfänger) sich von einem anderen (Sender) abschaut (Signal), wo es leckeres Futter gibt, obwohl der Sender es lieber für sich behalten würde. Unbeabsichtigte Kommunikation kommt auch vor, wenn ein Mensch beim Geben eines Kommandos durch eine laute Stimme Selbstbewusstsein ausdrücken möchte, seine Körpersprache ihn aber als unsicher entlarvt. Der Hund wird daraus seine Schlussfolgerung ziehen und eventuell nicht das geforderte Verhalten zeigen. Die Kommunikation von Hunden ist ein komplexes Zusammenspiel von Mimik, Körpersprache, Körperdüften (siehe Seite 42) und Lautäußerungen. Ein Mensch wird sich niemals vollkommen auf der Ebene des Hundes mit seinem Vierbeiner verständigen können, dazu fehlt es ihm schlicht an den Möglichkeiten der Sinneswahrnehmung. Doch mit Einfühlungsvermögen, guter Beobachtungsgabe und Übung sowie dank der Anpassungsfähigkeit der Hunde werden Sie auf einer Ebene kommunizieren können, die Ihr tierischer Gefährte versteht.

Körpersprache

Mimik und Körpersprache des Hundes werden oft auf eine ganz einfache Formel reduziert. Beliebtestes Beispiel ist die Rute, es heißt dann: „Wenn der Hund wedelt, ist er fröhlich.“ So einfach ist die Interpretation des Ausdrucksverhaltens jedoch nicht. Bei der Bewertung des hundlichen Ausdrucksverhaltens muss man immer die Gesamtsituation erfassen. Wenn ein Hund wedelt, kann das z. B. im Zusammenhang mit einer Spielaufforderung erfolgen oder als Ausdruck starker Erregung gewertet werden (z. B. peitschenartiges Wedeln vor einem Kampf). Bei der Analyse des Ausdrucksverhaltens eines Hundes muss man zusätzlich zur Situation auch die gesamte Körperhaltung, die Haare (z. B. Aufstellen des Nackenfells), die Stellung von Rute und Ohren, die Gesichtsmimik und die Körperspannung einbeziehen.
Im Laufe der Domestikation haben Hunde besser als alle anderen Tiere gelernt, den Menschen zu verstehen, seine Gesten zu interpretieren und seine Signale zu deuten. Sie sind darin sogar noch den uns so nahe verwandten Schimpansen überlegen, wie Wissenschaftler des Max-Planck-Instituts für evolutionäre Anthropologie und der Harvard University (Camridge/USA) in einer 2002 veröffentlichten Studie festgestellt haben. Dass diese Fähigkeiten im Laufe der Jahrtausende dauernden Selektion erworben wurden, beweisen vergleichende Tests mit von Menschen aufgezo-

Der Welpe zeigt durch das „Auf-den-Rücken-legen“, dass er sich unterordnet.

Schwierige Körpersprache

Folgende Gesten wirken reduzierend oder bedrängend auf den Hund, manche Hunde können dann auch mit Abwehr reagieren (vor allem fremde Hunde):

- Sich über ihn beugen
- Sich schnell auf ihn zu bewegen
- Seinen Bewegungsspielraum einschränken
- Erzwungener Körperkontakt, wie den Hund zu umarmen und ihn zu drücken
- Auf den Kopf tätscheln
- Sich „groß“ machen vor dem Hund, z. B. sich aufzurichten und die Arme in die Hüften zu stemmen
- Ihn direkt anschauen (fixieren)

Der Hund rechts versucht durch die Vorderkörpertiefstellung die Aufmerksamkeit des Hundes in der Mitte zu erlangen. Dieser demonstriert durch das Kauen auf einem Ast Gleichgültigkeit. Der Hund links tut so, als interessiere ihn das ganze Geschehen nicht. Nachdem die Aufforderung keinen Erfolg hatte, rückt der rechte Hund seinem Artgenossen in der Mitte nun auf die Pelle, um seinem Anliegen Nachdruck zu verleihen. Der Hund links nutzt die Gelegenheit, um sich durch Aufreiten wichtig zu machen. Der Hund in der Mitte fühlt sich bedrängt und versucht, die anderen durch das Fletschen der Zähne auf Abstand zu halten (aggressive Kommunikation).

genen Wölfen: Diese sind in der Kommunikationsfähigkeit mit dem Menschen den Hunden unterlegen.

Hunde besitzen eine hohe soziale Intelligenz, die beim Aufbau und der Pflege von Beziehungen und der Kommunikation unerlässlich ist. Neben den geruchlichen Informationen spielen auch die körpersprachlichen eine wichtige Rolle. Hunde „lesen" ihre Menschen – mehr, als es uns oft lieb ist. Ihnen bleibt keine Geste, kein noch so kleines Zucken mit den Augenbrauen oder Mundwinkeln verborgen. Aus diesem Grund können Sie viel besser mit Ihren körpersprachlichen Ausdrucksmöglichkeiten auf Ihren Hund einwirken als mit Ihrer Stimme. Unbedachte Gesten können hingegen dazu führen, dass Ihr Vierbeiner sich von Ihnen unabsichtlich bestätigt, bedrängt oder provoziert fühlt.

Vermeiden Sie es, einen Hund körpersprachlich zu bedrängen, wenn Sie ihn loben oder eine Situation positiv belegen wollen. Besser ist es dann:

- sich vor den Hund zu knien
- sich mit normaler Geschwindigkeit in seine Richtung zu bewegen
- keinen engen Körperkontakt zu erzwingen
- den Hund nach Ansprache an Brust, Hals oder Vorderkörper streicheln
- ihm nicht direkt in die Augen zu schauen, sondern leicht an ihm vorbei

Wenn Sie Ihren Hund korrigieren (siehe Seite 124), z. B. weil er sich auf Kommando nicht hinsetzt, ist es hingegen sehr effektiv, wenn Sie dies durch Ihre Körpersprache unterstreichen. Oft reicht es schon aus, die Augenbrauen hochzuziehen, ihn ernst anzuschauen

Die Hündin links zeigt sich bei der Begrüßung unterwürfig (geduckte Körperhaltung, zurückgelegte Ohren, ausweichender Blick). Die Hündin rechts präsentiert sich selbstsicher (leicht vorgestellte Ohren und Körperhaltung).

Blick trainieren

Für den ungeübten Zuschauer ist es oft schwer, die feinen Unterschiede im Ausdrucksverhalten eines Hundes auf die Schnelle zu erkennen. Sie können Ihren Blick aber sensibilisieren, indem Sie bei jeder passenden Gelegenheit Hunde im Umgang miteinander beobachten. Wenn Sie mit Ihrem Hund eine Hundeschule besuchen, können Sie den Trainer bitten, das Verhalten der Hunde zu erläutern. Es gibt auch spezielle Seminare und Workshops, um diese Fähigkeit zu schulen. Die Beziehung zu Ihrem Hund wird davon sehr profitieren.

oder sich nur einige Zentimeter nach vorne zu beugen, damit er sich setzt. Bei Distanzübungen (siehe Seite 134) erreicht man das Gewünschte oft, indem man schnell auf den Hund zu läuft.

Beschwichtigungs- und Konfliktsignale

Beschwichtigungssignale (Lecken der eigenen Mundwinkel, Lecken z. B. der Schnauze des Artgenossen oder Mundwinkel des Menschen, sich klein zu machen oder pföteln) können eingesetzt werden, um das Gegenüber freundlich zu stimmen – sie können aber auch in anderen Zusammenhängen gezeigt werden und dann nicht als Beschwichtigungssignale eingesetzt werden. Ein Hund kann Beschwichtigungssignale bei der Begrüßung zeigen oder um eine spannungsgeladene Situation nicht eskalieren zu lassen, z. B. eine zu erwartende Bestrafung zu vermeiden. Auf Beschwichtigungssignale und unterordnende Gesten sollte man positiv reagieren, etwa durch ein nettes Wort oder eine sanfte Berührung. In den vergangenen Jahren wurden viele Verhaltensweisen der Hunde den Beschwichtigungssignalen zugeordnet, doch letztendlich beschränkt es sich auf die oben aufgezählten – so ist z. B. Markieren keine Beschwichtigung!

Konfliktsignale werden hingegen gezeigt, wenn ein Hund im Konflikt steht: sei es, weil er etwas nicht tun darf, was er tun möchte, er zwei sich widersprechende Dinge gleichzeitig ausführen möchte oder mit der Beurteilung einer Situation überfordert ist. Die Konflikthandlung scheint dann ohne jeden erkennbaren Zusammenhang zur Ausgangssituation ausgeführt zu werden (Übersprungshandlung) oder wird umgelenkt, indem der Hund seine Handlung nicht auf den Auslöser konzentriert, sondern auf einen zufällig anwesenden Artgenossen, Menschen oder Gegenstand umlenkt (Umorientiertes Verhalten, der Hund beißt z. B. in seine Leine, statt den ihm gegenüberstehenden drohenden Artgenossen). Konflikthandlungen haben oft den Anschein, als müsste der Hund sich abreagieren und „Dampf ablassen“. Häufig gezeigte Übersprungshandlungen sind z. B. züngeln, schütteln, niesen, Gegenstände aufnehmen, sich kratzen, gähnen, fressen (auch Gras) oder trinken. Während des Trainings kann man immer wieder beobachten, dass Hunde sich nach Auflösung eines Kommandos schütteln. Darf ein angeleinter Hund nicht zu einem Artgenossen, fängt er vielleicht plötzlich an, Gras zu fressen oder ganz geschäftig am Boden zu schnuppern. Beispiele gibt es viele und Sie werden an Ihrem Hund bestimmt noch etliche entdecken. In Maßen gezeigte Übersprungshandlungen sind in der Regel ein Zeichen für leichte Anspannung und Konzentration und müssen nicht negativ bewertet werden: Zeigt ein Hund gelegentlich Konfliktsignale, heißt das noch nicht, dass Sie ihn aus der Situation „retten“ müssen. Auch Sie knibbeln sich vielleicht am Ohrläppchen, wenn Sie ein unangenehmes Telefonat führen müssen, um das Sie sich lieber drücken würden oder kratzen sich am Kopf, während Sie sich stark konzentrieren. Ein gesundes Maß an Anspannung ist wichtig für den Organismus und Voraussetzung, um den Alltag zu bewältigen und auch schwierige Aufgaben meistern zu können. Deswegen sollten Sie bei Ihrem Hund auch nicht ständig nach Konfliktsignalen suchen: Das dauernde Anschauen setzt ihn unter einen erheblichen Druck oder macht ihn zu wichtig (siehe Seite 93).
Je häufiger und ausgeprägter Konfliktsignale gezeigt werden, desto größer ist die Anspannung des Hundes in dieser Situation, was ein Anzeichen dafür sein kann, dass der Hund nicht zu bewältigenden Stress empfindet. Dann sollten Sie überlegen, den Hund aus der Situation herauszunehmen.

Gähnen ist ein Zeichen von Müdigkeit oder eine Übersprungshandlung – aber kein Beschwichtigungssignal.

Situationsbedingte Reaktion

In der Regel reagieren Hunde mit Konflikt- oder Beschwichtigungssignalen (siehe Seite 46), wenn ein Mensch sie herzhaft umarmt, sich über sie beugt oder auf den Kopf tätschelt. Ein Hund, der eine enge und stabile Beziehung mit seinem Menschen hat und diesen als verlässlichen Partner ansieht, wird sich nicht immer sofort bedrängt fühlen, wenn der Mensch sich z. B. über ihn beugt, sondern kann in der Regel am Gesamteindruck einschätzen, ob der Zweibeiner in diesem Moment freundlich gestimmt ist.

Stress

Ob eine Situation vom Hund als stressig empfunden wird, hängt individuell vom Tier ab. Bei der Beurteilung gibt es kein objektives Maß, vielmehr handelt es sich um eine subjektive Einschätzung des Hundes, ob und in welchem Rahmen eine Situation beeinflusst und kontrolliert werden kann. Eine gute Sozialisation trägt dazu bei, dass ein Hund besser mit stressigen Situationen umgehen kann und diese eher als zu bewältigende Aufgabe ansieht.

Die Auswirkungen von Stress auf den Körper hängen unter anderem mit dem Hormonsystem zusammen. Bei kurzzeitigem Stress produziert der Körper Kampf- und/oder Fluchthormone (Adrenalin und Noradrenalin). Diese bewirken im Körper eine bessere Durchblutung und bessere Verbrennung des Blutzuckers und erhöhen dadurch die Leistungsfähigkeit und Aufnahmefähigkeit. Der Hund kann besser und schneller auf eine als gefährlich eingestufte Situation (z. B. einen Angriff) reagieren – Körper und Geist arbeiten auf Hochtouren. Dieser kurzzeitige Stress bleibt ohne schädliche Folgen für den Körper.

Für den Hund schädlich ist allerdings ein übermäßiger bzw. dauerhafter Stress. Der Körper produziert dabei Kontrollverlusthormone (Cortison, Cortisol und Corticosteron). Diese dämpfen die Grundaktiviät des Hundes: z. B. nehmen Lernbereitschaft, Gedächtnisvermögen, Neugier und Kontaktbereitschaft ab. Dauerhafter Stress wirkt sich negativ auf den ganzen Körper aus, kann schwere Erkrankungen zur Folge haben und im Extremfall zum Tod führen: Er muss unbedingt vermieden werden.

Haben Sie die Vermutung, dass Ihr Hund Dauerstress ausgesetzt ist (beispielsweise wenn zwei Hunde im Haushalt leben, die nicht miteinander verträglich sind), können Sie seinen Hormonstatus ermitteln lassen (das geht einfach mit Analysen des Speichels oder Urins), der Aufschluss über die vorhandenen Stresshormone gibt.

Lautsprache

Bellen ist die bekannteste Lautäußerung von Hunden. Im Vergleich mit dem Vorfahren Wolf fällt auf, dass Hunde wesentlich häufiger bellen. Vermutlich deshalb, weil im Laufe der Domestikation solche Hunde bevorzugt wurden, die bei Gefahr angeschlagen (gebellt) haben – für den Menschen waren sie so als Wächter nützlicher. Häufiges Bellen kann aber auch als unbeabsichtigter Nebeneffekt im Domestikationsprozess entstanden sein (siehe Seite 13). Es gibt verschiedene Formen des Bellens und die meisten Hundehalter werden bestätigen, dass sie an der Art (Tonhöhe, Dauer, Intensität) erkennen können, ob der Hund etwas von ihnen fordert, zum Spiel animieren will, einen Besucher ankündigt oder auf ein Geräusch reagiert. Bellen darf aber nicht mit Sprache verwechselt werden, denn die Laute vermitteln keine Worte im menschlichen Verständnis.

Ob und wie viel ein Hund bellt, hängt von verschiedenen Dingen ab. Die Veranlagung spielt eine Rolle, so wurde bei der Zucht einiger Rassen Wert auf wenig oder häufiges Bellen gelegt. Hunde können lernen, viel zu bellen, z. B. wenn ein Hund, der bisher „durchschnittlich“ viel gebellt hat, nun mit Artgenossen zusammen lebt, die viel bellen. Die Bellfreude kann auch durch Erziehung gesteigert werden, indem ein

Manche Hunde lachen ihre Menschen an, z. B. bei der Begrüßung. Das ist dann ein positives Signal.

Hund bei jedem Bellen von seinem Besitzer – oft auch unbewusst – bestätigt wird. Der Hund wird es dann mit großer Wahrscheinlichkeit öfter machen. Die Lautäußerungen von Hunden beschränken sich aber nicht nur auf das Bellen, sondern sind recht vielfältig. So heulen einige Hunde, weil sie Kontakt zu abwesenden Rudelmitgliedern aufnehmen wollen und/oder um ihr Territorium abzugrenzen. Hunde knurren z. B., um andere auf Abstand zu halten oder aus Übermut im Spiel. Jammern oder Fiepen können Ausdruck von Frustration sein, etwa weil ein Hund allein zu Hause bleiben muss oder ein Rüde zu einer läufigen Hündin in der Nachbarschaft will. Je nach Hund und Situation kann es auch als Aufforderung gedeutet werden, etwa weil ein Hund nach draußen muss oder Aufmerksamkeit sucht. Manche Töne von Hunden erinnern auch eher an ein SIngen oder Grunzen. Welche Lautäußerungen ein Hund im Alltag zeigt, hängt auch von seinem Umfeld ab.
Es gibt kein universelles „Übersetzungsschema“, um die Lautäußerungen von Hunden zu interpretieren. Jeder Hundehalter muss lernen, die individuelle Ausdrucksweise seines Vierbeiners zu verstehen.
Wenn Sie Ihrem Hund ein Kommando geben, müssen Sie nicht laut sein, Ihr Hund versteht leise Töne sehr gut. Führt ein Hund ein Kommando nicht aus, liegt es nicht daran, dass er „nicht hört“ (es sei denn, bei einem wirklich hörbehinderten Hund). Vielmehr weiß er nicht, was er machen soll oder er ignoriert die Ansage. Wer hektisch rumschreit, outet sich als nicht souveräner Führer. Leise Töne führen viel eher zum Ziel und erhöhen die Aufmerksamkeit des Hundes. Trotzdem kann es manchmal angebracht sein, sein Anliegen mit einem barschen Ton zu unterstreichen. Ihre Stimme ist ein effektives Mittel, um Ihren Hund in seinem Verhalten zu bestätigen oder zu korrigieren. Dabei geht es nicht darum, den Hund den ganzen Tag anzusprechen, ihm einen Roman zu erzählen, wenn er „Sitz“ machen soll oder ihn anzuschreien, wenn er ein gegebenes Kommando nicht ausführt. Welche Worte Sie verwenden (abgesehen von Kommandos), ist im Grunde völlig unerheblich, viel wichtiger sind der Klang und Tonfall Ihrer Stimme. Hunde verstehen nicht unsere Sprache, sondern eher die damit ausgedrückten Emotionen. Wenn man in immer der gleichen Tonlage zu dem Hund spricht, kann er nicht zwischen Lob, Korrektur und Kommando unterscheiden. Versuchen Sie, Ihrem Hund über Ihre Stimme Ihr Anliegen zu vermitteln.

Vermitteln Sie mit Ihrer Stimme Stimmungen

- Seien Sie bestimmt und selbstbewusst, wenn Sie ein Kommando geben – Tonlage neutral bis auffordernd
- Seien Sie bestimmt und selbstbewusst, wenn Sie korrigieren – Tonlage neutral bis ernst, mahnend, streng oder barsch (je nach Situation)
- Seien Sie fröhlich, wenn Sie ihn loben – Tonlage normal bis hoch
- Seien Sie sanft und einschmeichelnd, wenn Sie beim Schmusen zu ihm reden – Tonlage neutral, ruhige Stimme
- Sagen Sie am besten nichts, wenn der Hund Unsicherheit oder Angst zeigt oder lenken Sie ihn aufmunternd und fröhlich ab

Bleiben Sie dabei authentisch, dann versteht Ihr Hund Sie am besten. Wer eine eher tiefe Tonlage hat, muss nicht „flöten“, um seinen Hund zu loben: Wichtiger ist es, die Stimme der Stimmung bzw. dem Anliegen anzupassen. Ähnlich ist das, wenn jemand zu Ihnen spricht, dessen Sprache Sie nicht verstehen. Dann versuchen Sie doch auch, über seine Tonlage (und seine Gestik und Mimik) zu erahnen, ob er Ihnen wohlwollend zugetan ist oder nicht.

Differenzierte Kommunikation

Unsere Hunde sind in ihrem Ausdrucksverhalten eingeschränkter als Wölfe. Doch sie besitzen trotzdem noch ein so großes und detailreiches Repertoire, dass Sie Meister der nuancierten Verständigung sind. Sie haben Auseinandersetzungen, versöhnen sich wieder, motivieren, setzen Grenzen und erziehen (siehe Abbruchsignal Seite 51), drohen, beschwichtigen und spielen. Für all das haben sie das passende Ausdrucksverhalten, das je nach Situation in seiner Intensität angepasst wird. Sie täuschen sogar, sei es, indem sie imponieren und sich größer machen oder dem Partner falsche Tatsachen vorgaukeln. So habe ich erlebt, wie mein alter Afghane Nicky zur Terrassentür lief und bellte, um dem jungen Shalim weißzumachen, dass dort jemand vorbeiging. Neugierig, wie Shalim ist, sprang er sofort auf, um nachzusehen, und ließ dabei seinen Kauknochen liegen. Nicky drehte um und holte sich den Kauknochen.

Aus Klein wird Groß

Die ersten beiden Wochen im Leben eines Welpen bezeichnet man als Neugeborenenphase. Das Hundekind kann in dieser Zeit weder hören noch sehen. Es orientiert sich durch seinen Tastsinn, sein Temperaturempfinden und seinen Geruchssinn. Mehr ist auch nicht notwendig, um die Zitzen als Nahrungsquelle und die Mutter und die Geschwister als Wärmespender zu finden. Laufen kann der Welpe noch nicht, er bewegt sich robbend vorwärts, und zwar im Kreis, um sich nicht zu weit vom Lager zu entfernen. Mit der ersten Milch, dem Kolostrum, nehmen die Welpen auch wichtige Antikörper zu sich, die für ihre Immunanwehr unerlässlich sind. Die Mutter massiert mit ihrer Zunge Bauch- und Analregion ihres Nachwuchses, um die Verdauung anzuregen. Solange der Welpe sich von Muttermilch ernährt, nimmt sie seinen Kot und Urin meist komplett auf. Wird der Welpe auf andere Nahrung umgestellt (meist beginnend in der vierten Woche), nimmt auch dieses Verhalten ab, bis die Hündin es schließlich ganz einstellt.

Vom 10. bis zum 14. Lebenstag öffnen sich die anfangs noch milchig aussehenden Augen. Mit etwa zwei Wochen reagiert der Kleine zunehmend auf Geräusche. Nun nimmt das Hundekind immer mehr von seiner Umwelt wahr. Ab der vierten Woche werden die Bewegungen koordinierter und der Welpe wird flotter – auch wenn es noch tollpatschig aussieht. Ab der fünften Woche stehen Spielen und Raufen mit den Geschwistern immer öfter auf dem Programm, und gemeinsam erkunden die kleinen Racker die immer größer werdende Welt um sich herum. Jeder Schmetterling oder jede im Wind wehende Blume sind spannende Dinge, die genau unter die Lupe genommen oder angekaut werden. Nun werden auch Auseinandersetzungen um die Position innerhalb der Welpengruppe (Rangordnung) geführt. Spielen ist für die Entwicklung eines Welpen wichtig: Es fördert Motorik und Koordinationsfähigkeit, das Erlernen der Beißhemmung (siehe Seite 135) und trägt dazu bei, welche Position ein Welpe unter seinen Geschwistern einnimmt. Dies ist auch wichtig für die spätere Strategie: Die Rangmittleren mit dem meisten Spiel sind später die besten Rudeltiere. Die Mutter gibt dem Welpen Schutz und leitet ihn an. Duftstoffe der Mutter (siehe Seite 42) beruhigen den Welpen: Auch ein Grund, warum er zwischendurch den Kontakt zu ihr sucht.

Die Zeit von der 3. bis zur 16. Woche (je nach Definition auch bis zur 12. Woche) bezeichnet man als sensible oder Sozialisierungsphase – wobei die Übergänge fließend sind und von der individuellen Entwicklung und der Rasse des Welpen abhängen. So leicht wie in der Welpenzeit fällt dem Kleinen das Lernen nie wieder in seinem Leben. Negative Erfahrungen brennen sich in sein Gedächtnis ein und können zu unerwünschtem oder gestörtem Verhalten führen. Solche Fehler in der Aufzucht eines Hundekindes lassen sich nur schwer und manchmal auch gar nicht mehr korrigieren. Deswegen ist es so wichtig, dass Welpen möglichst optimal gefördert und weder unter- noch überfordert werden. Ein abwechslungsreiches Umfeld bietet notwendige Reize (siehe Seite 123) und weitere erwachsene Hunde im Haushalt sind ideal, um Regeln des Zusammenlebens zu lernen. Natürlich müssen die Welpen auch Menschen positiv erleben.

Die Hundemutter nutzt die Zeit der Sozialiserung, um ihrem Nachwuchs Regeln beizubringen. Mitunter geht es dabei auch schon einmal rauer zur Sache, etwa mit dem Schnauzgriff (siehe Seite 126), Zwicken, Umwerfen – oft reicht aber schon strenges Anblicken der kleinen Racker. Dies dient vor allem dazu, die Kleinen vor Gefahren zu bewahren. Andererseits führt sie ihren Nachwuchs auch durch Vormachen und Motivation an unbekannte Eindrücke heran.

In der Sozialisierungsphase gibt es zwei kritische Phasen, die sich durch erhöhte Stressanfälligkeit kennzeichnen: Zwischen der vierten und fünften

Die wenige Stunden alten Rauhaardackelwelpen trinken Milch.

Löwenjäger: Stolz trägt dieser sieben Wochen alte Weimaranerwelpe seine „Beute“.

Woche und noch einmal zwischen der sechsten und achten Woche. Der Welpe muss zwar nach wie vor mit Umweltreizen vertraut gemacht werden: Dies muss aber wohldosiert geschehen. Bis zum dritten Lebensmonat ist die Artgenossenprägung abgeschlossen. Der Welpe ist auf Hunde und Menschen als enge Sozialpartner geprägt, sofern ausreichende Kontakte stattgefunden haben.

Ab dem vierten Lebensmonat bezeichnet man den Vierbeiner als Junghund. Trotzdem muss er noch viel lernen. Um den sechsten Lebensmonat (je nach Größe und Rasse auch etwas früher oder später) gibt es noch einmal eine kritische Phase. Alles Erlernte muss nun noch einmal bestätigt werden: Dazu sind klare Regeln und Orientierung von Artgenossen und Menschen wichtig.

Diese kritische Phase trifft mit der Pubertät zusammen. Das Einsetzen der Geschlechtsreife beginnt mit einem Anstieg der Geschlechtshormone. Für den Hundehalter ist dies jedoch in der Regel erst durch die Folgen erkennbar: Die Hündin macht ihre erste Läufigkeit durch (siehe Seite 252) und der Rüde hebt erstmals oder auffällig öfter das Bein. Während der Pubertät kann ein Hund (besonders ein Rüde) sehr anstrengend sein – genau wie ein Teenager. Dies hängt mit dem sich im Umbruch befindlichen Hormonhaushalt zusammen, der sich erst einpendeln muss: Dadurch entstehen Verhaltensveränderungen. Der Hund stellt nun Regeln und Anweisungen in Frage und gehorcht auch nicht mehr so zuverlässig wie vorher. Er ist auf dem Weg, ein stabile Persönlichkeit zu entwickeln und seine Beziehungen zu seinen engen Sozialpartnern und seiner Umwelt zu klären. Dazu braucht er Grenzen und Unterstützung. In Abhängigkeit von seiner Endgröße und seiner Rasse oder seinem Typ ist ein Hund mit etwa 10 bis 24 Monaten ausgewachsen. Es kann aber noch länger dauern, bis ein Hund seine geistige Reife erlangt hat.

Wer passt zu wem?

Mit einem Hund nehmen Sie ein vierbeiniges Familienmitglied bei sich auf. Da lohnt sich vorab eine genaue Prüfung, ob ein Hund in Ihre Lebensplanung passt. Wenn Sie dies von ganzem Herzen und unter Berücksichtigung aller Umstände bejahen können, geht es auf die Suche nach dem passenden Gefährten.

Vor dem Kauf

Mit dem Entschluss, für einen Hund zu sorgen, werden Sie viele neue Kompromisse eingehen. Der erste Schritt ist, sich schon vor dem Kauf Gedanken darüber zu machen, ob ein Hund zu Ihrem Lebensstil passt und es Ihnen möglich ist, seine Bedürfnisse zu erfüllen.

Für einen kleinen Hund müssen Sie genauso viel Zeit aufbringen wie für einen großen.

Finanzielle Belastung

Neben dem Kaufpreis für den Hund (siehe Seite 72) müssen Sie auch an die Grundausstattung denken. Die Aufwendungen für das Futter sind von der Größe des Hundes abhängig, dazu kommen Haftpflichtversicherung und Steuer. Letztere ist für den zweiten Hund in der Regel höher und für sogenannte Listenhunde fällt meist ein Vielfaches an. Je nach Bundesland fallen weitere Kosten an, z. B. für Anmeldegebühren, Befreiung von der Leinenpflicht etc. Informationen dazu erhalten Sie von Ihrer Kommunalverwaltung. Dann sind da noch die Kosten für Routinebehandlungen und Vorsorge beim Tierarzt. Die Behandlungskosten für schwere Erkrankungen oder Verletzungen können mehrere tausend Euro betragen. Hinzu kommen noch die Kosten für die Hundeschule, Leckerchen und Spielzeug und eventuell notwendige Maßnahmen, um Wohnung, Garten und Auto hundesicher zu machen. Im Alter wird die Versorgung eines Hundes meist kostenintensiver; dann fallen mitunter häufiger Tierarztbesuche an, der Hund benötigt vielleicht täglich Medikamente oder ein Spezialfutter.
Sind Sie bereit und auch auf absehbare Zeit in der Lage, diese finanzielle Verpflichtung zu übernehmen?

Tagesablauf und Zeitaufwand

Hunde sind enorm anpassungsfähige Tiere. Wenn Ihr neuer Hausgenosse bei Ihnen einzieht, wird er sich bald Ihren Tagesrhythmus zu Eigen machen. Doch besonders, wenn Sie das erste Mal einen Hund zu sich nehmen, oder nach eher ruhigen Jahren mit einem Hundesenior nun wieder ein Welpe bei Ihnen einzieht, kann das Ihren Alltag ganz schön auf den Kopf stellen und sehr zeitintensiv sein. Sie müssen nach dem Einzug des Hundes einige Wochen Urlaub zu Hause verbringen, um ihn mit seinem neuen Umfeld vertraut zu machen und den Grundstock für die Erziehung zu legen. Nach der Gewöhnung an das Alleinbleiben (siehe Seite 135) sollte kein Vierbeiner

Kollege Hund

Das Betriebsklima wird besser, wenn ein Hund dabei ist, die Kollegen sind nicht mehr so gestresst, die Fehlzeiten nehmen ab, die Motivation steigt und dazu noch die Produktivität – was will ein Chef mehr? Hundehalter wussten schon immer um die nun wissenschaftlich erwiesenen positiven Eigenschaften ihrer Vierbeiner, und inzwischen erlauben immer mehr Firmenleiter ihren Angestellten, Fiffi, Bella und Co. mit zum Job zu bringen. Voraussetzungen dafür sind: Der Hund fühlt sich dort wohl, kein Kollege reagiert allergisch auf Hunde, mögliche Kundenkontakte erlauben die Anwesenheit eines Hundes, der Hund besitzt einen guten Grundgehorsam, Herrchen und Frauchen achten auf Sauberkeit und der Hund wird in den Pausen beschäftigt. Sprechen Sie doch einfach Ihren Chef darauf an, vielleicht kann seine Firma auch bald von Kollege Hund profitieren.

mehr als maximal vier bis fünf Stunden täglich ohne seine menschlichen Sozialpartner verbringen müssen. Können Sie das mit Ihrem Beruf vereinbaren oder kann sich dann ein Familienmitglied oder ein Hunde liebender Nachbar um den Hund kümmern? Immer häufiger nehmen berufstätige Hundehalter auch die Dienste eines Hundesitters oder einer Hundetagesstätte in Anspruch. Noch besser: Sie haben die Möglichkeit, Ihren Vierbeiner mit zur Arbeitsstelle zu nehmen (siehe Kasten links).
Sie sollten einen Notfallplan für den Fall in petto haben, dass Ihr Hund einmal krank ist und gepflegt werden muss. Können Sie dann kurzfristig Urlaub nehmen oder auf eine kompetente Betreuung für den Patienten zurückgreifen? Findet sich auch jemand, der sich um den Hund kümmert, wenn Sie einmal krank sind?
Überlegen Sie, wie lange Ihr Hund unabhängig von einer Berufstätigkeit allein bleiben müsste oder ob er an Ihren Unternehmungen Teil haben kann.
Bei langhaarigen Tieren kommen mitunter allein durch das Bürsten und Kämmen der Haarpracht vielleicht mehrere Stunden in der Woche zusammen. Diese Zeit muss man sich nehmen, soll der Hund gut gepflegt sein.
Der Alltag mit einem Vierbeiner erfordert oft gute Organisation. Vieles ist möglich. Doch ist das auch immer hundgerecht?

Vertrauen, Erziehung und Auslastung sind die Basis, damit der Hund unterwegs so gelassen ist.

Urlaub

Die für viele schönste Zeit des Jahres macht mit einem Hund doppelt so viel Freude. Ferien mit Hund bedürfen aber sorgsamer Planung und Auswahl des Reiseziels. Je nach Urlaubsland oder Gesundheitszustand des Hundes bleibt er jedoch besser zu Hause. Können Sie ihn dann hundgerecht unterbringen (siehe Seite 178)? Sind Sie auch bereit, zugunsten des Vierbeiner einmal auf eine Urlaubsreise zu verzichten, z. B. wenn dieser krank oder sehr alt ist?

Ausgelassenes Toben mit Artgenossen kann der Mensch auch mit viel Engagement nicht ersetzen.

Logenplatz mit Aussicht – dieser Dackel hat seinen Garten im Blick.

Bewegung und Beschäftigung

Die üblichen drei Gassigänge als einzige Abwechslung des Tages lasten kaum einen Hund aus – weder körperlich noch geistig. Fast alle Rassen wurden früher für bestimmte, oft anstrengende Aufgaben gezüchtet (siehe Seite 14) und dieser Arbeitswille steckt auch heute noch in ihnen. Deswegen muss man dazu bereit sein, den Hund seinen Bedürfnissen entsprechend geistig und körperlich auszulasten. Zusätzlich benötigt der Vierbeiner häufigen Kontakt mit Artgenossen. Aus diesem Grund sollten Sie Ihrem tierischen Gefährten möglichst oft den Umgang mit anderen Hunden ermöglichen (siehe Seite 108). Haben Sie Spaß an diesen Aktivitäten?

Wohnung und Wohnumfeld

Am unabhängigsten sind Sie natürlich, wenn Sie ein eigenes Haus besitzen. Ein eigener Garten wäre schön, entbindet aber nicht von der Pflicht, täglich mehrmals mit dem Hund spazieren zu gehen und ihn darüber hinaus zu beschäftigen. Deswegen ist eine gute Infrastruktur für Spaziergänge im Grunde noch wichtiger als das Vorhandensein eines Gartens. Bietet Ihre Umgebung Ihnen dazu genug Möglichkeiten, z. B. indem Sie in der Nähe von Feld, Wald oder einem Park wohnen? Wenn nicht, sollten Sie bereit und in der Lage sein, diese Orte mit dem Auto aufzusuchen. Leben Sie in einer Eigentumswohnung, kann die Haltung von Hunden in der Teilungserklärung oder durch Beschluss der Eigentümergemeinschaft generell erlaubt oder verboten werden.
Wohnen Sie in einem Haus oder einer Wohnung zur Miete, ist es von den Formulierungen im Mietvertrag abhängig, ob Sie einen oder ggf. mehrere Hunde halten dürfen.
Am besten ist es, wenn schon im Mietvertrag die Hundehaltung erlaubt ist. Beschränkt sich das auf nur einen Hund, heißt das noch nicht, dass Sie ohne Erlaubnis des Vermieters einen zweiten aufnehmen dürfen. Diese Genehmigung (am besten schriftlich) müssen Sie sich auch einholen, wenn die Hundehaltung von der Zustimmung des Vermieters abhängt. Regelt der Mietvertrag die Hundehaltung nicht, sollten Sie sich zur Sicherheit das schriftliche Einverständnis des Vermieters geben lassen. Die Rechtsprechung dazu ist sehr uneinheitlich und von verschiedenen Kriterien abhängig, etwa der Größe

der Wohnung oder des Hundes, ob es sich um ein gemietetes Haus oder eine Wohnung handelt. Berücksichtigen Sie schon bei der Wahl des Hundes Ihre Wohnsituation. So ist ein Hund, den Sie nicht tragen können, für eine Wohnung im dritten Stockwerk eines Mietshauses ohne Fahrstuhl eine schlechte Wahl. Sie müssen immer damit rechnen, dass das Tier krank wird oder im Alter nicht mehr gut Treppen steigen kann, und dann haben Sie ein Problem. Hunde, die sich häufig gern im Freien aufhalten, dazu zählen u. a. Neufundländer, Huskys, Malamutes oder Herdenschutzhunde, sollten einen gesicherten Garten zur Verfügung haben, in dem Sie sich zeitweise aufhalten können.

Für die Erziehung des Hundes zur Stubenreinheit (siehe Seite 96) ist ein schnell erreichbares Stück Grünfläche vor dem Haus sehr hilfreich.

Bei sehr bellfreudigen Hunden ist in einem Mehrfamilienhaus der Ärger mit den Nachbarn schon vorprogrammiert, genau wie bei Hunden, die nicht gelernt haben, alleine zu bleiben und in Abwesenheit ihrer Menschen Konzerte geben. Und ein sehr geräuschempfindlicher Hund würde sich in einem lauten Stadtzentrum oder in der Nähe eines Flughafens oder Bahnhofs sicher nicht wohl fühlen.

Bieten Ihre Wohnung und Ihr Wohnumfeld den passenden Lebensraum für den in Frage kommenden Hundetyp? Sind Sie bereit, von Ihrer Wunschrasse abzusehen und einen passenderen Hund zu wählen oder gar umzuziehen, um Ihre Lebensumstände passend zu machen? Ist es für Sie selbstverständlich, im Falle eines Umzugs die Wohnung auch nach den Bedürfnissen des Hundes auszuwählen?

Zwingerhaltung

Für ein soziales Lebewesen gibt es kaum etwas Schlimmeres, als den ganzen Tag allein in einem engen Raum verbringen zu müssen: Hunde brauchen den Kontakt zum Sozialpartner. Wenn man ihnen das vorenthält, verstößt man gegen das Tierschutzgesetz. Wer einen Hund halten möchte, sollte dies in der Absicht tun, sein Leben mit dem Tier zu teilen und nicht, um eine Bellmaschine zur Bewachung des Grundstücks anzuschaffen. Gegen die zeitweise und kurzzeitige Außenhaltung, z. B. während eines zweistündigen Einkaufs, ist jedoch nichts einzuwenden, wenn der Hund ansonsten Familienanschluss hat.

Körperliche Fitness

Sind Sie gesundheitlich in der Lage oder können Sie z. B. durch ein anderes Familienmitglied sicherstellen, Ihrem Hund täglich mehrstündigen Auslauf und Beschäftigung zu bieten und ihn zu erziehen? Bedenken Sie: Bei den kleinen „praktischen" Hunden muss man sich oft bücken, sei es, um den Hund hochzuheben oder sein Verhalten zu korrigieren – das kann Ihre Bandscheibe sehr belasten. Größeren Hunden muss man entsprechend Körperkraft entgegensetzen, um sie in heiklen Situationen sicher halten zu können.

Auch ältere Menschen müssen nicht auf einen Hund verzichten, sollten aber schriftlich sicherstellen, dass der Hund gut versorgt ist, wenn sie sich nicht mehr um ihn kümmern können. Ältere Menschen profitieren sehr von einem Hund. Sie bekommen dadurch nicht nur vierbeinige Gesellschaft, sondern finden auch schneller Anschluss: Denn es gibt kaum ein schöneres Gesprächsthema als Hunde.

Sind Sie ein guter Chef?

Damit das Miteinander von Mensch und Hund funktioniert, müssen Sie Ihrem vierbeinigen Gefährten Regeln vorgeben und auf deren konsequente Einhaltung achten. Das bietet Ihrem Hund einen sicheren Rahmen, der ihm Freiheiten ermöglicht. Sie sollten der souveräne Hundeführer sein (siehe Seite 112), der alles im Griff hat. Wenn Sie über wenig Erfahrung in der Führung von Hunden verfügen und nicht zu den durchsetzungsfähigsten Menschen gehören, sollten Sie sich einen Hund auswählen, der sich leicht unterordnet und dem Sie auch körperlich gewachsen sind.

Im Zusammenleben mit einem Hund, sei es bei der Erziehung oder in Alltagssituationen, wird es immer wieder Momente „zum Haare raufen" geben. Zur Hundehaltung gehören Geduld, Toleranz und Humor. Schaffen Sie es, nicht nachtragend zu sein, wenn der Welpe Ihre Lieblingsschuhe mit vielen kleinen Löchern verziert hat?

Wie soll der Hund sein?

Überlegen Sie sich, was Sie von einem Hund erwarten und notieren Sie sich die gewünschten Eigenschaften auf einer Liste. Manche davon bringt ein Hund vielleicht schon aufgrund seiner Veranlagung mit. Andere sind von seinen bisherigen Erfahrungen, seiner Sozialisation und Ihrem Engagement bei seiner Erziehung und Führung abhängig.

Folgende Eigenschaften stehen häufig auf der Wunschliste:

Kinderfreundlich: Die kinderfreundliche Rasse gibt es nicht und ich halte es für fahrlässig, wenn für eine Rasse mit dieser Eigenschaft geworben wird. Vielmehr kommt es darauf an, welche Erfahrungen ein Hund mit Kindern gesammelt hat. Grundsätzlich sind ein strapazierfähiges Nervenkostüm, Gelassenheit und die Robustheit des Hundes, auch einmal einen derben Rempler wegzustecken, von Vorteil. Diese Eigenschaften werden häufig Labrador und Boxer zugeschrieben. Das Verhalten eines Hundes ist das Zusammenspiel vieler Faktoren, ererbten wie erworbenen – und es gibt eben nicht den Labrador und den Boxer. Ein kunterbunter Mix, ein Dackel, ein Jack Russell Terrier, ein Australian Shepherd, eine Dogge etc. können genauso geeignete oder ungeeignete „Kinderhunde" sein.
Suchen Sie den Hund auch nach der Robustheit Ihrer Kinder aus. Viele Tierheime gehen inzwischen dazu über, kräftige, ungestüme und temperamentvolle Hunde nicht in Familien mit kleinen Kindern zu vermitteln, damit die Kinder beim Spielen nicht vom Hund umgerannt oder umgeworfen werden und sich dabei verletzen.
Ob Ihr künftiger Hund sich als geeigneter Spielkamerad für Ihre Kinder erweist, hängt neben seinen Erfahrungen mit Kindern auch davon ab, welches Vorbild Sie Ihren Kindern im Umgang mit dem Hund geben und wie die Kinder unter Ihrer Anleitung mit dem Vierbeiner umgehen (siehe Seite 100).

Verträglich mit Artgenossen: Es gibt Rassen, denen die Eigenschaft zugesprochen wird, sich gut mit Artgenossen zu verstehen. Meist handelt es sich dabei um Rassen, die einst dazu gezüchtet wurden, mit anderen Hunden zu kooperieren. Doch die beste

Links: **Kein Hund wird mit dem Etikett „kinderfreundlich" geboren. Wie ein Hund sich Kindern gegenüber verhält, entscheiden vor allem seine Erfahrungen und der Umgang mit dem Tier.**

Veranlagung läuft ins Leere, wenn der Hund nicht als Welpe das richtige Sozialverhalten gegenüber Artgenossen erlernen konnte bzw. in seinem weiteren Leben nicht die Möglichkeit hatte, dies zu festigen. Zudem gibt es Rassen (oft sind es die Rüden dieser Rassen), die als rauflustig beschrieben werden.

Leicht zu erziehen: Viele Menschen wünschen sich einen „gelehrigen" Hund und verstehen darunter einen Vierbeiner, der im Training Kommandos schnell erlernt, diese willig und gerne umsetzt und auch im Alltag leicht zu lenken ist. Tatsächlich gibt es Unterschiede darin, wie Hunde lernen (siehe Seite 119). Einigen Rassen wird der „Will to please" zugeschrieben, der Wunsch, ihrem Menschen zu gefallen. Sie sind regelrecht begierig darauf, etwas für ihre Menschen tun zu dürfen. In diesem Zusammenhang werden häufig Golden und Labrador Retriever, Border Collie, Australian Shepherd und Deutscher Schäferhund genannt. Selbstlos sind diese Vierbeiner aber auch nicht, denn die Zuwendung ihres Menschen und die gemeinsame Arbeit befriedigen elementare Bedürfnisse der Hunde. Hunde aus Rassen, die von ihrer ursprünglichen Aufgabe her eng mit dem Menschen kooperieren mussten und gezielt darauf gezüchtet wurden, lernen Kommandos in der Regel leicht, darunter fallen z. B. auch viele Jagdhunderassen.
Dann gibt es auch Rassen, für deren Erziehung grundsätzlich mehr Geduld, Konsequenz und Einfühlungsvermögen notwendig sind, dazu zählen viele ursprüngliche Rassen und Hunde aus Rassen, die bei ihrer traditionellen Aufgabe selbstständige Entscheidungen treffen mussten.
Generell hat leichte Erziehbarkeit aber nicht unbedingt etwas damit zu tun, wie leicht ein Hund sich im Alltag führen lässt. So kann ein Jagdhund, wie ein Deutsch Drahthaar, zwar Kommandos leicht lernen. Doch der schwierigere Teil seiner Erziehung wird es sein, ihn soweit kontrollieren zu können, dass er nicht unerlaubt jagt. Ein schnell reagierender Hund erfordert auch einen schnell reagierenden Menschen. Sind Sie so schnell?

Wer sich einen wachsamen Hund wünscht, muss sich auf viel Gebell einstellen.

Wer seinem Vierbeiner „Schlammschlachten“ nicht gönnt, sollte besser ganz auf einen Hund verzichten.

Wachsam: Polizeistatistiken belegen, dass in Häuser mit einem Hund seltener eingebrochen wird – Hunde sind die besten Alarmanlagen. Vielen Vierbeinern ist die Wachsamkeit in die Wiege gelegt, und einige Rassen wurden speziell dafür gezüchtet. Dazu gehören etwa die klassischen Hofhunde, wie Spitz und Hovawart, aber auch viele häufig im Schutzdienst verwendete Hunde, wie Deutscher Schäferhund, Malinois, Rottweiler, Dobermann und Herdenschutzhunde. Die Größe eines Hundes hat nichts mit seiner Wachsamkeit zu tun, gute Beispiele dafür sind Dackel und Terrier, die dieser Beschäftigung mit Eifer nachgehen. Doch auch andere Hunde legen diese Eigenschaft an den Tag, die ihnen typischerweise nicht nachgesagt wird – es kommt eben immer individuell auf den Hund an. Wer sich einen wachsamen Hund zulegt, muss aber auch akzeptieren, dass das Tier in Abwesenheit seines Halters häufig anschlägt und entsprechend „Lärm“ verursacht. Ist der Mensch anwesend, kann das Bellen des Hundes bei entsprechender Erziehung gelenkt werden.

Sportlich: Der Hund nimmt als Partner bei der Freizeitgestaltung, insbesondere bei sportlichen Aktivitäten, einen immer größeren Stellenwert ein. Grundsätzlich ist jeder Hund für sportliche Aktivitäten geeignet, aber nicht jeder Hund für jede Sportart. Deswegen sollten Sie bei der Auswahl des Hundes berücksichtigen, welchen Sport Sie mit ihm gemeinsam unternehmen möchten oder den Sport an den Möglichkeiten des Hundes orientieren. Hunde mit langem Rücken und kurzen Beinen, wie Dackel, Basset, Pekingese oder einige niederläufige Bracken, lieben es z. B., mit ihren Menschen lange Wanderungen zu unternehmen. Sie sind aber, ebenso wie große und schwere Hunde, für die zur Zeit so beliebten Sportarten mit Hund wie Agility und Flyball nicht geeignet (siehe Seite 164). Für diese Sportarten eignen sich besser Rassen oder Mischlinge mit einem Körperbau, der es ihnen einfacher macht zu springen und Slalom zu laufen. Beispiele dafür gibt es viele: Schäfer- und Hütehunde, viele Jagdhunde, Terrier, Schnauzer, und immer häufiger sieht man auch Exoten wie einige Windhunderassen dabei. Besprechen Sie sich mit dem Züchter oder Tierarzt, ob ein Hund der Wunschrasse sich voraussichtlich für die beabsichtigte Sportart eignet (siehe Seite 167).

Pflegeleicht: Kurzes Fell ist pflegeleicht, langes Fell ist pflegeintensiv – so leicht lässt sich die Rechnung nicht aufmachen. Hunde mit mittellangem oder langem Haarkleid müssen mehr gebürstet werden als ihre kurzhaarigen Artgenossen – der Aufwand dafür kann erheblich sein. Bei kurzhaarigen Hunden sieht man sich hingegen oft mit vielen kleinen Haaren konfrontiert, die sich hartnäckig in Kleidung und Polster bohren und oft nur mit viel Mühe wieder entfernt werden können. Eine befreundete Hundetrainerin kann dies bestätigen: Sie hatte sich für eine Feier ein schwarzes Abendkleid geliehen. Die Gastgeber besaßen einen Hund mit weißem, kurzem Fell. Meine Freundin war am nächsten Tag drei Stunden lang damit beschäftigt, mit einer Pinzette die Haare vom Kleid zu entfernen.

Langhaarige Hunde bringen oft mehr Schmutz mit in die Wohnung als kurzhaarige. Diesen Reinigungsaufwand kann man reduzieren, indem man sich angewöhnt, dem Vierbeiner vor dem Betreten der Wohnung die Pfoten abzuwischen und einmal kurz über das Fell zu bürsten.

Einige Rassen (z. B. Pudel, einige Terrier, Schnauzer) müssen regelmäßig geschoren bzw. getrimmt werden (siehe Seite 212). Dafür müssen Zeit und – sofern man dies nicht selbst erledigen kann – zusätzliche Kosten eingeplant werden.

Nicht nur das Fell entscheidet über die Zeit, die Sie mit der Pflege verbringen, auch Gesundheitszustand und äußere Merkmale sind dafür verantwortlich. Beispielsweise ist der Pflegeaufwand größer bei Hunden, die pflegeintensive Hautfalten besitzen (siehe Seite 213), wie Mops, Shar Pei, Französische Bulldogge und größere doggenartige Hunde.
Hunde mit Hängelefzen speicheln häufig mehr. Wenn sie sich schütteln, bleiben manchmal weder Kleidung noch Möbel oder Wände verschont. Echte Liebhaber dieser Rassen schreckt das jedoch nicht.

Größe: Das erste Augenmerk bei der Beschreibung des Wunschhundes richtet sich bei den künftigen Hundehaltern meist auf die Größe. Bei dieser Frage sollte man auch immer die Wohnsituation berücksichtigen (siehe Seite 56). Große Hunde scheinen oft gelassener als ihre kleineren Artgenossen zu sein, gerade viele Zwerge verfahren offensichtlich oft nach dem Motto: „Angriff ist die beste Verteidigung". Doch ein Hund kann nur gelassen sein, wenn er einen souveränen Menschen an seiner Seite hat. Bedenklich wird die Angelegenheit, wenn man sich einen großen Hund wünscht, um das eigene Ego aufzupolieren – das kann nicht gut gehen.
Die meisten Menschen wären mit einem kleinen oder mittelgroßen Hund sicherlich besser bedient als mit einem großen. Erziehungsfehler oder Erziehungsversäumnisse sind bei einem kleinen Hund auch sehr störend und belastend, trotzdem bleibt das Tier allein wegen der rein körperlichen Überlegenheit des Menschen besser kontrollierbar als ein großer Hund mit den gleichen Defiziten. Besonders Anfänger in der Hundehaltung, körperlich eingeschränkte und ältere Menschen sollten sich deswegen besser einen Vierbeiner auswählen, dem sie auch körperlich etwas entgegenzusetzen haben. Eine Ausnahme sind die meisten Terrierrassen, die durch ihre in der Regel schier unerschöpfliche Ausdauer, Hartnäckigkeit und Durchsetzungsfähigkeit auch nur in die Hände fachkundiger Hundehalter gehören. Um Missverständnissen von vorneherein vorzubeugen: Auch kleine Hunde brauchen natürlich Erziehung und verantwortungsvolle Führung.

Auf der Suche ...

Besprechen Sie sich mit Ihrer Familie oder als Single mit jenen, die dazu vorgesehen sind, im Bedarfsfall bei der Betreuung des Hundes einzuspringen. Nur wenn alle mit der Hundehaltung einverstanden sind und sich auf den vierbeinigen Neuankömmling freuen, sollte ein Hund bei Ihnen einziehen. Notieren Sie, was Sie von einem Hund erwarten und ihm bieten können. Jede Schönfärberei geht zu Lasten des Hundes und bedeutet für Sie selbst unnötige Belastungen. Anhand dieser Aufstellung können Sie die infrage kommenden Rassen oder Hundetypen schon erheblich einschränken und nun konkret auf die Suche gehen. An dieser Stelle finden Sie ganz bewusst keine Tabelle, die Ihnen durch Zuordnung von Wunscheigenschaften die passende Rasse liefert. Dazu ist jeder Hund zu einmalig, und die Lebensumstände der Menschen sind zu vielfältig. Nicht nur Menschen, die das erste Mal einen Hund in die Familie aufnehmen wollen, kann ich nur ermuntern, gemeinsam mit einem guten Hundetrainer zu überlegen, welcher Hund am besten zu ihnen passt. Wenn Sie ein gemütlicher Typ sind, werden Sie voraussichtlich mit einem ebenfalls gemütlichen Hund eher glücklich als mit einem quirligen Powerhund.

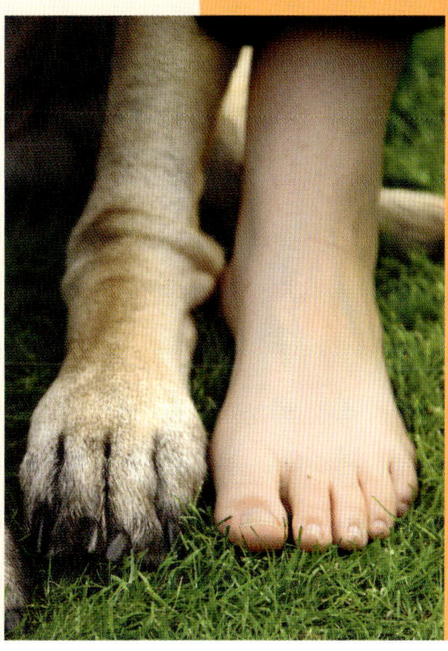

Die Pfote gehört einem 80 kg schweren Mastiff. Da muss der Mensch am anderen Ende der Leine schon etwas entgegensetzen, um ihn in jeder Situation sicher halten zu können.

Welcher Hund soll es sein?

Es ist eine sehr persönliche Entscheidung, ob man einen Rassehund oder einen Mischling als künftigen Hausgenossen wählt. Wer Hunde wirklich mag, wird in fast jedem Vierbeiner, ob Rassehund oder Mix, viele liebenswerte Eigenschaften entdecken.

Drei Cocker-Welpen – drei kleine Persönlichkeiten.

Rassehunde

Wenn Sie sich einen Rassehund wünschen, können Sie sich anhand des Rassestandards, durch Gespräche mit Züchtern und anderen Haltern ein Bild davon machen, wie die Hunde aussehen und welche Wesenszüge und Eigenschaften erwünscht sind. Die Erblichkeit der Variationen des Verhaltens innerhalb der Angehörigen einer Rasse ist sehr gering. Das heißt jedoch nicht, dass jeder Rassehund auch die an ihn gestellten Erwartungen erfüllen wird. Selbst die vermeintlich einheitlichen Hunde bleiben Individuen, die sowohl in Details des Aussehens als auch in ihrer Persönlichkeit von den an die Rasse gestellten Erwartungen abweichen können. Zudem ist ein Hund nicht nur das Ergebnis seiner Erbanlagen, sondern auch seiner Lebensumstände. So können sich zwei Welpen eines Wurfs und gleichen Geschlechts, die beim Züchter ein ähnliches Verhalten gezeigt haben, sich vollkommen unterschiedlich entwickeln, je nach dem, wie ihr späteres Leben verläuft. Erwarten Sie also bitte nicht, dass durch den Kauf eines Rassehundes das im Standard beschriebene Verhalten und die Eigenschaften garantiert sind.
Als Familienhunde eignen sich in der Regel besser Hunde, die nicht aus Leistungslinien stammen. Die direkten Vorfahren von Leistungshunden wurden hauptsächlich nach ihrer Eignung für bestimmte Aufgaben (z.B. ihren Fähigkeiten für die jagdliche Verwendung) zur Zucht ausgewählt. Sie haben in der Regel ein höheres Beschäftigungs- und Auslastungsbedürfnis als Hunde aus Ausstellungs- oder Showlinien. Daraus resultierend sind sie mitunter schwerer zu lenken und anspruchsvoller in der Erziehung, z.B. wenn es darum geht, ihre jagdliche Motivation in die gewünschten Bahnen zu lenken. Trotzdem sind auch Hunde aus Showlinien, deren Vorfahren seit vielen Generationen nicht mehr für ihre ursprüngliche Aufgabe verwendet wurden, nicht selbst erziehend oder in ihrem Beschäftigungsbedürfnis mit geringem Aufwand zu befriedigen, da ihre Leidenschaft z.B. für die Jagd jederzeit in vollem Ausmaß zu Tage treten kann.

Kunterbunter Mix

Manche Menschen bevorzugen den Mix, weil sie sich für die Einmaligkeit des Äußeren und des Wesens begeistern und um einen Beitrag zum Tierschutz zu leisten. Weitere wählen einen Mischling, weil sie überzeugt sind, dass diese gesünder sind als reinrassige Hunde oder sie von den Medienberichten über unseriöse Züchter verunsichert sind. Für manche künftige Hundehalter spielt auch der im Vergleich zum Rassehund geringere Kaufpreis eine Rolle.
Es gibt so viele wunderschöne und liebenswerte Mixe, dass kein Züchter diese jemals hätte „planen“ können.

Husky-Australian Shepherd-Mix: eine anspruchsvolle Mischung.

Bei einem Mischling wird man jedoch nie das Maß der Vorhersehbarkeit über Aussehen und Eigenschaften haben wie bei einem Rassehund – Mischlinge sind immer für eine Überraschung gut. Lediglich am Äußeren eines Mix festzustellen, welche Rassen an seiner Entstehung beteiligt waren, ist nur schwer und oft gar nicht möglich. Je mehr Sie über die Elterntiere und die Vorgeschichte eines Mischlings wissen, desto besser können Sie den Hund einschätzen, sich auf ihn einstellen und seinen Bedürfnissen gerecht werden.

Rassespezifische Erkrankungen – gesunde Mischlinge?

Die Vorfahren von Mischlingen waren Hunde unterschiedlicher Rassen oder selbst Mischlinge. Durch diese höhere genetische Variation kann man davon ausgehen, dass Veranlagungen für bestimmte, bei einigen Rassen gehäuft auftretende Erkrankungen geringer oder gar nicht vorhanden ist. Wenn beide Elternteile die Veranlagung für eine bestimmte Erkrankung (z. B. eine Herzerkrankung) haben, ist die Wahrscheinlichkeit, dass die Nachkommen daran erkranken, genauso groß wie bei einem Rassehund. Voraussagen über mögliche erblich bedingte Erkrankungen lassen sich nur treffen, wenn man die Elterntiere kennt. Andere Erkrankungen, z. B. Infektionen, können bei einem Mischling mit genauso großer Wahrscheinlichkeit auftreten wie bei einem Rassehund.

Welpe oder erwachsener Hund?

Es ist für alle Beteiligten ein tolles Erlebnis, am Großwerden eines Hundekindes teilzuhaben. Zu sehen, wie das tapsige Fellknäuel immer mehr Vertrauen zu seiner zweibeinigen Familie fasst, welche Fortschritte es macht, wie es Schritt für Schritt seine Welt entdeckt und prächtig heranwächst, rührt nicht nur das Herz des Halters, sondern erfüllt ihn auch mit Stolz.
Diesen Weg gemeinsam zu beschreiten und dafür Sorge zu tragen, dass aus dem Hundekind ein souveräner Vierbeiner wird, erfordert viel Engagement seines Menschen. Wie ein Welpe sich entwickeln wird, lässt sich kaum vorhersagen. Umso wichtiger ist es, dass man sich in den ersten Monaten viel Zeit nimmt, um eine stabile Beziehung zum Hund aufzubauen, und ihn seinen und den Ansprüchen seines Umfeldes entsprechend zu erziehen.

Bestimmte Veranlagungen sind den meisten Rassehunden in die Wiege gelegt.

Für Familien mit mehreren Kindern im Vorschulalter ist dieser Aufwand jedoch oft nur schwer zu leisten. Ein Welpe oder Junghund benötigt so viel Zuwendung wie ein weiteres Kind. Die Betreuung und Erziehung des jungen Vierbeiners kann dann zur Belastung werden, die alle überfordert. Wenn man mit dem Einzug des Hundes nicht so lange warten möchte, bis die Kinder zumindest in der Schule sind, ist ein erwachsener, bereits gut sozialisierter und erzogener Hund meist die bessere Wahl.
Immer mehr Menschen entscheiden sich für die Übernahme eines erwachsenen Hundes (siehe Seite 77). Bei diesem sind Bedürfnisse, Charakter und Temperament meist schon bekannt und einschätzbar und man kann gezielt den Hund aussuchen, der zu einem passt. Viele erwachsene Hunde kennen einen Teil des Grundgehorsams und sind stubenrein. Natürlich muss man auch bei einem erwachsenen Hund Zeit aufwenden, um ihn an seine neuen Menschen und sein neues Leben heranzuführen. Dieser Zeitaufwand und die dazu benötigte Erfahrung vervielfachen sich, wenn der Hund Defizite in seiner Sozialisation oder seiner Erziehung hat oder aus schlechter Haltung kommt. Hunde mit unbekannter Vorgeschichte oder Verhaltensauffälligkeiten sollten deswegen nur von Menschen übernommen werden, die über viel Erfahrung und Fachwissen verfügen oder sich von einem Hundetrainer unterstützen lassen. Zum Glück gibt es immer mehr Menschen, die ganz bewusst als schwierig geltende Tiere aufnehmen und diese Herausforderung annehmen.

Nicht nur für Anfänger in der Hundehaltung oder ältere Menschen bietet sich die Übernahme eines schon etwas in die Jahre gekommenen unproblematischen Vierbeiners an. Diese grauen Schnauzen bestechen oft durch ihre Ruhe und Ausgeglichenheit und passen sich meist gut ihrem neuen Umfeld an, wenn sie noch einmal ein gemütliches Zuhause mit netten Menschen finden. Trotzdem sind viele noch körperlich fit und halten dadurch auch ihre Menschen auf Trab.

Hündin oder Rüde?

Rüde und Hündin unterscheiden sich bei den meisten Rassen schon äußerlich: Rüden sind in der Regel stattlicher und größer, Hündinnen etwas kleiner und zierlicher – eben femininer. Häufig hört man, dass Hündinnen anhänglicher, verschmuster oder menschenbezogener sein sollen – oder umgekehrt die Rüden. Aus eigener Erfahrung kann ich kein generelles Schema erkennen, welches das eine oder andere bestätigt. In welcher Beziehung Hund und Mensch zueinander stehen, hängt viel mehr von den Fähigkeiten des Menschen ab, seinen Hund zu führen als vom Geschlecht. Es heißt, dass Frauen besser Rüden und Männer besser Hündinnen führen können.

Argumente dafür und dagegen:

Markieren: Rüden – auch die meisten kastrierten – markieren beim Spaziergang oft mit erstaunlicher Ausdauer. Dies kann für den Halter besonders in Wohngebieten oder in der Stadt sehr lästig sein. Die Häufigkeit des Markierens lässt sich durch Erziehung kontrollieren und auf ein für den Menschen akzeptables Maß reduzieren. Auch erwachsene Hündinnen markieren, aber seltener als das andere Geschlecht.

Übermäßiges Markieren kann man durch Erziehung reduzieren.

Rauflust: Gerade im Umgang mit Geschlechtsgenossen fallen viele Rüden dadurch auf, dass sie öfter pöbeln, raufen und den Macho spielen. Auseinandersetzungen können sehr gefährlich aussehen, dabei handelt es sich aber meist um ritualisierte Scheingefechte zur Klärung der Position – eine gute Sozialisation vorausgesetzt. Auch kastrierte Rüden können dieses Verhalten zeigen. Bei Hündinnen kommen Raufereien wesentlich seltener vor, doch wenn es einmal zu einer echten Auseinandersetzung (meist mit einer anderen Hündin) kommt, gehen die Hundedamen wesentlich unerbittlicher vor und Verletzungen sind nicht ausgeschlossen.

Erziehbarkeit: Grundsätzlich gibt es meiner Beobachtung nach keine grundsätzlichen Unterschiede in der Erziehbarkeit von Rüden und Hündinnen, das hängt immer individuell vom Hund ab. Rüden brauchen in der Regel länger, bis sie ihre mentale Reife erlangt haben. Dadurch bleiben sie meist länger kindlich, verhalten sich oft auch alberner oder in der Pubertät wie kleine Halbstarke, die nicht wissen, wohin mit ihrer Kraft. Ab der Pubertät lassen sich Hundemänner von Umweltreizen relativ leicht ablenken: Wenn ihnen ein interessanter Duft eines Artgenossen in die Nase kommt, fällt es vielen schwer, sich dauerhaft zu konzentrieren. Hündinnen kann es schwer fallen, die ihnen sonst übliche Konzentration vor, während oder direkt nach der Läufigkeit an den Tag zu legen.

Führungsanspruch: Es sind eher die Rüden, die nach Dominanz streben und sich bietende Gelegenheiten nutzen, um die Rangfolgeleiter innerhalb der Gruppe aufzusteigen. Doch lange nicht jeder Hund hat dieses Ansinnen. Rüden sind meist direkter bei der Durchsetzung ihrer Interessen und dadurch in der Regel durchschaubarer als Hündinnen. Bei souveräner Führung des Menschen werden sich auch „rebellische" Hunde dem ihnen zugewiesenen Platz gemäß einordnen.

Läufigkeit: Häufigstes Argument bei der Entscheidung gegen eine Hündin ist die meist zweimal im Jahr zu erwartende Läufigkeit (siehe Seite 252). Während des Östrus blutet die Hündin und kann für empfind-

Bei zwei Hunden wird man neue Seiten an seinen tierischen Gefährten entdecken.

liche Nasen einen unangenehmen Geruch verbreiten. Hygienische Bedenken kann man jedoch beiseite schieben. Blutflecken auf Boden oder Sofa treten erst gar nicht auf, wenn man der Hündin im Haus ein Schutzhöschen anzieht (gibt es im Zoofachhandel). Während der Empfängnisbereitschaft muss der Halter besonders gut auf seine Hundedame aufpassen. Das bedeutet unter anderem einen erhöhten Aufwand bei den Spaziergängen während der Läufigkeit.

Streunen: Sind läufige Hündinnen in der Nähe, kann kaum ein unkastrierter Rüde dieser Verlockung widerstehen und wird sich bei jeder bietenden Gelegenheit aufmachen, der Angebeteten seine Aufwartung zu machen. Hat er dazu keine Gelegenheit, wird er seinem Liebeskummer vielleicht lauthals Ausdruck geben, nichts fressen und auch sonst kaum ansprechbar sein – manchmal dauert das mehrere Wochen. Bei manchen Rüden ist der Ruf der Natur so groß, dass es für deren Halter zur großen Belastung werden kann. Leben viele Hündinnen in Ihrem Umfeld, eventuell sogar im selben Haus, und soll ein Rüde nicht kastriert werden, wären Sie mit einer Hundedame sicher besser beraten.

Und ein zweiter?

Der Trend geht zum Zweithund. Die Vierbeiner können miteinander agieren und sich bestenfalls gemeinsam beschäftigen und spielen. Das bedeutet aber nicht, dass man sich nun weniger um sie kümmern muss oder sie länger allein lassen kann. Eine Bindung erreicht man nur, indem man Zeit mit seinem Hund verbringt, bei der Haltung von mehreren mit jedem auch einzeln. Der Aufwand für Erziehung und Pflege wird sich dadurch gegenüber der Einzelhundhaltung erhöhen. Auch die Kosten werden mehr als doppelt so hoch zu Buche schlagen (siehe Seite 54).
Am besten zieht man die Übernahme eines zweiten Hundes erst dann in Erwägung, wenn der bereits vorhandene einen stabilen Grundgehorsam besitzt. Das macht die Erziehung des neuen leichter, und man muss nicht gleichzeitig zwei Hunde ausbilden, was wirklich nur eine Sache für erfahrene Hundehalter mit viel Zeit ist. Ansonsten läuft man Gefahr, dass jeder sich die Unarten des vierbeinigen Kumpels abschaut. Zwei Hunde zu führen ist anspruchvoller als einen allein, das zeigt sich schon beim Freilauf: Während einer noch leicht zu kontrollieren ist, machen sich die beiden zusammen vielleicht auf die Jagd, und zu zweit legen sie ein ganz anderes Verhalten an den Tag als allein.
Wenn Sie sich über das Mehr an Zeit, Kosten und Erziehungsaufwand bewusst sind, das auch leisten können und gerne wollen, werden Sie bestimmt viel Freude mit Ihrer kleinen Meute haben. Es ist herrlich zu beobachten, wie die Hunde miteinander umgehen. Dabei werden die jeweiligen Charakterzüge und das Temperament noch deutlicher zu Tage treten. Nicht immer werden die beiden ausgelassen toben, manche leben mehr nebeneinander her als miteinander, trotzdem können sie dabei ihr natürliches Verhalten mit einem Artgenossen ausleben. Wie bei einem alten Ehepaar kann es gelegentlich Streit geben, der aber meist wieder schnell vergessen ist. Beim Beob-

achten des vierbeinigen Duos lernen Sie auch viel über das Ausdrucksverhalten (siehe Seite 46) und die Beziehung der Hunde zueinander. Zudem kann ein souveräner Hund einen Neuzugang anleiten und ganz selbstverständlich an die Dinge des Alltags und den Tagesrhythmus heranführen, einfach indem er mit gutem Beispiel vorangeht. Das macht die Eingewöhnung nicht nur für Hunde einfacher, die aufgrund ihrer Vorgeschichte vielleicht noch etwas unsicher sind. So fällt z. B. vielen Hunden das Alleinbleiben mit einem vertrauten Vierbeiner an ihrer Seite leichter. Zwei Hunde profitieren in vielen Bereichen voneinander, und es gibt viele gute Gründe dafür. Stellen Sie bei der Entscheidung dafür oder dagegen genau die Überlegungen an, die Sie auch beim Einzug nur eines Hundes in Erwägung ziehen – nur eben bezogen auf zwei Vierbeiner.

Welches Geschlecht für den neuen Hund?

Es gibt praktische Gründe, sich für ein bestimmtes Geschlecht zu entscheiden, das der künftige Hausgenosse besitzen soll (siehe Seite 64). Wenn z. B. schon ein oder vor allem mehrere unkastrierte Rüden bei Ihnen leben, wäre es unklug, sich eine unkastrierte Hündin dazuzuholen, denn dann wäre der Stress während der Läufigkeiten vorprogrammiert. Die Aussicht auf Fortpflanzung kann zu ernsthaften Auseinandersetzungen zwischen den Rüden führen. Zudem müssten Sie in den kritischen Zeiten mit Argusaugen über die Hündin wachen, um Nachwuchs zu verhindern. In der umgekehrten Konstellation ist es ähnlich: Ein unkastrierter Rüde, der mit einer oder mehreren unkastrierten Hündinnen in einem Haushalt lebt, kommt aus seinem Liebeskummer gar nicht mehr heraus. Als am einfachsten hat sich die Haltung eines Pärchens erwiesen, von dem zumindest ein Tier kastriert ist (siehe Seite 258).

Die Haltung von zwei Rüden ist meist unkomplizierter als ihr Ruf, selbst wenn die Hundemänner unkastriert sind. Nur selten – und bei vielen Haltern nie – kommt es zu wirklich ernsthaften Auseinandersetzungen zwischen Rüden. Voraussetzung dafür ist, dass die beiden untereinander ihre Rangfolge geklärt haben (siehe rechts) und der Mensch das akzeptiert. Die Zusammentreffen mit fremden Rüden können aber anstrengender werden – gemeinsam ist das Duo stark. Eine ungeklärte Rangfolge kann zur Folge haben, dass zwei Rüden eines Haushalts völlig unverträglich miteinander sind und getrennt werden müssen.

In der Regel ist das Zusammenleben von zwei Hundedamen auch recht unkompliziert, nicht nur, wenn eine oder beide kastriert sind. Eine Kastration ist immer ein schwerer Eingriff. Vorher sollten mit einem guten Hundetrainer und dem Tierazt Pro und Kontra dieser Operation erwogen werden. Bei unkastrierten Hündinnen kann es in der Zeit der Läufigkeit vermehrt zu Streitigkeiten kommen. Wenn es einmal zu einer ernsthaften Beißerei unter Hündinnen kommt, kann dies zu weiteren Konflikten führen. Manchmal geht das soweit, dass die Damen dauerhaft getrennt werden müssen.

Harmonie pur

„Erträglichkeit“ kann man als den Grad der Toleranz zwischen zwei Individuen in einer Beziehung (hier zwei Hunden) definieren. Im Gegensatz dazu bezeichnet „Verträglichkeit“ ein Persönlichkeitsmerkmal, dass sich im Sozialverhalten mit anderen Artgenossen u. a. durch Offenheit, geringes Misstrauen, Nachsichtigkeit und durchschnittliches bzw. geringes Streben nach Dominanz kennzeichnet. Voraussetzung ist eine gute Sozialisation.

Für ein harmonisches Miteinander von zwei Hunden ist es wichtig, dass diese untereinander ihre Rangfolge geklärt haben (siehe Seite 106). Das fällt ihnen leichter, wenn sie sich in wesentlichen Punkten voneinander unterscheiden, z. B. Geschlecht, Alter, Größe und Gewicht, Durchsetzungswillen oder anderen Charakterzügen, denn dann wird einer den anderen in den meisten Situationen dominieren (siehe Seite 117) und die Erträglichkeit ist relativ hoch.

Je näher sich zwei Hunde im Status sind, desto größer ist die Wahrscheinlichkeit von Auseinandersetzungen. Die Erträglichkeit der Hunde untereinander ist dann relativ gering, weil sie dieselben Interessen verfolgen und über die gleichen Mittel verfügen, diese durchzusetzen. Besonders deutlich wird dies bei mehreren zur Zucht eingesetzten Rüden eines Züchters, die deswegen häufig getrennt gehalten werden. Oft kommt dies auch bei der Haltung von zwei Wurfgeschwistern gleichen Geschlechts vor. Natürlich trägt der Mensch durch eine souveräne Führung viel für ein harmonisches Miteinander bei. Stimmt die „Chemie“ zwischen zwei Hunden jedoch überhaupt nicht, ist das Zusammenleben großer Stress für beide, und der Mensch muss dann rund um die Uhr den Aufpasser spielen: Harmonie kann man nicht erzwingen!

Welches Alter für den neuen Hund?

Sie können Ihren vorhandenen Hund besser einschätzen, wenn er bereits eine gefestigte Persönlichkeit besitzt. In der Regel ist das mit zwei Lebensjahren der Fall, kann je nach Rasse und Entwicklungsdauer auch länger dauern oder schneller gehen. Dann ist es leichter, den passenden Hundekumpel auszusuchen. Soll der neue ein erwachsener Hund sein, bietet es sich an, zu einem durchsetzungsfähigen Vierbeiner einen dazu zu nehmen, der sich leicht unterordnet und umgekehrt. Möchten Sie lieber einen Welpen als Zweithund haben, ist der alteingesessene Hund dann aus dem Gröbsten raus und unterstützt Sie im besten Fall sogar bei der Erziehung des Welpen.

Allerdings gibt es kein „Schema F", was die passende Alterskombination betrifft. Viele Halter entscheiden die Altersfrage auch sehr emotional, z. B. wählen sie einen jüngeren Hund zum älteren, ganz einfach, um nicht ohne Tier dazustehen, wenn der ältere Vierbeiner stirbt. Häufig werden ältere Hunde aktiver mit einem jungen Artgenossen an ihrer Seite, nehmen mehr am Alltag teil und verhalten sich alberner. Andere genießen es, der Erfahrene zu sein und übernehmen diese Rolle mit Eifer. Jedoch ist nicht jeder Hundesenior von einem Welpen als neuem Hausgenossen begeistert. Vertrauen Sie nicht auf den viel zitierten „Welpenschutz" nach dem Motto „Die werden sich schon anfreunden". Einen generellen Welpenschutz gibt es nicht (siehe Seite 108). Manche Vierbeiner finden das „junge Gemüse" einfach nur unerträglich und meiden nach Möglichkeit jeden Kontakt. Bei mangelhafter Sozialisation können sie auch ohne Vorwarnung zuschnappen. Wichtiger als die Frage des Alters sind die Verträglichkeit und die Erträglichkeit der Hunde, denn auch Sympathie und Antipathie spielen beim Anfreunden und Zusammenleben eine große Rolle.

Unterschiedliche Bedürfnisse

Ein unterschiedliches Bewegungsbedürfnis der Hunde kann dazu führen, dass Sie nun mehr Zeit mit Spazieren gehen verbringen. Dies kann sowohl vom Hundetyp als auch vom Alter oder dem Gesundheitszustand der Hunde abhängig sein. Gegebenenfalls muss man nach den gemeinsamen Gassigängen mit dem fitteren oder aktiveren noch einmal losziehen, um ihn auszulasten. Haben Sie die Zeit dazu?

Hunde einer Rasse sind meist ideale Spielpartner.

Gleich und gleich gesellt sich gern

Zwei Hunde einer Rasse oder gleichen Typs haben mehr gemeinsam als zwei unterschiedliche Vierbeiner, z. B. Spielverhalten, Laufbedürfnis, Lernverhalten und veranlagte Eigenschaften, wie Motivation zum Hüten, Jagen oder Schwimmen. Treffen zwei Hunde einer Rasse oder gleichen Typs aufeinander, können diese in der Regel ausgelassener und freier miteinander spielen, denn Spielmotorik und -technik sind gleich und vertraut (z. B. durch die Geschwister und die Hunde, die der Vierbeiner beim Züchter kennengelernt hat). Voraussetzung ist, dass die beiden ihren Status geklärt haben (siehe Seite 106).

Kann ein Hund das Spielverhalten eines ihm fremden Hundetyps nicht einschätzen, kann das zu Irritationen und Missverständnissen führen, z. B. wenn ein Hund etwas derber oder grob spielt und der andere das nicht gewohnt ist. Deswegen ist es so wichtig, dass Hunde in der Welpenschule auch Artgenossen anderen Aussehens und Verhalten kennenlernen (siehe Seite 122).

Doch auch zwei Hunde einer Rasse können vollkommen unterschiedliche Charaktere und Bedürfnisse haben. Wichtiger als die Rasse sind deswegen die gemeinsamen Vorlieben bezüglich Spielverhalten und Beschäftigung. Ein Größenunterschied zwischen zwei Hunden sagt nichts darüber aus, wer von beiden im Rang höher steht. Es gibt viele Fälle, in welchen ein kleiner Vierbeiner das Sagen hat, weil er gegenüber seinem Artgenossen durchsetzungswilliger ist.

Wo finden Sie den richtigen Hund?

Lassen Sie sich Zeit bei der Suche nach Ihrem neuen tierischen Familienmitglied. Ihnen werden dabei sicherlich viele liebenswerte Vierbeiner begegnen. Kaufen Sie aber nur dort, wo Sie von den Hunden, den Menschen und dem Umfeld begeistert sind.

Die Entwicklung des Welpen liegt zuerst in der Hand des Züchters.

Die Entscheidung ist gefallen: Ein Hund soll Ihr Leben bereichern, und Sie haben auch schon eine bestimmte Rasse oder einen Typ Hund ins Auge gefasst, der zu Ihnen und Ihren Lebensumständen passt. Nun steht Ihnen eine aufregende Suche nach dem neuen Hausgenossen bevor, denn schließlich soll es nicht einfach „nur" ein Hund sein, sondern der, bei dem es zwischen Ihnen funkt und der die besten Voraussetzungen mitbringt.

Das heutige Medienangebot macht es scheinbar leicht, einen Hund zu finden. In Tageszeitungen, in Fachzeitschriften, in Aushängen in Geschäften, im Internet und sogar im Fernsehen werden Hunde angeboten. Die große Auswahl macht es aber nicht immer einfacher, einen guten Anbieter zu finden. Wie und wo Sie suchen sollten, wird wesentlich davon abhängen, ob ein Mischling oder Rassehund bei Ihnen einziehen soll.

Züchter

Wünschen Sie sich einen reinrassigen Welpen, sollten Sie bei einem seriösen und engagierten Züchter kaufen. Es ist immer noch am besten, diesen über eine Empfehlung zu finden. Halten Sie bei Spaziergängen die Augen nach Hunden Ihrer Wunschrasse offen und besuchen Sie Veranstaltungen, z. B. Hundeausstellungen oder andere Wettbewerbe, um die Tiere zu erleben und sich mit anderen Hundehaltern oder Züchtern auszutauschen. Es lohnt sich auch, bei örtlichen Tierärzten nachzufragen. Diese kennen die Züchter, deren Hunde sie betreuen, in der Regel recht gut, und können Ihnen wertvolle Empfehlungen geben. Züchteradressen bekommen Sie auch von der Welpenvermittlung des Rassezuchtvereins.

Beginnen Sie frühzeitig mit der Suche und schauen Sie mehrere Zuchtstätten an. In der Regel muss man einige Zeit auf den Wunschwelpen warten. Nutzen Sie eine solche Wartezeit, um den Züchter besser kennenzulernen, sich mit der Rasse und deren Ansprüchen vertraut zu machen. Achten Sie bei der Auswahl des Züchters auf folgende Punkte:

Beratungsgespräch

Der Züchter sollte einem Verein mit strengen Zuchtauflagen angehören, wie einem dem VDH angeschlossen Verein (siehe Kasten rechts). Kaufen Sie Ihren Welpen nur dort, wo Sie von der Kompetenz, dem Engagement und der Tierliebe des Züchters überzeugt sind. Er wird Sie bei der Auswahl und nach dem Kauf beraten. Informiert er Sie über typische Eigenschaften der Rasse? Nennt er Ihnen rassespezifische Krankheiten? Weist er Sie auf zu erwartende Eigenschaften hin, die mitunter viel Einsatz von Ihnen verlangen, um den Hund sicher und zur Zufriedenheit von Mensch und Tier im Alltag führen zu können, z. B. jagdliche Motivation, Hetzveranlagung, starke Veranlagung zu beschützen oder zu bewachen, Bellfreudigkeit? Erkundigt er sich ausführlich nach Ihren Lebensumständen, z. B. der Wohnsituation, weiteren Familienmitgliedern, Ihrer finanziellen Situation, eventueller Berufstätigkeit, Ihrer Erfahrung mit Hunden und Ihrer Absicht, sich neues Wissen anzueignen sowie Ihrer Zeit, die für den Hund zur Verfügung steht? Äußert er den Wunsch, dass Sie mit dem Hund eine Hundeschule besuchen, vielleicht empfiehlt er Ihnen sogar eine? Gibt er Ihnen Tipps, wie Sie den Hund seiner Veranlagung entsprechend beschäftigen können? Wie geht der Züchter mit

seinen Hunden um? Kommen diese freudig, wenn er sie ruft? Führt er seine Hunde souverän?
Natürlich sollte der Züchter, auch wenn er einige Tiere mindestens zu zweit zeitweise in Außenanlagen hält, zusammen mit den Hunden im Haus leben. Wer dies als Züchter ablehnt, z. B. weil es ihm zu viel Schmutz verursacht, disqualifiziert sich schon selbst.

Zuchtziel Gesundheit

Ein guter Züchter wird versuchen, Hunde zu züchten, die dem Standard möglichst nahe kommen. Er wird aber mindestens genauso großes Augenmerk darauf legen, dass die Hunde gesund und vital sind. Denn leider werden bei einigen Rassen manchmal Vorgaben des Standards so ausgelegt, dass diese nur durch gesundheitliche Einbußen und Einschränkung der Lebensqualität der Tiere erreicht werden können, z. B. die Zucht nur auf Größe oder Miniformat, Rund- oder Kurzköpfigkeit, übermäßige Hautfaltenbildung, extrem tief liegende, runde oder offene Augen. Ein verantwortungsbewusster Züchter wird sich züchterischen Zielen verweigern, die der Gesundheit der Tiere entgegen laufen – auch wenn er dadurch keine Preise auf Ausstellungen gewinnt.
Sind seine Hunde auch Schönheiten ihrer Rasse, die auf Ausstellungen Pokale gewinnen und bei entsprechendem Engagement des Halters erste Preise bei Gebrauchsprüfungen oder Sportwettbewerben einheimsen, ist das ein schönes Extra, aber nicht mehr.

Verantwortungsvolle Züchter finden

Wer sich einem Verein anschließt, der dem VDH angehört, muss bei der Zucht bestimmte Auflagen erfüllen. So darf z. B. nur mit gesunden Hunden gezüchtet werden, erst ab einem bestimmten Alter und nach Bestehen der Zuchtzulassung, z. B. durch eine Körung. Die Hündinnen dürfen nicht bei jeder Läufigkeit gedeckt werden, sondern es müssen festgelegte Zeitabstände dazwischen vergehen. Ab einem bestimmten Alter (in der Regel acht Jahre) dürfen die Hündinnen keinen Nachwuchs mehr bekommen. So wird verhindert, dass sie als „Gebärmaschinen" missbraucht werden. Die Welpen und die Zuchtstätte werden von einem Zuchtwart kontrolliert.

Denn: Ganz oben auf dem Siegertreppchen, ob auf Ausstellungen, als Gebrauchshund oder im Sport, steht ein Hund – wenn er es überhaupt so weit schafft – vielleicht zwei, drei oder vier Jahre. Die durchschnittliche Lebenserwartung eines Hundes beträgt aber zwölf Jahre, und diese Zeit verbringt er gemeinsam mit seinen Menschen.
Hunde bestimmter Rassen bekommen nur dann eine Zuchtzulassung vom Zuchtverein, wenn nachgewiesen ist, dass die Tiere frei von bestimmten erblich bedingten Krankheiten sind, die bei dieser Hunderasse gehäuft auftreten. Fragen Sie bei Ihrem Tierarzt nach, ob er von Krankheiten weiß, die bei Ihrer Wunschrasse häufiger vorkommen. Erkundigen Sie sich auch beim Zuchtverein, ob es entsprechende Auflagen gibt. Lassen Sie sich vom Züchter diese

Es hängt von vielen Faktoren ab, wie dieser Islandhundwelpe sich entwickeln wird.

Gesundheitsnachweise zeigen. Schauen Sie sich zusätzlich das Allgemeinbefinden der dort lebenden Hunde an (siehe Seite 79).

Verantwortungsbewusste Aufzucht

Einem engagierten Züchter ist daran gelegen, dass die bei ihm geborenen Welpen bestmöglich auf ihr späteres Leben vorbereitet sind:

- Verhalten Welpen und erwachsene Hunde sich offen gegenüber Menschen? Für die Tiere sollte es normal sein, dass Besucher da sind, sie streicheln und mit ihnen spielen, ob dies nun Kinder, erwachsene oder ältere Menschen sind.
- Wie sind die Hunde untergebracht? Wirbt ein Züchter mit dem Begriff „Hausaufzucht", sollten Sie sich genau erkundigen, was dahintersteckt. Ideal ist es, wenn die Welpen im Haus mit engem Kontakt zur Familie im Haus aufwachsen. So lernen sie von Anfang an das Leben kennen, das sie später erwartet. Sind die Hundekinder jedoch isoliert in einem Kellerraum ohne Menschenbezug und Umweltreize untergebracht, kann ich von einem Kauf nur eindringlich abraten, genau wie bei isolierter Zwingerhaltung.
- Gibt es viel zu entdecken? Zu einer abwechslungsreichen Umgebung gehört der Aufenthalt im Haus, wo die Kleinen die Geräuschkulisse von Fernseher, Staubsauger, Töpfeklappern etc. kennenlernen. Vor der Abgabe stehen Autofahrten auf dem Programm, und ideal ist es auch, wenn die Hundekinder schon beim Züchter mit anderen Tieren vertraut gemacht werden, z. B. mit Katzen oder Pferden. Ein gesicherter Garten, der zum Spielen mit Ästen und Laub einlädt, zum Erklimmen von Baumstümpfen und zum Kriechen durch Spieltunnel animiert, fördert die motorischen Fähigkeiten der Welpen und ist notwendig. Es ist immer ein gutes Zeichen, wenn der Welpengarten wie ein Spielplatz aussieht und die Kleinen ihrem Entdeckerdrang freien Lauf lassen können.

Die tierische Familie

Wenn Ihnen der Züchter nicht die Mutter der Welpen zeigt, sollten Sie auf dem Absatz kehrt machen und dort nicht kaufen. Ein guter Züchter wird Ihnen stolz die Mutter der Hundekinder vorführen und ist selbst auch gespannt, ob Sie der Hündin sympathisch sind. Es gibt einige Züchter, die ihre Welpen nur an diejenigen Interessenten abgeben, die eine „Überprüfung" durch ihre erwachsenen Hunde bestanden haben. Vom Wesen der Hündin können Sie zumindest etwas auf das Verhalten der Welpen schließen. Scheue, ängstliche Hündinnen z. B. geben dieses Verhalten besonders durch ihr Vorbild oft an Ihre Welpen weiter. Den Vater wird Ihnen der Züchter nicht immer zeigen können, denn der Deckrüde lebt meist bei einem anderen Züchter oder Halter. Er sollte Ihnen aber ein Bild und/oder eine Kopie der Ahnentafel zeigen können. Kann der Züchter Ihnen erklären, warum er diesen Rüden als Vater der Welpen ausgewählt hat? Gründe können sein, dass er z. B. über gewünschte Eigenschaften verfügt, den Züchter mit seinem Wesen begeistert hat oder er schon Nachwuchs von ihm gesehen hat, von dem er überzeugt ist.

Lassen Sie sich aber auch weitere, eventuell im Haushalt lebende Hunde zeigen. Schön ist es, wenn Sie auch noch ältere Vorfahren oder Verwandte der Welpen anschauen können. So können Sie sich ein Bild vom Verhalten der Tiere dieser Zuchtlinie machen und sehen, wie fit die Hunde auch noch im fortgeschrittenen Alter sind. Sind diese bei guter Gesundheit, stehen die Chancen nicht schlecht, dass auch die Welpen ein hohes Alter erreichen.

Papierkram gehört dazu

Die VDH-Ahnentafel (siehe Seite 69) wird Ihnen manchmal erst einige Tage oder Wochen nach dem Kauf zugeschickt. Auf der Ahnentafel sind alle wichtigen Daten des Hundes festgehalten, und der Züchter bestätigt den Übergang des Eigentums. Bevor Ahnentafeln für die Welpen ausgestellt werden, muss der Wurf vom autorisierten Zuchtwart des Zuchtvereins abgenommen werden. Lassen Sie sich vom Züchter das Abnahmeprotokoll zeigen. Darin werden unter anderem eine Beurteilung der Zuchtstätte, eine Beurteilung des Gesundheitszustandes der Welpen

Linke Seite: **Eine gut sozialisierte Hündin vermittelt ihrem Nachwuchs Sicherheit und Vertrauen.**

Familien-Bande

Die Welpen profitieren davon, wenn außer der Mutter noch weitere Hunde im Haushalt leben. Mit einem älteren Geschwister können die Welpen ausgelassen toben, der duldsamen Tante frech am Schwanz ziehen und ihr so lange auf den Wecker gehen, bis diese sich der Situation entzieht oder mit einem Knurren der Sache ein Ende setzt. Prima ist auch ein mürrischer Hunde-Opa, der am liebsten gar nichts mit dem „jungen Gemüse" zu tun haben möchte und den Kleinen eindeutig klar macht, dass sie gefälligst Abstand von ihm halten sollen. Durch dieses abwechslungsreiche Miteinander werden die Weichen für verschiedenste Verhaltensstrategien im Umgang mit anderen Hunden gestellt.

und „Fehler“ festgehalten, die entweder von vorneherein den Hund vom späteren Einsatz für die Zucht ausschließen (z. B. eine Knickrute) oder dies von einer späteren Überprüfung abhängig machen (z. B. Zahn- bzw. Gebissfehler).

Der Impfpass wird Ihnen bei Abholung des Welpen übergeben. Darin sind alle bisher erfolgten Impfungen vom Tierarzt bestätigt, zudem sind darin wichtige Daten des Hundes notiert, neben Namen, Geburtsdatum, Geschlecht, Rasse und Farbe, beispielsweise auch die tätowierte individuelle Nummer oder der Code des Mikrochips (siehe Seite 178). Einige Züchter händigen statt eines Impfpasses auch einen EU-Heimtierausweis aus (siehe Seite 176). Der EU-Heimtierausweis kann jedoch nur ausgestellt werden, wenn der Hund bereits gechippt oder tätowiert ist. Die Tätowierung nimmt bei Rassehunden in der Regel der Zuchtwart vor – oft jedoch erst, wenn der Hund geimpft ist, also bereits einen normalen Impfpass besitzt. Halter oder Züchter können die Impfungen beim Tierarzt dann in einen EU-Heimtierausweis eintragen lassen.

Immer mehr Züchter gehen dazu über, Welpen zusätzlich zu den anderen Unterlagen mit einem Kaufvertrag abzugeben. Das 2002 geänderte Gewährleis tungsrecht stärkt die Position des Käufers. Um klare Verhältnisse für Käufer und Verkäufer zu schaffen, sollten alle bekannten Mängel des Hundes in den schriftlichen Kaufvertrag aufgenommen werden. Dies können unter anderem Erkrankungen und zuchtausschließende Fehler (z. B. Rutenfehler, Gebissfehler oder nicht abgestiegene Hoden) sein. Hunde mit solchen „Fehlern“ werden in der Regel günstiger abgegeben, haben aber trotzdem korrekte Ahnentafeln. Mit einem Kaufvertrag sind Züchter und Käufer auf der sicheren Seite.

Die Wahl eines seriösen Züchters ist immer wichtig, bei „In-Rassen“ umso mehr.

Schlecht beraten: Hundehändler, Billigkauf, Abzocker

Die engagierte und sorgfältige Aufzucht von Welpen ist neben einem hohen Zeiteinsatz auch mit Kosten verbunden. Diese werden verursacht durch die passende räumliche Ausstattung, der Erreichung der Zuchtzulassung für die Elterntiere, das Deckgeld für den Rüdenbesitzer, ein hochwertiges Futter, die Impfung, die Entwurmungen, die Aufwendungen für den Zuchtwart und die Ausstellung der Ahnentafel und manchmal beträchtliche Tierarztkosten. Ein reinrassiger Welpe mit Papieren eines anerkannten Zuchtvereins kostet mehrere Hundert Euro, je nach Rasse können dies auch 1.500 € sein. Die Preise können für eine Rasse auch je nach Region variieren. Es ist verständlich, dass viele Hundekäufer in Zeiten knapper Kassen auf den Preis achten. Dies machen sich unseriöse Händler, selbsternannte Züchter und schlichtweg reine Vermehrer von Hunden zunutze, die die Tiere zum Dumpingpreis anbieten: Oft wird in Inseraten mit dem Zusatz „billig“ oder „preiswert“ geworben. Andere verlangen für Rassehunde ohne Papiere unverschämt viel Geld. Ob Rassehund

Modehunde

Seien Sie bitte besonders kritisch, wenn Sie einen Welpen einer Rasse kaufen möchten, die gerade „in“ ist. Labrador Retriever und Golden Retriever sind seit langem in Mode, äußerst beliebt sind auch Border Collie, Rhodesian Ridgeback und Jack Russell Terrier. Weimaraner und Mops sind gerade im Kommen.

Seit einiger Zeit wird von Prominenten vorgeführt, wie schick Kleinsthunde in der Handtasche sind, z. B. Chihuahuas. Hundehändler und Hundevermehrer reagieren sehr schnell auf diese Trends und produzieren die gewünschten Hunde in Massen, ohne Rücksicht auf hundgerechte Aufzucht und Haltung, Gesundheit und Sozialisation.

zum Billigtarif oder Wucherpreis oder preiswerte Kreuzungen kleiner niedlicher Hunde – die Welpen sehen alle süß aus und sie rühren das Herz des Interessenten.

Doch gerade bei der Anschaffung eines Hundes sollte man immer bedenken, dass der Kaufpreis nur der geringste Teil der Kosten ist, die das Tier im Laufe seines Lebens verursacht. Und wer dabei spart, läuft Gefahr, noch tiefer in den Geldbeutel greifen zu müssen. Denn viele billig gekaufte Welpen sind krank, schlecht sozialisiert und verhaltensauffällig, sodass in der Folge ein Vielfaches der üblichen Tierarzt- und Hundetrainerkosten entsteht. Häufig sterben die Hunde auch in jungem Alter. Vor allem: Für jeden von einem unseriösen Vermehrer verkauften Welpen rückt ein neuer nach, der unter schlimmsten Bedingungen aufwächst und eine ungewisse Zukunft hat.

Tierschutz fängt beim Tierkauf an!

Dubiose Anbieter wollen sich oft einen seriösen Anstrich verpassen, indem sie die Welpen mit Ahnentafeln anbieten. Ziehen Sie im Zweifel Erkundigungen beim Zuchtverein oder VDH ein: Nicht selten werden gefälschte Papiere (ob Ahnentafel oder Impfpass) oder Phantasiedokumente ausgegeben.

Soll es ein Rassehund sein, erkundigen Sie sich beim Zuchtverein nach dem Rahmen, in dem sich der übliche Kaufpreis bewegt. Werden Sie stutzig, wenn Ihnen ein Hund für weit weniger Geld angeboten wird: Genau wie Sie die Seriosität eines Anbieters anzweifeln, der einen Neuwagen für die Hälfte anbietet – das kann nicht mit rechten Dingen zugehen.

Legen Sie beim Kauf eines Rassehundes immer die strengen Kriterien zugrunde, wie bei einem Züchter eines VDH-Vereins. Verzichten Sie auf einen Kauf, wenn der Anbieter zahlreiche Rassen und eventuell auch Mischlinge züchtet oder es Ihnen freistellt, die Hunde mit oder ohne Ahnentafel zu erwerben.

Auch wenn die Welpen noch so süß sind, kaufen Sie nicht, wenn die Hunde nicht bestens aufgezogen sind oder der Anbieter einen unseriösen Eindruck macht. Auf einem Markt oder in einem Zoofachgeschäft, wie das oft im Ausland noch üblich ist, sollten sie niemals einen Hund kaufen.

Wenn Sie in der Zeitung nach einem Hund suchen, machen Sie sich bitte die Mühe, mehrere Anzeigen zu vergleichen. Fällt Ihnen dabei öfter dieselbe Telefonnummer auf, handelt es sich mit Sicherheit um einen unseriösen Anbieter, der Hunde mehrerer Rassen produziert oder mit diesen handelt.

Schauen Sie sich alle an: Nicht jeder Hund präsentiert sich im Tierheim so offen.

Tierschutz

Ob Sie einen Rassehund, Mischling, Welpen oder einen älteren Vierbeiner suchen: Bei einer Tierschutzorganisation werden Sie bestimmt fündig. Schauen Sie sich doch zuerst in den Tierheimen Ihrer Region um. Oft werden die zu vermittelnden Hunde auch in den Kleinanzeigen der Tageszeitung inseriert, im Internet und im Fernsehen vorgestellt.

Wenn Sie einen Rassehund suchen, lohnt sich die Nachfrage bei einer der zahlreichen Tierschutzorganisationen, die sich auf Hunde bestimmter Rassen spezialisiert haben. Meist bekommen Sie deren Adressen von den Rassezuchtvereinen. Sie finden die Adresse auch über die Homepage des VDH oder über eine Suchmaschine im Internet. Die Beschreibungen der Hunde im Internet können Sie nutzen, um sich ein erstes Bild von den Tieren zu machen. Festlegen sollten Sie sich anhand eines Fotos jedoch nicht. Ob es zwischen Ihnen und dem in Frage kommenden Hund funkt, können Sie nur bei einer persönlichen Begegnung feststellen. Deswegen sollten Sie sich erst nach einem ausgiebigen Kennenlernen für oder gegen ein Tier entscheiden.

Fachkundige Mitarbeiter des Tierschutzvereins oder der Pflegestelle können Ihnen Eigenschaften und eventuell vorhandene Macken ihrer Schützlinge nennen. Außer bei Fundtieren können Sie Ihnen auch etwas über ihre Vorgeschichte berichten. Je mehr Sie über die Vorgeschichte des erwachsenen Hundes erfahren, desto größer sind die Chancen, dass das

Ein sicherer Garten gehört zur Welpenaufzucht unbedingt dazu!

Zusammenleben harmonisch verläuft. Denn nur dann können Sie den Hund auswählen, der am besten zu Ihnen passt und sich richtig auf ihn einstellen. Bei gemeinsamen Spaziergängen können Sie sich kennenlernen. In einem ausführlichen Beratungsgespräch machen die Mitarbeiter des Tierschutzvereins sich ein Bild von Ihnen und Ihren Lebensumständen um herauszufinden, ob der ausgewählte Hund auch zu Ihnen passt. Die meisten Tierschutzorganisationen überprüfen Ihre Angaben durch Besuche bei Ihnen zu Hause, oft vor und nach der Abgabe des Hundes. Seien Sie froh über so viel Engagement, denn gerade bei einem Hund aus zweiter Hand ist es wichtig, dass er ein neues zu Hause bekommt, wo er sich wohl fühlt und wo er den Rest seines Lebens verbringen wird. Das Gespräch bietet auch Ihnen die Gelegenheit, wichtige Fragen über den Hund zu stellen (siehe Seite 77).

Gemeinnützige Tierschutzorganisationen verkaufen die Hunde nicht, sondern geben sie gegen eine Schutzgebühr ab, die sich etwa zwischen 150 und 350 € bewegt. Damit soll ein Teil der Kosten gedeckt werden, die bei der Unterhaltung eines Tierheims oder der Betreuung der Hunde auf Pflegestellen anfallen, z. B. für das Futter, Medikamente und die tierärztliche Versorgung. Zusätzlich schreckt die Schutzgebühr Interessenten ab, die einen Hund geschenkt haben wollen.

Ein Hund aus dem Ausland

Immer mehr Tierschutzorganisationen holen Hunde aus dem Ausland nach Deutschland. Über Sinn und Unsinn dieses Handelns wird oft heftig diskutiert, doch z. B. für Hunde aus Tötungsstationen ist das meist die einzige Überlebenschance. Wichtig ist, dass eine solche Übernahme wohl überlegt geschieht und man dabei die Interessen des Hundes unter Einbeziehung seiner Vergangenheit berücksichtigt. Entscheiden Sie sich für einen Hund aus dem Ausland, sollten Sie vorher Erkundigungen einziehen. Denn auch auf diesem Feld tummeln sich schwarze Schafe, die nur das schnelle Geld mit der Tierliebe anderer Menschen machen wollen. Möchten Sie einem solchen Hund ein Zuhause geben, sollten Sie sich vorher von der Seriosität der Organisation überzeugen. Dazu können Sie sich die Gemeinnützigkeit der Organisation nachweisen lassen oder sich mit anderen Haltern austauschen, die Ihren Hund von dort bezogen haben. Sehr hilfreich ist in diesem Zusammenhang die Recherche im Internet. Achten Sie darauf, dass der Hund alle notwendigen Impfungen und Entwurmungen vorweist und tierärztlich untersucht ist. Dazu gehört auch das Testen der Hunde auf üblicherweise im Heimatland vorkommende Erkrankungen (z. B. Mittelmeerkrankheiten, auch Reisekrankheiten oder eingeschleppte Infektionskrankheiten genannt, siehe Seite 264).
Unterschreiben Sie keinen Übernahmevertrag nur aufgrund eines Bildes im Internet. Lernen Sie den Hund im Tierheim oder auf der Pflegestelle kennen oder statten Sie ihm im Herkunftsland – z. B. verbunden mit einer Urlaubsreise – einen Besuch ab. Nach der Übernahme sollten Sie den Hund möglichst schnell dem Tierarzt vorstellen. Oftmals ist es notwendig, den Hund nach der Übernahme noch einmal auf Infektionskrankheiten zu testen, was besonders durch die dabei anfallenden Laboruntersuchungen kostenintensiv werden kann.

Von privat

Immer wieder werden Hunde wegen veränderter Lebensumstände (wie einer Scheidung) oder ungewolltem Nachwuchs direkt von Ihrem Vorbesitzer vermittelt. Oft liegt der Grund auch darin, dass ihre Menschen mit ihnen überfordert sind oder einfach kein Interesse mehr haben, sich um den Hund zu kümmern. Über Aushänge in Geschäften oder Inserate in Tageszeitungen werden dann neue Halter gesucht. Gerade bei Zeitungsannoncen sollten Sie darauf achten, dass sich dahinter kein Händler oder Massenzüchter verbirgt (siehe Seite 72).
Interessieren Sie sich für einen Hund, der umständehalber abgegeben wird, sollten Sie sich nach den genauen Gründen erkundigen. Erscheinen Ihnen diese plausibel? Ein wichtiges Kriterium ist immer der Eindruck, den Sie vom Anbieter und seiner Beziehung zum Hund haben. Ist ihm mehr als am Geld daran gelegen, dass der Hund ein gutes und dauerhaftes neues Heim findet? Fragen Sie auch nach der Vorgeschichte und den Eigenschaften des Hundes.

Den richtigen Hund aussuchen

Nachdem die Entscheidung für einen Züchter oder eine Tierschutzorganisation gefallen ist, müssen Sie den Hund finden, der zu Ihnen passt und dem Sie gerecht werden können.

Welcher der beiden Afghanenwelpen soll es sein? Eine Entscheidung fällt oft schwer.

Beziehen Sie die Einschätzung des Züchters, Tierschutzmitarbeiters oder Vorbesitzers in Ihre Entscheidung mit ein. Sie können sich auch von einem Hundetrainer beraten lassen. Lassen Sie sich bei der Auswahl nicht drängen und nehmen Sie sich ausreichend Zeit. Kaufen Sie nicht, wenn der Anbieter versucht, die Sache möglichst schnell „hinter sich" zu bringen. Jedem seriösen Anbieter ist daran gelegen, dass die Übernahme seiner Schützlinge reiflich überlegt ist. Deswegen wird er Ihnen eher empfehlen, die Sache noch einmal zu überdenken und mit allen Beteiligten zu besprechen.

Welpen

Vereinbaren Sie am besten mehrere Besuche, um sich die Welpen des Wurfes genau anzuschauen oder den in Betracht kommenden Hund besser kennenzulernen. Der Züchter, der seine Zöglinge häufig beobachtet und über das nötige Fachwissen verfügt, kann Verhaltenstendenzen erkennen und einschätzen, welcher Welpe der Draufgänger des Wurfs ist, welcher ein durchsetzungsfähiger Typ ist und welcher eher zu den zurückhaltenden oder sich leicht unterordnenden gehört. Entsprechend kann er Ihnen auch eine Empfehlung für den passenden Welpen geben.

Wie sich ein Welpe jedoch als erwachsener Hund verhalten wird, hängt ganz entscheidend davon ab, welche weiteren Erfahrungen er in seinem Leben macht, welche Führung und wie viel Sicherheit ihm sein Mensch gibt. So kann sich z. B. ein schüchternes kleines Kerlchen zu einem echten Draufgänger entwickeln, wenn seine Menschen es entsprechend aufbauen. Aus einem kleinen Rüpel wird ein wohlerzogener Vierbeiner, wenn seine Menschen ihm den richtigen Rahmen vorgeben. Aus diesem Grund können auch qualifiziert durchgeführte Welpentests nur Statusbestimmungen sein oder allenfalls Verhaltenstendenzen aufzeigen.

Abgabealter

Vorausgesetzt, die Welpen wachsen unter optimalen Bedingungen auf, sollten kleinwüchsige Hunde im Optimalfall nicht vor der zehnten und großwüchsige Hunde nicht vor der zwölften Woche von ihren Geschwistern getrennt werden.

In der Regel werden die Welpen mit acht bis zehn Wochen abgegeben – dann muss der Halter für ausreichend Kontakte mit Gleichaltrigen sorgen. Die gemeinsame Zeit mit den Geschwistern ist für die Hundekinder wichtig. Eine zu frühe Trennung kann bei Welpen zu einer Traumatisierung führen, wie Studien belegen.

Beim Welpenkauf beachten!

- Gemäß Tierschutz-Hundeverordnung darf ein Welpe erst im Alter von über acht Wochen vom Muttertier und den Geschwistern getrennt werden.
- Die Hundekinder müssen einen gepflegten und gesunden Eindruck (siehe Seite 79) machen.
- Ihr Verhalten Menschen gegenüber sollte freundlich und offen sein.
- Die Welpen werden nicht einzeln gehalten (siehe Kasten).
- Die Welpen kennen verschiedene Bodenuntergründe (z. B. Fliesen, Gras, Asphalt) und wachsenin einer abwechslungsreichen Umgebung auf.
- Die Welpen haben die Möglichkeit, sich außerhalb ihres Lagers zu lösen (Kot und Urin abzusetzen).
- Die Hundekinder spielen miteinander, sind neugierig auf Dinge in ihrem Umfeld.
- Rute oder Ohren sind nicht kupiert (siehe Seite 264).

Zum Anbeißen süß – trotzdem sollten Sie gut überlegen.

Erwachsener Hund

Wenn Sie Ihren neuen Hausgenossen im Tierheim suchen, sollten Sie bei der Auswahl auch die Hunde in Betracht ziehen, die sich nicht optimal präsentieren, z. B. indem sie lauthals bellen, sich wild aufführen oder sich zurückziehen. Nimmt man jedoch einen solchen Hund bei sich auf, kann er regelrecht aufblühen und sich als wahrer Schatz erweisen.
Legen Sie sich auch bitte nicht zu sehr auf eine Farbe fest. Oft sind es die schwarzen Hunde, die im Tierheim übersehen werden. Nehmen Sie sich genügend Zeit, und geben Sie dem Hund die Möglichkeit, Vertrauen zu Ihnen zu fassen und sich Ihnen zu öffnen. Schauen Sie nicht nur auf sein Fell, sondern auch in seine Augen. Manchmal kommt es vor, dass man einen Hund entdeckt und sich spontan in ihn verliebt, obwohl er gar nicht den ursprünglichen Vorstellungen entspricht. Vertrauen Sie auf Ihr Gefühl. Wenn es plötzlich funkt – Sie sich gegenseitig ausgesucht haben – und Sie den Bedürfnissen des Vierbeiners gerecht werden können, wird es schon der richtige Gefährte für Sie sein.

Stellen Sie bei der Auswahl eines erwachsenen Hundes folgende Fragen:

- Wie verhält er sich gegenüber Menschen? Zeigt er Unterschiede im Verhalten gegenüber Männern, Frauen oder Kindern? Reagiert er je nach Situation unterschiedlich auf Menschen, z. B. wenn diese einen Hut oder Stock tragen, nach Alkohol riechen oder sich hektisch bewegen? Wenn ja, weiß man, welche Erfahrungen diesem Verhalten zugrunde liegen?
- Welches Verhalten zeigt der Hund gegenüber Artgenossen? Ist er tendenziell verträglich oder muss man aufpassen, wenn er z. B. gleichgeschlechtlichen Hunden begegnet oder Hunden eines bestimmten Typs? Benimmt er sich an der Leine rüpelhaft? Duldet er andere Hunde in seinem Territorium?
- Wie sieht es mit anderen Tieren aus, z. B. Katzen, Nagern, Schafen, Pferden (siehe Seite 109)?
- Gibt es gewisse Verhaltensregeln, die man gegenüber dem Hund einhalten sollte? Ist der Hund an bestimmten Körperstellen berührungsempfindlich? Berührungen dort sollte man in der ersten Zeit besser vermeiden, zudem sollte der Hund von einem Tierarzt untersucht werden (siehe Seite 237).
- Verteidigt der Hund heftig Futter, Leckerchen oder Spielzeug? Dann gilt es z. B. aufzupassen, wenn man

in Anwesenheit anderer Hunde Leckerchen verteilt oder Kinder Lebensmittel in der Hand halten. Verteidigt der Hund sein Spielzeug, muss man besonders aufpassen, wenn Kinder in der Nähe sind und mit Spielzeug spielen, Kinder dem Hund sein Spielzeug wegzunehmen versuchen oder in Anwesenheit von Artgenossen Spielzeug herumliegt.

- Wie ist der Erziehungsstand des Hundes? Kann er Freilauf haben? Kennt er vielleicht schon einige Kommandos oder muss man mit der Grunderziehung ganz von vorne beginnen?
- Wie wird das Wesen des Hundes eingeschätzt? Ist er leicht erregbar oder eher träge? Ist er ein souveräner und ausgeglichener Typ? Handelt es sich um einen sehr willensstarken und durchsetzungsfähigen Hund oder um einen sehr ängstlichen? Die beiden letztgenannten Hunde gehören in die Hände erfahrener, kundiger Halter.
- Hat der Hund Macken, an deren Behebung man noch arbeiten muss oder auf die es sich einzustellen gilt? Bleibt er z. B. allein zu Hause, verträgt und mag er das Fahren mit dem Auto? Wie verhält er sich, wenn ihm beim Spaziergang Jogger, Radfahrer etc. begegnen?
- Wie sieht es mit seinem Bewegungs- und Beschäftigungsbedürfnis aus? Welche Beschäftigung wird für den Hund empfohlen?
- Ist der Hund gesund oder liegen Erkrankungen vor? Wenn ja, muss der Hund öfter als üblich tierärztlich behandelt werden oder benötigt er z. B. Physiotherapie? Braucht er regelmäßig Medikamente oder ein Spezialfutter? Wirkt sich eine vorhandene Erkrankung oder körperliche Einschränkung auf seine Bewegungsfähigkeit aus? Soll er z. B. keine Treppen oder langen Strecken laufen oder muss er bestimmte Bewegungsabläufe vermeiden, z. B. springen? Muss er ins Auto gehoben werden? Sind aufgrund einer Verletzung oder Vorerkrankung Spätfolgen zu erwarten?

Linke Seite: Mensch und Hund auf einer „Wellenlänge" – die beiden sind ein gutes Team.

Checkliste Gesundheit

- **Macht der Hund einen gesunden und fitten Eindruck?**
  Ist das Fell gepflegt und glänzt es (siehe Seite 212)? Häufiges Kratzen, stumpfes Fell oder Schuppen können auf Parasiten, verschiedene Erkrankungen oder falsche Ernährung hinweisen. Ist der Hund geimpft und entwurmt?
- **Bewegt der Hund sich seinem Alter entsprechend?**
  Welpen können zwar tollpatschig sein, sollten sich aber trotzdem zielgerichtet bewegen, flink und schnell sein. Alte Hunde sind manchmal etwas bedächtiger in ihren Bewegungen oder vermeiden bestimmte Bewegungsabläufe (siehe Seite 260).
- **Wie ist der Ernährungszustand des Hundes?**
  Welpen dürfen nach der Fütterung zwar ein kleines Bäuchlein haben, sollten aber auch nicht fett aussehen. Ein aufgebläht wirkender Bauch deutet auf Wurmbefall hin. Auch bei seinen erwachsenen Tieren sollte der Anbieter Wert darauf legen, dass diese eine ihrer Rasse oder ihrem Typ entsprechende Figur haben (siehe Seite 198). Übergewicht ist in jedem Fall ein Hinweis für nicht bedarfsgerechte Fütterung und zu wenig Bewegung, Untergewicht deutet auf Erkrankungen oder falsche Ernährung hin.
- **Rüden:**
  Sind bei unkastrierten Rüden beide Hoden vorhanden (siehe Seite 254)?
- **Gebiss:**
  Schauen Sie sich das Gebiss des Hundes an. Sind alle Zähne vorhanden? Besteht kein Vor- oder Rückbiss oder Zahnengstand? Dies ist besonders wichtig, wenn Sie mit dem Hund Ausstellungen besuchen oder züchten wollen. Gebissfehler können beim Zahnwechsel verschwinden oder dann erstmals auftreten. Solange sie den Hund nicht behindern, etwa bei der Nahrungsaufnahme, sind sie eher als Schönheitsfehler zu bewerten. Ist das Gebiss in einem guten Zustand (siehe Seite 217)?
- **Nabel:**
  Schauen Sie sich besonders bei einem Welpen das Bäuchlein genau an und streichen Sie mit der Hand darüber. Können Sie etwa in der Mitte des Bauches eine Erhebung oder Beule fühlen? Dann kann es sich um einen Nabelbruch handeln, der je nach Ausmaß operiert werden sollte. Besprechen Sie dies mit Ihrem Tierarzt.

Alarmzeichen sind Husten, Niesen, Ausfluss aus Nase oder Augen, trübe oder verklebte Augen, Erbrechen und Durchfall, verschmutzte oder übel riechende Ohren und ein verklebter oder verschmutzter After und alle Anzeichen von Schmerzen (siehe Seite 237): Hier nicht kaufen!

Leben mit Hunden

Alle Zeit, Ausdauer und Liebe, die Sie in Ihren Hund investieren, wird sich auszahlen – spätestens dann, wenn Sie mit ihm einen vierbeinigen Gefährten an Ihrer Seite haben, der Ihnen vertraut und für den es nichts Schöneres gibt, als gemeinsam mit Ihnen den Alltag zu erleben.

Jetzt geht‘s los, der Hund zieht ein

Je näher der Tag rückt, an dem der neue Hund einzieht, desto langsamer scheint die Zeit zu vergehen. Die Ungeduld wächst und man kann es kaum erwarten, bis der Familienzuwachs endlich da ist. Nutzen Sie die Wartezeit, um sich und Ihr Umfeld auf die Ankunft des Hundes vorzubereiten.

Wählen Sie einen Namen aus, der zum Vierbeiner passt und sich gut rufen lässt.

Schreiben Sie sich alle Fragen auf, die Ihnen zum Einzug des Hundes, der Ausstattung, der Erziehung, der Ernährung, der Pflege und sonstigen Dingen einfallen. Ein guter Züchter oder die Mitarbeiter des Tierschutzes werden Ihnen diese gerne beantworten. Die Wartezeit ist auch eine gute Gelegenheit, Ihr Hundewissen durch das Lesen von Fachbüchern und den Besuch von Seminaren oder Workshops auf den neuesten Stand zu bringen.
Grundsätzlich sollte der Hund eine Hauptbezugsperson haben. Doch auch die anderen Familienmitglieder können beim Füttern, Bürsten und Spazierengehen helfen bzw. müssen dies vielleicht sogar tun, weil Sie berufstätig sind. Stellen Sie auch eine Liste mit allen den Hund betreffenden Regeln auf. Es ist wichtig, dass sich alle im Haushalt lebenden Personen daran halten. Klären Sie, welches Familienmitglied welche Aufgaben übernimmt.

Einen Namen aussuchen

Falls Ihr Hund noch keinen Rufnamen hat, wird es höchste Zeit, einen auszusuchen. Es macht viel Spaß, sich einen Namen zu überlegen, der zum Vierbeiner passt und der einen besonderen Wesenszug, ein auffälligeres äußeres Merkmal oder die besondere Beziehung zum Tier ausdrückt oder der aus dem Sprachgebrauch des Herkunftslandes der Rasse stammt. Auf jeden Fall sollte Ihnen der Name schnell und leicht von den Lippen gehen, ideal sind ein oder zwei Silben. Der Name wird den Hund und Sie die nächsten 10 bis 15 Jahre begleiten: Er sollte also nicht nur zum süßen Welpen, sondern auch zum älteren Hund passen.
Zur Gewöhnung sollten Sie das Hundekind möglichst oft mit seinem Namen ansprechen – und zwar immer in positiven Momenten. Sagen Sie den Namen vor und beim Spielen, vor dem Füttern und beim Streicheln. Sagen Sie den Namen aber nicht, wenn Sie den Welpen ausschimpfen oder ihm etwas wegnehmen – die Nennung des Namens soll im Hund immer eine positive Erwartung wecken. Wenn Sie einen erwachsenen Hund übernehmen und diesen umbenennen wollen, sollten Sie von Anfang an nur noch den neuen Namen gebrauchen und das Tier wie einen Welpen an den Namen gewöhnen. Einige Vorschläge für Namen finden Sie am Buchendel.

Rechtliches

Erkundigen Sie sich bei Ihrer Stadt- oder Gemeindeverwaltung, ab wann Ihr neuer Hausgenosse dort angemeldet werden muss. Fragen Sie auch nach, ob es weitere Auflagen von Behördenseite gibt, z. B. für Hunde ab einer bestimmten Größe oder einem bestimmten Gewicht (siehe Seite 268), für eine bestimmte Rasse oder deren Mischlinge.
Auf jeden Fall sollten Sie rasch eine Haftpflichtversicherung abschließen. Auch Hundezwerge und

vorbildlich erzogene Vierbeiner können einen Unfall oder andere Schäden verursachen, deren Folgen die finanziellen Möglichkeiten des Halters übersteigen. Am besten holen Sie sich mehrere Angebote ein. Achten Sie neben den jährlichen Beiträgen auch auf die Deckungssumme (diese sollte mindestens 5 Mio. EUR betragen) sowie auf kurze Laufzeiten, damit Sie bei Bedarf schnell wechseln können.
Wichtig ist es, Vorsorge zu treffen, was mit dem Hund passiert, wenn man sich nicht mehr um ihn kümmern kann – auch junge Hundehalter können schwer erkranken oder einen Unfall erleiden. In Deutschland ist es nicht möglich, einen Hund als Erben im Testament einzusetzen. Sprechen Sie sich am besten frühzeitig mit dem Menschen ab, dem Sie Ihren Hund anvertrauen möchten. Ist dieser dazu bereit, können Sie ihm den Hund und einen ausreichenden Betrag zu dessen Versorgung vererben und im Testament die Auflage machen, dass der Hund nach Ihren Vorstellungen betreut wird. Auf Nummer Sicher gehen Sie, wenn ein Testamentsvollstrecker die Ausführung in Ihrem Sinne überwacht. Die andere Variante wäre, dass der Testamentsvollstrecker dem Hundebetreuer regelmäßig einen zur Versorgung des Hundes gedachten Betrag zur Verfügung stellt. Lassen Sie sich bei der Formulierung des Testaments am besten von einem Notar oder Rechtsanwalt beraten. Es ist sinnvoll, immer einen Zettel in der Brieftasche zu tragen, der darauf hinweist, dass man Hundehalter ist und angibt, wer sich im Notfall um den Hund kümmern soll.

Dunkle und kalte Jahreszeit

Damit Sie und andere den Hund in der Dämmerung oder im Dunklen sehen können, bietet der Zoofachhandel reflektierende Halsbänder mit Leuchtdioden an. Für Hunde mit keiner oder wenig Unterwolle, kranke oder sehr alte Hunde benötigen Sie bei niedrigen Temperaturen eventuell einen Mantel, um sie vor Durchnässung oder Kälte zu schützen. Achten Sie je nach Bedarf auf ein warmes Innenfutter bzw. einen wasserabweisenden Außenteil. Wichtig: Der Mantel muss gut und bequem sitzen. Beraten Sie sich mit dem Tierarzt oder Züchter, ob Ihr Hund ein Kandidat für ein Mäntelchen ist. Als modisches Accessoire braucht kein Hund einen Mantel – schon gar nicht im warmen Zimmer oder bei angenehmen Temperaturen im Freien. Das erschwert sogar eher den Ausgleich der Körpertemperatur.

Modischer Schnickschnack muss nicht sein, manche Hunde brauchen aber einen Mantel.

Hundeschule und Tierarzt aussuchen

Gerade für einen Welpen ist es wichtig, dass nach dem Einzug keine wertvolle Zeit ungenutzt verstreicht: Nutzen Sie die Phase der Sozialisation optimal, u. a. im Welpenspiel (siehe Seite 122). Wenn Sie als Ersthundebesitzer einen Vierbeiner bei sich aufnehmen oder ein als schwierig geltender Hund bei Ihnen einzieht, ist die Begleitung durch einen kompetenten Hundetrainer sinnvoll, damit sich erst gar keine Fehler einschleichen oder festigen. Deswegen sollten Sie sich schon frühzeitig nach einer guten Hundeschule umschauen (siehe Seite 138).
Wählen Sie schon vor der Ankunft des Hundes einen Tierarzt aus (siehe Seite 226). Erkundigen Sie sich vorab nach den Notfallregelungen: Auch am ersten Tag kann etwas passieren und sei es „nur“, dass sich der Hund die Pfote an einer Scherbe verletzt. Gibt es in Ihrer Nähe eine Tierklinik für schwerwiegende Erkrankungen und Notfälle?

Einkaufsbummel

Nun steht ein Einkaufsbummel auf dem Programm. Im Zoofachhandel können Sie die passende Ausstattung für Ihren Neuzugang kaufen. Viele Unternehmen bieten ihre Waren auch im Internet an. Wichtiger als der Preis sollten Ihnen die Qualität und die praktische Handhabung der Produkte sein.

Ihr Hund und Sie müssen sich im Umgang mit dem Zubehör wohl fühlen. Auf ein Hundeleben gerechnet wird der Kauf mehrerer billiger Produkte teurer sein als die frühzeitige Entscheidung für ein hochwertiges – auf Brillanten am Halsband können Sie jedoch getrost verzichten.

Kleine Einkaufshilfe

Halsband und Leine: Für einen Welpen reicht es aus, wenn Halsband und Leine aus leichtem Nylonmaterial bestehen. Später können Sie auf Modelle aus Leder oder stabilere Nylonvarianten umsteigen. Grundsätzlich gelten genähte Lederleinen und -halsbänder als qualitativ hochwertiger als genietete. Wird gutes Lederzubehör durch regelmäßiges Einfetten gepflegt, kann es sogar mehrere Hundegenerationen begleiten. Nylonartikel leiern nicht aus und trocknen schnell – ideal für Hunde, die beim Spaziergang gern ein Bad nehmen. Der Karabiner der Leine sollte der Größe des Hundes angemessen und nicht zu schwer sein. Das Halsband sollte verstellbar sein, um es dem Hund gut anzupassen und nicht so schmal, dass es in den Hals einschneidet. Achten Sie auf eine weiche Innenpolsterung, damit es nicht am Hals scheuert. Kettenhalsbänder mit Stopp gelten zwar als sehr robust, führen durch die Reibung aber häufig zu Haarbruch und können zu Verletzungen am Hals führen. Würgehalsbänder (Halsbänder ohne Stopp) fügen dem Hund bei Zug Schmerzen zu und sind genauso wie Stachelhalsbänder abzulehnen.
Als Faustregel gilt, dass noch zwei Finger zwischen das angelegte Halsband und den Hals passen sollten. Als Leine empfehle ich ein verstellbares Modell von etwa 2 m, sodass Sie je nach den Gegebenheiten den Hund kurz führen oder ihm mehr Spielraum lassen können. Die Leine muss so robust sein, dass sie einen erwachsenen und stark ziehenden Hund sicher hält. Probieren Sie mehrere Modelle aus: Ist der Verschluss schnell und einfach zu bedienen? Liegt die Leine gut in der Hand, auch bei Gegenzug? Eine dünne Schleppleine kann Ihnen beim Training mit dem Hund sehr nützlich sein (siehe Seite 130). Diese sollte so leicht wie möglich sein und sich bei Nässe nicht allzu sehr mit Wasser voll saugen, sonst wird sie für den Hund zu schwer.

Geschirr: Rund um Halsband und Geschirr wird eine sehr kontroverse Diskussion zwischen Befürwortern und Gegnern geführt. Auf jeden Fall sollten Hunde, die z. B. an Erkrankungen der Halswirbelsäule oder des Kehlkopfes leiden, am Geschirr geführt werden, da dies den Druck auf die schon belasteten Körperstellen vermeidet. Immer mehr Hundehalter und -trainer sehen im Halsband auch ein Zwangsmittel. Doch die meisten Hunde haben kein Problem mit dem Tragen eines Halsbandes, sofern sie gut erzogen sind und die Leinenführigkeit beherrschen. Zieht ein Rassehund bei Ihnen ein, sollten Sie sich mit dem Züchter oder anderen Haltern über ihre Erfahrungen diesbezüglich unterhalten.
Für unsichere Hunde eignet sich eher ein Geschirr, weil sie sich dann nicht so leicht herauswinden können wie aus einem Halsband. Wenn Sie sich für ein Geschirr entscheiden, muss es dem Hund gut angepasst und gepolstert sein. Auf keinen Fall darf es beim Tragen scheuern. Zwei Schnappverschlüsse statt nur einem machen das Anziehen leichter. Nehmen Sie den Hund zur Anprobe mit.

Hundebett und Hundedecken: Für einen Welpen reicht anfangs ein weich ausgepolsterter Pappkarton, der einfach ausgewechselt werden kann, wenn der Kleine seine Zähne daran erprobt. Das Hundebett oder das Körbchen sollte so groß sein, dass der Hund sich darin bequem ausstrecken kann – kaufen Sie es am besten schon passend für die Größe des ausgewachsenen Hundes. Aus hygienischen Gründen sollten alle Hundetextilien bei mindestens 60 °C waschbar und für den Trockner geeignet sein.

Näpfe: Sie müssen so groß sein, dass der Hund sich bequem daraus bedienen kann. Kunststoffnäpfe werden von einigen Hunden gerne angekaut. Haltbarer und leicht zu reinigen sind Varianten aus Metall, Keramik oder Steingut. Schwere Näpfe oder solche mit Gummistopper schiebt der Hund beim Fressen nicht durch das Zimmer. Für große Hunde ist es oft besser, wenn die Näpfe erhöht stehen, z. B. auf einem kippsicheren Schemel oder einem speziellen Gestell. Um den Boden zu schonen, können Sie die Näpfe auf eine Kunststoffunterlage stellen.

Spielzeug: Wählen Sie gut verarbeitete Spielsachen aus, die keine giftigen oder schädlichen Bestandteile oder Inhaltsstoffe haben und keine Gefahren für den Hund bergen, wenn er möglicherweise Teile davon verschluckt. Achten Sie darauf, dass die Augen von Spieltieren nicht aus Kunststoff oder Glas bestehen, sondern aufgemalt oder aufgestickt sind, Quietschen sich nicht leicht lösen lassen und die Füllung nicht aus Kugeln oder langen Schnüren besteht. Wie robust das Spielzeug für Ihren Vierbeiner sein soll, hängt individuell vom Hund ab. Einige machen jedes Spielzeug innerhalb weniger Minuten klein, andere kauen jahrelang darauf herum, ohne es kaputt zu machen. Auf der sicheren Seite sind Sie meist mit Kauseilen, hochwertigen Plüschsachen speziell für Hunde und Hartgummibällen. Probieren Sie Quietschtiere im Laden aus, denn die Lautstärke ist sehr unterschiedlich und sollte auch Ihren Ohren angenehm sein.

Bürste und Kamm: Für Welpen reichen ein Kamm und eine weiche Bürste zur Gewöhnung aus. Je nach Haarart brauchen Sie für den erwachsenen Hund spezielle Pflegeartikel (siehe Seite 211).

Transportbox: Eine Box ist vielseitig einsetzbar. Sie kann hilfreich sein bei der Erziehung zur Stubenreinheit, und der sich darin befindliche Hund ist aus der Gefahrenzone, wenn Sie mit schädlichen Dingen hantieren (z. B. Reinigungsmitteln). Er ist damit sicher im Auto oder bei Flugreisen untergebracht und nicht zuletzt kann die Box ein Rückzugs- und Wohlfühlort für den Vierbeiner sein.

Die Box sollten Sie je nach Verwendungszweck auswählen: Stabile Boxen aus Kunststoff sind sinnvoll für den Transport im Auto oder Flugzeug, für das Auto eignen sich auch Gitterboxen aus Metall. Es gibt Kunststoffboxen, deren Oberteil sich abnehmen lässt und die so zum Körbchen umfunktioniert werden können. Zusammenklappbare Boxen mit Stoffbezug eignen sich hervorragend als mobile Hundebetten, z. B. auf Reisen oder beim Besuch von Veranstaltungen, setzen Ausbruchskünstlern aber nichts entgegen.

Handtücher: Durchforsten Sie Ihren Wäscheschrank und sortieren Sie alte Hand- und Badetücher, Bettlaken und Decken aus. Die Handtücher können Sie griffbereit an die Haustür und ins Auto legen, um den nassen Hund abzutrocknen und die Pfoten zu reinigen. Alternativ gibt es im Zoofachhandel auch spezielle Hundehandtücher aus Mikrofaser. Laken und Decken können Sie bei Bedarf zum Schutz über Polstermöbel legen oder zur Auspolsterung des Hundebetts verwenden.

Das Angebot an Spielsachen ist riesig – da findet sich für jeden Hund das richtige.

Ruheplätze herrichten

Hunde brauchen den Bezug und die Nähe zu ihren Menschen. Deswegen bietet es sich an, ein Körbchen in Ihrem Schlafzimmer aufzustellen, dann bekommen Sie auch besser mit, wenn der Hund sich nachts lösen muss. Soll der Hund sich nachts nicht im Schlafzimmer aufhalten, ist es möglich, dass Sie Ihr Nachtquartier vorübergehend in einem anderen Raum, etwa im Wohnzimmer, einrichten. Nach einer Übergangsphase können Sie Ihren Hund langsam daran gewöhnen, dass er die Nächte nicht in einem Zimmer mit Ihnen verbringen wird.
Stellen Sie das Hundebett in einer ruhigen, zugfreien Ecke auf, wo der Hund weder durch das Öffnen und Schließen von Türen noch von vorbeigehenden Personen gestört wird. Das gilt auch für die Ruheplätze, die dem Hund tagsüber zur Verfügung stehen. Der Hund sollte zwar noch von seinem Körbchen aus am Geschehen der Familie teilhaben können, muss aber nicht alles im Blick haben, weder das ganze Zimmer, den Flur, den Eingang zur Küche oder die Wohnungstür. Manche Hunde fühlen sich dann dazu veranlasst, alles kontrollieren zu müssen. Ein Ruheplatz in der Küche oder direkt am Esstisch kann zur Folge haben, dass der Hund diese Plätze verteidigt, da dort Nahrung verteilt oder aufbewahrt wird. Bei Hunden, die zu diesem Verhalten neigen, sollte der Ruheplatz besser etwas abseits liegen.
Jeder Hundehalter muss selbst entscheiden, ob sein Vierbeiner es sich im Bett, auf dem Sofa oder einem Sessel gemütlich machen darf. Grundsätzlich ist nichts dagegen einzuwenden, solange die Beziehung zwischen Zwei- und Vierbeiner geklärt ist. Der Hund muss es aber akzeptieren, auf Verlangen das Sofa oder Bett zu räumen. Weigert er sich, sieht das jedoch ganz anders aus. Dies ist ein Anzeichen für ein grundsätzliches Problem in der Beziehung zwischen Mensch und Hund. Die Erlaubnis bzw. Duldung, dann auf diesem privilegierten Platz zu liegen, würde das nur noch weiter verstärken (siehe Seite 116). In diesen Fällen gilt: Hund runter vom Sofa oder Bett und ab ins Körbchen! Gerade bei einem Hund aus zweiter Hand ist es oft besser, ihm dieses Privileg – sofern man es möchte – erst nach einigen Wochen der Eingewöhnung zu gewähren. Bis dahin hat man den Hund besser einzuschätzen gelernt und auch schon die Basis für eine stabile Beziehung geschaffen.

Giftige und schädliche Pflanzen

Prüfen Sie, ob sich giftige Pflanzen in der Wohnung oder im Garten befinden. Gerade Welpen knabbern fast alles einmal probeweise an und können dadurch lebensgefährlich erkranken. Stellen Sie Kakteen außer Reichweite.
Giftig sind neben vielen Pilzarten z. B.: Alpenveilchen, Aronstab, Blauer Eisenhut, Buchsbaum, Christdorn, Christrose, Dieffenbachia, Efeu, Eibe, Ficus, Fingerhut, Ginster, Goldregen, Herbstzeitlose, Hortensie, Klivie, Kroton, Maiglöckchen, Monstera (Fensterblatt), Narzisse, Nachtschattengewächse, Oleander, Pfaffenhütchen, Philodendron, Primel, Rhododendron, Rizinus (Wunderbaum), Sadebaum, Seidelbast, Thuja, Tollkirsche, Weihnachtsstern, Wolfsmilchgewächse, Zaunrübe, Zimmerkalla. Auch sonst können sich schädliche Dinge im Garten finden, so sind z. B. Hornspäne-Dünger, die nicht ausreichend erhitztes Rizinusschrot enthalten, sowie Kakaomulch für Hunde giftig. Lassen Sie deswegen besonders Welpen nicht unbeaufsichtigt im Garten herumstöbern und achten Sie bei Düngemitteln auf deren Ungefährlichkeit.

Linke Seite: Viele Pflanzen sind für Hunde giftig.

Achten Sie auch unterwegs darauf, dass der Hund nicht an unbekannten Pflanzen knabbert.

Alles hundesicher …

Unterziehen Sie die Wohnung, das Haus und den Garten einem gründlichen Check. Gibt es dort Gegebenheiten, die dem Hund gefährlich werden können? Zieht ein Welpe oder ein kleiner Hund bei Ihnen ein, sollten Sie sich die Sache auch einmal aus seiner Perspektive betrachten, d. h. sich auf den Boden legen und unter die Schränke schauen.

Achten Sie auf folgende Punkte:

Türen: Sie sollten immer verschlossen sein, damit der Hund nicht auf Entdeckungstour geht. Bitten Sie auch Ihre Besucher, Haustür und Gartentor immer zuverlässig zu schließen – hängen Sie gegebenenfalls ein Schild zur Erinnerung auf. Soll eine Zimmertür offen bleiben, wird diese am besten mit einem standfesten Türstopper gesichert, damit sie nicht im Luftzug zuschlägt, während der Hund gerade hindurch läuft.

Fenster: Kann ein neugieriger Hund vielleicht von einem Stuhl oder einem Sofa ein offenes Fenster erreichen und hinausspringen oder fallen? Stellen Sie gegebenenfalls die Möbel um oder sorgen Sie dafür, dass die Fenster in Anwesenheit des Hundes nur gekippt sind. Decken Sie Kellerschächte ab, damit der Hund nicht hineinfallen kann.

Balkon: Ist das Balkongeländer so gesichert, dass der Hund sich ohne Gefahren auf dem Balkon aufhalten kann? Kann er nicht durch einen Spalt fallen oder sich den Kopf im Geländerzwischenraum einklemmen? Haben Sie Bedenken, ist es besser, zusätzlich eine Abdeckung anzubringen oder den Aufenthalt dort nur in Ihrem Beisein zu erlauben.

Treppen: Welpen müssen zwar lernen, Treppen zu steigen, sollten dies aber nicht zu oft oder unbeaufsichtigt tun, da dies ihre Gelenke belastet oder sie sich bei einem Sturz schwer verletzen können. Auch bei älteren, schweren oder an Gelenk- oder Wirbelsäulenerkrankungen leidenden Hunden sollte das Treppenlaufen auf ein notwendiges Maß eingeschränkt oder je nach Fall ganz unterbunden werden. Sperren Sie gegebenenfalls den Zugang zu Treppen mit Schutzgittern.

Prüfen Sie den Gartenzaun, damit Ihr Hund keine Lücke zum Ausbüxen findet.

Kabel: Legen Sie alle für den Hund zugänglichen Kabel hoch oder decken Sie diese ab, damit sie nicht angekaut werden. Auch vor einem Hund, der Kabel nicht anknabbert, sollten Sie diese in Sicherheit bringen. Dies musste ich lernen, als mein Afghane sich im Ladekabel meines Laptops verfing und diesen zu Boden riss.

Gartenteich: Besonders beim Einzug eines Welpen sollten Sie darauf achten, dass der Kleine sich nicht ohne Aufsicht im Garten aufhalten kann und womöglich in den Teich fällt. Können Sie das nicht hundertprozentig garantieren, ist es sinnvoll, einen Zaun um den Gartenteich zu ziehen. Noch wichtiger ist das bei einem Swimmingpool, da dieser einem hineingefallenen Hund in der Regel keine Ausstiegsmöglichkeit bietet.

Zaun: Vor dem Einzug des Hundes sollten Sie den Zaun einmal abgehen und gründlich untersuchen. Ist er hoch genug, damit der Hund ihn nicht überspringt? Manche sportlichen Vierbeiner lassen sich auch durch einen 1,5 m hohen Zaun nicht von einem Spaziergang in der Nachbarschaft abhalten. Sind keine Lücken zu finden, durch die der Hund sich hindurchzwängen kann? Manche Hunde haben auch große Ausdauer dabei, sich unter dem Zaun hindurch zu graben. Bei diesen Gesellen ist es eventuell notwendig, den Zaun etwas in den Boden einzulassen: Auf jeden Fall muss er dann aber regelmäßig auf Schwachstellen überprüft werden.

Checkliste Sicherheit

Ist alles gesichert?

- **Türen** ✔
- **Fenster** ✔
- **Treppen** ✔
- **Kabel** ✔
- **Gartenteich** ✔
- **Swimmingpool** ✔
- **Zaun** ✔
- **Mülleimer** ✔

Ist alles außer Reichweite?

- **Giftige und gefährliche Pflanzen** ✔
- **Kosmetika und Haushaltsreiniger** ✔
- **Tabak, Medikamente** ✔
- **Farben, Lacke** ✔
- **Frostschutzmittel** ✔
- **Kleinteile, Stifte** ✔
- **Süßigkeiten** ✔
- **Tüten, Einkaufskörbe, Taschen** ✔
- **Wertvolle Dinge** ✔

Damit es keine bösen Überraschungen beim Toben gibt, muss der Garten gesichert sein.

... und hundegerecht?

Mülleimer: Er sollte so verschlossen sein, dass der Hund sich nicht selbstständig bedienen kann. Ideal ist ein Deckel, der sich nach dem Öffnen wieder selbstständig schließt. Manche Hunde öffnen aber auch diese im Handumdrehen, dann wird der Mülleimer besser im Schrank unter der Spüle verstaut. Das gilt auch für Behälter mit Schwingdeckel, diese sind gerade für große Hunde oft wie eine Einladung zu einer Zwischenmahlzeit.

Schädliche Dinge: Es gibt zahlreiche Dinge, die einem Hund gefährlich werden können und die sich immer sicher außerhalb seiner Reichweite befinden sollten, z. B. Kosmetika, Haushaltsreiniger, Farben, Lacke, Lösungsmittel, Zigaretten, Medikamente, Süßigkeiten (siehe Seite 206), Kleinteile, Stifte, Tüten und Wolle. Achten Sie auch darauf, Einkaufskörbe, Akten- oder Handtaschen nicht gedankenlos abzustellen, denn viele Hunde untersuchen diese nach Essbarem und stoßen bei der Erkundung vielleicht auf schädliche Dinge.

Alles, was wertvoll ist: Solange ein Hund noch nicht zuverlässig stubenrein ist, lagern Sie Ihre wertvollen Teppiche besser aus. Während der Zahnung kauen Welpen an allem herum, was ihnen in den Weg kommt, das können Schuhe, Stuhlbeine oder Möbel sein: Alles in Frage kommende sollten Sie in dieser Zeit besser außer Reichweite des Hundes aufbewahren oder abdecken. Prüfen Sie auch, ob auf dem Boden oder einem niedrigen Tisch stehende Vasen, Kerzenständer und Ähnliches umfallen können. Manche Hunde bewegen sich mit einer erstaunlichen Eleganz und Sicherheit in der Wohnung, andere sind da eher wie der sprichwörtliche „Elefant im Porzellanladen". Besonders bei großen Vierbeinern muss man auch den Wirkungskreis der Rute bedenken, die mit erstaunlicher Zielsicherheit Gläser und Flaschen vom Wohnzimmertisch fegen kann.

Hunde gelten im Auto als Ladung und müssen entsprechend gesichert werden. Bei einem Verstoß drohen Bußgeld und Punkte im Verkehrszentralregister. Kann ein Hund sich im Auto frei bewegen, lenkt das den Fahrer ab und kann zu brenzligen Situationen führen. Bei einem Unfall fliegt der Hund wie ein Geschoss durch das Auto – dadurch sind sein Leben und das der anderen Insassen gefährdet.

Zur Unterbringung im Auto ist für kleine Hunde eine Transportbox am besten geeignet, die quer zur Fahrtrichtung auf der Rückbank oder im Kofferraum eines Kombis sicher befestigt ist. Große Hunde reisen gut im Kofferraum eines Kombis, bei dem die Ladefläche mit einem festgeschraubten Gitter von der Rückbank getrennt ist. In einer Limousine sollte der

Hund mit einem speziellen Hundegurt auf der Rückbank angeschnallt sein.

Im Zoofachhandel gibt es Reisenäpfe für unterwegs: Das Wasser schwappt dann nicht über und steht dem Hund immer zur Verfügung.

Bereits leichte Sonneneinstrahlung heizt das Innere eines Wagens stark auf. Wird ein Auto im Sommer in direkter Sonne geparkt, können innen leicht 60 bis 70 °C erreicht werden, ein darin befindlicher Hund stirbt an einem Hitzeschlag. Auch der Spalt im Fenster reicht nicht zur Belüftung aus. Lassen Sie also niemals – auch nicht kurzzeitig – einen Hund im Auto in der Sonne stehen und bedenken Sie bei einem Parkplatz im Schatten den Lauf der Sonne: Wo es jetzt noch angenehm ist, kann es in einer halben Stunde unerträglich heiß sein. Wenn Sie Ihren Hund im parkenden Auto lassen müssen, sollte es in bleibendem Schatten stehen und ausreichend belüftet sein. Dazu werden im Fachhandel beispielsweise spezielle Gitter angeboten, die bei einem Kombi hinter der Heckklappe eingebaut werden, damit diese offen stehen kann. Läuft unterwegs die Klimaanlage auf Hochtouren, kann das beim Hund zu Reizungen der Bindehäute und anderen Beschwerden führen.

Vor einem unternehmungslustigen Welpen ist Nichts sicher..

Eingewöhnung des Hundes

Ihr neuer Hausgenosse wird Ihren gewohnten Alltag wahrscheinlich ganz schön auf den Kopf stellen. Sie brauchen beide Zeit, sich auf die neue Situation einzustellen. Versuchen Sie trotzdem, Ihren gewohnten Rhythmus beizubehalten, soweit es möglich und hundegerecht ist.

Auf der Rückbank muss der Hund mit einem speziellen Geschirr und Sicherheitsgurt gesichert sein.

Hunde hochheben und tragen

Umfassen Sie die Brust eines Welpen oder kleinen Hundes mit einer Hand: Zeige- und ggf. Ringfinger sollten besonders bei einem Welpen zwischen den Vorderläufen Stabilität geben, die restlichen Finger den Brustkorb so weit es geht umschließen. Mit der anderen Hand stützen Sie den Po des Hundes. Fassen sie dabei nicht zu fest zu, aber trotzdem so beherzt, dass der Hund sich nicht herauswinden und auf den Boden fallen kann. Beim Tragen lehnen Sie den Hund an Ihre Brust. Kinder setzen sich am besten auf den Boden, um ihn halten. Einen größeren Hund kann man am leichtesten hochheben, wenn er steht: Umfassen Sie dabei seinen Körper mit Ihren Armen, die Beine hängen in der Luft.

In den ersten Tagen nach Einzug des neuen Hundes wird sich alles um den Vierbeiner drehen. Er lernt Sie und sein neues Umfeld kennen und ist dabei auf Ihre Unterstützung angewiesen. Je kompetenter Sie ihn dabei begleiten, desto schneller wird er eine gute Beziehung zu Ihnen aufbauen (siehe Seite 114) und desto schneller werden Sie ein Team.

Die Heimfahrt

Wenn Sie Ihren neuen Hund abholen, sollte er vorher nichts oder nur wenig gefressen haben, damit ihm auf der Fahrt nicht übel wird. Anzeichen dafür sind übermäßige Unruhe, starkes Speicheln, häufiges Über-die-Nase-lecken oder Hecheln. Falls es doch passiert, helfen Ihnen bereitgelegte Mülltüten und Papiertücher, schnell wieder für Sauberkeit zu sorgen. Geben Sie dem Hund vor der Abfahrt noch einmal Gelegenheit, sich zu lösen. Je nach Alter des Vierbeiners sollten Sie bei der Rückfahrt alle ein bis zwei Stunden eine Pause einplanen und ihm Gelegenheit geben, seine Geschäfte zu erledigen. Kottüte nicht vergessen! Leinen Sie ihn dabei aber nicht ab, damit er nicht entwischen kann. Gerade für einen unsicheren Hund ist dann ein Geschirr besser geeignet als ein Halsband, aus dem er sich eventuell herauswinden kann.

Unterwegs sollte der Hund ständig Zugang zu frischem Wasser haben – Aufregung macht durstig. Nur bei längeren Touren sollten Sie etwas Futter anbieten. Bringen Sie den Vierbeiner an dem für ihn auch später vorgesehenen Platz unter, z. B. in der Transportbox. Liegt darin eine Decke oder ein Kissen mit einem vertrauten Geruch, beruhigt das etwas. Jammert der Hund, trösten Sie ihn nicht, sondern ignorieren Sie das Fiepen. Im Sommer sollten Sie möglichst nicht in der Mittagshitze unterwegs sein, besser fahren Sie morgens oder abends auf direktem Weg nach Hause. Dort angekommen, führen Sie den Hund zuerst an den für ihn vorgesehenen Löseplatz. Setzt er dort Kot oder Urin ab, wird er dafür gelobt.

Zu Hause angekommen

In der Wohnung wird sich der Hund je nach Temperament erst einmal zurückziehen oder alles ausgiebig untersuchen. Beschränken Sie seinen Wirkungskreis

am Anfang auf ein oder zwei Zimmer. So haben Sie ihn besser im Blick, können reagieren, wenn er raus muss oder Unfug anstellt und der Hund wird von den vielen neuen Eindrücken nicht überfordert. Zeigen Sie dem Hund, wo sein Wassernapf steht und bieten Sie ihm eine erste Mahlzeit an. Lenken Sie die Aufmerksamkeit des müden Hundes auf das Körbchen und geben Sie ihm Gelegenheit zu ruhen – besonders Welpen müssen noch viel schlafen.
Ist der Vierbeiner aber noch voller Tatendrang, können Sie dies zu einer ersten Kontaktaufnahme in entspannter Atmosphäre nutzen. Setzen Sie sich auf den Boden, locken Sie ihn mit aufmunternden, sanften Worten zu sich und belohnen Sie seine Annäherung mit Streicheleinheiten.

Klare Verhältnisse

Machen Sie nicht den Fehler, dem Hund – ob Welpe oder erwachsener Vierbeiner – eine vermeintliche Schonfrist mit Narrenfreiheit zu gewähren, in der er sich erst einmal in Ruhe eingewöhnen kann. Es ist nur fair, wenn Sie von Anfang deutlich machen, wie Sie sich das gemeinsame Zusammenleben vorstellen, denn nur dann hat der Hund auch die Möglichkeit, sich entsprechend zu verhalten. Gerade die erste Zeit im neuen zu Hause ist eine wichtige Phase, in der Sie Weichen für Ihre Beziehung zum Hund stellen. Ihr Vierbeiner braucht nun einen Menschen an seiner Seite, der ihm deutlich macht, was erwünscht und was unerwünscht ist und ihm dadurch Sicherheit und Orientierung gibt.

Richtig dosierte Zuwendung

Schicken Sie den Hund gelegentlich ins Körbchen und bestehen Sie auf Ruhezeiten – auch wenn die Durchsetzung schwer fällt. Reagieren Sie nicht auf jedes Jammern, Fiepen, Bellen oder Pföteln des Hundes, denn dadurch lernt er ganz schnell, wie er sich Ihrer Aufmerksamkeit versichert. Bald werden Sie wissen, ob er jammert, weil er raus muss oder weil er Unterhaltung haben will. Versuchen Sie auch, ihn nicht ständig anzuschauen und in den Mittelpunkt zu stellen, weil er „vielleicht etwas will oder braucht", „so süß schläft", „so niedlich frisst", „so tapsig spielt" oder „einfach so hübsch ist".

Welpen halten: Mit dem Zeigefinger zwischen den Vorderläufen den Brustkorb sichern, die andere Hand stützt den Po.

Knabbern verboten

Beobachten Sie, dass der Hund an einem Möbelstück, am Teppich oder anderen Dingen knabbert, die nicht für ihn vorgesehen sind, sollten Sie das sofort unterbinden. Kennt er schon das Kommando „Nein" (siehe Seite 134), können Sie sein Verhalten dadurch abbrechen. Kennt er das noch nicht, können Sie ihn etwa durch Klatschen in die Hände erschrecken und ablenken. Warten Sie einen Moment und geben Sie ihm dann einen Kauknochen als Alternativbeschäftigung.
Wenn Sie ihm ohne zu warten nach dem unerwünschten Knabbern einen Kauknochen geben, könnte er daraus den Schluss ziehen: „Wenn ich an Möbeln oder Schuhen knabbere, kommt mein Mensch und gibt mir einen Knochen zur Belohnung". Diesem Fehlschluss können Sie durch die kurze Wartezeit vorbeugen.

Besuch kommt später: Erst soll der Hund seine neue Familie kennenlernen.

Dadurch wird ein enormer Druck aufgebaut und manche Hunde kommen durch die ständige Beobachtung in Stress und fühlen sich unwohl. Für andere ist es ein Zeichen dafür, dass sie ganz wichtig sind und eine hohe Position in der Gemeinschaft einnehmen, wenn ihnen so viel Aufmerksamkeit zu teil wird. Sie können und müssen sich herausnehmen, den Hund in bestimmten Situationen auch zu ignorieren (siehe Seite 124), sonst wird er das bald mit Ihnen machen.

Secondhand-Hund

Der Wechsel in ein anderes zu Hause – vielleicht noch mit dem Tierheim als Zwischenstation – ist immer eine einschneidende Erfahrung für den Hund. Unter Umständen können die Hunde sehr verunsichert sein und haben ein mehr oder weniger großes Päckchen an Altlasten zu tragen. Doch ein neues Heim bietet auch immer die Chance für einen Neuanfang. Nutzen Sie diesen Start in ein anderes Leben, indem Sie von Anfang an Ihre Regeln aufstellen und konsequent darauf achten, dass diese eingehalten werden. Verzichten Sie bitte darauf, den Hund mitfühlend zu trösten, wenn er ängstlich ist (siehe Seite 148). Gehen Sie stattdessen selbstsicher und aufmunternd an die für den Hund bedrohliche Situation heran und demonstrieren Sie durch Gelassenheit, dass es keinen Grund zur Sorge gibt. Auf keinen Fall dürfen Sie den Hund zwingen, sich der für ihn gefährlich wirkenden Situation auszusetzen, sondern müssen ihn Schritt für Schritt daran gewöhnen.
Auch bei einem selbstsicheren und sehr durchsetzungswilligen Hund müssen Sie schon bei der Abholung klarstellen, dass Sie nun das Sagen haben. Sie geben den Rahmen vor, nicht Ihr Hund (siehe Seite 115). Je schneller er das begreift, desto schneller bekommen Sie eine stabile Beziehung.
Je mehr Sie über Ihren „gebrauchten" Hund wissen (siehe Seite 77), desto besser können Sie sich auf das

Erwachsene Vierbeiner gewöhnen sich oft erstaunlich schnell ein.

einstellen, was Sie erwartet. Bedenken Sie, dass Hunde sich in einem neuen Umfeld nach Wochen, Monaten oder einem halben Jahr ganz anders präsentieren können als am Anfang. Aus einem schüchternen Hündchen wird vielleicht ein kleiner Draufgänger. Und der Vierbeiner, der sich einst scheu unter der Eckbank versteckt hatte, schreitet heute selbstbewusst die Grenzen des Gartens ab und „stellt Eindringlinge". Ein einst unsicherer Hund, der ständig gehätschelt wird und keine Grenzen kennenlernt, kann sich ganz schnell zum Haustyrannen erheben. Wie Ihr Hund sich entwickelt, hängt wesentlich von Ihrer Führung ab.

Welpen brauchen viel Schlaf – den müssen sie auch bekommen.

Erst die Familie kennenlernen

Bitten Sie Freunde und Verwandte, sich mit ihren Besuchen noch etwas zu gedulden, auch wenn sie noch so neugierig auf den vierbeinigen Familienzuwachs sind. Er ist erst einmal ausreichend damit beschäftigt, die zahlreichen neuen Eindrücke zu verdauen. Nach drei oder vier Tagen können sich dann die ersten Besucher nach und nach einstellen – aber bitte nicht zu viele auf einmal. Auch für die Kinder der Familie werden die ersten Tage eine Geduldsprobe, denn es gilt, sich im Spiel mit dem Hund noch etwas zurückzunehmen.

Zu viel Aufregung kann den Welpen krank machen. Eine befreundete Tierärztin berichtet mir immer wieder von Fällen, wo zu viel Stress in den ersten Tagen lebensgefährlichen Durchfall verursacht hat: Erst die Trennung von Mutter und Geschwistern, am selben Tag eine neue Umgebung, dann zur Oma, anschließend vielleicht noch auf den Spielplatz – diese Aufregung verkraftet ein Hundekind nicht.

Die ersten Nächte

Gerade für Welpen ist es ganz normal, dass sie in den ersten Nächten jammern. Schließlich ist nun alles neu und sie haben nicht den Schutz und die Wärme von Mutter und Geschwistern. Viele Hundehalter lassen die Hunde deswegen im Bett schlafen. Ist das nicht auf Dauer gewünscht, wird es sehr schwer werden, dies dem Hund wieder abzugewöhnen. Sehr starke Hundepersönlichkeiten nutzen dieses Privileg, wenn sie die Geschlechtsreife erlangen oder schon erwachsen sind, um ihren Rang innerhalb des Familienverbandes zu erhöhen. In Extremfällen kann dies nach einer Weile dazu führen, dass der Partner knurrend des gemeinsamen Bettes verwiesen wird.

Für Hunde ist es gerade nach dem Einzug in die neue Familie wichtig, dass sie nicht isoliert werden: Für einen Welpen bedeutet das Alleinsein biologisch gesehen das Todesurteil. Ich habe sehr gute Erfahrungen mit der Hundebox gemacht (siehe Seite 90). Diese kommt für unseren Dackel im Schlafzimmer und im Auto zum Einsatz. Als der Dackelwelpe bei uns einzog, stand die Box mit geöffnetem Deckel nachts neben dem Bett, damit ich meine Hand hineinlegen konnte. So hatte er den notwendigen Körperkontakt, heulte nicht und ich bemerkte rasch, wenn er nach draußen musste.

Stubenreinheit

Manche Hunde sind schnell stubenrein, andere brauchen etwas länger, bis sie sich zuverlässig melden. Bleiben Sie in jedem Fall geduldig – Ihr Hund muss erst lernen, welche Plätze er als Toilette benutzen darf. Und vergessen Sie nicht: Welpen „müssen" öfter als erwachsene Vierbeiner.

Nach dem Spielen müssen Junghunde sich meist rasch lösen.

Hunde sind reinliche Tiere und schon die Welpen lernen bei der Mutter, ihr Lager nicht mit Kot und Urin zu verschmutzen. Nach der Übernahme des Vierbeiners ist es Ihre Aufgabe, Ihrem Hund beizubringen, wo er im neuen Umfeld seine großen und kleinen Geschäfte verrichten darf. Zeigen Sie ihm, wo er sich draußen lösen soll und geben Sie ihm möglichst oft die Gelegenheit, dies am vorgesehenen Platz zu tun. Loben Sie ihn, wenn er sich dort entleert.

Bei einem Welpen oder einem Hund, der beim Vorbesitzer die Stubenreinheit nicht gelernt hat, müssen Sie mit dem Training ganz von vorne anfangen. Selbst Hundekinder, die sich in der Regel schon melden, wenn sie nach draußen müssen, vergessen dies häufig bei Ablenkung in aufregenden oder spannenden Situationen.

Sie sollten Ihren Hund nach draußen führen:

- mindestens alle zwei Stunden
- direkt nach dem Fressen
- direkt nach dem Schlafen
- während oder direkt nach aufregenden, ablenkenden Situationen, z. B. der Begrüßung eines Familienmitglieds oder eines Spiels
- wenn der Hund intensiv am Boden schnüffelt, sich dabei eventuell auch im Kreis dreht
- wenn der Hund unruhig wird
- wenn der Hund zur Tür läuft
- wenn der Hund sich in eine „stille Ecke" zurückzieht
- wenn der Hund an einem Teppich schnuppert, besonders auf solchen, wo schon einmal ein Malheur passiert ist
- wenn der Hund ohne erkennbaren Grund aufgeregt bellt oder jammert

Führen Sie den Hund im Garten oder am Straßenrand zum immer selben Platz. Kot sollten Sie auch im Garten direkt entfernen, auf öffentlichen Wegen ist das selbstverständlich. Geben Sie ihm draußen fünf Minuten Zeit, sein Geschäft zu erledigen. Hat er sich ablenken lassen, z. B. von einem Artgenossen, der am Zaun entlang läuft, gehen Sie wieder hinein und versuchen es nach einigen Minuten noch einmal. Zwischendurch müssen Sie den Hund aber genau beobachten und mit ihm beim kleinsten Anzeichen wieder nach draußen gehen.

Es ist nützlich, wenn Sie das Lösen des Hundes mit einem Signalwort verbinden, z. B. „Mach schön". So können Sie den Hund z. B. vor einer Autofahrt animieren, sich noch einmal zu entleeren oder ihn an einer ungewohnten Stelle oder auch unter Ablenkung zum Lösen auffordern.

Welpen und erwachsene Hunde vermeiden es nach Möglichkeit, ihr Schlaflager zu verunreinigen. Dies kann man nachts gut zur Erziehung zur Stubenreinheit nutzen. Dazu stellt man den Hunden nur einen begrenzten Schlafbereich zur Verfügung. Welpen kann man in einer Transportbox oder einer Kiste neben dem Bett einen Schlafplatz einrichten, erwachsene Tiere im Schlafzimmer in einer Box unterbringen oder die Zimmertür schließen. Die Tiere werden dann in der Regel unruhig, wenn sie sich lösen müssen. Vorausgesetzt, man hat keinen allzu festen Schlaf, bekommt man es meistens mit, wenn ein dringendes „Geschäft" ansteht. Dann gilt wie auch tagsüber: schnell sein und bei Erfolg das Loben nicht vergessen. Kann ein Hund sich jedoch nachts frei im Haus bewegen, wird er sich vielleicht eine entfernt gelegene ruhige Ecke – vorzugsweise auf einem Teppich – suchen, um Urin oder Kot abzusetzen.

Gehen Sie anfangs oft raus. Bald wird der Hund sich Ihrem Rhythmus angepasst haben.

Wenn es passiert ist ...

Finden Sie doch einmal einen See oder ein Häufchen in der Wohnung, sollten Sie sich neutral verhalten. Die „altbewährten Tipps", den Hund dann auszuschimpfen, mit der Schnauze hineinzustoßen oder gar zu schlagen, sind völlig falsch! Die Folge: Der Hund wird beim nächsten dringenden Bedürfnis versuchen, dies heimlich zu erledigen. Ihn nachträglich zu bestrafen führt nur dazu, dass sein Vertrauen zu Ihnen leidet und er verunsichert wird. Beseitigen Sie das Missgeschick stattdessen ohne Kommentar. Verwenden Sie keinen ammoniak- oder chlorhaltigen Reiniger oder Essigreiniger, der Geruch ist Urin sehr ähnlich und verleitet zur Wiederholungstat. Häufig lösen Hunde sich in der Wohnung auf Teppichboden: Entfernen Sie wenn möglich gefährdete Läufer etc. Nehmen Sie ein Malheur als Ansporn, künftig noch besser aufzupassen. Auch ein Welpe, der weiß, dass er sich melden muss, besitzt eine kleine Blase und muss sich häufig lösen. Drei- bis viermal täglich ist viel zu wenig. Erwarten Sie nur das vom Hund, was er leisten kann. Klappt es trotzdem nicht, kann das auch ein Krankheitsanzeichen sein (siehe Seite 243).

Die Hundewelt wird größer

Nachdem Ihr neuer Hausgenosse die Familie und sein direktes Umfeld kennengelernt hat, ist es nun an der Zeit, seinen Radius immer mehr zu erweitern. Gehen Sie dabei behutsam vor und achten Sie darauf, den Hund nicht mit all den neuen auf ihn einwirkenden Eindrücken zu überfordern.

Bei Spaziergängen mit anderen Hundehaltetn können die Hunde nach Herzenslust toben.

Rechte Seite: Spaziergänge und Spiele stärken Ihre Beziehung.

Gewöhnen Sie ihn aber möglichst sofort an den üblichen Rhythmus der Familie, auch an das kurzzeitige Alleinebleiben. Nehmen Sie den Vierbeiner im Auto mit, gehen Sie nach einigen Tagen gemeinsam mit anderen Hundehaltern spazieren, besuchen Sie Freunde und Verwandte, machen Sie einen Stadtbummel oder einen Ausflug in den Tierpark (sofern dort Hunde erlaubt sind). Halten Sie die Unternehmungen anfangs kurz und sprechen Sie sich bei einem Welpen mit dem Trainer in der Welpenschule ab. Machen Sie den Hund mit allem vertraut, was ihn auch künftig erwarten wird. Achten Sie darauf, ihm zwischendurch ausreichend Ruhezeiten zu ermöglichen, ob zu Hause oder unterwegs. Ein Hund, der ständig Trubel erlebt und nicht zur Ruhe kommt, kann schnell zu einem Nervenbündel werden.

Gewöhnung an Halsband und Leine

Kennt der Hund Halsband und Leine noch nicht, müssen Sie ihn erst langsam daran gewöhnen. Ziehen Sie ihm z. B. vor der Fütterung oder einem Spiel das Halsband an, die Aktivität lenkt ihn ab. Es ist ganz normal, dass er sich am Halsband kratzt, doch schon nach wenigen Tagen wird es ihn nicht mehr stören. Auch die Leine können Sie zwischendurch immer wieder einmal anziehen. Vermeiden Sie es, an der Leine zu ziehen oder daran zu zerren, wenn der Hund zu Ihnen kommen soll. Manche Hunde benehmen sich anfangs auch bockig, setzen sich hin und machen keinen Schritt mehr. Hier helfen in der Regel freundliche Worte und Leckerchen, damit der Hund sich in Bewegung setzt.

Unterwegs mit dem Hund

Nehmen Sie bei Unternehmungen auch eine kleine Tasche für den Hund mit. Dort hinein gehören immer:

- Eine Flasche mit frischem Wasser und ein Napf
- Handtuch zum Abtrocknen
- Kottüten

Je nach Länge oder Ausflugsziel sollten Sie auch einpacken:

- Futter und Napf
- Leckerchen
- Spielzeug und/oder Kauartikel (z. B. zur Beschäftigung)
- Liegedecke
- Eventuell regelmäßig zu gebende Medikamente
- Das Erste Hilfe-Set sollten Sie im Auto platzieren

Tierarztbesuch

In der ersten Woche nach dem Einzug des Hundes sollten Sie ihn dem Tierarzt zu einer Untersuchung vorstellen. So bekommen Sie Gewissheit über den Gesundheitszustand des Neuzugangs. Für Welpen ist dies eine gute Gelegenheit, den Tierarzt und die Praxis in angenehmer Atmosphäre – ohne schmerzhafte Erfahrung – kennenzulernen.

Hunde und Kinder

Für die meisten Kinder ist es ein großes Abenteuer und eine wertvolle Erfahrung, mit einem Hund an ihrer Seite aufzuwachsen. Der Vierbeiner ist Kumpel, Freund, Spielkamerad, Seelentröster und unermüdlicher Zuhörer.

Geheimhaltung garantiert: Kinder können ihrem Hund Sorgen und Nöte anvertrauen.

Beide wollen spielen, sind neugierig und sehnen sich nach Zuneigung. Ein Tier hilft einem Kind, seine soziale Kompetenz zu entwickeln, es kann sich besser in andere hineinversetzen und deren Empfindungen nachfühlen.

Ein Hund bietet viel Gesprächsstoff innerhalb und außerhalb der Familie: Das Kind stellt Fragen zum Verhalten und den Bedürfnissen des Hundes, berichtet von Erlebnissen mit dem Vierbeiner und kann sich mit anderen über den eigenen Hund und Hunde allgemein austauschen. Das erweitert den Wortschatz und erleichtert die Kontaktaufnahme, was gerade für schüchterne Kinder von Vorteil ist. Kinder können ihren Hunden alle ihre Geheimnisse anvertrauen.

Gerade in Situationen emotionaler Belastung, wie Problemen in der Schule, Ärger mit Freunden oder Eltern ist es wichtig für die Kinder, sich ihre Sorgen von der Seele zu reden.

Hunde sind direkt und authentisch, auf die Aktion eines Kindes folgt eine Reaktion, die ausschließlich mit dem Verhalten des Kindes zusammenhängt. Dies kann eine positive Antwort sein, etwa indem der Hund die Nähe des Kindes sucht, aber auch Desinteresse, Rückzug oder Ablehnung ausdrücken. In den meisten Fällen wird das Kind sein Verhalten anpassen in dem Bemühen, die Zuwendung des Hundes zu gewinnen. Dazu muss es sich in den Hund hineinversetzen und die Situation und sein eigenes Verhalten mit Hilfe eines Erwachsenen analysieren. So muss ein Kind erst lernen, an welchem Körperteil es streicheln und welchen Druck es dabei ausüben darf. Das schult die motorischen Fähigkeiten und das Verständnis für die Körpersprache des Hundes.

Ein Hund hilft dem Kind schon durch seine Anwesenheit Stress abzubauen, was sich positiv auf die enormen Belastungen auswirkt, die z. B. durch die schulischen Anforderungen entstehen. Studien haben gezeigt, dass ein mehrere Monate im Klassenzimmer anwesender Hund sich positiv auf das Lernklima auswirkt, ausgleichend wirkt, die Konzentrationsfähigkeit steigert und die Aggression verringert. Kinder mit einem Haustier fehlen sogar seltener in der Schule.

Ein Hund hilft einem Kind zu lernen, seine eigenen Bedürfnisse gegenüber denen des Tieres zurückzustellen. Es versorgt den Hund, weil er die Fürsorge braucht, nicht weil er sich in irgendeiner Weise dankbar zeigt. Das führt zu einem allgemein größeren Verständnis für die Bedürfnisse anderer Lebewesen und Verbundenheit zur Natur.

Ein Kind profitiert sehr vom alltäglichen Umgang mit einem Hund und lernt eine ganze Menge dabei – ohne erhobenen Zeigefinger und Zurechtweisung. Im Bemühen, mit dem Hund zu spielen, ihn zu versorgen, von ihm beachtet zu werden und ihm etwas beizubringen, wird das Kind sich in der Regel aus eigenem Antrieb anstrengen, seine Wahrnehmung und seine Sensibilität verbessern.

Was ein Kind darf

Ein Hund sollte nicht nur „für das Kind angeschafft“ werden, weil der Kontakt zu einem Tier so pädagogisch wertvoll ist. Die Beziehung kann nur fruchtbar sein, wenn auch die Eltern sich einen Hund wünschen, zu diesem eine enge Beziehung aufbauen und

die verantwortungs- und respektvolle Betreuung des ihnen anvertrauten Tieres vorleben. Denn noch mehr als aus allen Anleitungen und Ermahnungen wird es vom Vorbild der Eltern abhängig sein, in welche Richtung sich ein Kind im Umgang mit und seiner Beziehung zu Tieren entwickelt.
Das bedeutet zuallererst, dass die Eltern das Kind nicht mit der Versorgung des Hundes allein lassen dürfen, denn damit wäre der junge Mensch überfordert. Die Verantwortung und Betreuung des Tieres liegt immer bei den Eltern, das Kind kann dabei gewisse Aufgaben übernehmen und helfen. Ab welchem Alter ein Kind welche Aufgaben wahrnehmen kann, hängt von der individuellen Entwicklung und Reife des Kindes und dem Verhalten des Hundes ab. Bei einem zuverlässigen Hund kann auch schon ein Grundschulkind unter Aufsicht eines Erwachsenen den Hund füttern. Das größere Kind kann den Hund möglicherweise schon bürsten. Geht es aber darum, verfilzte Stellen auseinanderzuzupfen, sollte das von einem Elternteil übernommen werden, da die Prozedur unangenehm für den Hund sein kann und er sich vielleicht wehrt. Unter Aufsicht der Eltern kann ein Kind dem Hund Kommandos geben, wie Sitz und Platz, und ihm Tricks beibringen. Allerdings muss das immer als Spiel verstanden werden, das Kind darf den Hund loben und mit Leckerchen belohnen, aber nicht die Ausführung von Kommandos durchsetzen. Am besten ist es, sich mit dem Hundetrainer zu besprechen, welche Aufgaben das Kind übernehmen kann. Denn Kinder werden von Hunden in der Regel nicht als übergeordnete oder Führungspersönlichkeiten gesehen, sondern als Heranwachsende, die ihnen allenfalls gleichgestellt sind – Spielkameraden eben. Und von ihnen lassen sie sich nur ungern etwas vorschreiben.
Besonders, wenn ein Hund neu im Haus ist, würden viele Kinder am liebsten die ganze Zeit mit ihm spielen. Doch nicht nur Welpen brauchen Auszeiten, um sich auszuruhen, auch erwachsene Hunde sollten sich bei Bedarf zurückziehen können. Kinder lernen das meist sehr schnell zu respektieren, obwohl ihnen die Umsetzung oft schwer fällt. Ich habe es immer wieder erlebt, dass die Kinder dann um das Körbchen mit dem schlafenden Hund „getigert" sind und bei jedem Ohrenzucken des Tieres fragten: „Ist er jetzt wach?" Natürlich ist der Hund dadurch tatsächlich aufgewacht. Bieten Sie den Kindern in solchen Fällen am besten alternative Beschäftigungen an, damit sie etwas abgelenkt werden. Der Hund sollte gegebenenfalls in einer Box oder in einem anderen Zimmer einen Rückzugsort haben.

Die Zwei gehören zusammen! Ein Hundekumpel ist eine Bereicherung für jedes Kind.

Regeln für Kind und Hund

Grundsätzlich müssen Erwachsene darauf achten, dass vor allem kleine Kinder nicht unbeaufsichtigt mit dem Hund allein sind. Scheinbar harmlose Situationen können Kinder dann überfordern, z. B. wenn es an der Haustür klingelt und der Hund sich deswegen aufregt oder er einen heruntergefallenen Keks

Kinder in der Hundeschule

Immer mehr Hundeschulen bieten spezielle Kurse an, wo Kinder auf spielerische Weise Umgangsregeln mit dem Hund erlernen können. Sowohl die jungen Menschen als auch die Hunde profitieren davon, und die Kinder nehmen die Verhaltensregeln oft besser von einer dritten Person an.

Hundeknigge für Kinder

- Beweg dich besonders bei fremden Hunden immer ruhig und langsam. Wenn du herumspringst und tobst, machst du den Hund vielleicht nervös.
- Frage deine Eltern und den Besitzer des Hundes, bevor du das Tier streichelst. Nicht jeder Hund mag es, angefasst zu werden.
- Sprich freundlich und ruhig mit dem Hund, bevor du ihn streichelst. Sonst kann es passieren, dass er sich erschreckt und nach dir schnappt.
- Bleib ruhig stehen und lasse den Hund erst an dir schnuppern (z. B. am Bein), bevor du ihn streichelst.
- Kraule den Hund sanft oder streichle ihn, indem deine Hand langsam von vorne nach hinten über seinen Rücken gleitet. Streichle einen Hund nicht einfach am Kopf.
- Zieh einen Hund nicht an den Haaren, Ohren oder am Schwanz, kneife ihn nicht und remple ihn nicht an.
- Geh um einen Hund herum, falls er dir im Weg liegt. Wenn du einfach über ihn steigst, kann er sich erschrecken oder du trittst ihm auf die Füße oder den Schwanz und er wehrt sich dann.
- Starre dem Hund nicht direkt in die Augen, wenn du ihn streichelst oder er vor dir steht. Wenn du ihm direkt ihn die Augen schaust und ihn anstarrst, könnte er denken, dass du ihn ärgerst.
- Bleib ruhig stehen, dreh dich zur Seite und schaue auf den Boden, wenn ein fremder Hund auf dich zukommt. Auf keinen Fall darfst du dann weglaufen oder mit den Armen fuchteln.
- Mache einen Bogen um fressende oder spielende Hunde und nimm einem Hund niemals Futter, Leckerchen oder Spielzeug weg.
- Lass den Hund in Ruhe, wenn er schläft. Wenn du ihn weckst, kann er sich erschrecken und schnappen.
- Gib einem Hund nur Futter, Leckerchen oder Spielzeug, wenn der Hundebesitzer dabei ist und es erlaubt. Laufe auch nicht mit einem leckeren Happen in der Hand am Hund vorbei, wenn kein Erwachsener in der Nähe ist.
- Lobe deinen Hund, wenn du mit ihm Tricks probierst und er prima mitmacht. Versuche aber nicht, den Hund zu zwingen, Tricks auszuführen. Schimpfe ihn nicht aus, wenn er keine Lust hat, mitzumachen.

schnappen möchte. Kinder sollten einige Umgangsregeln mit Hunden lernen, damit es erst gar nicht zu Missverständnissen kommt, die zu brenzligen Situationen führen können.

Kinder zu Besuch

Besonderes Augenmerk sollten Sie auf Ihren Hund richten, wenn Sie Kinderbesuch haben. Im Eifer des Spiels sind die Umgangsregeln schnell vergessen und das Tier muss als Puppen- oder Plüschtierersatz herhalten. Viele Hunde dulden das Spiel der Kinder mit einer Engelsgeduld oder nehmen freudig daran teil, andere machen aber auch durch Zeigen oder Einsatz der Zähne deutlich, wo die Grenzen liegen.
Manche der kleinen Gäste haben Angst vor Vierbeinern, ziehen dadurch das Interesse des Hundes auf sich und geraten in Panik. Einigen Hunden wird der

Fremde Kinder

Wer einen Hund besitzt, besonders einen wuscheligen oder kleinen niedlichen, erlebt es sehr oft, dass Kinder den Hund streicheln wollen. Sie sollten immer je nach Fall abwägen, ob Sie diese Kontaktaufnahme zulassen. Wenn die Kinder grob mit dem Hund umgehen, ihm in der besten Absicht deftig auf den Kopf klopfen oder die ungeschickten Händchen sich im Fell festkrallen, bereitet das dem Vierbeiner Unbehagen oder Schmerzen und er verliert sein Vertrauen zu Ihnen, weil Sie ihn dieser unangenehmen Situation ausgesetzt haben (siehe Seite 115).
Nutzen Sie die Gelegenheiten, Ihrem Hund Kontakt zu Kindern zu ermöglichen, achten Sie aber darauf, dass diese Begegnungen für beide Seiten positiv in Erinnerung bleiben.

Trubel des Kinderspiels zu heftig und sie versuchen, sich in eine ruhige Ecke zu verkrümeln. Steht ihnen aber kein Zufluchtsort zur Verfügung oder werden sie bedrängt, kann das zu heiklen Situationen führen. Hunde mit ausgeprägtem Schutzverhalten können das wilde Spiel der Kinder missverstehen und sehen sich veranlasst, ihre jungen Freunde zu beschützen. Lassen Sie die Kinder und den Hund während des gemeinsamen Spiels nicht aus den Augen, auch wenn Sie durch den netten Plausch mit Ihren Besuchern abgelenkt sind – zum Schutz der Kinder und zum Schutz des Hundes. Denn jede negative Erfahrung, die ein Hund mit den jungen Menschen macht, kann sich auf sein zukünftiges Verhalten Kindern gegenüber auswirken. Nehmen Sie Ihren Hund gegebenenfalls lieber aus einer stressigen Situation heraus, indem Sie ihn an Ihrer Seite abliegen lassen (siehe Seite 132) oder in einem anderen Zimmer unterbringen, wo er seine Ruhe hat.

Ein Baby kündigt sich an

Nach der ersten Freude über die Nachricht, dass es bald Zuwachs in der Familie gibt, folgt häufig Besorgnis darüber, wie der Hund auf das Baby reagieren wird. Bereiten Sie deswegen Ihren Vierbeiner bestmöglich auf das freudige Ereignis vor. Drei Dinge sind dafür von grundlegender Bedeutung: eine gute Sozialisierung des Hundes (siehe Seite 122), eine stabile Rollenverteilung in der Mensch-Hund-Beziehung (siehe Seite 112) und ein guter Grundgehorsam des Vierbeiners.

Es ist wichtig, dass der Hund seine Position in der zwei- und vierbeinigen Familie kennt, damit er sich an Ihnen orientiert und Ihren Anweisungen zuverlässig Folge leistet. Nur so wird er auch akzeptieren, dass Sie viel von Ihrer Aufmerksamkeit dem Kind widmen werden. Der Grundgehorsam hilft Ihnen dabei, den Hund zu lenken. Denn es ist viel wert,

Hunde üben eine große Faszination auf die meisten Kinder aus.

wenn der Vierbeiner am Straßenrand zuverlässig sitzen bleibt, während Sie noch mit dem Kinderwagen beschäftigt sind.
Hapert es an einem Punkt oder an mehreren, gibt es nun eine Menge für Sie zu tun. Am besten wenden Sie sich an einen guten Hundetrainer, der die gegebene Situation in Ihrem Haushalt analysiert und Sie dabei unterstützt, die besten Voraussetzungen für den Einzug des Nachwuchses zu schaffen. Vielleicht müssen Sie mit der Ausbildung des Hundes noch einmal von Null anfangen, oft reicht es aber auch aus, nur an Details zu feilen. Versuchen Sie auch schon, den Hund auf den veränderten Tagesablauf mit Baby einzustimmen. Dann wird der Hund die Veränderung nicht mit dem Kind in Verbindung bringen, denn seine Gassi-, Trainings-, Spiel- und Streichelzeiten haben sich schon vorher geändert. All das macht Mühe, doch die Freude und die Erleichterung des Alltags, die Sie an einem problemlosen Miteinander von Kind und Hund haben, sind es wert.

Das Baby ist da

Sind die oben genannten Punkte erfüllt, können Sie nun mit Freude der Ankunft Ihres Kindes entgegenblicken. Zur geruchlichen Gewöhnung vorab können Sie ein getragenes Hemdchen des Babys aus der Klinik mitbringen und dem Hund zeigen.
Der Hund sollte beim Abholen dabei sein und gemeinsam mit Eltern und Baby das Haus betreten. So wird ihm deutlich, dass die Herrchen und Frauchen die Anwesenheit des Neuzugangs erlauben, was besonders für territorial ambitionierte Hunde wichtig ist. Geben Sie dem Hund die Möglichkeit, Kontakt mit dem kleinen Menschenkind aufzunehmen – besonders wichtig wird es ihm sein, seinen Geruch kennenzulernen. Dazu reicht es aus, wenn er unter Ihrer Aufsicht am kleinen Händchen und an der Windel schnuppert. Machen Sie sich keine Sorgen wegen der Hygiene. Der Hund soll ja nicht das Gesicht des Kindes abschlabbern, sondern vorsichtig Kontakt

Kinder sollten früh durch das Vorbild der Eltern lernen, wie sie am besten mit Hunden umgehen.

Bei seinem großen Freund fühlt er sich sicher.

aufnehmen – danach sind die üblichen Regeln der Hygiene, wie dem Kind die „Kontaktstellen" abzuwaschen, selbstverständlich. Übrigens haben wissenschaftliche Studien gezeigt, dass Kinder, die mit Haustieren aufwachsen, ein stärkeres Immunsystem besitzen. Die Hygiene ist also auch kein Grund, dem Hund jeden Kontakt mit dem Kind vorzuenthalten. Dies kann sogar gefährlich sein, denn dann wird der Hund nach einer anderen Gelegenheit suchen, sich den Familienzugang genauer anzuschauen – und das läuft dann unter unkontrollierten Bedingungen ab. Doch so sehr Sie Ihrem Hund auch vertrauen, lassen Sie ihn niemals mit dem Baby allein!
Den Alltag mit Baby, Haushalt und Hund unter einen Hut zu bekommen, erfordert viel Organisation und Hilfe von anderen Familienmitgliedern. Trotzdem sollten Sie so viel Zeit wie möglich mit dem Hund verbringen, damit er sich nicht abgeschoben und ausgeschlossen fühlt, weil nun das Kind da ist. Denn in einem solchen Fall kann er mit unerwünschtem Verhalten reagieren, dessen Korrektur Sie ein Vielfaches an Zeit kosten würde.

Hund beschützt Kind

Die meisten Vierbeiner werden das Menschenkind schnell als zu ihrer Familie gehörend betrachten. Das bedeutet für viele Hunde auch, es zu beschützen. Hunde mit ausgesprochenem Schutzverhalten können dabei auch schon mal über das Ziel hinausschießen und in den Augen des Menschen übertrieben reagieren: Jede Annäherung an den Kinderwagen, jeder Besuch, der einen Blick in die Wiege wirft oder jeder, der sich dem Kind nähert, ist für sie eine Bedrohung, die es abzuwehren gilt. Überlegen Sie sich in solchen Fällen rechtzeitig zusammen mit einem Hundetrainer eine Strategie, wie Sie am besten damit umgehen können. Sie müssen in der Lage sein, die Situation immer unter Kontrolle zu haben und dem Hund klare Anweisungen geben, wenn er überzogen reagiert.

Hunde und andere Tiere

Am besten funktioniert das Zusammenleben mit anderen Tieren, wenn die Hunde sie schon als Welpen kennengelernt haben. Aber auch viele erwachsene Hunde können noch lernen, Katze, Kaninchen, Meerschweinchen und Co. als zum Haushalt gehörend zu akzeptieren.

Mehrere Hunde in einer Familie bilden eine eigene Rangordnung aus, die man akzeptieren sollte.

Es gibt jedoch Grenzen: Hunde mit stark ausgeprägter jagdlicher Motivation (besonders ausgewachsene oder solche mit vorhandener Jagderfahrung) können sich meist nicht oder nur schwer mit Tieren im Haushalt arrangieren, die zu ihrem Beuteschema gehören. Der Versuch einer Zusammenführung kann mit dem Tod des anderen Tieres enden. Sind die anderen Tiere sehr wehrhaft, wie z. B. einige große Papageien oder Katzen, kann aber auch der Hund verletzt werden. Eventuell müssen die Tiere konsequent getrennt gehalten werden.

Ein zweiter Hund kommt dazu

Mit dem neuen Hund konnte Ihr Vierbeiner möglichst schon vor dem Einzugstag erste Bande knüpfen. Vor dem gemeinsamen Betreten des Hauses ist es am besten, mit beiden Hunden vorher einen Spaziergang zu unternehmen.

Wie die Hunde reagieren werden, lässt sich nur schwer vorhersagen und kommt immer auf die Tiere an. Manchmal springt der Funke sofort über und sie kuscheln und toben zusammen und werden ganz schnell dicke Freunde. Bei anderen dauert es vielleicht etwas länger, bis sie sich arrangiert haben. Auf jeden Fall müssen Sie die Hunde gerade in der ersten Zeit genau beobachten. Bleiben die Hunde eine Zeitlang allein zu Hause, sollten Sie sie anfangs vorsichtshalber trennen.

Zieht ein Welpe bei Ihnen ein, wird er vermutlich mit Unterordnungsgesten, wie Schnauze lecken, versuchen, sich bei dem „Alten" beliebt zu machen. Ein gut sozialisierter erwachsener Hund wird dies dulden, den Welpen ignorieren oder sich zurückziehen. Es ist vollkommen in Ordnung, wenn der Große aufdringliches oder freches Verhalten mit Knurren, Schnauzbiss (siehe Seite 126) oder einem Rempler beendet und dem Hundekind dadurch seine Grenzen aufzeigt. Ist der neue Hund erwachsen, werden die beiden Vierbeiner ihre Rollen vielleicht neu definieren. Dies kann auch bedeuten, dass der bereits vorhandene Hund, der bisher das Sagen hatte, sich nun vielleicht dem Neuen unterordnet. Ist das eindeutig zu erkennen, sollte man das dann auch akzeptieren. Der ranghöhere Hund dominiert den anderen Hund z. B., indem er sich mehr Privilegien herausnimmt (siehe Seite 116) und seine Anliegen verfolgen kann, wenn ihm danach ist. Der fälschungssicherste Hinweis auf Ranghöhe ist die Körperhaltung: Wer sich gegenüber dem anderen aufbaut (T-Stellung, sich quer vor den anderen stellen) kann bei einem Angriff an empfindlichen Körperstellen verletzt werden – der sichere Hund fürchtet das nicht. Ranghohe Hunde lassen sich auch mit erhobener Rute am After beschnuppern. Nicht immer jedoch kann der Laie klar ausmachen, wer von beiden Vierbeinern nun der ranghöhere ist, zumal das auch je nach Situation unterschiedlich gezeigt wird. Ein Hundetrainer kann Ihnen dann bei der Einschätzung helfen.

Ist der Neue bereits erwachsen, werden die Hunde von Anfang an ihr Verhältnis zueinander ausloten, um eine Rangfolge festzulegen. Dies kann mit einigen mehr oder weniger intensiven Auseinandersetzungen einhergehen. Bleiben Sie nicht unbeteiligter Beobachter, der nach dem Motto verfährt, dass die Hunde das schon unter sich ausmachen werden. Es ist zwar wichtig, dass die Tiere klare Positionen unter sich festlegen, doch Sie sollten richtungsweisend eingreifen, wenn einer ständig bedrängt oder untergebuttert wird oder es zu heftigen Auseinandersetzungen kommt.

Beobachten Sie, ob sich Tendenzen zeigen, wer von beiden die Oberhand hat. Manchmal dauert es bis zur endgültigen Klärung ein halbes Jahr. Sind die Rollen klar verteilt, können Sie den ranghöheren Hund favorisieren, indem Sie ihm bei Dingen den Vortritt lassen, die ihm wichtig sind und ihn zudem zuerst füttern, ihm beim Leckerchen verteilen zuerst und zuletzt etwas geben und ihm häufigeren Körperkontakt zu Ihnen gewähren.

Behalten Sie nach Möglichkeit den gewohnten Tagesrhythmus bei, damit der alteingesessene Hund eine plötzliche Änderung nicht mit dem neuen verbindet. Gehen Sie wie gewohnt spazieren – mit beiden zusammen und auch getrennt mit jedem allein. Vor allem: Setzen Sie den Ersthund nicht zurück, indem Sie sich nur noch um den Neuzugang kümmern, denn das kann zu Konflikten führen.

Besuchshunde

Wenn Sie Gäste mit Hund bekommen, gibt es einige Regeln zu beachten, damit das Treffen harmonisch verläuft. Denn ein Hund, der sich beim Spaziergang bestens mit einem Artgenossen verträgt, kann ganz anders reagieren, wenn dieser sich bei ihm zu Hause aufhält – in seinem Territorium. Der Besuchshund sollte zuerst die Wohnung betreten. Grundsätzlich sollten Sie alles Essbare (Futternapf, Kauknochen) und alle Spielsachen außer Reichweite der Hunde verstauen. Verzichten Sie auf das Belohnen mit Leckerchen, um keinen Anlass für Streit zu geben. Risikobereiche können auch der Aufenthalt in der Küche oder unter dem Esstisch sein, weil Hunde diese Plätze oft mit Nahrung verbinden und gegen Konkurrenten verteidigen. Was in Ihrer Wohnung für Ihren Hund erlaubt ist, muss noch lange nicht für den vierbeinigen Besucher zutreffen. Respektieren Sie es, wenn Ihr Hund es nicht duldet, dass sein Artgenosse sich auf das Sofa oder in sein Körbchen legt. Greifen Sie aber ein, wenn Ihr Hund sich wie ein Tyrann aufführt und der andere sich deswegen nicht unter dem Stuhl hervor traut. Stellen Sie fest, dass das enge Beisammensein in der Wohnung die Hunde sehr stresst, ist es besser, ihnen das nicht zuzumuten. Gehen Sie dann lieber in entspannter Atmosphäre zusammen

Für jagdlich hoch motivierte Hunde ist dieser nette Kontakt mit Katzen nicht selbstverständlich.

Aus Spiel wird Ernst, wenn sich einer der Hunde der Situation nicht mehr entziehen kann.

spazieren und bringen Sie den Besuchshund in einem anderen Zimmer oder im Auto unter – sofern die Temperaturen es erlauben.

Hunde treffen

Häufiger Kontakt mit Artgenossen ist wichtig:

- Für Welpen, damit sie im Rahmen der Sozialisation möglichst viele positive Erlebnisse mit ihresgleichen haben und die Hundesprache in allen Facetten lernen.
- Für heranwachsende Hunde, damit sie den in der Sozialisation gelernten Umgang mit anderen Vierbeinern vertiefen können.
- Für erwachsene Hunde, damit sie ihre erworbenen Umgangsformen nicht verlernen.
- Für alle Hunde, weil der Kontakt, das Kommunizieren und das Spielen mit Artgenossen wichtige Bedürfnisse dieser sozialen Lebewesen befriedigen und zu einem ausgefüllten Hundeleben dazugehören. Auch der tägliche Kontakt mit den zwei oder drei immer selben Hunden aus der Nachbarschaft reicht nicht aus, damit ein Hund sich bei Begegnungen mit fremden Hunden sozialverträglich verhält.

Nutzen Sie deswegen alle sich bietenden Gelegenheiten, um Ihrem Hund positive Erlebnisse mit Artgenossen zu ermöglichen. Das bedeutet nun aber nicht, dass Ihr Hund mit jedem Vierbeiner, der Ihnen auf Spaziergängen begegnet, Umgang pflegen muss. Klären Sie vorher ab, ob der Halter des anderen Hundes einem Kontakt zustimmt. Stellen Sie fest, dass Ihr Hund gestresst ist, weil der andere ihn zu sehr bedrängt oder zu derb spielt, sollten Sie lieber zügig weitergehen: Es begegnet Ihnen bestimmt noch ein weiterer Vierbeiner, der besser zu Ihrem Hund passt. Dies gilt vor allem, wenn Sie mit einem Welpen unterwegs sind. Fragen Sie vorher nach, ob der andere Hund mit Welpen verträglich ist. Lassen Sie sich auch nicht mit der Mär vom „Welpenschutz“ abspeisen. Aus biologischer Sicht ist es nicht einzusehen, warum ein fremder Hund gegenüber einem Welpen, der nicht zu seiner Familie gehört, ein Beschützerverhalten aufweisen sollte. Bremsen Sie Ihren Hund, wenn er den Artgenossen mobbt oder zu derb mit einem kleinen oder jungen Hund spielt.

Wie Hund und Katz'

Beim Kennenlernen sollte der Hund durch eine zwei bis drei Meter lange Leine gesichert sein und die Katze die Möglichkeit haben, sich bei Bedarf auf einen erhöhten Platz (z. B. einen Tisch oder Schrank) oder durch die Katzenklappe nach draußen zu retten. Prescht der Hund ungestüm auf die Samtpfote zu, sollten Sie ihm deutlich Einhalt gebieten – mit einem entsprechenden Kommando oder einem Reizunterbrecher, sofern der Hund darauf konditioniert ist (siehe Seite 127).

Beobachten Sie das Zusammensein der ungleichen Tiere in der nächsten Zeit genau. Der Hund muss so lange mit der Leine gesichert werden, bis er gelernt hat, wie er sich der Katze nähern darf. Minitiger mit Hundeerfahrung werden allzu aufdringliche Kerlchen mitunter auch schmerzhaft in ihre Schranken weisen, was bestimmt seine Wirkung zeigt. Es kann Wochen dauern, bis die Tiere sich arrangiert haben, das erfordert Geduld. Manchmal kommen die Tiere sich etwas näher, wenn man beide gleichzeitig mit Leckerchen füttert. Versuchen Sie aber nicht, das Kennenlernen zu beschleunigen, indem Sie den Tieren engen Kontakt aufzwingen. Sie müssen warten, bis die Tiere von sich aus zu einer gegenseitigen Duldung bereit sind. Gibt es Probleme, kann ein erfahrener Hundetrainer helfen. Auch viele jagdlich motivierte Hunde können durchaus lernen, dass eine Katze zum Haushalt gehört. So hat sich mein Afghanischer Windhund wilde Verfolgungsjagden mit unserem Hofkater geliefert, bis beide schließlich einen „Waffenstillstand" schlossen, als mein Afghane schon sieben Jahre alt war. Seitdem ist er einfach über den Kater gestiegen, wenn dieser vor der Haustür lag. Die Akzeptanz eines zum Familienverband gehörenden Tieres bedeutet jedoch nicht, dass dies ebenfalls für andere Tiere gilt. Viele Hunde verstehen sich etwa mit der Hauskatze bestens, jagen aber nach wie vor andere Samtpfoten bei jeder sich bietenden Gelegenheit.

Vorsichtige Annäherung ungleicher Tiere. Mit seinem starken Schnabel kann dieser Graupapagei den Hund Respekt lehren. Er kann aber auch selbst vom Hund verletzt werden. Auf jeden Fall sollte man die beiden Tiere nicht unbeaufsichtigt zusammenlassen.

Kaninchen, Meerschweinchen, Vögel & Co.

Vermeiden Sie Stress für die Kleintiere. Schon die Anwesenheit eines Hundes kann sie sehr aufregen. Oft ist es besser, Käfig oder Gehege in einem für den Hund nicht zugänglichen Raum aufzustellen.

Achten Sie darauf, dass der Hund die Tiere im Käfig nicht bedrängt, sie nicht darin anbellt oder mit der Pfote am Käfiggitter scharrt. Gewährleisten Sie diesen Sicherheitsabstand auch, wenn Kaninchen oder Meerschweinchen sich im Auslauf im Garten befinden.

Bringen Sie den Hund in einem anderen Zimmer unter, wenn die Kleintiere Freilauf oder Freiflug in der Wohnung haben. Achten Sie darauf, dass dann alle Türen geschlossen sind.

Ist der Hund Ihrer Ansicht nach zuverlässig im Umgang mit Ihren Kleintieren, dürfen Sie die Tiere trotzdem niemals ohne Aufsicht lassen, wenn die Kleintiere Freilauf oder Freiflug in der Wohnung haben.

Vergessen Sie niemals: Schon das plötzliche Weghüpfen des Meerschweinchens oder Kaninchens oder Auffliegen des Vogels kann das Jagdverhalten eines Hundes auslösen.

Machen Sie Ihren Kindern deutlich, wie wichtig diese Regeln sind. Also: Niemals das Kleintier aus dem Käfig nehmen, wenn der Hund dabei ist.

Gutes Benehmen muss sein

Ausgelassen während des Freilaufs mit Artgenossen über eine Wiese zu tollen, Begleiter bei Ihren Unternehmungen zu sein oder gemeinsam mit Ihnen zu arbeiten – das kann ein Hund nur, wenn er gut erzogen ist. Es gibt viele Glücksmomente, die all die in den Hund investierte Erziehungsarbeit belohnen.

Warum erziehen?

Mit einem erzogenen Hund an Ihrer Seite ist das Leben einfacher. Die Erziehung des Hundes soll dazu dienen, Vertrauen zu schaffen, Tier und Mensch vor Gefahren zu schützen und ermöglicht ihm und Ihnen Freiheiten und gemeinsame Aktivitäten, die Sie ansonsten nicht ausüben könnten.

Kommt der Hund nicht auf Ruf zurück, kann der Ausflug mit einem Unfall enden.

Ein Hund ist ein Partner – ein Familienmitglied – das an möglichst vielen gemeinsamen Aktivitäten der Mensch-Hund-Gemeinschaft teilhaben will und soll, angefangen von ruhigen Mussestunden zu Hause über alberne Spielmomente bis hin zu Ausflügen und gemeinsamer Arbeit. Hunde sind anpassungsfähige Tiere, die sich in verschiedenen Lebensumfeldern und Lebenssituationen wohl fühlen können.
Doch das Leben heute ist für Hunde beschränkter geworden, etwa durch die dichte Besiedelung, das enge Straßennetz, die vermehrte Reglementierung und die Tatsache, dass Hunde heute mehr denn je im Focus der Gesellschaft stehen. Viele Halter erzählen voller Stolz, dass ihr Hund ein Hund bleiben soll, der völlig „frei" aufwachsen und leben darf. Aber damit ein Hund ein ausgeglichener, zuverlässiger und verlässlicher Gefährte wird, der gefahrlos für sich und andere im Alltag geführt werden kann, braucht er stabile Rahmenbedingungen. Erziehung hat nichts mit Drill oder Dressur zu tun, sondern ermöglicht es dem Hund, Freiheiten zu erleben, die ihm verwehrt bleiben, wenn er keine Grenzen kennt.

Der souveräne Hundehalter

Für die meisten Hunde ist es ein Leichtes, „Sitz" und „Platz" etc. zu erlernen. Viele Hundehalter haben eher das Problem, dass ihr Hund in bestimmten Situationen von ihnen verlangtes Verhalten nicht ausführt. Zwei Gründe sind oft die Ursache: eine nicht geklärte Rollenverteilung und eine nicht ausreichende Beziehung zwischen Hund und Halter.!

Rollenverteilung

Sie, die anderen zum Haushalt gehörenden Personen und der Hund bilden einen Sozialverband – eine Gemeinschaft. Man könnte das im weitesten Sinne auch als Rudel bezeichnen. Ein Hunderudel hat die Aufgabe, gemeinsam das Territorium zu sichern, im Team Nahrung zu beschaffen oder zu verteidigen sowie den Nachwuchs großzuziehen und zu beschützen. Durch die Gemeinschaft haben alle Mitglieder eines Rudels einen Vorteil.
Innerhalb dieser Gemeinschaft nimmt jedes Mitglied eine Rolle bzw. einen Rang ein, wodurch seine Stellung und seine Aufgaben definiert werden. Dieser Rang entscheidet auch über Rechte und Privilegien (siehe Seite 116) und klärt die Beziehung der Mitglieder untereinander. Der Ranghöchste gibt die zeitlichen Strukturen des Tagesablaufs vor: Er entscheidet, wann welche Aktivitäten stattfinden. Er ist aber nicht zwangläufig immer der Anführer: Wenn z. B. ein rangniederer Hund eines Rudels sich auf den Weg macht, um eine ergiebige Futterstelle aufzusuchen, werden die anderen ihm dann gerne und ohne Zwang folgen, denn sie haben ja einen Vorteil dadurch. In Ihrer Mensch-Hund-Gemeinschaft sollten Sie der Ranghöchste und in der Regel der Anführer sein, denn Sie geben den Tagesablauf vor, Sie entscheiden, welche Aktivitäten stattfinden und Sie wissen, wo es Nahrung gibt. Es gibt aber auch Situationen, in welchen der Hund der Anführer ist, z. B. bei der Fährtensuche – da hat er im wahrsten Sinne die Nase vorn. Wenn Ihr Hund zur Tür geht und Ihnen dadurch signalisiert, dass er nach draußen muss, gibt er den Startschuss für eine Aktion, wenn SIe dieser Aufforderung folgen. Das ist dann auch richtig und Sie gefährden dadurch keinesfalls Ihre Position. Es sollte jedoch nicht so ablaufen, dass der Hund alle zwei

Stunden einen Spaziergang initiiert, weil ihm gerade danach ist, denn dadurch würde er den gesamten Tagesanlauf bestimmen. Es kommt darauf an abzuschätzen, ob eine Aktion jetzt sinnvoll ist.
Einem Hund einen Rang innerhalb der zwei- und vierbeinigen Gemeinschaft zuzuweisen, bedeutet nicht die Abwertung des Tieres. Klar festgelegte Strukturen bieten Sicherheit, der Hund weiß, wo er hingehört und wo sein Platz ist. Ist seine Position jedoch nicht eindeutig bestimmt und niemand vorhanden, der Regeln vorgibt, verunsichert und überfordert das viele Hunde. Ohne klares Regelwerk wird der Hund aus Unwissenheit immer wieder unerwünschtes Verhalten zeigen, für das er vielleicht sogar bestraft wird. Manche Hunde fühlen sich auch genötigt, die unbesetzte Führungsposition auszufüllen und legen dann ein Verhalten an den Tag, das zwangsläufig zu Konflikten führt – zudem sind sie angespannt und gestresst.
Viele Hunde machen es uns Zweibeinern einfach, weil sie sich leicht führen lassen und sich leicht unterordnen. Andere sind willensstark, streben nach Dominanz und es braucht intensiveres Training des Menschen, um die Rollen eindeutig zu verteilen. In der Familie mit Hund muss jedoch der Mensch grundsätzlich das Sagen haben – auf einer vertrauensvollen Basis – auch um den Hund vor Gefahren zu schützen, die er nicht beurteilen kann. Ansonsten sind Probleme im Zusammenleben vorprogrammiert.

Kleines Lexikon

Soll man den Sozialverband von Hund und Mensch nun Rudel, Gruppe, Familie oder Gemeinschaft nennen? Die Definitionen sind nicht immer einheitlich und die Meinungen sind geteilt. In diesem Buch wurden alle Begriffe verwendet, der Genauigkeit halber hier nun der Versuch einer Definition.
Als Rudel wird in der Regel das Zusammenleben von mehr als zwei Individuen einer wild lebenden Tierart bezeichnet, z. B. bei Löwen und Wölfen. In einem Rudel gibt es gewöhnlich eine soziale Struktur, die jedem Mitglied einen Rang bzw. eine Position und Aufgaben zuweist.
Gruppe ist einerseits eine Einheit der biologischen Klassifizierung von Lebewesen. Allgemein bezeichnet man mit Gruppe Individuen mit bestimmten Gemeinsamkeiten. Beispiele: Alle in einem Bus sitzenden Personen bilden eine Gruppe. Alle auf einem Hundeplatz anwesenden Hunde bilden eine Gruppe. Die Mitglieder dieser Beispiele sind beliebig austauschbar. Auch die

So sieht ein gutes Mensch-Hund-Team aus: Beide haben Spaß an der gemeinsamen Unternehmung.

Ohne Vertrauen wäre dieses sorglose Miteinander nicht möglich.

gemeinsam in einem Haushalt lebenden Individuen (Mensch und Hund) bilden eine Gruppe. Jedoch sind die Mitglieder dieser Gruppe nicht beliebig austauschbar, da zwischen einigen verwandtschaftliche und zwischen allen starke emotionale Beziehungen bestehen. Als Gemeinschaft kann man die Individuen einer Gruppe mit emotionalen Beziehungen zueinander und/oder gemeinsamen Interessen verstehen.
Der Begriff Familie bezieht sich auf verwandtschaftliche Beziehungen von Individuen. Als Kernfamilie bezeichnet man je nach Definition den kleinen Kreis von Individuen, der als Einheit zusammen lebt (Lebenspartner) bzw. die kleinste fortpflanzungsfähige Einheit. Als ebenfalls zur Familie zugehörig werden weiter entfernte Verwandte bezeichnet. Als Familie könnte man im weiteren Sinne aber auch die Einheit von Individuen definieren, die durch enge emotionale und/oder Abhängigkeiten miteinander verbunden sind.

Der Mensch muss lernen

Wenn Sie einmal bei einer Unterrichtsstunde in einer guten Hundeschule zuschauen, werden Sie feststellen, dass es weniger darum geht, dem Hund etwas beizubringen. Vielmehr soll eher der Mensch am anderen Ende der Leine lernen, dem Hund verständlich zu machen, was von ihm erwartet wird. Ein Hund kann nur dann erwünschtes Verhalten zeigen, wenn er weiß, wie er sich verhalten soll. Dazu muss der Mensch in der Lage sein, hundgerecht mit seinem vierbeinigen Gefährten zu kommunizieren.

Beziehung

Überlegen Sie einmal, was Ihre Beziehungen zu Ihrem Lebenspartner charakterisiert. Da fallen bestimmt Begriffe wie Vertrauen, Verlässlichkeit, gemeinsame Interessen, gemeinsame Erfahrungen, Duldung von Nähe. Eine hochwertige Beziehung zu einem Sozialpartner ist dadurch gekennzeichnet, dass sie Sicherheit gibt: Wenn ein Hund sich unsicher fühlt oder Angst hat, kann ihm die Anwesenheit seines Menschen Sicherheit geben, ihn beruhigen und Mut machen.
Auch die Beziehung zu Ihrem Hund beruht darauf, dass Sie ihm in stressigen Situationen Sicherheit geben können. Zur Verlässlichkeit gehört, dass Ihr Hund Sie einschätzen kann: Sie müssen für ihn durchschaubar und berechenbar sein. Zu einer hochwertigen Beziehung gehört die Verfügbarkeit des Partners: Wenn ein Hund den ganzen Tag im Zwinger ist, wird er keine gute Beziehung zu seinem Menschen aufbauen. Um diese Beziehung zu entwickeln, müssen Sie für Ihren Hund attraktiv sein, das heißt, das Zusammenleben muss ihm Vorteile bringen (z. B. ausreichend Nahrung, ein warmer Lagerplatz, Zuwendung). Wenn eine Beziehung besteht, werden die Beteiligten Anstrengungen unternehmen, um diese aufrechtzuerhalten. Nur wenn Sie eine hochwertige und von Vertrauen getragene Beziehung zu Ihrem Hund aufbauen, werden Sie und Ihr Hund echte Partner sein und gemeinsam durch dick und dünn gehen können.
Vertrauen und Verläßlichkeit entstehen nicht mit Bezahlung des Kaufpreises oder dem Einzug des Hundes. Das Entstehen einer stabilen Beziehung ist ein Prozess, in den Sie sich aktiv einbringen müssen. Ihr Hund entwickelt eine gewünschte Verbundenheit

zu Ihnen, wenn Sie mit ihm Aktivitäten ausüben, die ihm wichtig sind, ihn auslasten und ihm Freude bereiten – gemeinsame positive Erlebnisse und die gemeinschaftliche Bewältigung von Aufgaben schweißen Sie zusammen.
Neben abwechslungsreich gestalteten Spaziergängen (siehe Seite 158), Freilauf und dem Treffen von Artgenossen oder Aktivitäten wie Fährtenarbeit, Dummyarbeit, Agility oder anderen Sportarten ist auch das Spiel mit Ihnen beziehungsfördernd (Spielregeln, siehe Seite 162). Raufen Sie und balgen Sie mit Ihrem Hund, auch ohne Spielzeug, rennen Sie zusammen mit ihm über die Wiese oder spielen Sie Verstecken mit ihm. Machen Sie sich interessant für Ihren Hund, indem Sie spannende Dinge entdecken. So können Sie z. B. am Wegesrand einen Ast oder vorher dort platzierte Leckerchen oder Spielzeug „finden". Spielen Sie allein mit einem Zweig, zerpflücken Sie Blätter oder stochern Sie in der Erde – Ihr Hund wird wissen wollen, womit Sie sich amüsieren und Sie bestimmt viel besser im Auge behalten. Je interessanter die gemeinsamen Unternehmungen für Ihren Hund sind, desto begeisterter wird er bei der Sache sein und desto attraktiver und wichtiger werden Sie für ihn.
Sind die Spaziergänge und die Beschäftigung des Hundes jedoch nur eine zu absolvierende Pflicht für den Menschen, wird der Hund das spüren und selbst für seine Unterhaltung sorgen – und das meist nicht im Sinne des Zweibeiners.
Gemeinsame Erfahrungen können sich positiv und negativ auf den Hund auswirken. Achten Sie darauf, dass Ihr Hund bei Ihren Unternehmungen weder in großen Stress gerät noch bedrängt wird und Sie Gefahren von ihm abwenden – dann werden Sie sein großer Held (siehe Kasten). Setzen Sie ihn nicht Situationen aus, die ihn überfordern. Beispiel: Hat der Hund Angst vor Fahrstühlen, sollten Sie ihn nicht zur Annäherung zwingen, sondern ihn behutsam, und, wenn notwendig, über einen längeren Zeitraum daran heranführen. Jede negative Erfahrung, die der Hund mit Ihnen in Verbindung bringt, zerstört gewonnenes Vertrauen.
Körperliche Nähe ist ein wichtiger Bestandteil der Beziehungsarbeit. Ob Ihr Hund Ihnen vertraut, können Sie auch daran ablesen, ob er Ihre Nähe sucht bzw. entspannt bleibt, wenn Sie ihm dicht auf die Pelle rücken. Es ist immer ein gutes Zeichen, wenn der Vierbeiner in für ihn bedrohlichen Momenten bei Ihnen Schutz sucht.

Führungsqualität zeigen

Stellen Sie sich vor, Sie beginnen einen neuen Job. Sie kommen in die Firma, Ihr Chef überlässt Ihnen sein Büro, bringt Ihnen Kaffee, kontrolliert nicht, ob Sie anwesend sind, gibt Ihnen Aufgaben, ohne zu prüfen, ob und wie Sie diese erledigt haben, steckt Ihnen zwischendurch immer wieder einmal einen Bonus zu, ohne dass Sie dafür Leistung erbracht hätten.
Würden Sie diesen Chef ernst nehmen? Würden Sie sich anstrengen, wenn Sie doch auch ohne Leistung Ihren Lohn und noch mehr bekommen? Glauben Sie an einen Geschäftserfolg dieser Firma? Ich bin mir sicher, dass Sie alle diese Fragen mit „Nein" beantworten. Genauso müssen Sie sich die Beziehung zu Ihrem Hund vorstellen. Nur wenn ein Hund weiß, was von ihm verlangt wird, einen klaren Rahmen vorgegeben bekommt und fair behandelt und gefordert wird, wird er sich Ihnen mit Freude anschließen und sich bemühen, Leistung zu zeigen – denn das ergibt für ihn einen Sinn.
In Ihrer Beziehung zu Ihrem Hund müssen Sie der ranghohe Part sein. Diese Rolle bedeutet jedoch nicht, das Gegenüber mit Zwang zu unterwerfen. Damit ein Hund seinem Menschen freudig folgt, mit Eifer dessen Anweisungen ausführt und sich auch in schwierigen Situationen lenken lässt, muss die Beziehung zwischen beiden von Vertrauen geprägt sein. Der Hund muss immer wieder aufs Neue erleben, dass er Vorteile aus dieser Beziehung zieht, und sein Mensch weiß, was zu tun ist und auch heikle Momente gelassen meistert.
Nicht jeder Hundehalter bringt diese Voraussetzungen mit. Man kann jedoch an sich arbeiten und lernen, ein

Hund als Beschützer?

Hunde gelten noch immer als Beschützer des Menschen. Oft reicht schon allein ihre Anwesenheit oder ihr Bellen aus, um zwielichtige Gestalten von ihren Vorhaben abzubringen. Ihr Hund wird sicherlich auch keine Sekunde zögern, sich und Sie gegen einen potenziellen Angreifer zu verteidigen. Doch wenn Sie von Ihrem Hund als ranghoher Partner ernst genommen werden wollen, ist es Ihre Aufgabe, Gefahren abzuwehren. Kommt ein bedrohlicher Hund auf Sie zu, müssen Sie sich vor Ihren Hund stellen. Sie müssen verhindern, dass Kinder oder andere Menschen Ihren Hund bedrängen oder grob behandeln. Die meisten Hunde verhalten sich an der Leine aggressiv, weil sie unsicher sind und aus Erfahrung nicht darauf vertrauen können, dass ihr Mensch ihre Sicherheit gewährleistet – sie beschützen sich dann in der Regel selbst.

besserer Chef zu werden. Je schwieriger ein Hund ist, z. B. weil er mental sehr stark oder verunsichert ist oder eine unbekannte Vorgeschichte hat, desto klarer und souveräner muss die Führung sein.

Folgendes zeichnet einen idealen Hundehalter aus:

- Er ist fürsorglich und liebevoll, bietet dem Hund gute Ernährung, Pflege und tierärztliche Versorgung, ohne ihn jedoch mit seiner Zuwendung zu erdrücken oder zu vermenschlichen.
- Er eignet sich Wissen rund um den Hund an – theoretisch und praktisch.
- Er hat Freunde am Leben mit dem Hund und die Ausdauer, auch anstrengende Zeiten zu meistern.
- Er behält den Blick für die Albernheiten seines Hundes und kann sich darüber freuen.
- Er lastet den Hund sowohl körperlich als auch geistig aus und fordert ihn entsprechend seiner Veranlagung.
- Er hat es nicht nötig, den Hund mit starkem Zwang unter Kontrolle zu halten, zu schreien oder hektisch zu werden.
- Er ist konsequent und gibt dem Hund eine klare Linie vor, was von ihm erwartet wird.
- Er nimmt Privilegien für sich in Anspruch (siehe rechts).
- Er bestätigt den Hund bei richtigem oder erwartetem Handeln, motiviert ihn, arbeitet so oft wie möglich mit positiver Verstärkung, korrigiert den Hund aber, wenn es angebracht ist.

Nicht nur kleine Hunde manipulieren ihre Halter, um ihre Ziele zu erreichen.

- Er setzt das durch, was er vom Hund verlangt.
- Er überlässt bei passender Gelegenheit auch einmal dem Hund die Führung.
- Er ist nicht nachtragend, sondern immer fair und in der Wahl seiner Korrekturmittel angemessen (siehe Seite 124).
- Er ist beherrscht und lässt seinen Ärger, z. B. über die Arbeit, nicht am Hund aus.
- Er kontrolliert den Hund nicht ständig, sondern gewährt Rahmenbedingungen, die dem Tier Freiräume lassen – der Hund darf einfach Hund sein.
- Er verlangt nur das vom Hund, was dieser auch tatsächlich leisten kann.
- Er übernimmt Verantwortung für seinen Vierbeiner und beschützt ihn.
- Er überdenkt sein Verhalten, wenn der Hund unerwünscht reagiert.
- Er ist geduldig und lässt seinem Hund die Zeit, die er zum Lernen braucht.
- Durch seine Ausstrahlung signalisiert er: „Ich habe alles im Griff. Es lohnt sich, wenn Du Dich mir anschließt, denn Du hast viele Vorteile dadurch."

Einer solchen Persönlichkeit wird sich der Hund gerne anvertrauen.

Privilegien

Privilegien sind Dinge, die der Unterstreichung des höheren Rangs und einer klaren Rollenverteilung dienen. Dazu gehören z. B. der Aufenthalt auf einem erhöhten Platz (Stuhl, Sofa oder Bett) und den Startschuss für Aktionen zu geben (z. B. ein Spiel, einen Spaziergang, eine Schmuseeinheit) sowie uneingeschränkte Bewegungsfreiheit. Sie können noch weitere, Ihnen vorbehaltene Privilegien einführen, indem Sie dem Hund den Zugang zu bestimmten Räumen (Küche, Speisekammer) verwehren. Bei einem Hund, der die Rangfolge in Frage stellt, sollten Sie strikt auf die Einhaltung der Privilegien achten. Akzeptiert der Hund Ihre höhere Stellung, können Sie ihm Privilegien einräumen. Einem solchen Hund können Sie es auch einmal überlassen, eine Aktion zu starten, z.B. ein Spiel. Ein souveräner Chef hat es nicht nötig, sich ständig hervorzutun. Das gilt aber nur, wenn die Rollen grundsätzlich klar verteilt sind!
Bei der Haltung von zwei oder mehreren Hunden sollten Sie das Tier mit dem höchsten Rang innerhalb der Hundegruppe bevorzugen bzw. ihm die meisten Privilegien gewähren – so lange ihm diese nicht zu Kopf

steigen. Dieser Hund wird zuerst begrüßt und angeleint, darf direkt an Ihrer Seite laufen oder liegen oder öfter etwas mit Ihnen alleine unternehmen. Er darf eventuell als einziger auf dem Sofa liegen oder die Küche betreten. Nicht jedem Hund sind jedoch alle Privilegien gleich wichtig. Manche legen Wert auf einen besonderen Liegeplatz, andere auf Nähe zum Menschen oder Unternehmungen allein mit dem Menschen. Dies sollten Sie bei der Gewährung der Privilegien berücksichtigen: Der ranghöchste Hund kann die ihm wichtigen Privilegien genießen. Dadurch erhöht und festigt er seinen Status in der Hundegruppe. Dies wiederum stabilisiert die Hundegruppe und beugt Auseinandersetzungen vor.

Dominanz

Durchsetzungswillige Hunde werden häufig mit der Eigenschaft „dominant“ beschrieben. Dominanz ist aber keine Charaktereigenschaft. Ob ein Individuum dominant ist, ergibt sich aus seiner Stellung in der Gemeinschaft – ist also von den anderen Sozialpartnern abhängig. Es kommt darauf an, ob die anderen die Dominanz anerkennen oder dem Streben danach Grenzen setzen. Dominantes Verhalten ist auch situativ, so kann z. B. ein ranghöherer Hund einem rangniederen durchaus einmal einen Kauknochen überlassen, ohne seine Position zu gefährden. Das Dominanzstreben von Hunden (die Intensität, mit der ein Hund eigene Interessen und eine gehobene Stellung durchzusetzen versucht) ist individuell sehr unterschiedlich ausgeprägt.

Die heimlichen Chefs

Ihre Anpassungsfähigkeit ist das Erfolgsrezept der Hunde. Sie verändern ihr Verhalten nach den Erfordernissen ihrer Lebensumstände und entwickeln Strategien, um ihre Bedürfnisse zu erfüllen. Einen Hund, der seine Menschen voll im Griff hat, erkennt man in den seltensten Fällen daran, dass er zähnefletschend den Ton angibt. Widerwilliges Ausführen von Kommandos, selbstständiges Verhalten bei Unternehmungen, Bellen als Aufforderung, nun endlich das Futter zu bringen, manchmal auch nur ein Blick, der ausdrückt „Du kannst mich mal!“ – all das sind Anzeichen dafür, dass der Hund seinen Menschen nicht ernst nimmt. Besonders die kleinen, süßen Hunde sind Meister darin, ihre Menschen zu manipulieren. Sie erkennen ganz schnell, dass einem unerwünschten Handeln oft keine Konsequenzen folgen oder dass sie bekommen, was sie möchten, wenn sie niedlich dreinschauen, den Kopf schief legen oder wedeln. Wir lassen uns von diesen cleveren Kerlchen meist gerne aufs Glatteis führen und setzen unsere eigenen Regeln außer Kraft.

Die soziale Intelligenz der Hunde befähigt sie sogar zur sozialen Manipulation: Sie lassen mitunter andere für sich arbeiten, z. B. wenn sie – statt einen versteckten Dummy selbst zu suchen – Herrchen oder Frauchen fragend anschauen und diese so dazu bewegen, ihnen zu zeigen, wo der Dummy liegt. Besser wäre es dann, den Hund zum selbstständigen Suchen zu motivieren.

Kleinen Hunden bleibt nicht verborgen, dass wir oft viel zu langsam sind, um sie zu korrigieren. Bis man sich nach unten gebeugt hat, um den Hundezwerg festzuhalten oder ihm etwas wegzunehmen, hat er sich längst außer Reichweite gebracht.

Es erfordert oft mehr Durchhaltevermögen, einen niedlichen und koketten Hund zu erziehen, als einen, der sich offen aggressiv verhält. Bei Letzteren gibt es keine Zweifel an der Notwendigkeit, doch wenn man den Kleinen keine Grenzen setzt, werden Sie einem bald auf der Nase herumtanzen und können sich zu Tyrannen im Handtaschenformat entwickeln. Der sich daraus entwickelnde Größenwahn hat aber selten etwas mit Selbstvertrauen zu tun, sondern ist oft Ausdruck von Unsicherheit und Überforderung (siehe Seite 114). Wenn Sie Ihrem Hund jedoch klare Anweisungen geben und unerwünschtes Verhalten korrigieren, kann er sich auf Sie verlassen und sich Ihnen anvertrauen.

Ob der Hund auf dem Sessel liegen darf, muss individuell entschieden werden.

So lernt Ihr Hund

Das Leuchten in den Augen des Hundes und das Strahlen im Gesicht des Menschen, wenn der Vierbeiner das erste Mal ein Kommando richtig ausführt, sind tolle Momente, die zeigen, wie viel Spaß es macht, gemeinsam zu lernen.

Hier achten alle Beteiligten darauf, dass die Begegnung von Kind und Hund positiv verläuft.

Es gibt verschiedene Arten des Lernens. Nachfolgend werden vier Lernmöglichkeiten beschrieben:

Die Gewöhnung an Umweltreize (Habituation) findet unbewusst statt und soll das Gehirn vor der Verarbeitung von nutzlosen Informationen und somit einer Überlastung schützen. Meist betrifft das Geräusche oder Aktionen, die im Hintergrund stattfinden, wie das Läuten der Kirchenglocken oder Straßenlärm. Es ist aber auch ein schönes Beispiel dafür, dass Hunde, deren Name ständig gerufen wird, diesen irgendwann ignorieren, weil keine für sie bedeutsamen Aktionen folgen – sie überhören es einfach.

Bei der Klassischen Konditionierung verknüpft der Hund einen eigentlich bedeutungslosen Reiz mit einem anderen Reiz: z. B. das Rascheln einer Tüte mit der Fütterung oder das Anziehen der Schuhe mit dem Spaziergang. Klassische Konditionierung beruht auf der Etablierung reflexhafter Reaktionen.

Worten eine Bedeutung geben

Hunde verstehen die Sprache des Menschen nicht. Sie müssen eine Handlung oder einen Gegenstand erst in einem Lernprozess mit dem zugeordneten Laut bzw. dem Wort verknüpfen, damit es eine Bedeutung bekommt. Ihr Hund muss also erst lernen, dass er sich bei „Sitz" hinsetzen soll (siehe Seite 131). Durchschnittlich sind Hunde in der Lage, 40 bis 50 Wörter zu unterscheiden. Der inzwischen berühmt gewordene Border Collie Rico kennt sogar die Bezeichnungen von über 250 Spielzeugen und kann jedes einzelne davon auf Wunsch bringen, wenn man dessen Bezeichnung nennt – ohne jede weitere Hilfe, wie wissenschaftlich erwiesen wurde. Das Besondere daran: Er kann auch ein neues Spielzeug nach dem Ausschlussverfahren sofort zuordnen, wenn er das erste Mal dessen Bezeichnung hört. Frei „übersetzt": „Die anderen und ihre Namen kenne ich, also muss das unbekannte Spielzeug das richtige sein." Damit hat Rico einsichtiges Verhalten gezeigt.

Die Operante Konditionierung kann durch Versuch und Irrtum zur Formung von Verhalten verwendet werden. Auf die Aktion des Hundes folgt eine positive oder negative Konsequenz. Wird der Hund zeitgleich für ein erwünschtes Verhalten belohnt, wird dieses Verhalten bestärkt und nach einigen Wiederholungen wird der Hund es vermutlich häufiger zeigen. Wird ein Verhalten negativ belegt, wird der Hund aller Erwartung nach versuchen, es zu vermeiden. Positive und negative Verstärkung sind die Grundlagen der Hundeerziehung, wobei die positive überwiegen sollte (siehe Seite 124).

Komplexes Lernen bedeutet beispielsweise, dass ein Hund sich so in seiner Umgebung orientieren kann, dass er über Abkürzungen sein Ziel erreichen kann. Es beinhaltet aber auch, dass zumindest einige Hunde über Abstraktion Verhaltensstrategien entwickeln, um das Gewünschte zu erreichen: z. B. ein Hund, der seinem Menschen die Leine oder die Schuhe bringt, weil er nach draußen muss oder ein Hund, der aufgeregt bellend zur Haustür rennt – obwohl es nicht geklingelt hat – um einen Artgenossen von dessen Kauknochen wegzulocken. Um dies umzusetzen, musste er in der Lage sein, von anderen Situationen auf diese schließen.

Situationsbedingte Verknüpfung

Kommt ein Hund mit einem unter Strom stehenden Weidezaun in Kontakt, wird er die schmerzhafte Erfahrung eventuell nicht mit dem Zaun in Verbindung bringen. Es kann sein, dass er den Schmerz mit den Kühen auf der Weide, dem Heißluftballon, der zufällig über ihm flog, oder einem Kind, das mit dem Fahrrad vorbei fuhr, verknüpft.

Wenn Sie mit Ihrem Vierbeiner das Kommando „Sitz" üben und dabei immer einen Schirm in der Hand halten, wird er sich vielleicht künftig hinsetzen, wenn Sie einen Schirm nehmen und nicht, wenn Sie „Sitz" sagen.

Wie ein Hund eine Handlung verknüpft, lässt sich nicht genau vorhersagen. Damit das Tier das Kommando und die erwünschte Handlung richtig verknüpft, muss das Signal (Hör- oder Sichtzeichen, siehe Seite 128) generalisiert werden, d. h. es muss an verschiedenen Orten und in unterschiedlichen Situationen wiederholt geübt werden.

Kluger Hund – dummer Hund?

Es gibt individuelle Unterschiede, was die Lernfähigkeit von Hunden betrifft. Ist jedoch ein Hund, der länger braucht, um Kommandos zu lernen und umzusetzen, dumm und ein Hund, der diese schnell begreift, klug? So einfach ist die Klassifizierung nicht, denn es gibt verschiedene Arten von Intelligenz.

Die Arbeits- und Gehorsamsintelligenz ist das, was man allgemein gerne als Lernfähigkeit bezeichnet. Dabei geht es darum, wie schnell ein Hund in der Lage ist, Kommandos zu erlernen und auszuführen. Hier tun sich z. B. besonders die Hütehunde und spezialisierte Jagdhunderassen hervor, die im Rahmen der Selektion gelernt haben, eng mit dem Menschen zu kooperieren.

Viele ursprünglichere Rassen, wie Windhunde, Herdenschutzhunde und Spitzartige Hunde, waren in ihrem eigentlichen Aufgabenbereich eher auf sich gestellt und mussten selbstständig handeln, wie auch Dackel und andere „Einzelkämpfer". Es war nicht Bestandteil ihrer Arbeit, dass der Mensch ihnen im entscheidenden Moment durch Signale vermittelte, was zu tun war, sondern sie mussten selbst entscheiden, ob und wie sie das Wild verfolgten, das Vieh beschützten oder den Hof bewachten. Aus diesem Grund braucht man bei den als schwer oder nicht erziehbar geltenden Rassen mehr Wissen, Geduld, Einfühlungsvermögen und Phantasie, um ihnen das erwünschte Verhalten zu vermitteln. Trotzdem machen die meisten auch begeistert beim Training mit, wenn Herrchen oder Frauchen den Dreh gefunden haben, diese Hunde richtig zu motivieren. Die größten Erfolge erzielt man, wenn man auf dem vom Hund gezeigten Verhalten aufbaut und das von ihm erwartet, was er seiner Veranlagung nach zu leisten imstande ist. Einen Retriever z. B. wird man in der Regel recht leicht zum Apportieren ausbilden können, von einem orientalischen Windhund kann man das meist nicht erwarten. Unabhängig von der Rasse oder indivuduellen Veranlagung hängt die Lernbereitschaft auch immer mit dem Mensch-Hund-Team und der Beziehungsqualität zusammen.

Hunde lernen immer

Die Erziehung eines Hundes spielt sich nicht nur während der ein oder zwei Trainingsstunden pro Woche auf dem Hundeplatz ab. Hunde lernen immer, an jedem Tag und zu jeder Stunde. Sie nehmen alle Vorgänge in ihrem Umfeld auf und ziehen ihre Schlüsse daraus – ein Leben lang. Jedes Erlebnis hinterlässt eine Markierung, ob auf der Positiv- oder Negativseite. Im Zweifel wird ein mental starker

Hütehunde besitzen eine hohe Arbeits- und Gehorsamsintelligenz.

Hund dadurch noch stärker und ein unsicherer Hund noch unsicherer. Das bedeutet nun nicht, dass Sie Ihren Vierbeiner ständig kontrollieren und anleiten müssen. Sie sollten jedoch ein Auge darauf haben, dass er „schwache Momente" nicht ausnutzt und sich dadurch unerwünschtes Verhalten etabliert.

Lernen macht Spaß

Hunde lernen auch durch Beobachtung und Nachahmung – ohne jeden Zwang oder ohne Aufforderung von außen. Hütehundwelpen, die Gelegenheit hatten, ihrer Mutter bei der Arbeit zuzusehen, setzen die später von ihnen verlangte Tätigkeit mit weniger Training um als Hunde, die alles von der Pike auf mit dem Menschen erarbeiten müssen. Je attraktiver der Sozialpartner für den Hund ist, desto eher wird er sich z. B. diesen Artgenossen und sein Verhalten zum Vorbild nehmen. Hunde würden nicht durch Nachahmung lernen, wenn sie nicht davon profitieren würden: Lernen ist überlebenswichtig.

Verbindet der Hund das Training mit positiven Gefühlen, wird das Erlernte gut umgesetzt und besser im Gedächtnis haften bleiben. Deswegen ist es so wichtig, dass Lernen Spaß macht. Hunde lernen gern, denn schon das Erfolgserlebnis bringt positive Gefühle. Dies können Sie durch Lob und Belohnung noch steigern: Setzen Sie beides so oft wie möglich ein.

Leichte Anspannung kann für den Lernerfolg zwar förderlich sein (siehe Seite 48), große Angst und großer oder dauerhafter Stress hingegen blockieren die Prozesse im Gehirn, die für eine effektive Verarbeitung der Informationen zuständig sind. Wenn Sie das Training mit dem Hund nicht als Pflicht ansehen, sondern selbst Spaß dabei haben und sich zusammen mit ihm über das Erreichte freuen, wird der Trainingserfolg größer, als Sie sich das vorher hätten träumen lassen. Genießen Sie es, Zeit mit Ihrem Hund zu verbringen, mit ihm zu kommunizieren und gemeinsam zu lernen.

Das richtige Timing

Um einem Hund die Konsequenz seines Verhaltens zu vermitteln, müssen Lob, Belohnung und Korrektur immer zeitgleich zur Handlung eingesetzt werden. Bei der Übung „Sitz" wird genau dann gelobt, wenn der Hund mit seinem Po auf dem Boden sitzt, nicht kurz vorher und auch nicht, wenn der Hund schon wieder aufsteht. Das können Sie auf alle anderen Kommandos oder erwünschten Handlungen beziehen: Loben und belohnen Sie dann, wenn der Hund genau das ausführt, was Sie von ihm erwarten.

Auch die Korrektur muss zeitgleich mit der unerwünschten Handlung erfolgen. Korrigieren Sie, wenn der Hund trotz des Kommandos „Bleib" zu Ihnen kommt oder er aufsteht, obwohl er sitzen soll. Erwischen Sie Ihren Hund, während er Essen vom Tisch stibitzt, müssen Sie in diesem Moment korrigieren. Es wäre falsch, den Hund auszuschimpfen, wenn Sie erst im Nachhinein bemerken, dass sich ein Schnitzel weniger auf dem Teller befindet und der Hund sich in seinem Körbchen noch genüsslich die Schnauze leckt. Denn Ihr Hund würde das Ausschimpfen nicht mit dem Diebstahl in Verbindung bringen, sondern vielleicht mit dem Liegen im Körbchen und gar nicht verstehen, warum Sie missmutig sind.

Haben Sie den Hund in flagranti bei einer Untat erwischt und ihn korrigiert, muss die Sache erledigt sein. Hunde sind nicht nachtragend und können es nicht nachvollziehen, wenn man ihnen gegenüber nachtragend ist. Sie verstehen nicht, warum ihr Mensch sie den ganzen Tag ignoriert oder missmutig anschaut und bringen es nicht damit in Zusammenhang, dass Sie morgens die Zeitung gefleddert haben. Hunde leben in der Gegenwart. Verspätetes Korrigieren oder nachtragendes Verhalten verunsichert den Hund und lässt den Halter in seinen Augen als unberechenbar erscheinen. Auf einer solchen Basis ist kein vertrauensvolles Miteinander möglich.

Individuelle Unterschiede

Wie leicht ein Hund lernt, hängt neben den oben genannten Gründen noch von anderen Faktoren ab. Leicht erregbare Hunde haben mehr Mühe, sich zu konzentrieren als ruhige Gesellen. Sie lassen sich leichter ablenken und kommen rasch in einen hohen Erregungszustand, der ihnen die Aufnahme und Umsetzung von Kommandos schwer macht. Bei diesen Hunden muss man darauf achten, ihnen durch ein entspanntes Lernumfeld Ruhe zum Arbeiten zu ermöglichen. Man sollte sie auch nicht zu überschwänglich loben, da dies ihre Erregung wieder steigert: Ruhige, freundliche Worte sind dabei am besten. Leicht erregbare Hunde sollte man durch das Einüben von vielen Ruhekommandos etwas bremsen und stoische Vierbeiner durch Lob und Motivation aus der Reserve locken.

Die Persönlichkeit Ihres Hundes müssen Sie auch bei der Wahl der Lob- und Korrekturmittel berücksichtigen. Sensible oder unsichere Hunde müssen aufgebaut werden, damit sie selbstsicherer werden und sich mehr zutrauen. Hier gilt es, besonders oft zu loben und dem Hund das Gefühl zu vermitteln „Niemand kann das so gut wie Du!". Als Korrekturmaßnahmen reichen oft Ignorieren und ein „Nein!" aus. Schon das Erheben der Stimme kann dazu führen, dass die Hunde sich in ihr Schneckenhaus zurückziehen. Einem ungestümen Draufgänger müssen Sie eventuell deutlicher sagen, was Sie von ihm wollen. Ein „Nein!" wird er womöglich gar nicht zur Kenntnis nehmen, sondern Ihnen seine Aufmerksamkeit erst nach einem Knuff in den Schenkel zuwenden.

Optimales Lernumfeld

Je optimaler die Lernatmosphäre ist, desto größer wird der Lernerfolg sein. Achten Sie auf folgende Punkte, wenn Sie mit Ihrem Hund trainieren.

Stimmungsübertragung: Wenn Sie selbst gut gelaunt beim Üben sind, wird sich diese positive Stimmung auch auf den Hund übertragen. Sie beide haben Spaß am Training. Umgekehrt spürt Ihr Hund es auch, wenn Sie gereizt, verärgert, ungeduldig oder in Zeitnot sind. Diese negativen „Schwingungen" gehen auf den Hund über mit dem Ergebnis, dass er verunsichert ist und viel weniger aufnehmen und zeigen kann, als er zu leisten im Stande wäre. Verschieben Sie das Training lieber, wenn Sie nicht in der Stimmung dafür sind oder bitten Sie ein Familienmitglied, dies zu übernehmen.

Ablenkung: Neue Kommandos sollten Sie in einer Umgebung einüben, in der weder Sie noch der Hund von äußeren Einflüssen wie anderen Hunden, Passanten, Straßenverkehr oder anderen Dingen abgelenkt werden. Wenn der Hund das Kommando sicher ausführt, können Sie den Grad der Ablenkung langsam steigern. Wie schnell die Ablenkung gesteigert wird, hängt individuell vom Hund ab und kann sich über Wochen und Monate hinziehen.

An verschiedenen Orten trainieren: Führt der Hund ein Kommando sicher aus, sollten Sie es an verschiedenen Orten und in unterschiedlichen Situationen üben. So vermeiden Sie, sagen zu müssen: „Auf dem Hundeplatz folgt er immer auf's Wort", während Ihr Hund beim Spaziergang das Weite sucht. Hunde lernen orts- und situationsbezogen. Wenn der Hund ein Kommando auf dem Hundeplatz zuverlässig ausführt, heißt das noch lange nicht, dass er dies auch zu Hause, in der Fußgängerzone, beim Spaziergang, in der Anwesenheit anderer Hunde oder im Dunkeln zeigt – dies müssen Sie erst trainieren. Üben Sie, wo immer sich die Gelegenheit bietet: beim Einkaufen, wenn Besuch da ist, Sie beim Spaziergang andere Hunde treffen, im Wartezimmer des Tierarztes etc.

Fit: Passen Sie die Trainingsdauer an die Leistungsfähigkeit des Hundes an. Üben Sie nicht mit dem Hund, wenn er an einer akuten Erkrankung wie Durchfall oder Ohrenentzündung leidet oder sehr müde ist, denn dann ist seine Aufnahmefähigkeit begrenzt. Bei Hunden mit chronischen Erkrankungen sollte die Übungsdauer angepasst an den körperlichen Zustand des Hundes nach Absprache mit dem Tierarzt und Trainer zeitlich eng begrenzt oder auf bestimmte Trainingselemente verzichtet werden, die dem Hund Schmerzen bereiten, besonders anstrengend oder stressig sind.

Personenbezogen: Ein Hundetrainer leitet Sie an, wie Sie Ihre Anliegen dem Hund gegenüber durchsetzen können – die Arbeit machen Sie. Dies gilt auch sonst: Wer einem Hund ein Kommando gibt, sollte

Frauchen lockt und die Trainerin passt auf, dass der Welpe nicht fällt.

für dessen Durchführung sorgen. Übt also Ihr Partner mit dem Hund, müssen Sie ihm Gelegenheit geben, die Sache zu Ende zu bringen und dürfen nicht ungeduldig dazwischenfunken: Sonst erscheint er in den Augen Ihres Hundes als schwach.

Pause: Die ständige Konzentration während des Trainings ist sehr anstrengend für den Hund. Geben Sie ihm zwischendurch die Gelegenheit, Dampf abzulassen, indem Sie mit ihm spielen, ihn flitzen lassen oder ihm Freilauf mit Artgenossen ermöglichen. Bieten Sie ihm Trinkwasser an.

Fürs Leben lernen

Nutzen Sie die Welpenzeit, um das Hundekind mit allem vertraut zu machen, was ihm später begegnen wird. Schreiben Sie alles auf, was Ihnen dazu einfällt, z. B. Besuche in der Stadt, Besuche von Freunden oder Restaurants, Tierarztbesuche, Geräusche, andere Hunde und Tiere, verschiedenste Menschen etc. (siehe Seite 123). Wenn es Ihnen hilft, können Sie sich einen Stundenplan entwerfen, wann Sie welche Situationen trainieren wollen. Sprechen Sie sich dazu am besten mit dem Trainer aus der Welpenschule ab, er kann Ihnen noch viele nützliche Tipps geben und Ihre Aktivitäten mit denen der Welpengruppe abstimmen. Überfordern Sie das Hundekind aber nicht. Welpen können sich noch nicht lange konzentrieren und werden schnell müde. Statt weniger längerer Trainingseinheiten, sollten Sie lieber öfter kurze einlegen. In der Regel sind anfangs 15 Minuten z. B. für einen Stadtbesuch lang genug. Achten Sie darauf, dass der Welpe ausreichend Ruhepausen bekommt.

Welpenspiel

Die Welpengruppe bietet dem Hundekind unter anderem die Möglichkeit, im Spiel soziale und motorische Fähigkeiten zu trainieren. Ideal ist es, wenn Welpen verschiedener Rassen und Hundetypen dabei sind, damit die Kleinen von Anfang an mit den unterschiedlichsten Artgenossen konfrontiert werden und lernen, deren Ausdrucksverhalten und Spiel zu verstehen: Hunde mit Hänge- und Stehohren, kurzer und langer Schnauze, solche mit Falten im Gesicht oder einem Ridge auf dem Rücken, Hunde, die eher körperbetont und etwas derb spielen, und solche, die lieber wilde Verfolgungsjagden veranstalten, große und kleine Artgenossen usw. Je mehr unterschiedliche Hundetypen die Vierbeiner schon im Welpenalter kennenlernen, desto besser können sie auch als Erwachsene mit diesen kommunizieren.

Damit die Welpen optimal gefördert werden können, liegt die überschaubare Gruppengröße je nach Zusammensetzung bei nicht mehr als sechs bis acht Welpen. Bei den regelmäßigen Treffen sollte nicht nur das Spiel im Vordergrund stehen, sondern der Trainer sollte die Halter auch dazu anleiten, vertrauens- und beziehungsfördernde Maßnahmen einzuüben. Dazu gehört das Kommen auf Zuruf und das Bewältigen von für den Welpen schwierigen Aufgaben, z. B. das Gehen über einen Laufsteg, durch einen Tunnel oder einen Vorhang aus Flatterbändern. Die Welpen dürfen dazu nicht gezwungen werden, sondern sollten durch aufmunternde Gesten und Worte ihres Menschen (und ggf. Leckerchen) dazu motiviert werden – anschließend wird ordentlich gelobt. Je abwechslungsreicher und spannender ein solcher Welpenspielplatz eingerichtet ist, umso vertrauter werden die Kleinen mit verschiedenen Umweltreizen. Das Spiel der Welpen untereinander trägt auch dazu bei, ungewöhnliche Gegenstände in der Umgebung ganz nebenbei als selbstverständlich zu sehen. Schüchterne Hundekinder, die sich noch schlotternd durch den Tunnel bewegen, veranstalten beim Spielen vielleicht wilde Verfolgungsjagden, bei denen diese „Hindernisse" selbstverständlich genommen werden. Trainingseinheiten und Spielpausen sollten sich abwechseln, und auf dem Übungsplan auch Ausflüge in die Stadt, den Tierpark, die Tierarztpraxis und Spaziergänge über Land stehen.

Der Trainer hat dabei die Aufgabe, die Halter anzuleiten, erste Kommandos mit den Welpen zu üben und darauf zu achten, dass die Kleinen keine negativen Erfahrungen machen, weder beim Spiel noch beim

Sozialisation

Die Phase der Sozialisation (Seite 51) ist eine wichtige Zeit im Leben des Hundes. Der Welpe lernt, wie er sich Hunden und Menschen der eigenen Familie gegenüber verhalten soll, er lernt Strategien im Umgang mit fremden Hunden und Menschen, und er lernt verschiedene Umweltreize und Umweltbedingungen kennen. Alles, was der Welpe in dieser Zeit aufnimmt, bestimmt sein künftiges Verhalten. Spätere Verhaltenskorrekturen sind zwar oft noch umzusetzen, aber nur mit erhöhtem Aufwand möglich.

Große Unterstützung

Schön ist es, wenn der Trainer einen erwachsenen, gut sozialisierten und mit Welpen verträglichen erwachsenen Hund hat, der ab und zu in den Welpenstunden anwesend ist. Dieser kann mit den Kleinen spielen und sie nach Hundemanier zur Raison bringen, wenn sie zu aufdringlich werden. Er ist oft auch großes Vorbild für die Hundekinder und sie eifern ihm ganz unbefangen nach, wenn er über den Laufsteg geht und sich von Flatterbändern oder ungewöhnlichen Geräuschen nicht beeindrucken lässt.

In den Übungspausen können die Welpen unter Aufsicht spielen.

Training. Er muss das Miteinander überwachen, Raufereien zulassen, aber schnell einschreiten und unterbrechen, wenn eine Rauferei eskaliert, ein Hundekind im Spiel immer nur die „Beute" ist oder von den anderen gemobbt wird. Macht ein Welpe hier schlechte Erfahrungen mit seinen Artgenossen, wird er diese Vorbehalte auch mit ins Erwachsenenleben nehmen. Deswegen ist die Aufsicht über eine Welpengruppe keine Angelegenheit für Laien, sondern nur für gut ausgebildete Trainer mit viel Erfahrung und einem guten Auge für Hundeverhalten (siehe Seite 139).

Lernphasen nutzen

Im Welpenalter werden die Voraussetzungen dafür geschaffen, ob ein Hund leicht lernt. Wächst ein Hund in einer anregungsreichen, aber nicht überfordernden Umgebung auf, bilden sich mehr Verbindungen zwischen den Nervenzellen im Gehirn als bei reizarmer Umgebung.

Je mehr Verbindungen vorhanden sind, desto besser und flexibler kann ein Hund lernen und auch später auf Umweltreize und Veränderungen seiner Umgebung reagieren und damit umgehen. Deswegen ist es so wichtig, Welpen zu fördern.

Die meisten Welpen werden im Alter von acht bis zehn Wochen abgegeben. Dann sind sie mitten in der sogenannten sensiblen oder Sozialisierungsphase. Diese dauert ungefähr von der dritten bis zur 16. Lebenswoche, kann aber je nach Individuum, Größe, Rasse und Hundetyp auch erst in der 20. Woche abgeschlossen sein. In diesem Lebensabschnitt saugen die Hundekinder Erfahrungen und Eindrücke auf wie ein Schwamm. So leicht wie jetzt werden sie im späteren Leben nie wieder lernen. Sofern sie die Möglichkeit haben, lernen die Welpen, auf verschiedene Umweltreize zu reagieren und mit Artgenossen und Menschen zu kommunizieren. Umweltreize können Geräusche, optische Eindrücke, andere Tiere oder verschiedene Bodenuntergründe sein. Positive Erlebnisse mit Menschen, Artgenossen und anderen Tieren machen sie offen für weitere Kontakte. Negative Erlebnisse bleiben leider jedoch genauso tief im Gedächtnis haften und sollten deswegen möglichst vermieden werden.

Mit Ende der sensiblen Phase ist das Lernen des Hundes aber nicht abgeschlossen. Die in dieser Zeit gemachten Erfahrungen bilden die Basis für das spätere Verhalten, das Erlernte muss jedoch durch stetige Wiederholungen gefestigt werden. Genau wie beim Training von Kommandos muss auch das Sozialverhalten immer wieder geübt werden. Besonders wichtig ist das in der Zeit der Pubertät, wo Hunde genau wie Menschen naturgemäß Vieles in Frage stellen, ihre Grenzen austesten und zum erwachsenen Individuum heranwachsen.

Auch erwachsene und ältere Hunde können noch Neues lernen. Jedoch dauert das Lernen länger und erfordert mehr Geduld und Ausdauer, da das Gehirn nun nicht mehr so aufnahmefähig ist wie im Welpenalter. Doch auch hier zahlt sich die Frühförderung aus: Hunde, die in einer anregungsreichen Umgebung aufgewachsen sind und verschiedene Sozialpartner positiv kennengelernt haben, lernen auch als erwachsene Tiere leichter.

Lob, Belohnung

Lob und Belohnung vermitteln Erfolgserlebnisse und positive Empfindungen. Das weckt im Hund das Bedürfnis der Wiederholung, um das angenehme Gefühl möglichst oft zu erleben. Eine Korrektur zeigt ihm, dass er auf dem falschen Weg war.

Lob und Belohnung

Mit einem Lob oder einer Belohnung bestärken Sie den Hund in seinem Verhalten. Hat er verknüpft, dass es für die Ausführung des Kommandos Sitz ein Leckerchen gibt, wird er sich vermutlich auch häufig ohne Aufforderung hinsetzen und seinen Halter anschauen in der Erwartung, nun einen leckeren Happen zu bekommen.
Einfach ein verbales Lob, ein freudig ausgesprochenes „Fein gemacht!“, wird als Belohnung leider viel zu selten eingesetzt. Doch diese Kommunikation auf positiver Basis stärkt die Beziehung zwischen Mensch und Hund.
Welche weitere Belohnung sich eignet, ist von Hund zu Hund verschieden. Viele Vierbeiner legen sich für Leckerchen mächtig ins Zeug (siehe Seite 196). Bei der Einübung neuer oder schwieriger Kommandos oder bei Hunden, die eher zu den mäkeligen Fressern gehören, sollte das Leckerchen besonders schmackhaft sein und nicht üblicherweise auf dem Speiseplan stehen. Andere Hunde lassen sich mit der Aussicht auf ein Spiel oder Spielzeug gut motivieren. Auch dies sollte immer individuell ausgewählt werden. Es gibt jedoch Hunde, die dermaßen auf ein Spielzeug fixiert sind, dass sie sich kaum noch konzentrieren und mit etwas anderem beschäftigen können. In diesen Fällen sollten Sie nicht mit Spielzeugen als Belohnung arbeiten, da dadurch das Spielzeug noch wichtiger gemacht wird. Je nach Hundetyp bietet sich etwa anschließend ein kleines Spiel oder einmal kurz gemeinsam über die Wiese zu rennen an.
Man unterscheidet zwischen einer Lernphase und einer Phase, in der Erlerntes abgesichert wird. Zu Beginn des Trainings sollten Sie jedes korrekt ausgeführte Kommando mit einer Belohnung bestärken, das führt zu einem schnellen Erfolg. Je besser der Hund die Übung beherrscht, umso seltener gibt es dann eine Belohnung, sondern „nur“ ein Lob. Die Häufigkeit der Belohnung wird abgebaut. Achten Sie dabei darauf, nicht in ein Schema zu verfallen und den Hund jedes zweite, dritte oder vierte Mal zu belohnen, sondern geben Sie die Belohnungen unregelmäßig. Dies erhöht die Spannung und die Bereitschaft zur Mitarbeit, denn der Vierbeiner weiß nie, wann es nun etwas gibt. Belohnen Sie schließlich Selbstverständliches nur noch ganz selten, um die Erwartungshaltung des Hundes zu nutzen und den Lernerfolg zu festigen.

Korrektur

Um unerwünschtes Verhalten des Hundes zu korrigieren, gibt es mehrere Möglichkeiten. Welche Mittel Sie auswählen, sollte immer der Situation und der Hundepersönlichkeit angemessen sein. Wichtig ist aber in allen Fällen, dass die Korrekturmaßnahme hundgerecht ist. Die effektivsten Korrekturmaßnahmen kann man sich direkt von den Hunden abschauen, wenn man sie im Umgang miteinander beobachtet: ignorieren und körperlicher Einsatz, um das eigene Anliegen durchzusetzen. Körperlicher Einsatz bedeutet nicht, den Hund zu schlagen oder anderweitig zu züchtigen, sondern mittels Körpersprache mit dem Hund auf eine Weise zu kommunizieren, die er versteht (siehe Seite 45).
Sie sollten unerwünschtes Handeln des Hundes nicht immer nur mit einem „Nein“ abbrechen und ihn dann sich selbst überlassen. Bieten Sie ihm öfter eine erlaubte, alternative Handlung an. Machen Sie eine Übung mit ihm, die er beherrscht oder weisen Sie ihn an, sich in sein Körbchen zu legen. Läuft ein Hund ständig nervös vor der Küchentür herum, weil es bald Futter gibt, können Sie ihn in sein Körbchen schicken. Kommen Sie beim Spaziergang an Pferdeäpfeln vorbei, die Ihr Vierbeiner zum Fressen gern hat, können Sie ihn dieses Stück „Fuß“ laufen lassen. So müssen Sie ihn nicht ständig korrigieren, sondern zeigen ihm im Gegenteil eine Alternative auf, für die er bei ordentlicher Ausführung auch noch Anerkennung von Ihnen bekommt.

und Korrektur

Ignorieren: Dies ist ein gutes Mittel, wenn der Hund quengelt, oder um ihm zu zeigen, dass Sie nicht auf jede seiner Aktionen reagieren. Indem Sie sein Verhalten (z. B. Betteln am Tisch, ständiges Anstupsen, weil er im Mittelpunkt stehen will, seine Spielaufforderungen, Fiepen, Bellen, Jammern oder hinter Ihnen herlaufen) nicht kommentieren und ignorieren, zeigen Sie ihm, dass seine Strategie nicht zum Erfolg führen wird. Je nach Ausdauer des Hundes brauchen Sie mehr oder weniger Geduld, bis er verstanden hat. Konsequenz ist dabei sehr wichtig. Den Hund zu ignorieren heißt, weder Blickkontakt mit ihm aufzunehmen, noch mit ihm zu reden (auch nicht „Nein!“ zu sagen) oder ihn zu streicheln. Verhalten Sie sich dann so, als wäre der Hund nicht anwesend. Vielen Haltern fällt gerade das Ignorieren des Hundes besonders schwer. Wenn der pfiffige Kerl beim Betteln seine Augen rollen lässt oder beim Fernsehen ständig so süß mit der Pfote an das Bein seines Menschen stupst, können sich viele einen kurzen Blick und ein Schmunzeln nicht verkneifen. Doch das ist schon zu viel und der Hund fühlt sich bestätigt. Konzentrieren Sie sich dann auf etwas anderes, lesen Sie ein Buch, schauen Sie fern oder unterhalten Sie sich mit Ihrem Partner – aber schenken Sie dem Hund keine Aufmerksamkeit. Wenn er aufgibt und sich in sein Körbchen legt, können Sie ihn – wenn gewünscht – nach fünf oder zehn Minuten zu sich rufen (jedoch nicht bei Tisch) und ihn streicheln oder mit ihm spielen. Sie haben dann den Startschuss für die Aktion gegeben und der Hund hat reagiert.

Verbale Korrektur: Ein strenges „Nein!“ ist angebracht, wenn der Hund ein Verhalten unterlassen soll, wie am Tischbein zu knabbern, ein scharfes „Lass es!“ z. B. dann, wenn er Essen klaut. Manchmal reicht schon ein Räuspern oder ein „Na na!“ zur Korrektur.

Körpersprachliche Korrektur: Steht der Hund bei der „Sitz“-Übung zu früh auf, reicht oft schon ein leichtes und kurzes Vorbeugen oder das direkte Anschauen, damit er wieder die gewünschte Position einnimmt. Will ein Hund sich überhaupt nicht setzen, nützt es nichts, ihn mit Zwang ins „Sitz“ zu bringen,

Beim Loben und Korrigieren kommt es auf das Timing an. Nur, wenn es im richtigen Moment erfolgt, kann der Hund sein Verhalten mit Ihrer Reaktion in Verbindung bringen.

Beim Schnauzgriff umfasst man den Fang des Hundes und drückt mit den Fingern auf die Lefzen und das darunterliegende Zahnfleisch. Er sollte sehr maßvoll eingesetzt werden und der dabei angewendete Druck dem Hund und der Situation angepasst sein.

wahrscheinlich wird er sich dann eher sträuben und bockig werden, weil der ausgeübte Druck einen Gegendruck erzeugt. Bei manchen Hunden hilft es (sofern Sie das Kommando schon verknüpft haben), die Kruppe anzutippen oder leicht in einen Schenkel zu zwicken – wie zur Erinnerung – damit sie sich hinsetzen.
Viele Hunde schränken den Bewegungsspielraum ihrer Menschen ein, indem sie sich in den Weg legen oder eine Richtung oder eine Handlung vorgeben. Lassen Sie sich nicht von Ihrem Hund in eine Richtung zwingen und rempeln Sie ihn an, wenn er Ihnen im Weg ist. Dabei kommt es immer auf die angemessene Umsetzung an: Bei manchen Hunden reicht es schon aus, sie leicht mit dem Fuß anzutippen. Bockige und robuste Hunde können mitunter einen deutlichen Knuff in die Seite vertragen. Das sind Handlungen, die das Tier versteht, da sie zum innerartlichen Verhalten gehören. Dazu zählt auch der Schnauzgriff (Foto oben), den Hunde zeigen, wenn ein Artgenosse auf die Maßnahmen Ignorieren oder Lefzen hochziehen und knurren nicht reagiert hat. Beim Schnauzgriff umfasst ein Hund die Schnauze eines anderen mit den Zähnen – ohne zu verletzen.

Bei nicht einschätzbarem oder gesteigertem aggressiven Verhalten des Hundes sollte man einen Hundetrainer einschalten, bevor man eigenmächtig körpersprachliche Korrekturmaßnahmen ergreift. Denn schon das Anrempeln oder der Schnauzgriff können dann zu heftigen Gegenrektionen des Hundes führen. Zudem sind bestimmte Formen der körpersprachlichen Korrektur unangebracht, wenn sie dem Hund Schmerzen zufügen. So sollte man z. B. einen Hund mit Hüft- oder Rückenproblemen nicht anrempeln, oder bei einem Hund mit Zahnfleischentzündung nicht den Schnauzgriff anwenden.
Nicht angebracht ist der sogenannte „Alpha-Wurf“, der immer wieder gerne ins Feld geführt wird. Ziel soll es sein, den Hund zu unterwerfen – auf den Boden zu werfen und so lange dort festzuhalten, bis er seinen Widerstand aufgibt. Ganz abgesehen davon, dass sich die Anwendung als sehr schwierig erweist und nicht ohne Verletzungsgefahr für den Hund und bei wehrhaften Tieren auch für den Menschen ist, wird dabei das Hundeverhalten falsch interpretiert: Das Hinlegen ist bei Hunden eine aktive Unterwerfung. Sie legen sich freiwillig hin und werden nicht umgeworfen!

Hilfsmittel

Manche Hunde sind mental oder körperlich so stark, dass der Halter erst durch Hilfsmittel in die Lage versetzt wird, mit seinem Hund zu kommunizieren und erst auf dieser Basis weiteres Arbeiten ermöglicht wird. Der Einsatz dieser Hilfsmittel sollte nur mit einem guten Hundetrainer erarbeitet werden und auch nur dann erfolgen, wenn sich das Training ohne Hilfsmittel als wirkungslos erwiesen hat. Ziel des Trainings muss es sein, das Tier mittel- und langfristig auch ohne diese technische Unterstützung lenken zu können. Starkzwangmittel, wie Stachelhalsband und Würgehalsband, sind keine geeigneten Erziehungshilfen. Ziel der Erziehung soll es sein, auf der Ebene einer vertrauensvollen Beziehung miteinander zu arbeiten und zu kommunizieren und nicht, den Hund durch Zufügung von Schmerzen gefügig zu machen.

Ein Hilfsmittel ist das Kopfhalfter (Foto links unten). Es ermöglicht dem Menschen, den Hund sicher zu führen und seinen Blick auf sich zu lenken. Der Vorteil liegt darin, dass viele Halter dadurch entspannter bei der Führung des Tieres werden, Vertrauen in sich und den Hund gewinnen und mit ihm kommunizieren können, was weiteres, gezieltes Arbeiten ermöglicht.

Die Schelle (Disc) besteht aus mehreren Metallscheiben. Der Hund wird von einer gut ausgebildeten, dritten Person so konditioniert, dass er mit dem Geräusch, das beim Klappern der Metallscheiben entsteht, unangenehme Emotionen verbindet. Diese Konditionierung darf niemals vom Halter selbst vorgenommen werden, da der Hund diesen als „Retter“ ansehen soll, zu dem er sich flüchten kann und der ihn beschützt, wenn er das Geräusch hört. Ziel ist es, schon durch leichtes Klappern der Schelle einen Verhaltensabbruch zu bewirken, z. B. bei einem Hund, der Unrat am Wegesrand frisst. Vorsicht: Die Schelle darf nicht angewandt werden, wenn mehrere anwesende Hunde darauf konditioniert sind, im Zweifelsfall besser vorher fragen. Auch bei ängstlichen Tieren muss man auf die Schelle verzichten – sie können dadurch noch unsicherer werden.

Das Kopfhalfter (Halti)

Das Kopfhalfter ist weder ein Maulkorb noch als reines Führgeschirr gedacht. Vielmehr ahmt es den Schnauzgriff nach und bietet dem Halter dadurch die Möglichkeit, die Zuwendung des abgelenkten Hundes zu erlangen und mit ihm ein „Aufmerksamkeitssignal“ (siehe Kasten Seite 130) einzuüben, das später auch ohne Kopfhalfter funktioniert. Guter Nebeneffekt: Unsichere Hunde können sich mit einem Halfter sicherer fühlen. Wichtig ist es, auf eine gute Passform des Halfters zu achten (den Hund zur Anprobe mitnehmen).
Während der Gewöhnung bekommt der Hund Leckerchen (man nennt das auch „schönfüttern“) oder es wird mit Futter oder Spielzeug mit ihm gespielt, damit er das Halfter mit positiven Erlebnissen verbindet. Kratzt er sich daran, wird er wieder abgelenkt, etwa mit Futterspielen – er sollte aber nicht bedauert werden. Bei der Gewöhnung sollte man sich unbedingt von einem erfahrenen Hundetrainer unterstützen lassen. Führt man den Hund am Halfter, bleiben beide Enden der Leine (siehe Foto) locker, ohne Zug. Erst wenn der Halter den Blickkontakt des Hundes wünscht, zieht er leicht am Halfter, bis der Hund ihn anschaut und Verständigung möglich ist. Unsachgemäßer Gebrauch, wie abruptes oder zu heftiges Ziehen am Halfter, kann zu Halswirbelsäulenschäden führen.

Linke Seite unten: Das Kopfhalfter verwendet man mit einer normalen Doppelleine. Der kleinere Karabiner wird am Ring unten am Halfter befestigt, der größere an Halsband oder Geschirr. Lange oder ausrollbare Leinen darf man nicht verwenden: Rennt der Hund schnell hinein, verdreht und verletzt er sich die Halswirbel.

Grunderziehung

Bei der Erziehung des Hundes ist es wichtig, dass alle Familienmitglieder an einem Strang ziehen. Achten Sie auf eine klare Linie – Ausnahmen verwirren den Hund.

Anknabbern kann gefährlich sein: Die Kommandos „Aus" und „Nein" sollte schon der Welpe lernen.

Die sogenannten Grundkommandos helfen Ihnen, den Hund zu lenken und zu kontrollieren. Haben Sie eine gute Beziehung zum Hund, ist die Rangordnung geklärt und haben Sie sich Wissen über die Kommunikation mit Hunden angeeignet, wird es umso einfacher werden, dem Hund die wichtigsten Kommandos beizubringen. Ob Sie einen Welpen erziehen oder einen erwachsenen Hund: Am wichtigsten ist, dass das Training individuell auf ihn abgestimmt ist, denn jeder Vierbeiner hat einen anderen Zugang zum Lernen. Finden Sie (am besten mit einem gut ausgebildeten Hundetrainer) heraus, welche Trainingsformen für Ihren Hund die richtigen sind.

Grundsätzliches

Wichtig ist, dass Sie immer geduldig bleiben. Teilen Sie die Übungen in Einzelschritte ein und bauen Sie diese aufeinander auf, z. B. beim „Sitz auf Distanz" (Seite 134). Versteht ein Hund nicht, was Sie von ihm fordern, sollten Sie das Trainingsniveau verringern. Loben Sie den Hund so oft wie möglich und korrigieren Sie so selten wie nötig. Üben Sie lieber öfter in kurzen Einheiten von 5 bis 15 Minuten als nur einmal in der Woche eine Stunde lang. Schließen Sie das Training mit einer Übung ab, die der Hund sicher beherrscht und für die er ein abschließendes Lob kassieren kann. Wiederholen Sie das Erlernte im Alltag, so oft sich die Gelegenheit dafür bietet. Üben Sie nicht direkt nach der Fütterung, dann ist der Hund satt und müde und lässt sich nicht so gut zum Mitmachen animieren – ein bisschen Hunger steigert die Motivation. Gerade bei Hunden, die einer als schwer erziehbar geltenden Rasse angehören (siehe Seite 119), brauchen Sie oft etwas mehr Phantasie, um sie von Ihren Vorhaben zu überzeugen. Gelingt es Ihnen dann, wird der Erfolg umso höher geschätzt.
Konzentrieren Sie sich bei der Erziehung vor allem darauf, was für Sie im Alltag mit dem Hund wichtig ist. Reicht es Ihnen, dass der Hund z. B. ordentlich an der Leine läuft, müssen Sie nicht die exakte Ausführung des Kommandos „Fuß" üben. Wenn die Ihnen wichtigen Dinge funktionieren, können Sie immer noch weiter an Details feilen.

Sichtzeichen und Hörzeichen

Hunde reagieren sehr gut auf Gesten ihres Menschen. Mit der Einübung von Sichtzeichen, wie dem erhobenen Zeigefinger für das Kommando „Sitz" (siehe Seite 131), können Sie ohne Worte mit Ihrem Hund kommunizieren. Zusätzlich sollten Sie auch Hörzeichen geben, z. B. „Sitz" sagen, wenn der Hund sich setzen soll. Dadurch haben Sie nicht nur zwei Möglichkeiten Signale zu geben, sondern halten sich auch alle Optionen offen, falls beim Hund im Alter Hör- oder Sehvermögen nachlassen. Hör- und Sichtzeichen sollten anfangs immer gleichzeitig gegeben werden. Natürlich müssen Sie nicht die gängigen Sicht- und Hörzeichen verwenden, sondern können auch eigene kreieren. Wenn Sie sich an die üblichen halten, kann Ihr Hund jedoch einfacher von anderen Personen gelenkt werden, z. B. von einem Urlaubssitter. Wichtig sind dabei Konsequenz und Klarheit: Verwenden Sie für eine bestimmte, gewünschte Handlung immer nur ein Sicht- und ein Hörzeichen – keine Variationen. Achten Sie drauf, für Hörzeichen möglichst unterschiedliche Worte zu verwenden und Sichtzeichen eindeutig zu geben.

Mit dem Ball lässt sich dieser Mix nicht motivieren, Frauchen muss sich was anderes einfallen lassen.

Erziehung trotz Handicap

Häufig fällt es den Haltern erst nach Wochen oder Monaten auf, dass die Sehkraft oder das Hörvermögen des Hundes nachgelassen haben, meist ist das bei älteren Hunden der Fall. Auch bei der Übernahme eines neuen Hundes kann es manchmal recht lange dauern, bis eine Behinderung des Hör- oder Sehsinns bemerkt wird. Dies zeigt, wie gut Hunde das Nachlassen oder den Ausfall eines für den Menschen wesentlichen Sinnes kompensieren können. Diese Fähigkeit des Ausgleichs ermöglicht es dem Menschen, den Alltag mit einem gehandicapten Hund oft genauso unbeschwert zu leben und zu meistern wie mit einem „intakten" Vierbeiner.

Bei einem Hund mit Sehbehinderung muss man mit akustischen Signalen arbeiten, dazu gehört es, auf eine deutliche Aussprache der Kommandos zu achten. Sinnvoll ist auch der Einsatz der Hundepfeife, des Clickers (siehe Seite 138) oder anderer markanter Geräusche, wie pfeifen (auch in verschiedenen Tonabfolgen), mit der Zunge schnalzen oder mit den Fingern schnippen, um den Hund zu dirigieren.

Will man einen hörbehinderten Hund lenken, kommen optische Signale zum Einsatz. Hilfreich sind ein bewusster Einsatz der Körpersprache und der Mimik sowie deutlich zu unterscheidende Sichtzeichen.

Blickkontakt trainieren

Wenn der Hund Sie anschaut, können Sie sich gewiss sein, dass er ganz aufmerksam ist. Das ist wichtig für eine in Ihrem Sinne erfolgreiche Kommunikation. Sie können diesen Blickkontakt forcieren, indem Sie ihn mit einem Kommando verknüpfen. Motivieren Sie Ihren Hund dazu, Sie anzuschauen, z. B. mit den Worten „Kuck mal". Wenn er Sie anschaut, können Sie loben bzw. ihm ein Leckerchen geben.

Kommandos

Wenn Sie Ihrem Hund ein Kommando geben, sollten sowohl Ihre Stimme als auch Ihre Körpersprache Selbstbewusstsein ausdrücken. Machen Sie klare und deutliche Ansagen. Sichern Sie sich vorher die Aufmerksamkeit Ihres Hundes, z. B. mit „Kuck mal" (siehe Seite 130). Sagen Sie das Kommando (z. B. „Sitz") nur einmal. Folgt der Hund dann nicht, können Sie Ihre Forderung durch ein „Na!", ein „Hey!", ein Räuspern oder körpersprachlich unterstreichen, etwa indem Sie sich in die Richtung des Hundes beugen oder auf ihn zugehen. Die meisten Hundehalter entwickeln dabei im Laufe der Zeit ihre eigene Methode. Wenn Sie jedoch ständig die Kommandos wiederholen, auch noch gelangweilt oder nicht mit der erforderlichen Ausdrücklichkeit (vielleicht, weil gerade andere Leute anwesend sind), werden diese mit der Zeit bedeutungslos für den Hund, weil die Nichtbefolgung keinerlei Konsequenzen nach sich zieht. Geben Sie ein Kommando nur, wenn die Aussicht besteht, dass der Hund es ausführt. Beispiel: Einen Welpen aus einem wilden Spiel mit Artgenossen heran zu rufen, ist wegen der großen Ablenkung in der Regel wenig erfolgreich. Holen Sie den Hund dann lieber ab, machen Sie aber kein Fangspiel daraus. Es ist wichtig, dass Sie es nach der Ansage eines Kommandos nicht dem Hund überlassen, wann die Übung beendet ist. Lösen Sie Kommandos auf, sofern nicht ein anderes folgt. Dies können Sie tun, indem Sie Ihrem Hund z. B. das Hörzeichen „Lauf" geben und/oder als Sichtzeichen mit der Hand eine wegwischende Bewegung machen. Damit ist der Hund aus der Übung entlassen und hat nun Freizeit. Nachfolgend finden Sie einige Vorschläge, wie Sie die Grundkommandos mit Ihrem Hund einüben können, ggf. wird Ihr Hundetrainer andere Vorgehensweisen haben. Trainieren Sie die Übungen so oft, bis der Hund das Kommando mit der erwünschten Handlung verknüpft hat. Später wird weiterhin geübt, damit das Kommando möglichst schnell ausgeführt wird. Folgende Kommandos sollte der Hund lernen:

Hier!

Am besten gehen Sie dazu in die Hocke, das macht Sie für den Hund interessant. Rufen Sie dann freundlich das Kommando „Hier" und nehmen Sie dabei eine einladende Haltung ein, indem Sie die Arme ausbreiten. Loben Sie, wenn der Hund sich auf dem Weg zu Ihnen befindet, jedoch nicht in den Momenten, wenn er unterwegs stehen bleibt oder eigene Wege geht. Bei Ihnen angekommen wird er wieder gelobt und bekommt sofort eine Belohnung. Sie können die Übungen auch variieren, indem Sie sich beim Rufen vom Hund wegbewegen, wegrennen oder sich verstecken. Als Sichtzeichen können Sie den Hund mit der Hand zu sich heranwinken.

Schleppleine: Diese fünf oder zehn Meter lange Leine ermöglicht dem noch nicht zuverlässig gehorchenden Hund beim Spaziergang einen großen Bewegungsradius. Sie hilft auch, den Hund beim Einüben von Kommandos (z. B. „Hier") unter Kontrolle zu halten und bei Bedarf heranzuholen.

Schaut der Hund Sie an, haben Sie seine ganze Aufmerksamkeit. Das Hörsignal „Kuck mal" ist dabei sehr nützlich. Jetzt können Sie das Anschauen belohnen oder eine andere Anweisung geben.

Rufen Sie Ihren Hund zwischendurch mit „Hier", loben Sie ihn für sein Kommen und lassen Sie ihn dann wieder spielen. Würden Sie ihn nur rufen, um ihn z. B. anzuleinen, würde er das Kommando „Hier" damit verbinden, dass der Spaß nun zu Ende ist.

Sitz!

Nehmen Sie ein Leckerchen in die Hand. Fahren Sie damit vor den Augen des Hundes durch die Luft, direkt an seiner Nase vorbei und halten Sie es dann in die Höhe. Achten Sie dabei darauf, dass der Hund es immer im Blick behält. Die meisten Vierbeiner setzen sich dann automatisch hin, um den Blickkontakt nicht zu verlieren. In dem Moment, wo der Po des Hundes den Boden berührt, sagen Sie „Sitz!", loben und geben ihm das Leckerchen. Achten Sie darauf, dass der Hund sich seine Belohnung nicht abholt, indem er sich aufrichtet. Er sollte auch nicht sofort wieder aufstehen, sondern so lange sitzen bleiben, bis Sie das Kommando auflösen. Halten Sie die Dauer anfangs kurz. Im Rahmen von Prüfungen oder im Hundesport wird oft verlangt, dass der Hund parallel zum Menschen dicht an dessen linker Seite sitzt. Dies können Sie üben, indem Sie sich dicht an eine Wand, Mauer oder eine umgelegte Bank stellen. Der Hund hat dann nur die Möglichkeit, sich in die gewünschte Position zu setzen. Als Sichtzeichen für das Kommando „Sitz" kann der erhobene Zeigefinger gelten.

Sitz: Der erhobene Zeigefinger zeigt dem Hund, dass er sich hinsetzen soll.

Platz!

Üben Sie „Platz" am besten, wenn der Hund bereits sitzt. Halten Sie mit dem Daumen ein Leckerchen unter der Hand fest und führen Sie die Hand langsam vor der Nase des Hundes zum Boden. Ziehen Sie die Hand dann auf dem Boden vom Hund weg. Um an das Leckerchen zu gelangen, legen sich die meisten Hunde hin. Wenn der Brustkorb des Hundes den Boden berührt, ist der Zeitpunkt, um „Platz!" zu sagen, ihn zu loben und ihm das Leckerchen zu geben. Achten Sie darauf, dass er sich nicht schon wieder aufgerichtet hat, wenn er das Leckerchen bekommt.
Ein Tipp für Hunde, die sich nicht hinlegen: Knien Sie sich auf den Boden und winkeln Sie ein Bein so an, dass es eine „Brücke" bildet, unter der der Hund gerade noch durchkriechen kann. Führen Sie das Leckerchen vor dem Hund auf dem Boden unter der Brücke durch. Die meisten Vierbeiner robben über den Boden, um dem Leckerchen zu folgen. Legt der Hund sich dabei hin – genau dann „Platz!" sagen, das Leckerchen frei geben und loben. Als Sichtzeichen für das Kommando „Platz" kann die flache Hand gezeigt werden, deren Handfläche nach unten zeigt.

Platz: Die flache Hand ist für den Vierbeiner das Signal, sich hinzulegen.

Bleib: Die Hand mit der Innenfläche zum Hund signalisiert, dass er in seiner Position warten soll.

Bleib!

Dies ist für viele Hunde eine schwierige Übung, aus diesem Grund muss sie langsam aufgebaut werden. Wenn Ihr Hund die Kommandos „Sitz" oder „Platz" sicher beherrscht, lassen Sie ihn eines von beiden ausführen. Sagen Sie „Bleib!", bewegen Sie sich einen Schritt von ihm weg, gehen Sie wieder zu ihm und loben und belohnen Sie ihn, wenn er nicht aufgestanden ist. Bleibt der Hund zuverlässig an seinem Platz, können Sie den Schwierigkeitsgrad steigern, indem Sie sich immer einen Schritt weiter von ihm entfernen, so die Distanz und später auch die Dauer vergrößern. Laufen Sie dazu auch um den Hund herum, erst in kleinem und später in größerem Kreis. Bei einem fortgeschrittenen Hund können Sie sich auch hinter einem Baum, einer Mauer oder Hauswand verstecken und dann wieder zu ihm gehen. Der Hund lernt so, dass Sie ihn immer wieder abholen. Will der Hund Ihnen folgen, bringen Sie ihn kommentarlos zu seinem Platz zurück und wiederholen die Übung auf einfacherem Niveau. Als mögliches Sichtzeichen für „Bleib" zeigt die Hand mit der Innenfläche zum Hund. Gerade am Anfang können Sie es dauerhaft zeigen und den Hund so von sich „wegdrücken".

Körbchen!

Diese Übung ist im Grunde eine Abwandlung des Kommandos „Bleib". Der Übungsaufbau ist der gleiche, Sie verwenden nur ein anderes Kommando. Ziel ist es, dass Sie den Hund in sein Körbchen schicken können, wo er so lange liegen bleiben soll, bis Sie ihm erlauben wieder aufzustehen. Lassen Sie den Hund in seinem Körbchen abliegen. Als Kommando können Sie z. B. „Körbchen!", „Decke!" oder „Hundeplatz!" sagen. Liegt der Hund in seinem Körbchen, sagen Sie das Kommando, loben und belohnen ihn. Sie können das Kommando auch generalisieren, indem Sie eine Decke in das Körbchen legen und mit dieser Decke und dem Kommando an verschiedenen Orten trainieren.
So können Sie beispielsweise den Hund später mit dem Kommando im Restaurant auf der von zu Hause mitgebrachten Decke ablegen. Das Kommando „Decke" eignet sich auch dazu, dem Vierbeiner beizubringen, dass er sich z. B. auf dem Sofa oder dem Sessel nur auf die Stelle mit der Hundedecke legen darf. Als Sichtzeichen können Sie mit dem Finger auf das Körbchen beziehungsweise die Decke zeigen.

Fuß!

Dies ist eine Übung, die vom Hund viel Konzentration erfordert und es dauert lange, bis er zuverlässig an der gewünschten Position läuft. Aus diesem Grund ist es sinnvoll, vorher ein Kommando einzuführen, dass nicht das exakte Fuß-Laufen verlangt, sondern das Laufen an der lockeren Leine, z. B. „Seite", „Links" oder „Rechts". Beherrscht der Hund dieses Kommando, kann man später an den Feinheiten feilen, denn der Trainingsaufbau ist der gleiche.
Wenn der Hund auf der linken Seite laufen soll, nehmen Sie die Leine in die rechte Hand. Soll der Hund rechts laufen, nehmen Sie Leine in die linke Hand. Motivieren Sie Ihren Hund, Sie anzuschauen und zu Ihnen zu kommen. Geht er an der gewünschten Position neben Ihnen her, sagen Sie das Kommando, loben und belohnen ihn immer wieder (achten Sie darauf, dass er beim Kauen nicht stehen bleibt). Im fortgeschrittenen Training sollten Sie immer seltener mit Leckerchen, sondern nur mit Lob bestätigen.
Bleibt der Hund zurückt oder zerrt an der Leine, locken Sie ihn mit freundlichen Worten zu sich. Bewährt haben sich auch schnelle Richtungswechsel, wenn der Hund an der Leine zieht, um ihn wieder aufmerksamer zu machen. Schlagen Sie dazu unvorhersehbare Haken. Sie können auch stehen bleiben und erst dann wieder vorwärts gehen, wenn die Leine locker durchhängt und der Hund nicht mehr zieht. Dies ist aber nicht empfehlenswert, wenn Sie es eilig haben, denn das Vorankommen geht dann nur sehr langsam. Als Sichtzeichen für das Kommando „Fuß" können Sie sich mit der Hand auf den Oberschenkel klopfen, an dessen Seite der Hund laufen soll.

Steh!

Der Hund ist an der kurzen Leine und Sie bleiben stehen. Folgt der Hund Ihrem Beispiel, sagen Sie „Steh!", loben und belohnen ihn. Setzt er sich oder legt er sich hin, gehen Sie einfach weiter. Probieren Sie dies öfter aus, und wann immer der Hund stehen bleibt, gibt es die Bestätigung dafür.
Im Hundesport kann jedoch gefordert werden, dass der Hund sich automatisch hinsetzt, wenn der Halter steht. Dann ist es besser, sich mit dem Ausbilder zu besprechen, ob und gegebenenfalls wie das Kommando „Steh" trainiert werden soll.

Fuß: Der Hund wird dann gelobt, wenn er auf der gewünschten Position läuft.

Im Straßenverkehr

Wenn Sie in der Stadt oder in der Nähe einer Straße spazieren gehen, sollte Ihr Hund an der Leine geführt werden, damit er nicht in eine gefährliche Situation gerät. Trainieren Sie mit ihm, dass er vor der Überquerung einer Straße am Bordstein absitzt und erst auf Ihr Kommando losläuft.

So läuft ein gut erzogener Hund „**bei Fuß**": Die Leine hängt locker durch.

Nein: Die Belohnung wird erst freigegeben, wenn der Vierbeiner ruhig abwartet.

Nein!

Durch dieses Kommando lernt der Hund, eine Handlung zu unterlassen, etwas nicht zu nehmen oder erst dann zu nehmen, wenn Sie es erlauben. Einüben können Sie es z. B. mit einem Leckerchen. Legen Sie das Leckerchen auf den Boden. Will der Hund es sich holen, stellen Sie Ihren Fuß darüber und sagen „Nein!“. Wiederholen Sie das so lange, bis der Hund sich das Leckerchen nicht einfach versucht zu nehmen, sondern wartet. Nun können Sie es ihm geben oder ihm signalisieren, dass er es haben darf, z. B. durch ein aufmunterndes „Hol's Dir“.

Macht sich Ihr Hund hartnäckig über Unrat am Straßenrand her, ist es sinnvoll, ihn dabei zu erschrecken, indem Sie z. B. in die Hände klatschen und laut und eindringlich „Nein!“ rufen. Am effektivsten ist es natürlich beim ersten Mal, damit der Hund erst gar kein Erfolgserlebnis hat und keinen „leckeren“ Müll oder anderen Unrat frisst.

Aus!

Dieses Kommando ist wichtig (kann sogar lebensrettend sein), damit der Hund etwas aus dem Maul gibt, was er nicht haben darf. Am besten üben Sie dies zu Hause mit einem Tauschgeschäft. Knabbert Ihr Hund z. B. an einem Kauknochen, setzen Sie sich zu ihm und zeigen ihm einen anderen Kauknochen. Machen Sie diesen interessant, indem Sie mit ihm spielen oder ihn auf dem Boden hin und her bewegen. Sobald der Hund seinen Knochen loslässt, sagen Sie „Aus!“, loben ihn und geben ihm Ihren Knochen. Wiederholen Sie diese Übung mit anderen Tauschobjekten und bei anderen Gelegenheiten, indem Sie Spielzeug oder Futter gegen einen Kauknochen oder ein anderes begehrtes Objekt eintauschen. Übertreiben Sie es aber nicht mit der Häufigkeit des Tauschtrainings, denn der Hund soll ja schließlich auch in der Lage sein, sich einmal alleine mit etwas zu beschäftigen. Als Sichtzeichen für „Aus“ können Sie eine Hand zügig vor Ihrem Körper von links nach rechts bewegen.

Hat Ihr Hund eine tote Maus oder etwas für Menschen ähnlich unappetitliches gefunden, sollte man versuchen, seinen eventuell vorhandenen Ekel zu verbergen und ruhig zu bleiben. „Bewundern“ Sie Ihren Hund für die „tolle“ Sache, die er gefunden hat und bieten Sie ihm dann ein Tauschgeschäft an. Will man dem Hund den Gegenstand sofort oder hektisch wegnehmen, kann das zur Folge haben, dass er sich damit aus dem Staub macht oder versteckt und Sie keine Chance haben, zu verhindern, dass er ihn frisst.

Distanztraining für Fortgeschrittene

Haben Sie mit Ihrem Hund die Grundkommandos trainiert, können Sie als nächsten Schritt die Ausführung auf Distanz üben. Das ermöglicht es Ihnen, auch den von Ihnen entfernten Hund z. B. in ein „Sitz“ oder ein „Platz“ zu bringen. Hier ist der Einsatz der Schleppleine sinnvoll, damit der Hund sich nicht auf eigenen Wegen vergnügt. Für das Distanztraining vergrößern Sie den Abstand während des Übens immer mehr, geben das Kommando „Sitz!“ z. B. erst aus einem Schritt Entfernung, dann aus zwei Schritten Entfernung, fünf Schritten usw. Steht der Hund zwischendurch auf, gehen Sie flott auf ihn zu. Setzt oder legt er sich dann nicht hin, bringen Sie ihn ohne Kommentar in die gewünschte Position. Auch hier gilt: Verringern Sie das Niveau, wenn der Hund zwischendurch aufsteht und Ihnen folgt.

Das gehört zum guten Benehmen

Neben den Grundkommandos gibt es noch andere Dinge, die ein Hund lernen sollte, damit er gemeinsam mit Ihnen im Alltag unterwegs sein und von Ihnen sicher geführt werden kann.

Beim Spiel lernen die kleinen Raufbolde, wie fest sie zubeißen dürfen.

Beißhemmung

Ein Welpe muss erst lernen, wie fest er zubeißen darf, um seinem Menschen oder einem Artgenossen im Spiel oder bei einer Abwehrreaktion keine Schmerzen zuzufügen – das bezeichnet man als Beißhemmung. Beim Gerangel mit seinen Geschwistern wird die Beißhemmung spielerisch geübt. Der Welpe lernt, wie schmerzhaft Bisse sein können und im Gegenzug, dass seine Geschwister vor Schmerz aufheulen und das Spiel abbrechen oder sich wehren, wenn sich seine spitzen Zähnchen zu fest in ihr Fell bohren. Auch die erwachsenen Artgenossen werden den Kleinen korrigieren, wenn er zu fest zubeißt. Durch den Besuch einer Welpenschule und ausreichend Kontakt mit Artgenossen stellen Sie sicher, dass er diese wichtigen Erfahrungen auch weiterhin machen kann. Im Spiel mit Ihnen müssen Sie dem Kleinen die Grenzen setzen. Bei den meisten Welpen reicht es aus, einen kurzen Schmerzensschrei auszustoßen und das Spiel abzubrechen, wenn er zubeißt, andere muss man mit einem „Nein" oder sogar mit dem Schnauzgriff korrigieren.

Alleine bleiben

Bis zu dem Zeitpunkt, an dem ein Welpe bei Ihnen einzieht, war er noch nie allein (sofern er bei einem guten Züchter aufgewachsen ist). Zumindest seine Mutter und seine Geschwister leisteten ihm immer Gesellschaft. Auch viele erwachsene Hunde tun sich mit dem Alleinsein schwer, da sie es schlicht und einfach nicht gelernt haben. In beiden Fällen müssen Sie es behutsam trainieren, damit der Vierbeiner auch eine gewisse Zeit lang (siehe Seite 54) ohne seine Menschen entspannt zu Hause verbringen kann. Beginnen Sie in kleinen Schritten, indem Sie einfach immer wieder einmal die Tür hinter sich schließen, wenn Sie in einen anderen Raum gehen. So „klebt" der Hund nicht die ganze Zeit an Ihrem Bein und wird es bald als ganz normal empfinden, kurze Zeit alleine zu sein, denn Sie sind ja immer noch im Haus. Verlassen Sie den Hund, ohne sich von ihm zu verabschieden und gehen Sie einfach hinaus. Verfahren Sie beim Zurückkommen genauso: keine Begrüßung, den Hund nicht anschauen, sondern einfach Ihrer

Rechts: Hunde müssen erst lernen, alleine zu bleiben und sich dabei ruhig und gelassen zu verhalten.

Lebensfreude pur – so viel Spaß gibt es nur ohne Leine.

Kommen auf Pfiff

Viele Hundehalter nutzen eine Pfeife (gut geeignet sind Büffelhornpfeifen aus dem Zoofachhandel), um Ihrem Hund Signale zu vermitteln. Ein Pfiff ist ein weit reichendes, eindeutiges Signal, das frei von jeder Emotion ist. Es vermittelt dem Hund nur das, was es soll: das Signal zu kommen. Pfeifen bietet sich besonders als zusätzliches Hörzeichen für das Kommando „Hier“ an und wird genau so erarbeitet wie das verbale Hörzeichen. Natürlich können Sie Ihrem Hund auch alle anderen Kommandos mit der Pfeife vermitteln, wie „Sitz“ und „Platz“. Sie müssen dazu nur die Tonfolge verändern oder eine Pfeife verwenden, die unterschiedliche Töne hervorbringen kann, z. B. eine Doppelpfeife.

Beschäftigung nachgehen. Betreten Sie das Zimmer nicht, wenn der Hund bellt oder jault, sondern erst dann, wenn er wieder ruhig ist. Klappt das gut, können Sie die Zeiten Ihrer Abwesenheit immer weiter ausdehnen. Dem Hund fällt das Alleinebleiben in der Regel leichter, wenn er nach einem ausgedehnten Spaziergang müde ist, gerade gefressen hat oder sich mit einem Kauknochen beschäftigt. Schwieriger in den Griff zu bekommen ist allerdings echte Trennungsangst (siehe Seite 149).

Freilauf

Freilauf ist wichtig für unsere Vierbeiner und sollte täglich gewährt werden. Er ist aber nur möglich, wenn der Hund zuverlässig abrufbar und sozialverträglich mit Artgenossen ist und sich in einem Radius aufhält, den Sie noch überschauen können, ideal sind dabei 10 bis 30 Meter.

Es sollte selbstverständlich sein, dass Sie den freilaufenden Hund zu sich heranrufen und neben sich absitzen lassen, wenn Ihnen Spaziergänger, Jogger, Radfahrer, Skater usw. begegnen. Kommt Ihnen ein Hund entgegen, sollten Sie sich vorher mit dessen Halter abstimmen, ob eine Kontaktaufnahme der Hunde erwünscht und möglich ist (siehe Seite 108). Wenn Sie und Ihr Hund im Training noch nicht so fortgeschritten sind, ist es besser, Sie üben das Freilaufen mit der Schleppleine (siehe Seite 130), bis das Abrufen zuverlässig funktioniert.

Neutrales Verhalten

Wenn Sie auf der Straße einen Bekannten treffen und sich unterhalten, sollte Ihr Hund nicht an der Leine zappeln oder quengeln. Er soll sich neutral verhalten und ruhig abwarten, bis Sie weitergehen. Um sich Ihrer Unterhaltung widmen zu können und nicht die ganze Zeit mit der Korrektur eines möglicherweise quengelnden Hundes beschäftigt zu sein, gibt es einen einfachen Trick: Stellen Sie sich auf die Leine und geben Sie dem Hund so viel Freiraum, dass er noch stehen und sich hinlegen kann. So muss er sich in einem gewissen Radius aufhalten und kann nicht eigener Wege gehen. Sie haben die Hände frei und können es ignorieren, wenn der Hund ungeduldig wird. Mit der Zeit wird es zum perfekten Ruhesignal für den Hund, wenn Sie sich auf die Leine stellen.

Wo bist du?

Ziel beim Spaziergang soll es sein, dass Sie beide zusammen etwas unternehmen und es nicht den Anschein hat, als würden Sie nur zufällig dieselbe Strecke laufen und jeder dabei seine eigenen Interessen verfolgen. Dazu müssen Sie sich für Ihren Hund interessant machen (siehe Seite 115). Ein Zeichen dafür, dass Ihr Hund Sie spannend findet und es ihm wichtig ist, dass Sie in der Nähe sind, ist die Aufnahme des Blickkontakts. Der Hund muss schauen, dass er nicht den Anschluss verliert, nicht umgekehrt. Aus diesem Grund sollten Sie Ihren Hund loben oder ihn durch ein freundliches Lächeln oder Nicken bestätigen, wenn er nach Ihnen schaut: anfangs jedes Mal, später nur noch unregelmäßig, aber immer wieder einmal.

Alternativ können Sie natürlich auch von Ihrem Hund verlangen, dass er sich hinsetzt oder hinlegt. Dann müssen Sie ihn jedoch korrigieren, wenn er aufsteht.

Gewöhnung an die Box

Zur Gewöhnung sollten Sie die gemütlich mit Decken ausgepolsterte Box anfangs einfach offen im Zimmer stehen lassen. Legen Sie immer wieder einmal Spielzeuge, Leckerchen oder Kauartikel in die Box und locken Sie den Hund hinein. Hält er sich in der Box auf, sollten Sie ihn loben – die Tür aber noch offen lassen. Sie können den Vierbeiner auch animieren in die Box zu gehen, indem Sie ihn darin füttern oder nur dort Kauartikel anbieten. Geht er gerne in die Box und legt sich vielleicht zu einem Schläfchen dort nieder, können Sie die Tür kurz schließen und dann wieder öffnen. Toleriert der Hund das, können Sie die Dauer erhöhen. Gut geht das nach einem Spiel oder Spaziergang, wenn der Hund sowieso müde ist. Quengelt er, weil er hinaus möchte, sollten Sie mit dem Öffnen der Tür abwarten, bis er sich beruhigt hat. Mitunter ist es schwierig zu unterscheiden, ob ein Welpe einfach nur raus möchte oder jammert, weil er sich lösen muss. Deswegen ist es hilfreich, wenn Sie noch einmal mit dem Welpen nach draußen gehen, bevor er in die Box soll. Auf keinen Fall dürfen Sie die Box als Strafmaßnahme einsetzen: Dann wird der Hund sich darin niemals wohl fühlen. Je nach Vorgeschichte beim Vorbesitzer des Hundes werden Sie ihn vielleicht auch gar nicht dazu bewegen können in die Box zu gehen – vielleicht kann dann ein Hundetrainer helfen.

Körperpflege

Ob es darum geht, Ihren Hund zu bürsten, ihm eine Zecke zu ziehen oder ihn vom Tierarzt untersuchen zu lassen: Es wird zahlreiche Situationen geben, die es nötig machen, dass Sie Ihren Vierbeiner an allen Körperstellen anfassen können und er dies vertrauensvoll zulässt. Üben Sie dies mit Ihrem Hund, indem Sie damit anfangen, ihn beim Schmusen an allen Körperstellen zu bekrabbeln, die meisten Hunde empfinden dies als sehr angenehm. Schauen Sie sich auch seine Zähne an, indem Sie die Lefzen hochziehen – alles mit einer gelassenen Selbstverständlichkeit und immer wieder mit einem leise ausgesprochenen „Fein gemacht“. Legen Sie Ihren kleinen Hund auf den Schoß oder einen größeren auf den Boden, fahren Sie durch das Fell, heben Sie seine Pfoten, den Schwanz und die Ohren an und schauen Sie sich diese genauer an. Drehen Sie ihn auch auf den Rücken, und untersuchen Sie den Bauch und den Rest des Körpers. Im fortgeschrittenen Training können Sie ihn „Sitz“, „Steh“ oder „Platz“ machen lassen und ihn dann untersuchen. Bitten Sie auch andere Familienmitglieder und Besucher mit Hundeerfahrung, einige Elemente des Untersuchungsprogramms durchzuführen. So gewöhnt sich der Vierbeiner daran, von anderen Personen in dieser Weise berührt zu werden. Nach der Prozedur gibt es natürlich Lob und Belohnung.

Das Bürsten sollten Sie mit einer weichen Bürste einüben, indem Sie ganz sanft über einige Körperstellen fahren und später die Bereiche und die Dauer immer weiter ausdehnen und loben, loben, loben.

Bei widerspenstigen Hunden müssen Sie für das Körperpflegetraining ggf. auch leichten Zwang ausüben. Holen Sie sich andere Familienmitglieder zu Hilfe, wenn die Gefahr besteht, dass der Hund beißt, und ziehen Sie ihm einen Maulkorb über (den er bereits unabhängig von dieser Situation kennengelernt hat). Der Hund muss unbedingt lernen, dass er sich der Situation nicht entziehen kann, indem er rumhampelt oder sich wehrt. Hat er einmal damit Erfolg gehabt, wird er sich später immer unkooperativer zeigen. Es ist wichtig, dass Sie den Hund an allen Körperstellen anfassen können – beim Tierarzt muss das auch funktionieren. Führen Sie die Pflegemaßnahmen nicht unter Zeitdruck durch, und gehen Sie zuversichtlich und beherzt daran, auch wenn es dem Hund unangenehm ist. Er soll lernen, dass Sie ihm nicht wehtun.

Dank behutsamer Gewöhnung können Mensch und Hund die Körperpflege genießen.

Trainingserfolg: Übungen zu dritt fordern Hund und Mensch viel Vertrauen und Konzentration ab.

Clicker

Der Clicker (ein Knackfrosch) ist ein sehr beliebtes Mittel der positiven Verstärkung in der Hundeerziehung (siehe Seite 118). Damit kann man das Verhalten des Hundes formen und ihn Schritt für Schritt dazu anleiten, auch komplexe Aufgaben zu erfüllen. Ob Sie Ihrem Hund „Sitz" oder „Platz" oder das Betätigen des Lichtschalters beibringen, Agility üben oder ihn zum Rettungshund oder zur Fährtensuche ausbilden möchten – der Clicker kann Sie dabei unterstützen. Das Knacken des Clickers bedeutet nichts anderes als „Prima gemacht!". Es sagt dem Hund, dass er das richtige Verhalten zeigt. Damit der Hund diese Bedeutung des Knackens versteht, muss er erst auf das Geräusch konditioniert werden. Dazu klickt man und gibt dem Hund zeitgleich ein Leckerchen. Nach etlichen Wiederholungen, an verschiedenen Orten und unterschiedlichen Situationen, bedeutet der „Klick" für den Vierbeiner die Bestätigung des von ihm gezeigten Handelns.

Sie wollen mit Ihrem Hund den Blickkontakt üben: Klicken Sie, wenn der Hund Sie anschaut und verbinden Sie das mit einem entsprechenden Signal. Bei der „Sitz"-Übung klicken Sie, wenn der Hund korrekt sitzt – klicken Sie immer dann, wenn der Hund ein erwünschtes Verhalten zeigt und verbinden Sie das mit dem passenden Signal. Beim Einüben von neuen Kommandos gibt es nach dem Klick immer ein Leckerchen. Im fortgeschrittenen Training ist es manchmal erwünscht, wenn einige Sekunden zwischen dem Klicken und der Leckerchengabe verstreichen. Der Click hat dem Hund das Versprechen gegeben, dass noch ein leckerer Happen folgt (wenn auch erst am Ende einer Handlungsabfolge) und das gewünschte Verhalten zum richtigen Zeitpunkt bestätigt. Viele Hundetrainer bieten spezielle Clicker-Kurse an oder setzen den Knackfrosch als Element in der Hundeerziehung an.

Zwei Hunde erziehen

Die Erziehung von zwei Hunden ist eine große Herausforderung für den Halter. Deswegen ist es sinnvoll, wenn der vorhandene Hund bereits den Grundgehorsam beherrscht, bevor ein zweiter dazu kommt. Um zu jedem Hund eine Beziehung aufzubauen bzw. zu erhalten, ist es notwendig, dass Sie sich mit jedem einzeln beschäftigen, spazieren gehen und trainieren. Das Erlernte muss vertieft werden, indem Sie sich gleichzeitig mit beiden Hunden beschäftigen und üben, das Duo im Alltag sicher zu führen. Um Kommandos an die richtige Adresse zu richten, sollten Sie diese mit dem Namen einleiten, z. B. „Paul – Sitz!", wenn nur Paul sich setzen soll. Sollen beide Hunde ein Kommando ausführen, können Sie z. B. „Hunde – Sitz!" sagen. So weiß jeder Hund, was er zu tun hat. Üben Sie auch, einen Hund abzurufen, während der andere sitzen bleiben muss, Leckerchen vor die Hunde zu legen, und nur ein Hund darf es mit Erlaubnis nehmen, z. B. „Paul – hol's Dir". Es gibt viele Möglichkeiten, das Training so zu variieren, dass Sie zwei Hunde fordern können. Gleichzeitiges Training ist für die Hunde anstrengend und lastet sie sehr gut aus.

Hundeschule gesucht

Besonders Menschen, die das erste Mal einen Hund halten, auf eine andere Rasse oder einen anderen Hundetyp umsteigen, einen Welpen, einen Hund mit unbekannter Vorgeschichte oder einen schwierigen Vierbeiner bei sich aufnehmen wollen, profitieren sehr von der Unterstützung eines erfahrenen Trainers. Erziehungsfehler schleichen sich so erst gar nicht ein oder können bereits in den Ansätzen korrigiert werden. Doch auch für Menschen, die seit Jahrzehnten Hunde halten oder glauben, alles über Hunde zu wissen, sind das Feedback und die Anleitung des Trainers eine Bereicherung. Der Umgang mit dem Tier wird dann aus einem anderen Blickwinkel betrachtet und neu bewertet. Zudem macht es Spaß, gemeinsam mit dem Hund zu arbeiten und die Freude an Erfolgserlebnissen zu teilen.

Es ist aber gar nicht so einfach, einen kompetenten Trainer zu finden. In den letzten Jahren gibt es einen regelrechten Hundeschulenboom. Mit einem Gewerbeschein in der Tasche kann jeder eine Hundeschule eröffnen, auch gänzlich ohne Ausbildung. Was uns in Deutschland fehlt, ist eine staatlich anerkannte Ausbildung zum Hundetrainer. Doch es gibt Bestrebungen, dies zu ändern. Der Hundehalter sieht sich mit einem riesigen Angebot von Trainern und Hundeschulen konfrontiert, die für sich in Anspruch nehmen, die einzig richtige Hundeausbildungsmethode zu praktizieren. Die Gründe klingen plausibel und eventuelle Schwächen in der Argumentation sind für den Laien kaum durchschaubar.

Doch wie im richtigen Leben gibt es in der Hundeerziehung nicht nur Schwarz und Weiß, sondern viele feine Differenzierungen dazwischen. Ein kompetenter Hundetrainer wird versuchen, ein individuelles Trainingsprogramm für Sie und Ihren Hund zusammenzustellen und nicht stur nach einer Methode verfahren. Aus diesem Grund sollte er die Fortschritte des Trainings im Auge behalten, regelmäßig überprüfen und eine andere Methode anwenden, wenn sich der gewünschte Erfolg nicht einstellt.

Wichtig für den Lernerfolg ist, dass Sie und Ihr Hund sich in der Hundeschule und mit dem Trainer wohl fühlen und den Eindruck haben, dass Ihre Ziele oder Probleme ernst genommen werden. Nur wenn Sie dem Trainer vertrauen, können und werden Sie seiner Anleitung folgen.

Ein kompetenter Hundetrainer

- kann eine vielseitige Ausbildung vorweisen, indem er seit Jahren regelmäßig Seminare, Workshops und Vorträge verschiedenster Hundeausbilder, Verhaltensforscher und Biologen besucht,
- hat bei verschiedenen Hundeausbildern hospitiert,
- bildet sich regelmäßig fort und bleibt so auf dem aktuellen Wissensstand,
- unterzieht seine Arbeit regelmäßig Qualitätskontrollen durch erfahrene Kollegen,
- arbeitet nicht nur auf dem Hundeplatz, sondern besucht mit seinen Kunden Orte des Alltags, z. B. Fußgängerzonen, Spaziergänge auf dem Land oder das Wohnumfeld,
- stellt passende Hundegruppen zusammen, indem er die Hunde vorher kennenlernt,
- empfiehlt Kunden, bei Problemen vorher ein Training in Einzelstunden zu absolvieren,
- lernt die Hunde, die er in Einzelstunden betreut, in ihrem zu Hause kennen,
- leitet seine Kunden an, die Hunde auszubilden, statt dies für sie zu übernehmen,
- bietet den Kunden an, eine Schnupperstunde zu besuchen (die ggf. kostenpflichtig ist), bevor ein Stundenpaket gebucht wird,
- erklärt den Kunden nachvollziehbar seine Ausbildungsphilosophie und die Ziele seines Trainings,
- setzt realistische Ziele und reflektiert regelmäßig die Fortschritte,
- bietet Ausbildungsmöglichkeiten an, die der Hundehalter auch umsetzen kann,
- kann Sachverhalte anschaulich erklären,
- ist bemüht, seine Kunden für die gemeinsame Arbeit zu motivieren, und arbeitet kooperativ mit Ihnen zusammen, statt Ihnen nur Schuld am unerwünschten Verhalten des Hundes zuzuweisen,
- betrachtet jedes Mensch-Hund-Team individuell und bietet maßgeschneiderte Lösungen an,
- weigert sich, Wünsche des Hundehalters umzusetzen, die zu Lasten des Hundes gehen,
- gibt seinen Kunden viele Anregungen, wie sie ihre Hunde sinnvoll und entsprechend ihrer Veranlagung beschäftigen können,
- steht seinen Kunden auch außerhalb der Trainingszeiten für Fragen zur Verfügung,
- verweist Kunden bei speziellen Problemen an Kollegen weiter,
- akzeptiert auch andere Kollegen und hält sich und seine Methode nicht für das einzig Wahre,
- bespricht und berät sich ggf. mit Kollegen,
- liebt Hunde und geht seiner Arbeit mit Freude nach.

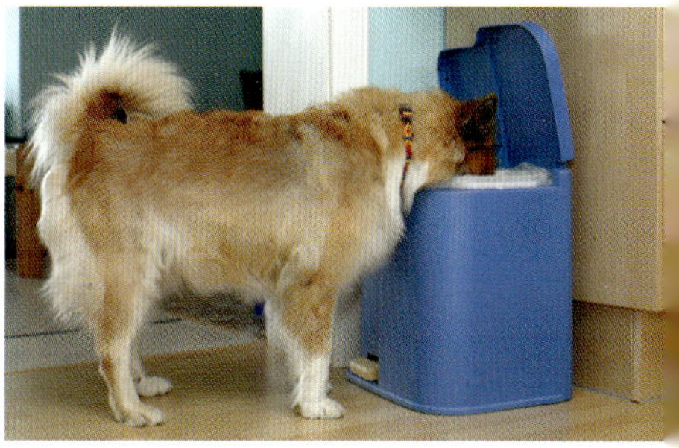

Hilfe bei Problemen

Ob das Verhalten eines Hundes ein Problem ist, hängt häufig von der Sichtweise der Menschen im Umfeld des Vierbeiners ab. Um Hund und Mensch zufriedenzustellen, muss man der Ursache des Problems auf den Grund gehen und eine Lösung finden, die beiden gerecht wird.

Was ist denn ein Problem?

Probleme mit dem Hund zeigen, dass etwas in der Beziehung zwischen Zwei- und Vierbeiner nicht stimmt. Oft sind nur kleine Änderungen notwendig, damit das Zusammenleben von Mensch und Hund wieder harmonisch verläuft.

Oben: Der Mensch sollte das souveräne Oberhaupt der gemischten Gemeinschaft sein.

Manchmal muss der Halter jedoch viel Engagement und Zeit dafür aufwenden. Welches Problem auch immer vorliegt, nutzen Sie es als Chance, die Beziehung zu Ihrem Hund zu verbessern und seinen Bedürfnissen gerecht zu werden.

Als Problem wird häufig ganz normales Hundeverhalten bezeichnet, das nicht zur Lebensweise des Halters passt oder nicht in die gewünschten Bahnen gelenkt wird. Ob das Verhalten eines Hundes tatsächlich problematisch ist, hängt in vielen Fällen von der Betrachtungsweise ab. Zum Problem wird ein Verhalten oft dann, wenn es den Alltag für den Halter erheblich erschwert oder sogar unerträglich macht, z. B. Unsauberkeit, ständiges Bellen in einer Mietwohnung oder ängstliches oder übermäßig aggressives Verhalten.

Zeigt der Hund unerwünschtes Verhalten, wird er schnell in die Schublade „Problemhund" gesteckt. Leider bleibt dabei oft das Wohlbefinden des Hundes außer Acht, denn gerade die Nichterfüllung elementarer Bedürfnisse ist häufig Auslöser für das als problematisch betrachtete Verhalten. Fürsorge heißt nicht nur, dem Hund alles zu bieten, was er für seine körperliche Gesunderhaltung benötigt, sondern auch für sein geistiges Wohlergehen zu sorgen.

Problemanalyse

Zeigt ein Hund unerwünschtes Verhalten, z. B. indem er auf Ruf nicht zuverlässig zurückkommt, ist die erste Maßnahme eine Situationsanalyse. In welchen Situationen und wo zeigt er dieses Verhalten? Sind bestimmte Menschen, Hunde, Tiere oder Gegenstände Auslöser des Verhaltens oder verschärfen diese eine Situation (Strichlisten können bei der Analyse helfen)? Welchen Einfluss hat der Halter generell und in bestimmten Situationen auf seinen Hund? Stimmt die Basis zwischen Mensch und Hund: Ist die Beziehung geprägt von Vertrauen und Respekt? Kann der Mensch seinem Hund Sicherheit geben? Wie sieht es mit der Grunderziehung des Hundes aus? Werden die Bedürfnisse des Hundes erfüllt? Wie sieht es mit seinem emotionalem Befinden in diesem Moment aus? Wie wird der Hund grundsätzlich eingeschätzt, z. B. unsicher, ängstlich, leicht erregbar oder draufgängerisch? Ist er ausreichend ausgelastet oder im Gegenteil überfordert?

Beziehen Sie in diese Überlegungen die gesamte Zeit ein, die Sie mit dem Hund leben, ggf. auch die Informationen des Vorbesitzers.

Damit es erst gar nicht so weit kommt …

Der Grundstein für das in den Augen des Menschen problematische Verhalten liegt oft schon in der Auswahl des Hundes, der nicht zum Menschen oder den Lebensumständen passt, z. B. wenn sich jemand, der mitten in der Stadt lebt, einen passionierten Jagdhund hält. Rassetypische Veranlagungen, z. B. Jagdverhalten, gelten oft als Problem, obwohl die betreffenden Hunde früher dafür gezüchtet wurden – sich also genau so verhalten, wie einst von Ihnen erwartet.
Eine umfassende Sozialisation des Hundes beugt vielen Problemen vor, genauso wie ausreichende körperliche und geistige Auslastung und häufiger Kontakt mit zwei- und vierbeinigen Sozialpartnern. Dies geht einher mit der Position des Hundes in seiner Familie und seiner Beziehung zum Mensch: Er muss eine von Vertrauen geprägte Beziehung zum Menschen haben und wissen, welche Position und Rolle er in der Gemeinschaft einnimmt. Dies ist nur möglich, wenn man gelernt hat, mit dem Hund zu kommunizieren und ihm vermitteln kann, was erlaubt und erwünscht ist und was nicht – und dies auch konsequent umsetzt.

Hilfe vom Profi

Oft reichen schon kleine Regeländerungen aus, damit das gemeinsame Leben von Mensch und Hund wieder harmonisch verläuft. Bei leichten Problemen können Sie versuchen, diese selbst in den Griff zu bekommen, indem Sie sich über Fachliteratur und den Besuch von Seminaren das nötige Fachwissen aneignen.
Einfacher, schneller und effektiver ist es aber, wenn Sie sich Hilfe von einem professionellen, gut ausgebildeten Hundetrainer holen. Dies gilt vor allem, wenn Probleme mit der Aggressivität des Hundes vorliegen. Der Trainer sollte Ihnen in Einzelstunden und dort, wo das Problem auftritt (meist im heimischen Umfeld), Anleitung, Feedback und Sicherheit geben, damit Sie und Ihr Hund ein für beide Seiten zufriedenstellendes und ausgefülltes Leben führen können. Der Trainer wird Ihnen die Arbeit nicht abnehmen, denn ohne das ausdauernde Engagement des Halters und das konsequente Umsetzen im Alltag auch ohne Beisein des Fachmanns kann kein Training erfolgreich sein.

Probleme als Herausforderung

Unerwartetes oder für den Halter problematisches Verhalten ist ein Anlass, um die Beziehung zum Hund und das gemeinsame Leben neu zu überdenken. Im Zusammensein schleichen sich mit der Zeit häufig Nachlässigkeiten und Inkonsequenzen des Menschen ein, die zu Missverständnissen führen und allen Beteiligten das Leben schwer machen. Auch wenn man vorher vielleicht schon drei Hunde hatte und deren Haltung ohne besondere Vorkommnisse verlief, kann der vierte (auch wenn er gleicher Rasse und gleichen Geschlechts ist) seine Menschen vor ganz neue Herausforderungen stellen. Denn seine Bedürfnisse, seine Persönlichkeit und sein Temperament können ganz anders als die seiner Vorgänger sein, hinzu kommen evtl. noch andere Aufzuchtbedingungen und andere Erfahrungen. Dies gilt besonders bei Hunden aus zweiter Hand. Wenn es Ihnen auch so geht, sollten Sie die Probleme als Chance sehen, für und mit Ihrem Hund zu lernen und Ihr Wissen und Ihren Erfahrungsschatz zu erweitern. Aus eigener Erfahrung kann ich bestätigen, dass ich am meisten von dem Hund profitiert habe, der anfangs am schwierigsten schien – und mit jedem neuen Vierbeiner lerne ich wieder dazu. Geholfen hat mir dabei die Begleitung einer wirklich guten Hundetrainerin, die mich für das Verhalten meines Hundes sensibilisiert, mein Verhalten immer kritisch und ehrlich reflektiert hat und mir umsetzbare Lösungsmöglichkeiten gezeigt hat.

Steine zu tragen oder zu kauen ist gefährlich und muss unterbunden werden.

Wenden Sie sich ab, wenn Sie ein Hund anspringt. Hartnäckige Hunde können Sie mit dem Knie wegstoßen.

Wichtig bei Aggression

Wichtig: In allen Fällen, in denen der Hund unangemessene Aggression zeigt, sollten Sie sich schnellstmöglich an einen speziell ausgebildeten, erfahrenen Hundetrainer wenden, der gemeinsam mit Ihnen an einer Verhaltenskorrektur arbeitet. Dies ist eine konzentrierte Arbeit, die nicht im Gruppenunterricht stattfinden sollte. Im Gruppenunterricht würde das Arbeiten mit einem Problemhund so viel Zeit in Anspruch nehmen, dass die anderen Teilnehmer viel zu kurz kommen würden und der Trainer dem betroffenen Hund trotzdem nicht genug Zeit widmen könnte.
Vielleicht passen Mensch und Hund auch einfach nicht zusammen und finden selbst mit viel Mühe nicht zueinander. Dann sollte der Trainer rechtzeitig zur Abgabe des Hundes raten – denn die Sicherheit des Menschen hat Vorrang. Der Hund hat so die Chance auf einen Neuanfang bei einem anderen Halter, der besser zu ihm passt.

Aggression an der Leine kann viele Ursachen haben, von Unsicherheit bis zur Selbstüberschätzung.

Allheilmittel Kastration?

Ohne engagiertes Verhaltenstraining läuft bei einer Verhaltenskorrektur gar nichts. Nimmt man aus diesem Grund eine Kastration (siehe Seite 258) vor, muss das Training begleitend stattfinden. Eine Kastration macht keinen Hund gehorsam und nimmt ihm nicht automatisch die Aggressivität!

Durch diesen Eingriff wird mancher Hund ruhiger und gelassener, was seine Erziehung eventuell einfacher macht. Es besteht aber auch die Möglichkeit, dass das Tier aktiver oder aggressiver wird und seinen Menschen noch mehr fordert.

Eine Kastration ist ein großer Eingriff in das Hormonsystem und die Folgen lassen sich oft nur schwer kalkulieren. Beim Rüden kann nur eine durch Testosteron verursachte Verhaltensauffälligkeit durch eine Kastration korrigiert werden, z. B. bei einem eindeutig sexuell überaktiven Hundemann.

Verhält sich ein Rüde auffallend aggressiv im Umgang mit seinen Geschlechtsgenossen, kann sich sein Verhalten nach einer Kastration verbessern – muss aber nicht. Ist der Hundemann schon etwas älter, kann sein Verhalten gegenüber anderen Rüden bereits angewöhnt (erlernt) sein. Ängstliche Rüden können durch das Fehlen der männlichen Hormone noch unsicherer und daraus folgend sogar angstaggressiv werden.

Übermäßige Aggression bei Hündinnen ist häufig durch Kastration nicht positiv beeinflussbar. Unsichere Hündinnen können mitunter an Sicherheit gewinnen. Lediglich die hormonell gesteigerte Aggression rund um die Läufigkeit verschwindet meist – da ja auch keine Läufigkeit mehr vorhanden ist. Dies kann relevant sein, wenn man mehrere Hündinnen hält und es aus diesem Grund immer wieder zu schweren Auseinandersetzungen kommt.

Vor der Entscheidung für oder gegen eine Kastration sollte immer die Bewertung den individuellen Falles stehen, am besten im Team mit einem guten Hundetrainer und einem Tierarzt.

Das Verhalten nach einer Kastration ist nicht vorhersagbar.

Natürliche Hilfsmittel

Viele Hundehalter haben die Erfahrung gemacht, dass die Gabe von Bachblüten sich positiv auf Hunde mit Verhaltensproblemen auswirkt und das Training dadurch effektiver wird. Die passenden Bachblüten werden individuell für den Hund und das Problem ausgewählt.

Hilfreich als begleitende Maßnahme in der Verhaltenstherapie haben sich auch Mittel mit synthetischen Pheromonen (siehe Seite 42) erwiesen, die den Hund in stressigen, verunsichernden und Angst auslösenden Situationen beruhigen. Diese Präparate empfinden die Beruhigungs-Pheromone nach, die die Mutterhündin produziert. Angewendet werden diese über den Tierarzt erhältlichen Mittel, indem man sie z.B. auf ein Halstuch sprüht, das man dem Hund umlegt oder über einen Raumzerstäuber.

Auch bestimmte Massagetechniken können dem gestressten Hund helfen, sich zu entspannen.

Fragen Sie Ihren Trainer oder Tierarzt, welche Erfahrungen sie mit diesen eine Therapie begleitenden Maßnahmen gemacht haben und ob sie entsprechend ausgebildete Tierärzte, Therapeuten oder Heilpraktiker kennen.

Häufige Probleme, mögliche Lösungen

Nachfolgend werden einige Probleme beschrieben, die häufig im Alltag vorkommen. Die aufgeführten Lösungsansätze sind nur Vorschläge und Möglichkeiten. Es gibt kein Patentrezept, wie bei unerwünschtem Verhalten reagiert werden sollte!

Bieten Sie kleinen Dieben gar keine Gelegenheit zur Selbstbedienung.

Was kann man tun?

Welche Maßnahme angebracht ist, hängt immer von Hund, Mensch und der Situation ab. Grundsätzlich sollten Sie bei auftretenden Problemen immer einen guten Hundetrainer hinzuziehen.

Aggression

Aggression ist nicht nur das Beschädigen (Verletzen) des Kontrahenten, sondern auch im Rahmen der aggressiven Kommunikation das Androhen (Drohverhalten, z. B. Knurren und Hochziehen der Lefzen). Sie gehört zum normalen biologischen Verhalten des Hundes, kann in verschiedenen Situationen gezeigt werden und ist situationsabhängig. So verhalten sich Elterntiere aggressiv, die ihren Nachwuchs verteidigen. Aggression dient dem Selbstschutz, z. B. wenn ein Hund sich in die Enge getrieben fühlt und wird zur Sicherung von Ressourcen (z. B. Futter, Möglichkeit der Fortpflanzung) eingesetzt. Drohsignale dienen der Einschätzung der Kampf- und Durchsetzungsbereitschaft: Der Kontrahent kann dann abwägen, ob er aufgibt oder sich auf einen Kampf einlässt. Sie bieten also auch die Chance, die Angelegenheit zu klären, ohne verletzt zu werden.

Vom Hund gezeigte Aggression bereitet dann Probleme, wenn sie nicht situationsgerecht gezeigt wird oder nicht kontrollierbar ist (nachfolgend als unangemessene Aggression bezeichnet). Das kann viele Ursachen haben, z. B.:

- mangelnde oder falsche Aufzuchtbedingungen und Sozialisation,
- gezielte Zucht durch Selektion der Elterntiere auf niedrige Reizschwelle und/oder geringes Schmerzempfinden,
- Schmerzen: Der Hund hält Personen oder Tiere auf Abstand, von denen er aufgrund bisher gemachter Erfahrungen das Zufügen von Schmerzen erwartet,
- Erkrankungen können zu Verhaltensveränderungen führen (siehe Kasten rechts oben),
- Haltungsbedingungen, z. B. isolierte Haltung, Reizüberflutung, Unterforderung,
- ungeklärte Rollenverteilung in der Mensch-Hund-Gemeinschaft,
- fehlende Sicherheit und Orientierung durch den Menschen,
- erlernte Aggression: Aggressives Verhalten wird gefördert – absichtlich oder unabsichtlich. Oft zu beobachten bei Wach- und Schutzhunden oder Hunden von Haltern, die stolz darauf sind, dass ihr Hund ein „ganzer Kerl“ ist und keiner Rauferei aus dem Weg geht.

Die Arbeit mit einem Hund, der unangemessene Aggression gegenüber Menschen oder Artgenossen zeigt, sollte immer mit einem Trainer durchgeführt werden. Dieser sollte sich speziell für den Umgang und das Training mit aggressiven Hunden fortgebildet haben. Selbstversuche ohne Anleitung oder mit unerfahrenen Trainern können gefährlich werden! In jedem Fall muss ein individuelles Trainingsprogramm zur Verhaltenskorrektur erarbeitet werden. Aus diesem Grund führe ich hier die Möglichkeiten auch nicht weiter aus, sondern bitte Sie, sofern Sie dieses Problem mit Ihrem Hund haben, sich umgehend an einen guten Trainer zu wenden. Unangemessene Aggression kann man in vielen Fällen in den Griff bekommen oder lernen, so damit umzugehen, dass vom Hund keine Gefahr mehr ausgeht. Geben Sie Ihrem Hund die Chance zu zeigen, was für ein guter Kern in ihm steckt.

Plötzliche Aggression

Verhält sich ein bisher sozialverträglicher Hund plötzlich im Umgang mit Menschen oder anderen Hunden unangemessen aggressiv, kann eine Erkrankung vorliegen. Dies kann dazu führen, dass ein Hund bestimmte Berührungen oder gar keine Annäherung von Menschen oder Artgenossen mehr duldet, weil er Schmerzen hat. Hirntumoren, Epilepsie, Vergiftungen und Demenz (siehe Seite 243) können zu Verhaltensveränderungen führen, die sich mitunter auch in Aggression äußern, manchmal ähnlich „Wutanfällen". Aus diesen Gründen sollte der Halter den Hund bei plötzlich verändertem Verhalten gründlich vom Tierarzt untersuchen lassen, um einer eventuellen gesundheitlichen Ursache auf den Grund zu gehen und diese medizinisch zu behandeln.

Kein Spiel mehr – bei diesen beiden Hundedamen geht es ernsthaft zur Sache.

Ein Maulkorb schützt

Zeigt ein Hund aggressives Verhalten, sollte der Halter zusammen mit dem Hundetrainer erwägen, ob er dem Tier zumindest übergangsweise einen Maulkorb anzieht. Im Zweifelsfall ist das immer angebracht, um sich und seine Mitmenschen zu schützen. Das Tragen eines Maulkorbs macht in vielen Fällen erst ein Erfolg versprechendes Training möglich, weil keine Menschen oder Hunde mehr verletzt werden können und der Halter dadurch viel entspannter und aufgeschlossener mit seinem Tier umgeht. Wird ein Maulkorb verwendet, muss dieser gut sitzen. Die Riemen dürfen nicht scheuern. Er muss dem Hund das Hecheln und Trinken ermöglichen, und es sollte gewährleistet sein, dass der Hund während des Trainings mit Leckerchen belohnt werden kann. Wichtig ist die behutsame Gewöhnung an den Maulkorb. Dazu kann man den Hund beim Anziehen des Maulkorbes durch die vorderen Schlitze oder Öffnungen hindurch mit leckeren Happen füttern. Spiele, Erziehungs- und Konzentrationsübungen sorgen für Abwechslung und positive Verknüpfung.

Nach einer behutsamen Gewöhnung und bei richtiger Anwendung fühlt sich der Hund vom Maulkorb nicht gestört und kann motiviert mitarbeiten.

Unsicherheit/Angst

Ob vor Geräuschen, ungewohnten optischen Eindrücken, bestimmten Bodenuntergründen, anderen Hunden oder Menschen mit einem bestimmten Auftreten: Mangelnde Sozialisation im Welpen- und Junghundalter oder negative Erfahrungen im späteren Leben sind sicher der häufigste Grund für unsicheres oder ängstliches Auftreten von Hunden. Es kann auch dadurch entstehen oder verstärkt werden, dass der Mensch seinem Hund nicht genügend Sicherheit vermittelt und ihm nicht die Führung gibt, die er braucht (siehe Seite 115).

Unsicherheit und Angst haben viele Gesichter und können sich auch in Aggression äußern, z. B. wenn der Hund sich bedrängt oder überfordert fühlt. Gemeinsam mit einem kompetenten Hundetrainer sollten Sie eine Situationsanalyse vornehmen, und eine individuell auf den Hund zugeschnittene Strategie erarbeiten, um dem Problem zu begegnen. Auf jeden Fall muss man langsam und behutsam an diese Aufgabe herangehen und darf den Hund nicht zwingen, sich der für ihn bedrohlichen Situation zu stellen – liefern Sie ihn nicht der Situation aus, die er fürchtet. Versuchen Sie lieber, Situationen, die in dem Hund Angst auslösen, positiv zu belegen.

Einen ängstlichen Hund sollte man ignorieren oder ablenken. Trösten bestärkt ihn in seiner Angst.

Die Arbeit mit einem ängstlichen Hund erfordert viel Geduld und Ausdauer seines Menschen. Wirklich ängstliche Hunde brauchen lange, bis sie Vertrauen fassen, nicht immer gelingt es hundertprozentig. Doch jede hinzugewonnene Sicherheit hilft dem Hund und dem Halter weiter, den Alltag zu meistern. Und aus einem unsicheren Hund kann in vielen Fällen wieder ein selbstsicherer Vierbeiner werden.

Ängstliche Hunde muss man aufbauen, ihnen Mut machen und Selbstsicherheit geben. Orientierung durch den Menschen und viel Lob sind deswegen besonders wichtig. Falsch wäre es, den Hund zu trösten, wenn er Angst oder Unsicherheit zeigt. Er versteht die Bedeutung der Worte nicht, z. B. „Du musst jetzt keine Angst haben". Er hört in diesem Moment nur die besorgte Stimme, und das bestätigt ihn in seinen Befürchtungen. Unsicherheit und Angst werden dann noch größer und steigern sich mit jedem Trösten. Beachten Sie die Angst Ihres Hundes nicht, sondern verhalten Sie sich ihm gegenüber neutral. Bleiben Sie cool und zeigen Sie ihm, dass Sie keine Angst haben, indem Sie sich dem Angst auslösenden Gegenstand neugierig und spielerisch nähern und ihn so interessant und spannend machen. Bieten Sie dem Hund aber die Gelegenheit, bei Ihnen Schutz zu suchen, wenn ihm das hilft, z. B. wenn er Ihre Nähe sucht, weil er Angst vor den Silvesterknallern hat. Es ist ein gutes Zeichen, wenn ein ängstlicher Hund sich z. B. bei einer Konfrontation mit einem Artgenossen hinter Sie stellt: Sie sind sein Schutzschild. Freuen Sie sich über das Vertrauen, das er Ihnen entgegenbringt.

Auf der Flucht

Wenn beispielsweise Tierheimhunde gelernt haben, sich aus dem Halsband zu befreien (vielleicht mussten sie sich früher befreien, um zu überleben), kann man zusätzlich ein Geschirr verwenden. Zur Absicherung verwendet man eine Leine mit zwei Karabinern (einer an jedem Ende der Leine), wovon einer am Halsband und der andere am Geschirr befestigt wird. So kann man ihm trotzdem die Leinenführigkeit beim Tragen eines Halsbandes beibringen. Befreit er sich aus dem Halsband, hat man ihn über das Geschirr zusätzlich gesichert. So begreift er, dass es keinen Erfolg bringt, sich aus dem Halsband zu winden. Er lernt: Flüchten bringt nichts, also muss ich gemeinsam mit meinem Menschen die Situation meistern. Das schafft Vertrauen, denn der Hund erfährt, dass ihm nichts passiert.

Kein Hund bleibt gern allein – er muss erst daran gewöhnt werden.

Beispiele für Lösungsmöglichkeiten:
Hat Ihr Hund Angst vor dem Fahren im Auto, können Sie ihm diese vielleicht nehmen, indem Sie ihn nur in der Nähe des Autos füttern. Erst in etwas weiterer Distanz und immer dann, wenn der Hund entspannt ist, beim nächsten Mal mit geringerer Distanz, bis er seine Mahlzeiten schließlich im Kofferraum oder auf der Rückbank einnimmt.
Sofern der Hund durch seine Angst nicht vollkommen blockiert ist, können Sie in der Nähe des Angstauslösers (z. B. des Staubsaugers, der anfangs ausgeschaltet sein sollte) auch spielen oder leichte Erziehungsübungen machen, die den Hund ablenken. Verdient er sich dabei Leckerchen, wird die Situation vielleicht ihre Bedrohlichkeit verlieren.
Angst vor Geräuschen kann man begegnen, indem man diese immer wieder einmal für kurze Zeit leise im Hintergrund abspielt. Hat sich der Hund daran gewöhnt, können Dauer und Lautstärke zunehmen, bis sie ein normales Maß erreicht haben. Hilfreich für diese Desensibilisierung können spezielle Geräusch-CDs vom Tierarzt oder aus dem Zoofachhandel sein.

Trennungsangst

Trennungsangst bedeutet, dass der Hund ein Verhalten zeigt, das nicht nur auf Frust basiert, weil seine Menschen ohne ihn losgezogen sind, sondern er derart in Panik gerät, dass er sein Verhalten nicht kontrollieren kann, z. B. speichelt oder stark zittert. Das hängt mit Kontrollverlust zusammen: Der Hund weiß nicht, was ihn erwartet. Ursachen können traumatische Erfahrungen sein, oder dass der Hund einfach nie gelernt hat, allein zu bleiben (siehe Seite 135).

Das Training mit solch einem Hund mit echter Trennungsangst bedeutet für Sie viel Arbeit, Geduld und häufig auch Rückschläge. Denn es kann sein, dass Sie trotz einiger Fortschritte wieder von ganz vorne anfangen müssen, wenn es z. B. während Ihrer Abwesenheit an der Haustür klingelt und der Hund dann bemerkt, dass Sie nicht da sind.
Manchmal muss man sogar Psychopharmaka einsetzen, damit der Hund für das Training überhaupt zugänglich wird. Beraten Sie sich diesbezüglich mit einem auf Verhaltenstherapie spezialisierten Tierarzt. Der Einsatz von Medikamenten allein wird dem Hund aber nicht helfen und die Ursache nicht beheben.
Für einen Erfolg ist deswegen eine begleitende Verhaltenstherapie unerlässlich. Dazu gehört, dass Sie bestimmten Signalen ihre Bedeutung nehmen. Denn oft geraten diese Hunde schon in Panik, wenn der Halter Jacke oder Schuhe anzieht, nach dem Schlüssel greift oder die Haustür geschlossen wird. In diesen Fällen sollte man deswegen öfter einmal Jacke oder Schuhe anziehen oder den Schlüssel in die Hand nehmen, wenn man frühstückt, fernsieht oder ein Buch liest. Es ist auch sinnvoll, häufiger einmal aus der Haustür zu gehen und die Wohnung direkt wieder zu betreten, damit der Hund damit nicht mehr verknüpft: „Mein Mensch ist nun weg!" Müssen Sie das Haus wirklich verlassen und können den Hund nicht mitnehmen, sollten Sie sich auf leisen Sohlen hinaus schleichen, die Schuhe schon eine halbe Stunde vorher anziehen und Jacke, Schlüssel, Einkaufskorb – eben alles verräterische – so platzieren, dass der Hund nicht mitbekommt, wenn sie diese beim Weggehen aufnehmen. Wenn möglich, verlassen Sie das Haus auch nicht durch die Haustür, sondern durch die Keller- oder Terrassentür.

Aufreiten

Anfangs wird dieses Verhalten bei jungen und kleinen Rüden häufig noch belächelt. In zunehmendem Maße wird es jedoch störend. Es gibt verschiedene Ursachen für das Aufreiten.

Es kann eine Demonstration von Stärke oder Überlegenheit sein, oft ist aber einfach respektloses oder freches Verhalten. Lässt man das Aufreiten zu, bestätigt man dem Hund seine (in seinen Augen) ranghohe Position oder seine Frechheit. Das Aufreiten beim Menschen muss unterbunden werden, z. B. indem man einfach aufsteht und weggeht, den Hund vom Bein abschüttelt oder wegstößt. Auch ein scharfes „Nein" und z. B. der Verweis in das Körbchen sind dann angebracht. Manchmal muss man auch Reizunterbrecher einsetzen (siehe Seite 127). Grundsätzlich gilt es dann, die Beziehung zum Hund zu überdenken und ihm eine klare Führung zu geben.

Aufreiten kann auch ein Zeichen von Stress ohne sexuell motivierten Hintergrund sein. Es wird dann häufig von unsicheren Hunden gezeigt, die dadurch in bestimmten Situationen ihrer Überforderung Ausdruck geben: Stress sollte dann möglichst reduziert werden. Auch hier sind die Vorgabe einer Aufgabe zur Ablenkung und souveräne Führung als Orientierungshilfe wichtig.

Bellen ist normal. Ständiges Bellen kann aber eine Verhaltensauffälligkeit sein.

Sexuell motiviertes Aufreiten ist besonders in der Zeit vor und während der Pubertät ganz normal. Zum Problem wird es, wenn sich das Verhalten mit zunehmendem Alter nicht verliert, wie das relativ häufig bei Hunden kleiner Rassen vorkommt. Normaler Kontakt mit Artgenossen ist dann manchmal nicht mehr möglich. Dadurch geht dem Hund ein wesentlicher Bestandteil seiner Lebensqualität verloren. Er steht ständig unter Anspannung, was großen Stress bedeutet – auch für den Halter. Bei einem Rüden kann es durch sexuelle Überaktivität zu einer Prostataerkrankung kommen. Steht eine sexuelle Überaktivität als Ursache für das Aufreiten fest, ist meist eine Kastration sinnvoll. Eine Tendenz, ob es eine Besserung gibt, lässt sich ggf. auch mit einer sogenannten „chemischen Kastration" erkennen (siehe Seite 258). Bei meinem Dackel Paul hat sich nach der chemischen Kastration der gewünschte Erfolg eingestellt und er wurde kastriert. Nun kann er endlich nach Herzenslust mit anderen Hunden – egal ob Rüde oder Hündin – Kontakt pflegen und spielen. Er und wir haben dadurch viel Lebensqualität gewonnen.

Übermäßiges Bellen

Bellen gehört zum natürlichen Ausdrucksverhalten der meisten Hunde. Wann Bellen als unangenehm empfunden wird, hängt von unterschiedlichen und individuell zu bewertenden Faktoren ab und ist von Mensch zu Mensch verschieden. Was für den einen noch normales Anschlagen ist, bedeutet für den anderen bereits eine Lärmbelästigung.

Je nach Rasse oder Typ bellen Hunde unterschiedlich oft und ausdauernd (siehe Seite 48). Auch Hunde mit mangelnder Sozialisierung, die nicht ausreichend Umweltreize kennengelernt haben und unter Anspannung stehen, können zu häufigerem Bellen neigen. Andere Hunde bellen, um die Aufmerksamkeit ihres Menschen zu erlangen. Häufiges Bellen kann auch ein Ausdruck von Langeweile und Unterforderung sein.

Wird das Bellen zum Problem, z. B. weil Nachbarn sich beschweren, gibt es unterschiedliche Ansätze, dies zu beheben. Ausschimpfen hilft nicht, denn der Hund glaubt dann, sein Mensch bellt mit, und fühlt sich in

seinem Tun bestätigt. Ziel eines Anti-Bell-Trainings soll es nicht sein, dem Hund das Bellen ganz zu verbieten oder abzutrainieren, sondern es bei Bedarf steuern zu können.

Ignorieren: Ignorieren Sie Bellen zur Erlangung von Aufmerksamkeit und zeigen Sie dem Hund dadurch, dass sein Verhalten nicht zum Ziel führt. Mitunter brauchen Sie dazu viel Geduld und lärmunempfindliche Nachbarn.

Auf Kommando bellen und ruhig sein: Bringen Sie Ihrem Hund bei, auf Kommando Laut zu geben, indem Sie ihn animieren zu bellen, dann loben und dies mit einem Kommando verbinden, z. B. „Gib Laut". In den Bellpausen sagen Sie z. B. das Kommando „Ruhig" und geben dem Hund ein Leckerchen. Ziel der Übung ist es, dem Hund beizubringen, auf Kommando das Bellen zu beenden.

Ablenken: Lenken Sie den Hund durch eine einfache Übung oder ein Spiel vom Bellen ab. Achten Sie aber darauf, dass dies nicht dazu führt, dass der Hund das Bellen einsetzt, weil er Unterhaltung haben möchte.

Wasserspritze: Ein gut gezielter Spritzer aus der Wasserpistole kann manche (vorwiegend wasserscheue) Kläffer oder solche, die damit Aufmerksamkeit erlangen wollen, zur Ruhe bringen. Nach einigen nassen Erfahrungen reicht es oft schon aus, dem Hund die Wasserpistole zu zeigen, damit er still ist.

Betteln am Tisch

Dieses Verhalten ist meist dadurch entstanden, dass der Hund etwas vom Tisch bekommen hat. Um dem Hund das Betteln wieder abzugewöhnen, müssen seine Menschen Ausdauer haben. Ihm darf kein noch so kleiner Happen gegeben werden, und auch versehentlich darf kein Krümel auf den Boden fallen. Ignorieren Sie den Hund bei Tisch komplett, am besten schicken Sie den Vierbeiner während des Essens in sein Körbchen (siehe Seite 132). Bleibt er nicht zuverlässig auf seinem Hundeplatz liegen, können Sie ihn dort anleinen. Gegebenenfalls bringen Sie einen Haken zur Befestigung der Leine in der Wand an. Ganz wichtig: Alle Familienmitglieder und Gäste müssen dabei an einem Strang ziehen. Es darf keine Ausnahme geben, auch wenn der Hund noch so hungrig schaut! Jeder heimlich zugesteckte Happen würde alle bisher mühsam erarbeiteten Fortschritte wieder zunichte machen.

Hört nicht beim Freilauf

Wichtig für den Freilauf ist, dass der Hund zuverlässig auf das Kommando „Hier" (siehe Seite 130) oder dem Pfiff der Pfeife folgt. Im Alltag erlebt man jedoch immer wieder Hunde, die sich beim Spaziergang ohne jeden Einfluss ihres Menschen vergnügen und ungestüm auf andere Hunde oder Menschen zupreschen. Wenn überhaupt, hört man dann nach einigen vergeblichen Versuchen, den Hund unter Kontrolle zu bringen, das resignierte „Der tut nix" oder „Der will nur spielen". Unabhängig davon, ob der Hund tatsächlich sozialverträglich ist oder er nur seine schlammigen Pfoten an der Hose des Passanten reinigt – es zeugt von mangelnder Rücksichtnahme und ist schlechter Stil, den Hund so grenzenlos zu führen.

Neben dem Freilauftraining selbst ist eine gute Beziehung zum Menschen unerlässlich (siehe Seite 114). Diese Verbundenheit ist für den Hund eine Motivation, ggf. eine spannende Beschäftigung zu unterbrechen, um sich auf Ruf dem Besitzer zuzuwenden. Zur Herausforderung wird der Freilauf als Ziel bei jagdlich sehr interessierten Hunden, die sich bei jeder erschnupperten Fährte oder jedem Sichtkontakt aus dem Staub machen. Am besten ist es dann, den Freilauf gemeinsam mit einem Trainer zu erarbeiten, der mit der Rasse oder dem Hundetyp vertraut ist. Nehmen Sie aber Abstand von selbst ernannten Fachleuten, die den Jagd- oder Hetztrieb aus dem Hund ausmerzen wollen. Die jagdliche Motivation ist genetisch

Hat der Hund Beute erlegt, wird ihn das noch mehr zum Jagen animieren.

veranlagt und kann bestenfalls gelenkt – nicht eliminiert – werden (siehe Seite 14). Ideale Voraussetzung für das Training ist, dass der Hund noch kein Jagderlebnis hatte. Schon das Verfolgen der Beute ist für den Hund eine selbstbelohnende Handlung, die ihm Spaß und Bestätigung bringt – unabhängig davon, ob er die Beute erwischt oder nicht. Hat ein Hund bereits die Verfolgung aufgenommen oder hetzt einem Tier hinterher, wird er sich meist wenig darum kümmern, ob man versucht, ihn mit einem Leckerchen oder einem Spielball abzulenken: Jagen macht viel mehr Spaß. Ziel muss es deswegen sein, den Hund so gut zu kennen und lesen zu können und ihn beim Spaziergang genau im Auge zu behalten, damit man ihn bereits abrufen kann, wenn man nur das „Flackern" in seinen Augen erkennt, weil er vielleicht vorhat, einer Spur zu folgen. Um einem jagdlich interessierten Hund kontrollierten Freilauf gewähren zu können, ist ein ausdauerndes und langwieriges Training erforderlich, dass ihm auch alternative, veranlagungsgerechte Beschäftigung bietet. Bis das Freilauftraining erfolgreich ist, bietet eine Schleppleine dem Halter Sicherheit und dem Vierbeiner mehr Bewegungsspielraum als eine kurze Leine. Zusätzlich sollte der Hund sich regelmäßig gemeinsam mit Artgenossen auf einem großen, eingezäunten Gelände austoben können.

Spaziergang mit Durchblick

Auch eine noch so gute Beziehung zum Menschen und eine fundierte Erziehung geben keine hundertprozentige Garantie dafür, dass ein jagdlich hoch motivierter Hund beim Freilauf nicht doch einmal auf Abwege gerät.

Um dieses Risiko zu minimieren, sollten Sie genau abwägen, wann und wo Sie den Hund ableinen. Riskant ist dies z. B. in Gegenden mit viel Wild, besonders in der Dämmerung. Vertrauen Sie dabei auf Ihre Intuition und lassen Sie den Hund lieber an der Leine, wenn Sie ein ungutes Gefühl haben. Beobachten Sie Ihren Hund, um ihn beim kleinsten Anzeichen des Aufnehmens einer Fährte oder Erkennens von Beute abrufen zu können. Behalten Sie auch die Umgebung im Auge, um Wild möglichst schon vor ihm zu erkennen. Lassen Sie sich dabei auch nicht von einem Plausch mit anderen Leuten ablenken. Ein Hund, der alleine gut zu lenken ist, lässt sich von der Dynamik einer Hundegruppe leicht mitreißen – und ist dann vielleicht zusammen mit den anderen weg. Deswegen müssen Sie beim Spaziergang mit anderen Hundehaltern besonders konzentriert sein und können die Hunde eventuell nicht alle zusammen frei laufen lassen, sondern nur nacheinander in kleinen Gruppen oder einzeln.

Jogger jagen

Jagt ein Hund Jogger, Radfahrer oder Skater, zählt das auch zum Bereich des Jagdverhaltens. Schon das Verfolgen der sich schnell bewegenden „Beute" bringt dem Hund Bestätigung und Freude, denn durch die rhythmischen, stereotypen Bewegungen werden Glückshormone ausgeschüttet und tief verwurzelte Handlungsweisen befriedigt. Strikte Kontrolle ist bei einem Jogger jagenden Hund unumgänglich: den Vierbeiner bei herankommenden Joggern heranrufen und anleinen oder erst gar nicht von der Leine lassen. Das Trainingsprogramm muss zum Ziel haben, Sportler für den Hund uninteressant zu machen und ihn zuverlässig abrufen zu können. Dies sollte gemeinsam mit einem guten Hundetrainer umgesetzt werden.

Unrat/Kot fressen

Es ist für einen Hund ein ganz normales Verhalten, dass er viele Nahrungsressourcen ausnutzt, dazu gehört das Plündern des Mülleimers, das Fressen von Aas, weggeworfenen Schulbroten und anderen Nahrungsresten. Auch Kot enthält noch Nährstoffe und kann aus Sicht des Hundes eine ergiebige Nahrungsquelle sein. In einigen Fällen deutet das Fressen von Kot auch auf Mangelerscheinungen hin.
Für den Halter ist diese Angewohnheit nicht besonders appetitlich, zudem sind damit Gefahren verbunden. Denn der Hund kann damit Parasiten und unverträgliche und gefährliche Bestandteile aufnehmen. Leider gibt es auch kriminelle Zeitgenossen, die auf Hundestrecken gezielt vergiftete Köder auslegen.
Aus diesem Grund ist es wichtig, den Hund davon abzuhalten, Unrat zu fressen. Vierbeiner, die diese Angewohnheit haben, werden jede Gelegenheit nutzen, um eine „Zwischenmahlzeit“ zu ergattern. Dieses Verhalten lässt sich nur durch soliden Grundgehorsam und ständige Kontrolle in den Griff bekommen. Behalten Sie Ihren Hund beim Spaziergang ununterbrochen im Auge und korrigieren Sie ihn bei Bedarf mit den Kommandos „Nein“ (wenn er sich Unrat nähert) oder „Aus“ (wenn er den Unrat bereits im Maul hat, siehe Seite 134). Hunde generalisieren nicht automatisch. Auf ein „Nein“ wird er zwar einen Umweg um diesen einen Pferdeapfel machen. Das heißt aber noch nicht, dass er auch den nächsten nicht antastet: Dann müssen Sie wieder rechtzeitig „Nein“ sagen.
Eventuell müssen Sie auch einen Reizunterbrecher (wie die Schelle) einsetzen, um ihn für weitere Kommandos (wie „Hier“) zugänglich zu machen. Ganz hartnäckige Gesellen müssen Sie unter Umständen sogar mit anderen Mitteln davon überzeugen, dass es sich nicht lohnt, Unrat zu fressen: Einen Maulkorb verwenden oder Köder mit Brechmitteln präparieren. Letzteres sollten Sie aber nur gemeinsam mit einem Hundetrainer und nach vorheriger Absprache mit Ihrem Tierarzt vornehmen. Es hilft auch immer nur für diese spezielle Sorte Unrat.

Gefährlich!

Richtig gefährlich wird es, wenn Hunde Dinge fressen, die nicht verdaulich sind oder den Verdauungstrakt verletzen. Beispiele dafür kann man in Schaukästen von Tierarztpraxen besichtigen, die all die Dinge zeigen, die operativ aus Hundemägen oder -därmen entfernt wurden: Schnuller, Nähnadeln, Stücke von Plastiktüten, Kunststoff- oder Gummistücke von Spielzeug, Steine etc. Neben den beschriebenen Kontrollmaßnahmen ist es hier besonders wichtig, dafür zu sorgen, dass sich alle potenziell gefährlichen Dinge in Haus, Garage und Garten außer Reichweite des Vierbeiners befinden.

Nur konsequentes Beobachten und frühes Abrufen hält „Müllschlucker“ von ihrem Vorhaben ab.

Probleme bei der Stubenreinheit

Ein häufiger Grund für die Unsauberkeit eines Hundes liegt darin, dass der Vierbeiner die zuverlässige Stubenreinheit nicht gelernt hat. Auch Bestrafung bei Missgeschicken kann dazu führen, dass er sich nicht meldet, wenn er muss. Den Hund auszuschimpfen oder zu bestrafen, wenn er Urin oder Kot in der Wohnung abgesetzt hat, ist grundsätzlich falsch und führt nicht zum gewünschten Erfolg. Besser ist es, dann noch einmal mit den Grundlagen des Stubenreinheitstrainings zu beginnen (siehe Seite 96) und dem Hund möglichst oft Gelegenheit zu geben, seine Geschäfte draußen am vorgesehenen Ort zu erledigen. Nachfolgend noch einige Sonderfälle der Unsauberkeit:

Urinieren bei der Begrüßung: Oft liegt der Hund dabei auf dem Boden oder nimmt eine stark geduckte Haltung ein. Urinieren bei der Begrüßung wird meist von jungen Hunden gezeigt, aus Aufregung oder häufig im Zusammenhang mit der Unterwerfung. Bei erwachsenen Hunden tritt es am häufigsten bei unsicheren Tieren auf. Bestrafung oder Tadel würden die Unsicherheit des Hundes und das

Urinieren weiter verstärken. Halten Sie die Begrüßung in diesen Fällen sehr kurz und vermeiden Sie körpersprachliche Gesten, die bedrohlich auf den Hund wirken (siehe Seite 45). Häufig ist es besser, den Hund beim Nachhausekommen zu ignorieren und sich ihm erst dann wieder zuzuwenden, wenn er sich anderweitig beschäftigt, z. B. im Körbchen liegt, spielt oder an einem Kauknochen kaut. Führen Sie ihn dann rasch nach draußen.

Plötzlich auftretende Unsauberkeit: Kommt es vor, dass der bisher stubenreine Hund nun unsauber wird, sei es, weil er in der Wohnung seine kleinen oder großen Geschäfte verrichtet, im Schlaf einige Tropfen Urin verliert oder sich nicht rechtzeitig meldet, sollten Sie ihn vom Tierarzt untersuchen lassen. Die Unsauberkeit kann gesundheitliche Ursachen haben, die behandelt werden müssen. Weiterhin können Stress und Veränderungen in der Familie der Grund für den plötzlich auftretenden Verlust der Stubenreinheit sein, z. B. ein veränderter Tagesrhythmus oder der Verlust oder das Hinzukommen eines neuen Familienmitgliedes. Ergibt die tierärztliche Untersuchung keine gesundheitlichen Gründe für die Unsauberkeit, gilt es dann nach anderen Ursachen zu forschen und ggf. mit einem Hundetrainer gemeinsam zu überlegen, wie diese behoben werden kann.

Markieren in fremden Wohnungen: Dieses Verhalten hat in der Regel nichts damit zu tun, ob ein Hund zu Hause stubenrein ist oder nicht. Besonders häufig wird es von Rüden gezeigt und vor allem dann, wenn in der fremden Wohnung andere Hunde leben oder sich öfter aufhalten. Einfache Abhilfe bringt es, ihn dort nicht abzuleinen und dadurch unter ständiger Kontrolle zu halten. Abgeleint sollte der Bewegungsspielraum nur so groß sein, dass der Vierbeiner immer unter Aufsicht des Halters bleibt. Zeigt er Anzeichen, dass er zu markieren beabsichtigt, z. B. intensiv an einer Stelle schnüffelt, kann man ihn in der Regel durch Klatschen in die Hände und ein gleichzeitiges, scharf und deutlich ausgesprochenes „Lass es!“ davon abhalten. Auf jeden Fall sollte der Halter den Hund anschließend zu sich rufen und ablegen. Deswegen ist hier ein guter Grundgehorsam hilfreich.

Zerstören von Gegenständen

Es ist vollkommen normal, dass Welpen und Junghunde die Beißkraft ihrer Zähne an Möbeln, Schuhen etc. ausprobieren. Der Halter sollte versuchen, diese Knabbereien in gewünschte Bahnen zu lenken, indem er dem Hund das Kommando „Nein“ beibringt und Alternativen anbietet. Mit zuneh-

An Holzstöcken zu kauen ist gefährlich, denn Splitter können Mundraum und Rachen verletzen.

Der Welpe testet seine spitzen Zähnchen an einem Besen.

mendem Alter und fortschreitender Erziehung verliert sich das Ankauen von Gegenständen üblicherweise.
Lässt dieses Verhalten nicht nach, ist es meistens Ausdruck von nicht ausreichender Auslastung des Hundes. Ihm ist langweilig, und in Ermangelung anderer Beschäftigungsangebote sorgt er selbst für Abwechslung. Der Versuch, dies lediglich durch Verbote und stärkere Kontrolle in den Griff zu bekommen, kann zwar kurzzeitig zum Erfolg führen, behebt aber nicht die Ursache. Fällt Ihr Hund dadurch auf, dass er öfter Einrichtungs- oder Kleidungsstücke bearbeitet, sollten Sie mit ihm noch einmal die Grundlagen der Erziehung einüben und ihm Beschäftigung bieten. Neben körperlicher Auslastung ist hier vor allem die geistige Beschäftigung Erfolg versprechend, denn Kopfarbeit lässt Langeweile erst gar nicht aufkommen (siehe Seiten 165, 166, 174).
Zerlegt ein Hund die Wohnungseinrichtung in der Abwesenheit seiner Menschen, hat er entweder nicht gelernt, alleine zu bleiben, und/oder leidet unter Trennungsangst (siehe Seiten 135, 149). Knabbert ein Hund z. B. hartnäckig an einem bestimmten Stuhlbein, können Sie die Stelle mit einem unangenehm schmeckenden Mittel aus Apfel-Bitterstoffen (gibt es im Zoofachhandel) besprühen, um dem Tier die Sache zu verleiden. Manche Hunde lassen sich davon aber nicht abschrecken.

Videoanalyse

Viele Trainer bieten die Möglichkeit an, den Halter im Umgang mit seinem Hund zu filmen. Die Auswertung zusammen mit dem Trainer kann sehr hilfreich sein, um sein Verhalten dem Tier gegenüber aus einem neutralen Blickwinkel zu sehen, besser zu verstehen und zu ändern. Gleichzeitig lernt man, seinen Hund besser zu „lesen“.

Freizeitpartner Hund

Ein ausgelasteter Hund ist ein glücklicher Hund. Dabei ist es individuell unterschiedlich, welche Beschäftigung und welches Maß richtig für einen Vierbeiner sind. In diesem Kapitel werden verschiedene Möglichkeiten vorgestellt, wie Sie die Freizeit mit Ihrem tierischen Gefährten gestalten können.

Spaziergang einmal anders

Die meiste gemeinsame Zeit im Freien verbringen Hund und Mensch sicherlich mit den täglichen Spaziergängen. Lassen Sie diese Chance nicht ungenutzt verstreichen, zusammen mit Ihrem Vierbeiner spannende Dinge zu erleben.

Gute Übung für gesunde Hunde: Auf dem Heuballen absitzen und auf Ruf kommen.

Im letzten Jahrhundert erfüllten die Hunde häufig noch die Aufgaben, für die sie einst gezüchtet wurden, z. B. Jagdhelfer, Hüter des Viehs oder Bewacher von Haus und Hof. Der Job der meisten Hunde ist es heute, Gesellschafter, Gefährte und Kumpel einer Person oder Familie zu sein. Dieser „Berufswechsel" stellt Mensch und Hund vor eine große Herausforderung, denn es gilt, den Vierbeiner möglichst seiner Veranlagung entsprechend auszulasten oder ihm alternative Beschäftigungen zu bieten.
Spaziergänge sind eine einfache Möglichkeit, um Mensch und Hund Abwechslung zu bieten. Oft wird der Gassigang jedoch lediglich als „Toilettengang" genutzt, damit der Hund sich im Freien löst. Manchmal scheint es so, als laufen Zwei- und Vierbeiner nur zufällig nebeneinander, oder der Hund zerrt an der Leine. Wenn der Spaziergang so abläuft, macht die Angelegenheit weder Hund noch Mensch Spaß und der Gassigang wird nur als leidige Pflicht angesehen. Dabei ist er die Gelegenheit, im Team Spannendes zu erleben, die Natur und die gemeinsame Zeit zu genießen. Die täglichen Spaziergänge bieten immer wieder aufs Neue die Möglichkeit, die Beziehung zum Hund zu stärken und zu festigen.

Abwechslung im Spaziergangs-Alltag

Jeder Spaziergang kann eine spannende Sache werden, auf die Zwei- und Vierbeiner sich freuen.

Neue Strecken erkunden: Laufen Sie nicht immer dieselben Wege. Wechseln Sie ohne festes Schema die Strecke, gehen Sie einmal übers Feld, einmal im Wald, durch die Stadt oder einen Park, quer über eine Wiese, spazieren Sie durch einen Tierpark etc. Fahren Sie zusammen mit Ihrem Hund gelegentlich etwas raus, um ganz neue Wege zu gehen und die Sehenswürdigkeiten der Region zu erkunden. Die schönsten Plätze in meiner Gegend habe ich zusammen mit meinen Hunden während unserer Spaziergänge entdeckt. Ihr Hund gewinnt dabei neue Eindrücke für alle Sinne. Für viele Regionen gibt es Wanderführer speziell für Hundehalter. Darin finden Sie Anregungen für interessante Spaziergänge. Achten Sie dabei aber bitte immer auf naturschutz- und forstrechtliche Vorschriften, die das Betreten von Wegen oder den Freilauf des Hundes betreffen. Auskünfte erteilen Ihnen die zuständigen Kommunen oder Forstämter.

Gemütliche Pausen einlegen: Machen Sie längere Spaziergänge zum Ausflug, indem Sie mit Ihrem Hund in eine Gaststätte, eine Eisdiele oder einen Biergarten einkehren. Das bietet dem Hund Abwechslung, und es wird für ihn ganz selbstverständlich, sich unter Ihrer Anleitung vorbildlich in Restaurants etc. zu benehmen. Auf einer Hundedecke, die es praktisch zum Zusammenrollen und mit Trageriemen gibt, findet Ihr Vierbeiner ein gemütliches Ruheplätzchen (siehe Seite 132). Unterwegs in Feld und Wald können Sie zwischendurch auf einer Bank verweilen und Ihrem Hund die Gelegenheit geben, nach Mäusen zu buddeln.

Freilauf: Bieten Sie Ihrem Hund so oft wie möglich die Gelegenheit, sich ohne Leine auszutoben und den Spazierweg zu erkunden – natürlich auch gemeinsam mit Artgenossen. Vielleicht gibt es in Ihrem Wohnort andere Hundehalter, die an regelmäßigen Treffen interessiert sind. Fragen Sie doch einfach nach, wenn Ihnen beim Spaziergang nette Menschen mit netten Hunden begegnen.

Spielerisch trainieren: Schon durch das Heranrufen und Absitzen-lassen bei der Begegnung mit Passanten üben und festigen Sie immer wieder aufs Neue den Grundgehorsam. Zusätzlich bietet sich der Spaziergang für das Trainieren von Kommandos auf Distanz (siehe Seite 134) an, die Sie z. B. in ein Versteckspiel einbauen können. Lassen Sie Ihren Hund absitzen und verstecken Sie sich hinter einem Baum oder Heuballen. Rufen Sie dann Ihren Hund und loben Sie ihn überschwänglich, wenn er Sie gefunden hat. Es gibt viele Möglichkeiten, die Grundkommandos auf diese Weise spielerisch abzufragen. Zudem können Sie ohne großen Aufwand unterwegs mit Ihrem Hund apportieren oder ihm kurze Fährten legen (siehe Seiten 165, 166).

Ausflüge in die Stadt bringen Abwechslung.

Passanten wissen rücksichtsvolles Verhalten zu schätzen und der Grundgehorsam wird gefestigt.

Eine Parkbank kann zum Sportgerät werden.

Sportliche Note: Nutzen Sie sich bietende Gelegenheiten, um Ihren Hund unterwegs sportlich zu fordern. So können Sie ihn über Baumstämme balancieren oder über diese springen lassen. Lassen Sie ihn auf einem Baumstumpf oder auf einer Bank absitzen (bitte auf geringe Abstände der Sitzbretter achten, damit der Hund sich nicht die Beine einklemmt). Sie können ihn auffordern, über kleine Bäche zu springen oder in einem Teich zu schwimmen. Kommen Sie das nächste Mal an diesen Plätzen vorbei, wird sich Ihr Hund bestimmt schon darauf freuen. Halten Sie beim Spaziergang einfach die Augen offen. Sie werden noch viele weitere Dinge entdecken, die sich für eine sportliche Einlage anbieten.

Gemeinsam Herausforderungen meistern: Nutzen Sie den Spaziergang, um gemeinsam schwierige Aufgaben zu meistern. Für einen unsicheren Hund kann dies schon das Gehen über einen ungewohnten Bodenbelag oder die Annäherung an einen ihm unheimlichen Gegenstand sein, andere balancieren vielleicht das erste Mal über einen Baumstamm oder sind noch nie geschwommen. Bestimmen Sie den Schwierigkeitsgrad nach dem Verhalten Ihres Hundes. Zwingen Sie ihn zu nichts, sondern animieren Sie ihn und loben Sie ihn üppig, wenn er mutig war. Wählen Sie Aufgaben aus, die zwar schwierig sind, aber die der Hund noch meistern kann – wenn nicht bei diesem Versuch, dann eben nächstes oder übernächstes Mal. Loben Sie schon für kleine Fortschritte und lassen Sie ihm die Zeit, die er für die Bewältigung der Aufgabe braucht. Achten Sie immer darauf, dass der Hund keine negativen Erlebnisse dabei hat. Bleiben Sie deswegen bei Kletter- oder Balanceakten an seiner Seite – stets bereit, ihn aufzufangen, falls er abrutscht, oder ihn zu führen, wenn er Angst bekommt und hektisch wird.

Tipp: Häufig kann ein erfahrener Hund als „Vorturner" wahre Wunder vollbringen und nie erwartete Leistungen aus seinem Artgenossen herauskitzeln, einfach, weil dieser mitmachen will.

Wie lange spazieren gehen?

Als Faustregel sollte ein erwachsener Hund zwei Stunden täglich spazieren geführt werden, je nach körperlichem Zustand ggf. weniger und bei hohem Bewegungsbedürfnis entsprechend mehr. Diese Zeit sollte auf drei bis vier Spaziergänge verteilt werden, einer davon mit einer Dauer von ca. einer Stunde (gesunde Hunde natürlich auch länger). Muss ein Hund sich öfter lösen, braucht er auch zwischendurch die Gelegenheit dazu. Viele kleine Hunde benötigen mindestens genauso viel Bewegung wie ihre großen Artgenossen, und oft sind es die quirligen Typen wie Terrier und Co., die dies auch einfordern. Wie viel Bewegung ein Hund braucht, hängt von seinem Typ und seiner individuellen Veranlagung ab. Ein Hund, der früher zur Erfüllung seiner Aufgabe eine große Ausdauer an den Tag legen musste, wird nach einem normalen einstündigen Spaziergang ohne geistige Forderung seinen Menschen wahrscheinlich fragend anschauen, wann es denn richtig losgeht. Dazu gehören z. B. die Vertreter vieler Jagdhunderassen, Dalmatiner und Hütehunde. Großen, schweren Hunden wie Bernhardinern und Neufundländern reichen die üblichen zwei Stunden als tägliche körperliche Auslastung meist schon aus. Die meisten Windhunde, welchen ja ein außergewöhnliches Bewegungsbedürfnis nachgesagt wird, müssen jedoch in der Regel nicht mehr ausgeführt werden als andere Hunde. Wichtiger als das Zurücklegen besonders langer Strecken ist es ihnen, mindestens einmal am Tag richtig flitzen zu können.

Welpen hingegen dürfen nicht überfordert werden. Führen Sie diese lieber öfter für fünf bis zehn Minuten aus. Ein einstündiger Spaziergang würde ein drei Monate altes Hundekind total überfordern und könnte auch gesundheitliche Schäden zur Folge haben. Gegebenenfalls müssen Sie den Welpen bei längeren Strecken zwischendurch tragen und ihm so die notwendige Pause verschaffen. Sie entscheiden für das Hundekind, wann es genug ist, denn die Kleinen werden alles geben, um den Anschluss an ihre Gruppe nicht zu verlieren. Je älter der Hund wird, desto länger kann er am Stück unterwegs sein. Das volle Pensum kann er leisten, wenn er ausgewachsen ist, je nach Rasse mit zehn bis 24 Monaten.

Auch betagte oder gesundheitlich angeschlagene Hunde sollten je nach Leistungsfähigkeit besser öfter und dafür kürzer ausgeführt oder die übliche Strecke langsamer und dafür mit mehr Pausen zurückgelegt werden. Fragen Sie Ihren Züchter oder Ihren Tierarzt, welches Bewegungsmaß in welcher Lebenslage für Ihren Hund richtig ist.

Ist ein Hund überfordert, hechelt er viel, er atmet schwer, er legt sich zwischendurch hin oder er bleibt immer weiter hinter der Gruppe zurück: Lassen Sie es erst gar nicht so weit kommen und machen Sie schon vorher eine Pause.

Junge Hunde müssen öfter raus, dürfen aber nur kurze Strecken laufen.

Gute Manieren zeigen

Es zeugt von guter Erziehung von Mensch und Hund, wenn ein Hundehalter Passanten und anderen Hunden beim Spaziergang so begegnet, wie er selbst behandelt werden möchte: mit Respekt und guten Manieren. Rufen Sie Ihren Hund heran und leinen Sie ihn ggf. an, wenn Ihnen Passanten, Fahrradfahrer, Jogger, Skater etc. begegnen. Klären Sie mit anderen Hundehaltern vorher ab, ob ein Kontakt der Tiere gewünscht ist. Nehmen Sie Ihren Hund an die Leine, wenn man Sie darum bittet – und zwar ohne Diskussion. Vielleicht hat der Passant Angst oder sein Hund ist krank. Nach wenigen Metern – wenn der Passant oder andere Hundehalter vorbei gegangen ist – können Sie Ihren Hund ja wieder ableinen und ihm weiter Freilauf gewähren. Achten Sie darauf, einen ausreichenden Abstand zwischen den Tieren einzuhalten, wenn Sie mit Ihrem angeleinten Hund an einem anderen vorbeigehen, um kritischen Situationen vorzubeugen.

Spielen ist nicht gleich spielen

Spielen ist viel mehr als Bällchen werfen. Es bedeutet Zuwendung, Beschäftigung und Ausgelassenheit. Um die positiven Effekte des Spieles zu nutzen, gilt es, das richtige Spiel für Mensch und Vierbeiner zu finden.

Wenn Hunde spielen, geht es ganz schön rau zu.

Spielen hat viele Funktionen. So ist es für Welpen im Rahmen der Sozialisation wichtig, es dient dem Erlernen der Kommunikation und der Rangordnung, dem Muskel- und Bewegungstraining, der Motorik und nicht zuletzt baut es überschüssige Energie ab, die für das Wachstum nicht benötigt wird. Durch Spielen entwickelt sich ein Welpe schneller. Doch auch erwachsene Hunde spielen: Die Beziehungen der Sozialpartner untereinander werden gefestigt und die Rangordnung wird auf „freundliche Weise" bestätigt, und nicht zuletzt macht Spielen einfach Spaß.
Spielen erkennt man an übertriebenen Bewegungen, übertriebener Mimik, Rollentausch, Spontaneität und häufigen Wiederholungen von Handlungen, die auch oft ohne Zusammenhang gezeigt werden. Spielen ist dadurch gekennzeichnet, dass ein Spielpartner jederzeit ein Ende herbeiführen kann. Kann sich ein Spielpartner der Situation nicht mehr entziehen, ist das auch kein Spiel mehr: Beenden Sie das Treiben dann.

Spielen Sie mit Ihrem Hund, oft auch ohne Spielzeug. Das bringt beiden Freude und stillt das Bedürfnis, etwas mit seinem Menschen gemeinsam zu erleben. Wenn man jedoch immer nur den Ball wirft und der Vierbeiner fünfzigmal hinterher rennt und diesen nur zurückbringt, damit der Ball wieder geworfen wird, spielt der Hund für sich alleine. Dadurch gerät er schnell in einen hohen Erregungszustand und nutzt den Menschen lediglich als Wurfmaschine.
Achten Sie darauf, dass ein Spiel nach Ihren Regeln verläuft. Grundsätzlich sollten Sie signalisieren, wann es beginnt. Besteht eine stabile Beziehung zwischen Ihnen und Ihrem Hund, können Sie gelegentlich auf seine Spielaufforderung eingehen. Wird ein Spiel zu grob oder nutzt der Hund es für eine Machtprobe, müssen Sie es sofort abbrechen und weggehen, ggf. den Hund auch verbal oder notfalls sogar mit dem Schnauzgriff korrigieren (siehe Seite 126). Haben Sie den Eindruck, dass Sie Ihrem Hund nicht gewachsen sind oder es Defizite in Ihrer Beziehung gibt, sollten Sie auf alle Spiele verzichten, die dem Hund vermitteln können, dass er Ihnen überlegen ist. Dazu gehören Zerr- und Raufspiele. Bessere Alternativen sind dann Futterspiele, Such- und Apportierspiele. Gleiches gilt, wenn Ihr Hund bei wilden Spielen schnell in einen hohen Erregungszustand gerät.

Spielsachen

Für die meisten Hunde wird Spielzeug uninteressant, wenn mehrere Spielzeuge ständig zur Verfügung stehen und in der Wohnung herumliegen. Rationieren Sie die Spielsachen und bestimmen Sie, wann diese herausgeholt werden. Das gibt Ihnen die Möglichkeit, immer wieder einmal die Spielzeuge zu wechseln und sie so spannend zu machen.
Mit Spielzeug sollten Sie meistens und in den ersten Wochen nach Einzug des Hundes immer in Körpernähe spielen. Werfen Sie diese nicht weg, damit der Hund sie fängt und holt. So würden Sie dem Hund vermitteln, dass sich der Spaß in einiger Entfernung von Ihnen abspielt – und genau das soll vermieden werden. Der Hund soll das Erlebnis haben, dass es in Ihrer Nähe am spannendsten ist und es dort immer was zu erleben gibt. Setzen Sie sich auf den Boden, führen Sie das Spielzeug hinter Ihrem Rücken und zwischen Ihren Beinen durch oder verstecken Sie es unter ihrem Pulli. Nehmen Sie es dem Hund nicht

Links: Nur dem Ball nachzujagen ist auf Dauer sehr eintönig.

Rechts: Zerrspiele machen Hunden viel Spaß, sind aber nicht für jeden Vierbeiner geeignet.

immer sofort ab und lassen Sie ihn auch mal das Spielzeug erbeuten. Ein gemeinsames Spiel macht nur Spaß, wenn jeder auf seine Kosten kommt. Am Schluss sollten Sie in der Regel bestimmen, wann das Spiel endet und meist das Spielzeug im Besitz haben. Damit der Hund nicht mit dem Spielzeug wegläuft und sich Ihnen so entzieht, können Sie ein Spielzeug verwenden, dass an einer Kordel hängt oder es an einer Schleppleine befestigen. Sie können anfangs auch den Hund beim Spiel an die Schleppleine nehmen: So kann er sich nicht Ihrem Einfluss entziehen.

Auf Erkundungstour

Beim Spaziergang bieten sich viele Gelegenheiten, spannende Dinge zu entdecken, wie eine Feder oder einen Ast. „Spielen" Sie erst alleine damit und stellen Sie Ihrem Hund den Gegenstand erst nach einer Weile zur Verfügung, z. B. darf er dann die Feder rupfen oder den Ast nach Hause tragen.

Viele Halter befürchten, dass ihr Hund die Beißhemmung (siehe Seite 135) nicht lernt, wenn er mit Quietschtieren spielt. Bei einem Vierbeiner mit ausreichender Sozialisation ist diese Befürchtung unbegründet: Der Hund kann durchaus zwischen einem Spielzeug (Beute) und seinem Sozialpartner unterscheiden.

Quietschtiere sind beliebte Spielzeuge. Das Quietschen kann aber sehr nerven.

Arbeit, Sport, Spaß

Welche Beschäftigung für einen Hund die richtige ist, hängt neben der rassespezifischen Veranlagung des Tieres auch von seinen individuellen Vorlieben und körperlichen Möglichkeiten ab – jeder Hund ist anders.

Gemeinsame Arbeit schweißt Mensch und Hund zu einem Team zusammen.

Natürlich muss der Mensch ebenfalls Spaß an dieser Aufgabe haben, sonst wird diese nicht lange ausgeübt. Und für einen Hund ist es sehr schade, wenn bei ihm erst der Spaß an einer Beschäftigung gefördert und ihm diese dann wieder weggenommen oder nur einmal im Monat ausgeübt wird.
Viele Hundehalter haben bei der Suche nach der richtigen Beschäftigung für Ihren Vierbeiner neue Hobbys für sich entdeckt, der sie nun mit Leidenschaft nachgehen. Welche Aufgabe Ihren vierbeinigen Gefährten hundgerecht auslastet, können Sie im Austausch mit dem Züchter oder einem Hundetrainer herausfinden. Nachfolgend möchte ich Ihnen einige Beispiele vorstellen, die vielleicht Ihnen und Ihrem Hund viel Freude bereiten.

Der Weg ist das Ziel

Die Freizeitgestaltung mit Hund soll allen Beteiligten Spaß machen. Auch die Teilnahme an Ausstellungen, Hundesport oder Gebrauchsprüfungen ist davon nicht ausgenommen. Ein gutes Maß an Ehrgeiz hilft, anstrengende Herausforderungen zu meistern. Übertriebener Ehrgeiz und das Bestreben, bei Prüfungen, Turnieren oder Hundeshows mit seinem Hund stets als Sieger auf das Podest zu steigen, kann jedoch dazu führen, dass die Freude an der Beschäftigung vergessen wird. Dann bleibt oft der Hund auf der Strecke, dient nur noch als Sportgerät oder Instrument der Selbstdarstellung. Bei der Freizeitgestaltung geht es um die hundgerechte Auslastung des Vierbeiners. Wenn die Aufgabe allen Beteiligten Spaß macht und sie als Team zusammenschweißt – dann ist sie genau richtig. Der Hund hat ein dickes Lob verdient, egal, ob er den ersten Preis gewonnen hat oder wegen eines Patzers oder „mangelnder Schönheit" als letzter aus dem Wettbewerb geht.

Jagdliche Arbeit

Ihr elegantes Aussehen und ihre oft außergewöhnliche Menschenbezogenheit machen Jagdhunde zu beliebten Gefährten, auch für Nichtjäger. So sanft viele dieser Hunde scheinen, sie müssen ihrer Veranlagung entsprechend arbeiten und eine Aufgabe erfüllen. Werden sie zu einem bequemen Leben verurteilt, sind Probleme vorprogrammiert. Ideal ist es natürlich, wenn sie zum Jagdgebrauchshund ausgebildet werden und dieser Beschäftigung regelmäßig nachgehen können. Ansprechpartner dazu finden Sie bei den örtlichen Jagdvereinen. Immer mehr Hundeschulen bieten Kurse zur Jagdhundeausbildung für Nichtjäger an. Dort geht es in der Regel mehr um die anspruchsvolle Beschäftigung dieser intelli-

Rechts: Keine Couchpotatoes: Jagdhunde müssen arbeiten.

genten Hunde als um die Ausbildung möglichst fehlerfrei arbeitender Jagdgefährten.
Nicht alle Halter von Jagdhunden haben aber den Wunsch oder die Möglichkeit, ihren Vierbeiner jagdlich zu führen. Es gibt viele Beschäftigungsmöglichkeiten, die sich von der jagdlichen Arbeit ableiten und dem Hund eine sinnvolle Alternative bieten. Besonders zu nennen sind in diesem Zusammenhang anspruchsvolles Apportieren, die Nasenarbeit und die Ausbildung zum Rettungshund (siehe Seite 180).

Apportieren

Apportieren bedeutet das zielgerichtete Bringen und Übergeben einer Beute oder eines Gegenstandes und ist weit mehr als nur ein Spielchen mit dem Hund. Besonders bekannt dafür sind die Retriever (siehe Seite 34). Diese Wasser- und Apportierhunde hatten ursprünglich die Aufgabe, geschossenes Flugwild zu suchen und zum Jäger zu bringen. Doch auch für andere Jagdhunde war es Bestandteil ihrer Arbeit, die Beute zum Hundeführer zu bringen. Zwar besitzt nicht jeder Hund die ausgeprägte Veranlagung zum Apportieren wie ein Retriever, aber viele Vierbeiner – ob groß oder klein – können zu dieser Beschäftigung angeleitet werden und üben sie mit Freude gemeinsam mit ihrem Menschen aus.
Es muss nicht immer Wild apportiert werden. Das Bringen kann mit Ersatzbeute wie Dummys (Segeltuchsäckchen), Gummi- oder Holzhanteln oder einfach allem, was der Hund im Maul tragen kann, eingeübt werden. Dadurch bietet es zahlreiche hundgerechte Beschäftigungsmöglichkeiten auch für den nichtjagenden Vierbeiner.
Ich empfehle, die Grundlagen des Apportierens gemeinsam mit einem Hundetrainer einzuüben, am besten im Einzelunterricht. So schleichen sich keine Fehler ein und Sie lernen, Ihren Hund richtig anzuleiten und zu unterstützen. Bei Hunden, die die Passion zum Apportieren schon in die Wiege gelegt bekommen haben, können Sie das Training bereits mit einem klassischen Dummy, der eine für den Hund angenehme Größe hat, beginnen. Hunde, die etwas mehr Hilfe benötigen, können Sie für die Sache meist schnell mit einem Futterbeutel begeistern. Diese Beutel besitzen einen Reiß- oder Klettverschluss und werden mit Futter oder Leckerchen gefüllt. Bringt der Hund den Beutel wie gewünscht, darf er sich daraus bedienen. Dadurch ist mein Dackel Paul zu einem echten Such-Hol-und-Bring-Fan geworden, und meine Freundin konnte damit sogar ihrem Whippet Kate das Apportieren beibringen. Viele Hunde können bei entsprechender Anleitung lernen, mit Freude zu apportieren und sind mit Spaß bei der Sache, wenn sie vorher Artgenossen beim Apportieren zugeschaut haben. Besonders interessant wird der Dummy, wenn Sie erst einmal allein damit spielen, diesen hochwerfen, „bewundern" und Ihrem zuschauenden Hund dadurch Begeisterung vermitteln. Doch es gibt Hunde, die mit Apportieren gar nichts am Hut haben, dann muss man sich eben nach einer anderen Beschäftigungsmöglichkeit umsehen.
Am leichtesten lassen sich die Hunde für das Apportieren begeistern, die schon bei ihrer ursprünglichen Aufgabe Beute suchen und bringen mussten. Nach engagiertem Training kann ein Hund sogar lernen, sich durch Zuschauen mehrere Gegenstände zu merken, die in ein Gelände geworfen wurden und dann nacheinander zu holen. Hat der Hund nicht gesehen, wo der Dummy hingefallen ist, oder wurde der Dummy extra versteckt, kann der Mensch dem ausgebildeten Hund mit einem Sichtzeichen die Richtung weisen und ein bestimmtes Gelände absuchen lassen. Wenn Sie diese hohe Schule des Apportierens gemeinsam mit Ihrem Hund erlernen wollen, empfehle ich, sich einem entsprechenden Hundeverein anzuschließen oder einen darauf spezialisierten Hundetrainer aufzusuchen.
Apportieren just for fun: Lassen Sie Ihren Hund absitzen und werfen Sie den Dummy in eine Wiese. Am Anfang des Trainings sollte Ihr Hund den Dummy noch sehen. Der Hund darf erst auf Ihr Kommando

Früh übt sich: Der Retrieverwelpe apportiert eine Plüschente.

Sinnvolles Apportieren

Apportieren hat viele Vorteile:

- Es fördert und festigt die Bindung, weil Sie mit Ihrem Hund etwas zusammen unternehmen.
- Es beschäftigt den Hund körperlich.
- Es verlangt Konzentration, fordert den Hund geistig und ist damit anstrengend, aber sehr befriedigend für den Hund.
- Sie arbeiten in einem festen Regelwerk, trainieren also gleichzeitig den Grundgehorsam und die Erziehung.
- Sie können es überall durchführen, ob auf dem Hundeplatz, beim Spaziergang oder in der Wohnung.
- Sie brauchen dazu keine große Ausrüstung, sondern lediglich den zu apportierenden Gegenstand und ggf. Belohnungsleckerchen.
- Sie können die Apportierarbeit variieren, vermeiden dadurch immer gleiche Handlungsabläufe und können es so spannend halten.
- Sie können das Apportieren individuell an die Lernfähigkeit, den Leistungsstand und die Tagesform des Hundes anpassen und bekommen dadurch schnell Erfolgserlebnisse.
- Alte oder bewegungseingeschränkte Hunde können Sie den Dummy einfach tragen lassen.
- Hunde, die leicht in einen hohen Erregungszustand geraten, werden durch die Arbeit gezwungen, sich zu konzentrieren und finden dadurch leichter zur Ausgeglichenheit.
- Unsichere Hunde gewinnen durch die Arbeit mit ihrem Menschen und die Erfolgserlebnisse an Sicherheit.

loslaufen, um den Dummy zu holen.

Verstecken Sie einen Dummy, damit Ihr Hund diesen suchen muss – dies ist besonders geeignet für Hunde, sich rasch in einen hohen Erregungszustand geraten. Für fortgeschrittene Hunde können Sie den Dummy auch auf einem Baumstumpf, auf einer Bank oder für den Hund noch erreichbar in einer Astgabelung platzieren.

Nasenarbeit

Besonders für Jagdhunde ist eine gute Nase von jeher Voraussetzung für ihre Arbeit, doch auch für die restlichen Artgenossen ist sie das wichtigste Sinnesorgan. Ein Vierbeiner braucht keine jagdlich geführten Vorfahren, damit seine Nase in Höchstform kommt, das zeigen all die Nichtjagdhunde, die bei Polizei, Grenzschutz oder im Rettungsdienst eingesetzt werden. Denn neben der individuellen Veranlagung ist dazu auch Training notwendig. Das Erschnüffeln von Informationen erfordert vom Hund volle Konzentration (siehe Seite 41). Nach einer halben Stunde Nasenarbeit ist ein durchschnittlicher Hund in der Regel wirklich müde, nach einem einstündigen Spaziergang noch lange nicht.

Ob Sie mit Ihrem Hund entsprechend seiner Rasse

Fährtenarbeit erfordert vom Hund viel Konzentration.

jagdlich arbeiten und sich dazu einem Verein anschließen oder ihn zum Spaß schnüffeln lassen wollen: Es gibt viele Möglichkeiten, die Nase des Hundes gezielt zu fordern. Auch hier empfehle ich wieder die Anleitung durch einen Trainer, um die Grundlagen zu lernen oder den fortgeschrittenen Hund zu fordern.

Möglichkeiten der Nasenarbeit

Fährten legen: Legen Sie eine Spur aus Leckerchen oder Trockenfutter. Machen Sie dabei kleine Schritte und legen Sie bei jedem zweiten Schritt einen Happen auf den Boden. Am Zielpunkt platzieren Sie eine größere Portion – den Jackpot. Gehen Sie auf dieser Spur wieder zurück. Anfangs darf der Hund dabei zuschauen. Führen Sie ihn nun zum Startpunkt und fordern Sie ihn mit dem Wort „Such!" auf, der Spur zu folgen. Wundern Sie sich nicht, wenn der Hund immer wieder etwas von der direkten Spur abweicht und die Brocken nur über einen Umweg findet. Der Hund orientiert sich an den Duftmolekülen des Futters, und diese werden vom Wind weggetragen. Die Bestätigung seines Handelns bekommt der Hund durch das gefundene Futter, trotzdem sollten Sie ihn immer wieder für seine Leistung loben. Mit fortschreitendem Training können Sie die Abstände der Leckerchen immer weiter vergrößern. Ziel ist es, dass sich der Hund an Ihrer Spur orientiert, um die Belohnung zu finden.

Variante 1: Abgeleitet vom Schleppe-legen der Jäger, die dazu totes Wild über eine Wiese ziehen, können Sie den Futterbeutel oder einen anderen Gegenstand an einem Seil über den Boden ziehen und den Hund suchen lassen.

Variante 2 für Fortgeschrittene: Bei der Verloren-Suche soll der Hund einen beliebigen Gegenstand finden, der Ihren Geruch trägt. Ziel soll es sein, dass der Hund z. B. den Schlüsselbund findet, den Sie beim Spaziergang verloren haben. Dazu muss er auf Ihre Anweisung hin eigenständig Ihrer Spur zurück folgen, den Gegenstand finden und zu Ihnen bringen. Das können Sie einüben, indem Sie beim Spaziergang den Futterbeutel einfach fallen lassen – Ihr Hund sollte das sehen. Er darf den Beutel nicht sofort holen, sondern erst, wenn er ruhig an Ihrer Seite weiterläuft – was sehr anstrengend für den Hund und gleichzeitig eine gute Konzentrationsübung ist. Dann schicken Sie ihn mit dem Wort „Such!" los. Funktioniert das gut, können Sie den Hund auch losschicken, wenn er nicht mitbekommen hat, dass Sie etwas zu Boden haben fallen lassen. War er erfolgreich, sind natürlich ein dickes Lob und ein Happen aus dem Beutel fällig. Nun können Sie den Abstand zwischen Gegenstand und Hund immer weiter vergrößern. Variieren Sie das Training, indem Sie andere Dinge fallen lassen, z. B. einen Handschuh, den Ihr Hund suchen und bringen soll. Hat er dies getan, wird er sehr gelobt und bekommt ein besonderes Leckerchen.

Es gibt zahlreiche Möglichkeiten, die Nasenarbeit an die individuellen Gegebenheiten und den Leistungsstand des Hundes anzupassen, die Suchobjekte und das Gelände zu variieren und die Sache dadurch immer wieder interessant zu gestalten.

Sportlich, sportlich

Wenn Sie mit Ihrem Hund Sport treiben wollen, bei dem Ausdauer, schnelle, wendige Bewegungen oder Sprünge verlangt werden, sollten Sie ihn vorher dem Tierarzt vorstellen. Er kann Herz, Kreislauf, Gelenke und Wirbelsäule untersuchen und feststellen, ob Bedenken gegen die Ausübung der gewünschten Sportart bestehen. Besonders junge, alte oder Hunde mit Gelenk- oder Wirbelsäulenerkrankungen sollten keine Sportarten ausüben bzw. Bewegungen (z. B. hohe Sprünge, abruptes Stoppen) ausführen müssen, die die Gelenke sehr belasten. Für Hunde mit anatomischen Besonderheiten muss ein geeigneter und nicht belastender Sport gefunden werden, z. B. Dackel und Basset mit ihrem langen Rücken dürfen nicht viel springen. Ist Ihr Hund ein hochtrainierter Leistungssportler, dürfen Sie ihn nicht zu rasch aus dem Training nehmen, falls er den Sport nicht mehr ausüben soll oder kann. Der Grad der sportlichen Aktivität sollte nach Möglichkeit langsam auf ein normales Maß reduziert werden, ggf. durch geeignetere Bewegungsabläufe. Bieten Sie dann vermehrt Kopfarbeit als Ausgleich an.

Hund als Begleiter am Fahrrad, beim Joggen oder Skaten

Die Begleitung am Fahrrad etc. ist eine gute Möglichkeit zur gezielten Steigerung der Kondition oder Befriedigung des Bewegungsbedürfnisses. Allerdings wird dieses Lauftraining für Hunde in meinen Augen von vielen Hundehaltern überbewertet. Der Vierbeiner bekommt damit zwar Bewegung (was auch wichtig ist), läuft aber ansonsten eintönig neben seinem Menschen her, hat keine Möglichkeit zu schnuppern oder seinen Kopf in anderer Weise anzustrengen. Die Kondition des Hundes wird immer mehr gesteigert und sein Bewegungsbedürfnis erhöht sich. Und dann wundern sich viele Halter, dass ihr Hund nach drei Stunden Fahrradtour immer noch nicht müde ist. Begleitet der Hund seinen Menschen am Fahrrad, beim Joggen oder Skaten, kann das eine gute Bewegungsmöglichkeit sein, sofern es hundgerecht ist. Beachten Sie dabei folgende Dinge:

- Gewöhnen Sie Ihren Hund an das Fahrrad, indem Sie es schieben und er neben Ihnen herläuft.
- Fahren Sie anfangs kurze gerade Strecken und erst dann Kurven.
- Achten Sie auf die Außentemperatur. Lassen Sie Ihren Hund in der heißen Jahreszeit nicht in der Mittagshitze laufen, sondern verlegen Sie den Sport dann in die frühen Morgen- oder späten Abendstunden.
- Nehmen Sie immer einen Napf und ausreichend Trinkwasser für Ihren Hund mit und bieten Sie ihm zwischendurch die Gelegenheit, zu trinken.
- Legen Sie nach ca. einer Viertelstunde schnellen Laufens eine Pause ein. Geben Sie dem Hund die Gelegenheit, sich auszuruhen, spielen Sie mit ihm und gehen Sie zusammen zehn Minuten langsam weiter, damit der Hund die Möglichkeit hat, ausgiebig zu schnuppern – am besten frei laufend.
- Legen Sie eine Pause ein oder fahren sie langsamer, wenn Sie bemerken, dass Ihr Hund Schwierigkeiten hat, Ihr Tempo zu halten.
- Fahren Sie nicht nur auf asphaltierten oder betonierten Wegen, sondern der Abwechslung und den Hundegelenken zuliebe auch auf weicheren Wald- und Wiesenwegen.

Soll der Hund hüten, muss er es nach allen Regeln der Kunst lernen und regelmäßig ausüben.

Hütearbeit

Hütehunde werden als Familiengefährten immer beliebter. Sie gelten als leicht zu erziehen und zeichnen sich durch eine leichte Führigkeit aus. Soweit die Theorie. Doch in der Praxis sind viele Halter mit ihren Hütehunden überfordert, nicht nur der so populäre Border Collie erweist sich oft als Herausforderung. Diese Powerpakete brauchen die Arbeit fast so dringend wie die Luft zum Atmen. Können sie ihre Hüteveranlagung nicht ausleben oder steht keine ausreichende alternative Beschäftigungsmöglichkeit zur Verfügung, entwickeln viele Hunden bei mangelnder Auslastung unerwünschtes Verhalten. Deswegen ist es so wichtig, diesen Tieren eine Arbeit zu geben, die sie fordert. Am besten eignet sich dabei die Hütearbeit, die man bei vielen Vereinen oder spezialisierten Trainern mit seinem Vierbeiner ausüben kann und unbedingt dort erlernen sollte, bevor der Hund hüten darf. Viele Hütehundhalter sind durch ihre vierbeinigen Hausgenossen zu Hobbyschäfern geworden. Wichtig bei der Arbeit mit Schafen oder anderen zu hütenden Tieren ist, dass der Hund einen guten Grundgehorsam besitzt und nicht nur gelegentlich zum Spaß auf die Tiere losgelassen wird. Denn ein untrainierter Hund wird Schafe und andere Tiere derart hektisch hüten und treiben, dass den Tieren nicht zu rechtfertigende Leiden zugefügt werden. Hütearbeit ist sehr zeitintensiv und erfordert vom Halter viel Engagement. Alternativen können Agility, Obedience oder Dog Dancing sein, doch längst nicht alle Hütehunde geben sich damit zufrieden.

Teamarbeit in Perfektion – Dog Dancing lässt sich an fast jedem Ort trainieren.

Dog Dancing

Harmonie von Mensch und Hund ist hier das Zauberwort. Zwei- und Vierbeiner üben zu ausgewählter Musik eine Tanznummer ein und müssen dabei eine perfekt aufeinander abgestimmte Fußarbeit zeigen. Meist werden eindrucksvolle Elemente in die Kür eingebaut, wie Laufen einer Acht oder eines Slaloms durch die Beine, Springen durch die Arme oder über ein Bein, seitwärts- oder rückwärts gehen oder auf dem Boden robben. Es gibt zahlreiche Möglichkeiten, wie solch eine Tanznummer eingeübt und variiert werden kann. Könner bringen es dabei zur Turnierreife, doch auch für den weniger ambitionierten Hundehalter bietet Dog Dancing eine gute Beschäftigungsmöglichkeit für seinen Vierbeiner, die gleichzeitig die Beziehung fördert, durch das selbst auferlegte Regelwerk den Gehorsam festigt, und die Musik gute Laune macht. Das am häufigsten benutzte Hilfsmittel zum Einüben der verschiedenen Elemente ist der Clicker (siehe Seite 138).

Angepasst an die Anatomie, das Alter und den Gesundheitszustand kann eine solche Kür ganz auf die Fähigkeiten des Hundes abgestimmt werden, es müssen ja nicht immer Sprünge oder starke Biegungen gezeigt werden (siehe Seite 167). Ein Hund, der für eine Magendrehung anfällig ist, muss sich nicht auf dem Boden rollen. Das Praktische: Die Elemente können ohne Ausrüstung überall trainiert werden: im Garten, beim Spaziergang oder in der Wohnung.

Agility

Gemeinsam müssen Mensch und Hund einen Parcours durchlaufen. Der Mensch lenkt den Hund dabei über und durch die Hindernisse. Diese sind Hürden, Mauer, Viadukt, Tisch, fester und Stofftunnel, Slalom, Laufsteg, Wippe, Schrägwand, Reifen, Weitsprung. Wichtiger als Schnelligkeit ist das möglichst fehlerfreie Bewältigen der Hindernisse. Erst bei Punktgleichheit wird die Zeit zur Wertung herangezogen.

Gehorsam ist Voraussetzung, deswegen sollte der Hund auch die bei der Begleithundeprüfung verlangten Übungen beherrschen. Es gibt verschiedene Klassen, in die der Hund nach Größe und Leistungsstand eingeteilt wird. Für die Teilnahme an Wettbewerben muss ein Hund ein Alter von 18 Monaten haben. Nur eingespielte Mensch-Hund-Teams bringen es zur Turnierreife. Wenn Sie Interesse an dieser Sportart haben, sollten Sie sich an einen Hundesportverein oder eine Hundeschule mit entsprechendem Angebot wenden.
Alternativen: Für Hunde mit gesundheitlichen Einschränkungen, wie Erkrankungen des Bewegungs- oder Stützapparates, bieten sich nicht alle Hindernisse an bzw. müssen an den Hund angepasst werden. Es gibt Vereine und Hundeschulen, die abgespeckte Spaßvarianten anbieten, darunter fallen auch Mobility, Degility und die vom Deutschen-Pudel-Klub entwickelte Mobyclass.

Turnierhundesport

Er wird als Leichtathletik für den Hund bezeichnet und beinhaltet verschiedene Sportarten. Der Hundehalter kann wählen zwischen Geländelauf, Hürden-, Slalom- und Hindernislauf sowie dem Combinations-Speed-Cup (CSC) und dem Qualifikations-Speed-Cup (QSC), bei dem Hundeführer und Hund gegen andere Teams antreten und möglichst schnell einen Hindernisparcours durchlaufen müssen. Der Vierkampf besteht aus Gehorsamsübungen und Hürden-, Slalom- und Hindernislauf. Trainingskurse werden in dhv-Hundevereinen angeboten (siehe Seite 267).

Vielseitigkeitssport

Hier werden verschiedene Talente des Hundes gefordert. Zu einer Vielseitigkeitsprüfung gehören die Begleithundprüfung, die Unterordnung, der Schutzdienst und die Fährtenarbeit. Vielseitigkeitssport und -prüfungen werden in zahlreichen Vereinen auf Regionalebene angeboten.

Obedience

Dies ist die hohe Schule des Gehorsams und der Unterordnung. Neben klassischen Elementen des Grundgehorsams sind u. a. auch der Umgang des Menschen mit seinem Hund, Apportieren, Nasenarbeit und Distanzübungen Bestandteil der Prüfungen. Zahlreiche Hundevereine bereiten die Mensch-Hund-Teams darauf vor. Obedience fordert vom Hund volle Konzentration und die gemeinsame Arbeit wirkt sich positiv auf die Beziehung von Mensch und Hund aus. Auch körperlich nicht mehr ganz so fitte Vierbeiner können bei dieser Sportart noch beweisen, zu welchen Leistungen sie fähig sind.

Linke Seite: Viele Agility-Hindernisse lassen sich ohne großen Aufwand im Garten aufbauen.

Leicht erregbare Hunde

Hunde, die sehr leicht in einen hohen Erregungszustand geraten, können durch schnelle Sportarten wie Agility, Flyball und Frisbee noch weiter aufgeputscht werden und beruhigen sich dann nur sehr schwer wieder. Möchte man mit einem solchen Vierbeiner trotzdem eine dieser Sportarten ausüben, sollte man die Sache besser langsamer angehen, nur zum Spaß ohne Leistungsdruck trainieren und den Erregungszustand des Hundes durch viele Pausen, Ablegen und andere ruhige Übungen oder Aufgaben, die viel Konzentration erfordern, wieder senken. Bessere Beschäftigungsmöglichkeiten für solche Hunde sind jedoch die konzentrationsintensive Nasenarbeit und das anspruchsvolle Apportieren.

Der kleine Terrier ist voll konzentriert bei der Sache.

Begleithundeprüfung/Team-Test

In diesen Prüfungen werden der Grundgehorsam, das Zusammenspiel von Mensch und Hund und die Lenkbarkeit und Sozialverträglichkeit des Hundes auch bei Ablenkung getestet. Die Begleithundeprüfung ist Voraussetzung für die Teilnahme an vielen Hundesportprüfungen. Vorbereitungskurse werden in dem VDH angehörigen Hundevereinen und in zahlreichen Hundeschulen angeboten.

Flyball

Der Hund läuft auf Zeichen des Halters über eine Strecke mit vier Hürden, betätigt mit einer Pfote den Hebel der Maschine, die den Ball auswirft, fängt den Ball und läuft mit diesem über die Hürdenstrecke an den Start zurück.
Bei einem Turnier treten jeweils zwei Mannschaften mit vier Hunden gegeneinander an, dazu werden zwei Hürdenstrecken und Wurfmaschinen aufgestellt. Wie bei einem Staffellauf startet der Hund einer Mannschaft, holt den Ball, und wenn er das Ziel erreicht hat, läuft der nächste Hund los. Die Mannschaft mit der besten Zeit hat gewonnen. Flyball ist ein sehr schneller Sport mit vielen Sprüngen und deswegen nicht für Hunde mit Gelenk- oder Wirbelsäulenerkrankungen geeignet.

Frisbee mit dem Hund

Mit dem Hund Frisbee zu spielen entwickelt sich zu einer regelrechten Trendsportart, bei der es schon lange nicht mehr nur um das Werfen und Fangen der Scheibe geht, sondern ganze Küren mit gekonnten Sprüngen eingeübt und internationale Turniere abgehalten werden. Infos dazu gibt es bei immer mehr Hundesportvereinen und Hundeschulen. Wer es nicht ganz so professionell haben möchte, kann natürlich auch nach wie vor seinen Hund einfach nach dem Frisbee springen lassen. Dabei sollte man spezielle, für Hunde geeignete Frisbeescheiben verwenden, die es im Zoofachhandel gibt. Tabu ist diese Sportart jedoch für Hunde mit Problemen des Bewegungs- und Stützapparates. Auch übergewichtige Hunde und Tiere mit einer erhöhten Wahrscheinlichkeit einer Magendrehung (siehe Seite 248) sollten besser anderweitig beschäftigt werden.

Schlittenhundesport

Als Gefährte des Menschen wurde der Hund im Laufe der Jahrtausende für die verschiedensten Zwecke eingespannt – im wahrsten Sinne des Wortes. Er half dem Menschen, schwere Lasten über weite Strecken und auch in unwirtlichen Regionen zu transportieren. Aus dieser „Dienstleistung“ hat sich ein Sport entwi-

Der Leithund vorne setzt die Hörsignale des Mushers um, z. B. Richtungswechsel.

Dem falschen Hasen hinterher: Atemberaubende Geschwindigkeit beim Windhundrennen.

ckelt, der weltweit viele Anhänger hat. Traditionell werden die nordischen Hunde (Siberian Husky, Alaskan Malamute, Grönlandhund und Samojede) zum Ziehen von Schlitten eingesetzt.
Mittlerweile haben sich aber auch andere Hunde etabliert, wie Alaskan Husky, Europäischer Schlittenhund oder Scandinavian Hound. Sie sind Mischungen verschiedener Rassen (z. B. verschiedene Vorstehhunde mit Huskys) und wurden nur nach ihrer Leistungsfähigkeit gezüchtet, daher weichen sie in ihrem Erscheinungsbild teils erheblich voneinander ab.
Bei den Rennen werden die Hunde in verschiedene Klassen unterteilt, die einerseits von der Distanz bestimmt werden, andererseits von der Anzahl der vorgespannten Hunde. In der Regel führt ein Musher (Schlittenhundeführer) zwei bis acht Hunde, es gibt aber auch Schlitten mit nur einem Hund und die sogenannte Königsklasse mit einer unbegrenzten Anzahl von Hunden. Bei Schneemangel kann man auch mit einem speziellen Wagen statt mit einem Schlitten trainieren.
Variationen des traditionellen Schlittenhundesports sind das Skijöring, wobei der Musher sich auf Skiern von zwei Hunden ziehen lässt, das Pulkaskiing, wo noch ein Gleitschlitten dazwischen gespannt ist oder das relativ neue Velojöring, wobei ein bis zwei Hunde vor ein Fahrrad gespannt werden. Es gibt mehrere Vereine, die sich dem Schlittenhundesport verschrieben haben. Adressen erhält man bei den Rassevereinen der nordischen Hunde.

Windhundsport

Windhunde sind Hetzhunde und legen relativ kurze Strecken mit hoher Geschwindigkeit zurück. Ausgelegt auf diese Veranlagung gibt es zwei Sportarten für diese eleganten Vierbeiner: Rennen und Coursing. Je nach Rasse werden die Hunde ab einem Alter von 15 bzw. 18 Monaten zugelassen, sofern sie unter anderem im Besitz einer Renn- bzw. Coursinglizenz sind.
Bei einem Rennen laufen die Windhunde auf einer speziellen Bahn dem von einer Maschine gezogenen falschen Hasen hinterher und können dabei atemberaubende Geschwindigkeiten erreichen. Die größeren Rassen laufen meist auf einer Bahnlänge von 480 m (Längen von 200 m bis 900 m sind erlaubt). Whippets und Italienische Windspiele legen Distanzen von

Ruhepausen sind wichtig

Bei dem Bemühen, dem Hund ausreichend Beschäftigung zu bieten, muss man auch berücksichtigen, dass er Ruhepausen braucht. Sie müssen Ihren Vierbeiner nicht in Vollzeit bespaßen und Unterhaltung bieten, damit er ausgelastet ist. Zu viel des Guten kann dazu führen, dass ein Hund keine Ruhe mehr findet und ständig unter Anspannung und Stress steht – nicht immer ist unruhiges und nervöses Verhalten ein Zeichen von Unterforderung, sondern kann auch Überforderung ausdrücken. Finden Sie das richtige Beschäftigungsmaß für Ihren Hund. Wenn Sie sich dabei unsicher sind, können Sie sich von einem guten Hundetrainer beraten lassen.

maximal 400 m zurück. Während in Großbritannien und Irland der Rennbetrieb kommerzialisiert ist (mit schlimmen Folgen für die Hunde), sind Windhundrennen bei uns reine Amateurveranstaltungen für ambitionierte Halter, die ihrem Hund eine rassetypische Beschäftigung bieten wollen. Wer nicht nach Pokalen strebt, kann seinen Hund auch nur an den regelmäßig in den Rennvereinen stattfindenden Trainings teilnehmen lassen.
Beim Coursing verfolgen zwei Hunde querfeldein über einen Parcours die Hasenattrappe. Hier zählt nicht nur die Geschwindigkeit: Auch das Jagdverhalten des Hundes, seine Intelligenz bei der Bewältigung des Parcours und der Verfolgung der Beute, seine Geschicklichkeit und Wendigkeit sowie seine Kondition werden bewertet.

Spaß im Wasser

Für wasserfreudige Hunde gibt es viele Beschäftigungsmöglichkeiten im kühlen Nass. Aus der Retrieverszene ist das Apportieren von Beute oder Dummys aus dem Wasser schon lange bekannt, auch viele andere Hunde üben dies mit Leidenschaft aus. Schwimmen fördert die Ausdauer und ist eine schonende Sportart für Vierbeiner mit Gelenk- und Wirbelsäulenproblemen. Gerade große und schwere Hunde zeigen im Wasser oft eine unerwartet große Agilität: Das Wasser trägt einen Teil ihres Gewichts, und das nasse Element hilft bei der Regulierung der Körpertemperatur. Ein großer Spaß ist es für zahlreiche Hunde, wenn Leckerchen im flachen Wasser versteckt werden und sie diese planschend oder mit untergetauchter Nase herausfischen.

Erfrischend: Baden macht vielen Hunden Spaß.

In letzter Zeit wird die Wasserarbeit immer populärer. In der Ausbildung lernen die Hunde dabei die gleichen Elemente wie bei der Wasserrettungsarbeit. Doch im Gegensatz zu Ländern wie Frankreich und Spanien werden die Hunde bei uns nicht selbst als Retter eingesetzt. Ziel der Wasserarbeit ist es vielmehr, den Hund sinnvoll und mit Freude zu beschäftigen, dazu gehören das Bringen von Rettungsreifen und Schwimmwesten sowie das Ziehen von Booten oder Surfbrettern – der Hund ist Helfer. Häufig sieht man dabei Hunde der Rassen Neufundländer und Landseer, wurden sie doch eigens für die Arbeit im Wasser gezüchtet. Doch auch andere Vierbeiner können sich im kühlen Nass beweisen, vom kleinen Terrier bis hin zu den ganz großen Artgenossen. Solange der Vierbeiner Freude am feuchten Element hat und für Aufgaben geschult und eingeplant wird, die seinem Leistungsvermögen entsprechen, kann jeder Hund zur Wasserarbeit ausgebildet werden.

Beschäftigung in der Wohnung

Ob wegen des schlechten Wetters, eingeschränkter Bewegungsfähigkeit des Hundes oder einfach nur als kleines Intermezzo für zwischendurch, es gibt viele Gründe, mit dem Vierbeiner in der Wohnung aktiv zu sein. Neben Futterspielen (siehe Seite 207) gibt es weitere Möglichkeiten. Hier einige Beispiele:

Indoor-Agilityparcours: Aus Kartons und einem Besenstiel können Sie Hürden zum Drüberspringen bauen und im Zoofachhandel gibt es Tunnel zum Durchkriechen, die sich bei Nichtgebrauch Platz sparend in einer Ecke verstauen lassen. Auf dem Boden aufgestellte Kunststoffflaschen dienen als Slalomhindernisse für kleine Hunde.

Suchspiele: Such- und Apportierspiele eignen sich hervorragend für die Wohnung. Verstecken Sie Spielzeug, einen Dummy oder Futterbeutel in einem anderen Zimmer, der Hund muss es suchen und bringen. Kinder haben großen Spaß daran, wenn sie sich verstecken und vom Vierbeiner suchen lassen.

Tricks lernen: Kein Hund muss Kunststückchen lernen, doch der Effekt ist der Gleiche wie beim „ernsten

Hand drauf: Tricks zu lernen ist für Hunde kein Muss, macht vielen aber Spaß. Am wichtigsten dabei ist, dass der Mensch sich mit seinem tierischen Freund beschäftigt und der Hund Bestätigung erhält.

Lernen“ – Sie beschäftigen sich mit dem Hund, und für richtig ausgeführte Übungen gibt es Lob und Bestätigung. Pfote geben, auf die Seite fallen, mit der Pfote an die Nase fassen, Männchen machen, sich im Kreis drehen, sich auf dem Boden rollen oder ein zugeworfenes Leckerchen oder Spielzeug in der Luft zu fangen – all das sind nur einige Beispiele, wie Sie Ihren Hund zum Trickdog machen können. Berücksichtigen Sie dabei aber immer die körperlichen Möglichkeiten Ihres Hundes (siehe Seite 167).

Helfer im Haushalt: Ihr Hund kann sich auch im Haushalt nützlich machen, und das geht weit über das Tragen der Morgenzeitung hinaus. Er kann Ihnen z. B. auf Aufforderung die Schuhe oder die Leine bringen, seine Spielzeuge in eine Kiste räumen, die Bettdecke gerade ziehen, indem er an den Zipfeln zerrt oder die Wäsche in den Korb tragen bzw. in die Waschmaschine stecken. Ihr Hund wird sich mit Freude an diesen alltäglichen Aktivitäten beteiligen.

Ausflüge mit dem Hund

Zusammen mit Frauchen, Herrchen oder der ganzen Familie unterwegs sein, Freunde besuchen, einen Stadtbummel machen, brav im Restaurant liegen, Neues sehen und erleben, all das fordert die Sinne und die kleinen grauen Zellen des Hundes. Viele Hundes fallen nach so einem aufregenden Tag erschöpft ins Körbchen, schlafen fest und lange und haben dabei aufregende Träume. Natürlich machen diese Ausflüge weder körperliche noch geistige Beschäftigung überflüssig, doch sie bieten Abwechslung auf einer ganz anderen Ebene – durch neue Eindrücke. Das Schöne daran: Der Hund ist mit Ihnen zusammen und Sie erleben etwas gemeinsam. Unternehmungen mit dem tierischen Gefährten sollten immer gut vorbereitet sein (siehe Seite 98). Wird der Trubel zu groß, sollten Sie Ihrem Hund zwischendurch eine Auszeit gönnen und ihn z. B. für eine Weile im Auto unterbringen. Je öfter Sie Ihren Vierbeiner unter Berücksichtigung seiner Bedürfnisse mitnehmen, desto mehr Freude werden Sie beide daran haben.

Fast wie Kino: Diese französische Bulldogge beobachtet das Treiben auf dem Flohmarkt.

Ein Ausflug macht durstig: Nehmen Sie immer Wasser für den Hund mit.

Urlaubszeit

Für viele Menschen sind die Ferien die wertvollsten Wochen des Jahres. Fern vom Alltagsstress bietet sich die Gelegenheit, sich ganz auf die Dinge zu konzentrieren, die Spaß machen. Jeder setzt dabei andere Schwerpunkte, genießt z. B. Ruhe und Entspannung, treibt Sport oder macht sich auf kulturelle Entdeckungsreisen. Art und Ort Ihres Urlaubs sind wichtige Kriterien für die Entscheidung, ob der Hund mit auf die Reise geht oder besser zu Hause bleibt.

Verreisen mit Hund

Viele Hundehalter wollen auch während der Urlaubsreise ihren tierischen Gefährten an ihrer Seite haben. Soll der Hund Sie in die Ferien begleiten, müssen Sie dies vorbereiten. Achten Sie dabei auf folgende Punkte:

Einreisebestimmungen: Für die Einreise in die meisten europäischen Länder genügt der EU-Heimtierausweis mit dem Nachweis der gültigen Tollwutimpfung. Zudem muss der Hund gekennzeichnet sein (siehe Seite 178). Diese Kennzeichnungsnummer muss auch im Heimtierausweis eingetragen sein. Für Reisen nach Großbritannien, Irland, Malta und Schweden wurden weitergehende Bestimmungen erlassen und auch für die Einreise nach Finnland und in einige andere EU-Länder müssen besondere Bestimmungen beachtet werden. Die Einreise von Welpen mit einem Alter unter drei Monaten sowie die Mitnahme von Hunden in Nicht-EU-Länder wird je nach Land individuell geregelt. Auch für Hunde bestimmter Rassen können besondere Regelungen gelten. Vor einer Auslandsreise sollten Sie sich frühzeitig beim Tierarzt oder der Botschaft bzw. dem Konsulat des Ziellandes und möglicher Transitländer über die für Hunde geltenden Einreisebestimmungen zu erkundigen. Je nach Land nimmt die Reisevorbereitung mehrere Monate in Anspruch.

Der Urlaub mit Hund muss gut geplant werden.

Gesundheit: Erkundigen Sie sich bei Ihrem Tierarzt, ob es besondere Krankheitsgefährdungen für Ihren Hund im Reise- oder Transitland gibt und was Sie tun können, um ihn davor zu schützen. Eventuell sind besondere Impfungen oder spezielle Schutzmaßnahmen gegen Parasiten notwendig (siehe Seite 230). Besprechen Sie mit dem Tierarzt, ob es sinnvoll ist, die Erste-Hilfe-Ausrüstung und die Notfallapotheke für den Hund je nach Reiseland durch weitere Medikamente zu ergänzen. Informieren Sie sich schon bei der Buchung oder spätestens direkt nach der Anreise, wo Sie den nächsten Tierarzt in Ihrem Urlaubsort finden, damit Sie im Notfall keine wertvolle Zeit mit Suchen verlieren.

Urlaubsort und Unterbringung: Wird auch Ihr Hund sich am Urlaubsort und in der Unterkunft wohl fühlen? Ist er dort ein gern gesehener Gast? Gibt es ausreichend Gelegenheiten für Spaziergänge? Darf der Hund auch ohne Leine laufen? In einigen Urlaubsorten ist der Freilauf nur in bestimmten Zeiten oder an bestimmten Orten erlaubt, z. B. an manchen Stränden von Oktober bis März, einige Strandabschnitte dürfen von Hunden überhaupt nicht betreten werden. Ist der Hund im Hotel oder in der Pension willkommen? Klären Sie auf jeden Fall schon vor der Buchung ab, dass Sie mit einem oder mehreren Hunden anreisen werden. Dürfen Hunde sich auch im Restaurant aufhalten oder müssen sie

mit Hund

während des Essens im Zimmer oder im Auto bleiben? Manche Hotels verlangen eine zusätzliche Tagespauschale für vierbeinige Bewohner. Beliebte Alternativen zu Hotels und Pensionen sind Ferienhäuser oder Ferienwohnungen. Dort können Sie sich häuslich mit Ihrem Hund einrichten, und besonders in Ferienhäusern fühlen sich auch die Nachbarn nicht von bellfreudigen Tieren gestört. Bedenken Sie bitte, dass Ihr und das Verhalten Ihres Hundes die Weichen stellt, ob auch andere Hundehalter noch in den Genuss dieser Unterkunft kommen werden. Stellen Sie deswegen sicher, dass Sie die großen Geschäfte entsorgen, die Ihr Vierbeiner in der Nähe Ihres Urlaubsdomizils hinterlässt (natürlich auch in Ortschaften und z. B. am Strand), Polster, Teppiche und andere Textilien nicht verschmutzt werden bzw. Sie für Schäden aufkommen, die durch den vierbeinigen Urlaubsgast entstehen, und die Unterkunft bei Ihrer Abreise sauber verlassen wird.

Per Auto, Flugzeug oder Bahn?

Die beste Reisemöglichkeit mit dem Hund ist sicher das Auto. Ihr Hund ist diese Art unterwegs zu sein gewohnt, Sie bleiben flexibel und können eine Pause einlegen, wann Ihnen danach ist. Sie müssen lediglich die Punkte beachten, die grundsätzlich für Autofahrten mit Hund gelten (siehe Seite 90).
Unterwegs mit dem Zug ist die Mitnahme kleiner Hunde als Handgepäck in einer Transportbox kostenfrei (Hunde bis zur Größe einer Hauskatze). Alle Hunde, die größer sind, müssen während der Reise angeleint sein und einen Maulkorb tragen, lediglich Blinden- und Assistenzhunde sind davon befreit. Für die größeren Hunde muss meist der Kinderfahrpreis gezahlt werden (entsprechend Kindern von 6 bis unter 15 Jahren). Bei Internationalen Fahrten ist für alle Hunde in der Regel der Kinderfahrpreis zu entrichten. Erkundigen Sie sich frühzeitig bei der Bahn nach den Voraussetzungen und Bedingungen für Reisen mit dem Hund, da je nach Verbindung auch Sonderregeln gelten können. Bedenken Sie, dass für Ihren Vierbeiner keine Sitzplatzreservierung möglich ist.

Hundegepäck

Am besten notieren Sie sich auf einer Liste alles, was Sie während Ihrer Reise für Ihren Hund brauchen. In das Gepäck gehören:

- EU-Heimtierausweis, ggf. notwendige Gesundheitszeugnisse und weitere Einreiseunterlagen
- Näpfe
- Halsband/Geschirr
- Leine
- Ggf. Schleppleine, Hundepfeife und andere Ausbildungshilfsmittel
- Gewohntes Futter
- Leckerchen
- Kauknochen
- Spielzeug
- Hundedecke oder Hundekorb (ggf. zusätzliche Decken und Laken, um Sessel und Sofa in der Unterkunft hundesicher abzudecken)
- Handtücher zum Abtrocknen
- Kottüten
- Zeckenentferner
- Hundeshampoo, Bürste, Kamm, Schere und Pinzette
- Evtl. Sonnenschutzmittel
- Erste-Hilfe-Ausrüstung und Notfallapotheke für den Hund
- Medikamente, die der Hund ggf. regelmäßig einnehmen muss oder im Notfall benötigt
- Je nach Reiseland Medikamente und Insektenabwehrmittel nach Absprache mit dem Tierarzt
- Evtl. Maulkorb (in einigen Ländern Vorschrift, z. B. bei der Benutzung öffentlicher Verkehrsmittel)

Eine Flugreise kann für einen Hund mit großem Stress verbunden sein, besonders wenn das Tier im Gepäckraum in einer Transportbox mitfliegt. In der Regel dürfen nur kleine Hunde mit einem Gewicht bis zu 5 kg in einer stabilen Box als Handgepäck in der Passagierkabine reisen. Deswegen sollte man es sich überlegen, ob der Hund dann mit in die Ferien fliegt oder besser zu Hause bleibt. Meist wird empfohlen, dies einem Hund (besonders einem, der im Gepäckraum reisen muss oder bei einer langen Flugreise) erst ab einer Reisedauer von vier Wochen zuzumuten. Bei sehr unsicheren, nervösen, kranken oder alten Hunden würde ich grundsätzlich davon Abstand nehmen.
Fliegt der Hund mit, sollten Sie frühzeitig buchen und sich nach den Transportbestimmungen für Tiere bei der jeweiligen Fluglinie erkundigen. Die Kosten für die Beförderung, das zulässige Gesamtgewicht von kleinen Hunden und Box in der Passagierkabine, die Möglichkeit, bei der Fluglinie eine Transportbox auszuleihen oder zu erwerben und die Gesamtzahl der pro Flug transportierten Tiere weichen je nach Fluglinie voneinander ab. Die Maximalgröße für Transportboxen im Passagierraum ist festgegelegt. Steht die Box im Gepäckraum, muss sie so groß sein, dass der Hund darin stehen kann und ausreichend Bewegungsspielraum hat. Genaue Angaben können Sie bei der Fluglinie erfragen. Wichtig ist auch eine weiche und warme Auspolsterung des Behältnisses. Blinden-, Gehörlosen- und vergleichbare Servicehunde reisen in der Regel kostenlos in der Passagierkabine mit, müssen aber frühzeitig angemeldet werden. Auf jeden Fall sollten Sie eine direkte Flugverbindung zum Reiseziel buchen und Zwischenstopps möglichst vermeiden: Umsteigen erhöht den Stress für das Tier. Ob und ggf. welche Medikamente Sie dem Hund zur Beruhigung geben sollten, können Sie mit Ihrem Tierarzt besprechen.

Den Hund kennzeichnen

Seit Einführung des EU-Heimtierausweises ist es Pflicht, den Hund vor einer Auslandsreise in die EU durch einen Mikrochip oder übergangsweise bis 2011 durch eine Tätowierung kennzeichnen zu lassen. Mit der Kennzeichnungsnummer können Sie Ihren Vierbeiner bei einem Suchdienst (siehe Seite 268) registrieren lassen. Entläuft der Hund, erhöht das die Chance, den geliebten Gefährten wieder zurückzubekommen. Grundsätzlich sollte Ihr Hund immer eine Marke mit Ihrer Telefonnummer und der Telefonnummer des Suchdienstes am Halsband tragen. Während Ihres Urlaubs sollten Sie zusätzlich Ihre Urlaubsadresse und -telefonnummer sowie Mobiltelefonnummer am Halsband befestigen, z. B. in einer Adresskapsel.

Wenn der Hund zu Hause bleibt

Eine Flugreise, hohe Temperaturen im Urlaubsland, eine Erkrankung, hohes Alter des Vierbeiners oder mögliche Gesundheitsgefährdungen am Ferienort sind einige Gründe, warum Sie überlegen sollten, ob Sie Ihrem Hund eine Reise zumuten wollen und können. Im Zweifel können Sie sich mit dem Tierarzt beraten. Auch bei einem Cluburlaub oder anderen Urlaubsreisen, die Ihnen wenig Möglichkeiten bieten, sich Ihrem Hund zu widmen, reisen Sie besser allein.
Kommt der Hund nicht mit, wird er am besten bei ihm vertrauten Menschen untergebracht. Steht niemand aus dem Familien- oder Freundeskreis zur Verfügung, gibt es vielleicht einen anderen Hundehalter, den Sie von gemeinsamen Spaziergängen kennen und der Ihren Hund während Ihres Urlaubs bei sich aufnimmt. Zahlreiche Tierheime und andere Vereine organisieren auch Hundebetreuung auf Gegenseitigkeit, eine Nachfrage lohnt sich. Kommen all diese Möglichkeiten nicht in Frage, gibt es auch Haus-Sitter, die sich während Ihrer Abwesenheit um Ihr Haus, Ihre Tiere und Ihre Pflanzen kümmern.
Alternativ kann Ihr Vierbeiner die Zeit in einer Hundepension verbringen. Statten Sie der Einrichtung vor der Buchung einen Besuch ab und schauen Sie sich genau an, wie die Tiere betreut und untergebracht werden. Ist das Personal sachkundig und hundelieb? Werden die Ernährungsgewohnheiten der Hunde berücksichtigt? Ist gewährleistet, dass im Notfall schnell ein Tierarzt zur Stelle ist? Werden die Hunde ausreichend bewegt und beschäftigt? Für die tierischen Gäste ist es prima, wenn sie je nach Verträglichkeit und Passung in kleinen Gruppen untergebracht werden. All das sind Aspekte, die Sie bei der Auswahl der Urlaubsbetreuung für Ihren Hund berücksichtigen sollten.

Geben Sie dem Hundebetreuer schriftliche Anweisungen, wie Ihr Hund gefüttert werden soll und ggf. welche Medikamente verabreicht werden müssen. Vermerken Sie dabei auch mögliche Nahrungsunverträglichkeiten Ihres Hundes sowie alle weiteren Aspekte (z. B. auffälliges oder ungewöhnliches Verhalten in bestimmten Situationen), die für den Betreuer wichtig sein können. Hinterlassen Sie unbedingt eine Adresse und Telefonnummer, unter der Sie möglichst jederzeit erreichbar sind, zusätzlich sollten Sie Telefonnummer und Anfahrtsbeschreibung Ihres Tierarztes notieren. Klären Sie trotzdem mit dem Urlaubsbetreuer (egal ob privat oder in einer Tierpension) ab, wie im Falle einer Verletzung oder eines Unfalls verfahren wird. Stellen Sie ggf. eine Vollmacht aus, damit alle notwendigen tierärztlichen Behandlungen durchgeführt werden können.

Immer mit Hund in Urlaub?

Für einen Welpen, der gerade in sein neues Zuhause eingezogen ist, ist ein weiterer Wohnortwechsel recht anstrengend. Der Kleine ist schon genug damit beschäftigt, all die neuen Eindrücke in seiner Umgebung zu verarbeiten. Wenn Sie aber in dieser sensiblen Phase ohne Hund verreisen, kann das den Aufbau einer stabilen Beziehung zu Ihnen erschweren. Am besten ist es, wenn Sie Ihre Urlaubszeit nutzen, um den kleinen Kerl bestmöglich bei seiner Sozialisierung zu unterstützen, mit ihm die Welpenschule besuchen und ihm auch in allen anderen Bereichen Orientierung geben. Sie werden die nächsten zehn oder fünfzehn Jahre davon profitieren.

Ist Ihr Hund sehr alt oder krank, ist es ebenfalls sinnvoll, ihn nicht mit auf Reisen zu nehmen. Hoch betagte oder kranke Hunde verkraften mitunter aber auch die Trennung von ihren vertrauten Menschen nur schwer, zudem kann die eventuell anfallende intensive Pflege eine große Belastung für den Urlaubs-Sitter sein. Auch in einem solchen Fall ist es meist angeraten, auf die Urlaubsreise zu verzichten und beim Hund zu bleiben. Wer weiß schon, wie viel Zeit Sie noch gemeinsam haben?

Kleine Hunde reisen im Zug innerhalb Deutschlands im Transportbehälter kostenlos.

Hund mit Job

Hunde stellen seit Jahrtausenden ihre Fähigkeiten in den Dienst des Menschen. Wenn sich die Jobs auch im Laufe der Zeit ändern, gibt es immer noch viel zu tun für den besten Freund des Menschen.

Vielleicht wird dieser Golden Retriever-Welpe ein Assistenzhund.

Es gibt viele Beispiele für Hunde, die einen Vollzeitjob ausüben. Schäferhunde z. B. , die mit dem Schäfer auf Wanderschaft gehen, werden immer seltener, dafür gibt es wieder mehr Aufgaben für Herdenschutzhunde (siehe Seite 18). Auch bei Polizei, Militär und Grenzschutz verrichten Hunde ihren Dienst, und immer häufiger werden auch neue Aufgabengebiete für unsere Vierbeiner erschlossen, wie das des Assistenzhundes oder Schimmelpilzsuchhundes. Über diese Festanstellungen hinaus gibt es für den Halter noch viele Möglichkeiten, anspruchsvolle und nützliche Arbeit mit dem Hund zu leisten.

Rettungshundearbeit

Dienst am Menschen zu leisten muss die Motivation sein, wenn man sich mit seinem Hund zum Rettungshundeteam ausbilden und diese ehrenamtliche Tätigkeit ausüben möchte. Wer dies nur als Beschäftigungsmaßnahme für seinen tierischen Gefährten ansieht, wird sich bald entscheiden müssen: ganz oder gar nicht. Der Job als Rettungshundeteam fordert Mensch und Tier, in einem Einsatz kann dies auch bis hart an oder sogar über die Grenzen der körperlichen und seelischen Belastbarkeit hinausgehen, etwa bei der Suche nach vermissten Personen.

Wenn Sie sich für diese Tätigkeit entscheiden, bieten Sie sich und Ihrem Hund eine sinnvolle Aufgabe, die Sie gemeinsam ausüben und die wirklich alle Fähigkeiten des Hundes fordert, angefangen von der sozialen Kompetenz, über die Nasenarbeit, die körperliche Fitness und Ausdauer, den Gleichgewichtssinn, das Sprungvermögen und die Belastbarkeit seines Nervenkostüms.

Zu klein und zu groß sollten die Hunde nicht sein, auch aus Gründen der Ausdauer bei einem eventuell mehrtägigen Einsatz. Kleine Hunde können Probleme beim Erklettern von hohen Hindernissen und dem Besteigen von Leitern haben, kommen aber dafür in kleine Spalten leicht hinein. Es ist für den Hundeführer auch kein Problem, die Leichtgewichte über lange Strecken zu tragen, was je nach Gelände oder Trümmerfeld durchaus notwendig sein kann. Die Gelenke sehr schwerer Hunde werden beim Training und im Einsatz stark belastet, was sie zu weniger geeigneten Kandidaten macht. Nicht geeignet sind Hunde mit Gelenk-, Wirbelsäulen-, Herz-Kreislauf- oder anderen belastenden chronischen Erkrankungen. Wichtig bei allen Hunden sind eine gute Sozialverträglichkeit mit Menschen und Hunden, eine hohe Toleranz gegenüber äußeren Einflüssen und Ablenkung sowie ausgeprägtes Spielverhalten und großer Arbeitswille.

Nach Möglichkeit sollte schon der Welpe spielerisch an seine spätere Aufgabe herangeführt werden.

In Deutschland werden die Hunde vorwiegend für die Flächensuche nach vermissten Personen eingesetzt. Damit der Hundeführer dieser anspruchsvollen Tätigkeit gewachsen ist, muss er zusätzlich zur Arbeit mit dem Hund die Schulbank drücken und sich u. a. Wissen über Hunde, Erste Hilfe und die Arbeit mit Landkarte und Kompass aneignen. Die Ausbildung des erwachsenen Hundes dauert mindestens zwei Jahre. Um die jährlich zu wiederholende Prüfung immer wieder aufs Neue zu bestehen, muss auch weiterhin fleißig geübt werden, damit Mensch und Hund im Ernstfall in Topform sind – schließlich geht es um Menschenleben. Rettungsarbeit ist auch oft mit einem Gesundheitsrisiko für Halter und Hund verbunden. Sind Sie bereit, dies einzugehen? Diese zeitintensive Beschäftigung ist also mehr eine Passion, denn ein Hobby.

Hunde als Helfer

Hunde als Helfer des Menschen kommen in verschiedenen Bereichen zum Einsatz. Neben der häufig praktischen Hilfe ist auch der Kontakt mit dem Hund wichtiges Element einer erfolgreichen Behandlung. Obwohl häufig Retriever als Servicehunde eingesetzt werden, können grundsätzlich alle Rassen und Mischlinge diese Aufgaben ausüben. Sie müssen dazu die individuellen Voraussetzungen (siehe Seite 182) erfüllen. Eventuell müssen sie auch über bestimmte körperliche Eigenschaften verfügen, welche für die spezielle Aufgabe notwendig sind, wie eine passende Größe.

Am bekanntesten sind sicherlich die Blindenführhunde, in letzter Zeit machen auch immer öfter die Behindertenbegleit-, Service- und Assistenzhunde von sich reden. Nach einer Grundausbildung werden die Hunde gezielt auf ihre spätere Aufgabe vorbereitet und dann ihrem neuen Halter übergeben. Aufgabe dieser Hunde ist es, ihren gehandicapten Herrchen oder Frauchen das Leben zu erleichtern, indem Sie z. B. im Haushalt „zur Hand" gehen. Sie können Dinge tragen oder bringen, die Wäsche in die Waschmaschine stecken oder Lichtschalter betätigen. Andere „leihen" ihren hörbehinderten Haltern ihre Ohren, indem sie darauf aufmerksam machen,

In Deutschland werden Rettungshunde meist für die Flächensuche eingesetzt.

Die Arbeit als Rettungshund ist vielseitig und anspruchsvoll.

wenn das Telefon oder die Türklingel läuten. Fast noch wichtiger ist aber die emotionale Komponente: Mit einem Hund an ihrer Seite werden die körperlich eingeschränktem Menschen sicherer, aufgeschlossener, erzielen Fortschritte und fühlen sich einfach wohler. Gleichzeitig übernehmen sie eine Aufgabe und Verantwortung: Denn nicht nur der Mensch soll vom tierischen Gefährten profitieren, auch die hundgerechte Beschäftigung und Führung des Vierbeiners sind Voraussetzung für eine gute und alle bereichernde Beziehung.

Rettungshunde werden auf verschiedenste Situationen verbreitet.

Therapiehunde leben meist in der Familie des Therapeuten, z. B. eines Physiotherapeuten oder Logopäden. Während der Therapiestunden nehmen sie entweder eine aktive Rolle ein, z. B. indem sie behutsam Kontakt mit dem Patienten aufnehmen, sich streicheln lassen oder mit ihm spielen. Oder sie verhalten sich passiv und strahlen einfach nur durch ihre Anwesenheit Wohlbefinden aus. Viele Patienten oder deren Angehörige berichten von erstaunlich großen Fortschritten, die dank dem Hund als Co-Therapeut erzielt werden. Antrieb dafür ist oft der Wunsch, mit dem Vierbeiner in Kontakt zu treten und mit ihm zu kommunizieren. Auch diese Hunde sollten speziell ausgebildet sein.

Für viele Menschen in Krankenhäusern, Altenheimen oder anderen Einrichtungen ist es oft der Höhepunkt der Woche, wenn der Besuch „ihres" Hundes ansteht. Mehrere Organisationen haben es sich zur Aufgabe gemacht, Abwechslung in den Alltag dieser Häuser zu bringen, indem die ihnen angeschlossenen Mensch-Hund-Teams Zeit mit den Bewohnern oder Patienten verbringen. Man nennt diese Vierbeiner **Besuchshunde**. Der Kontakt mit einem Tier hat viele positive Auswirkungen auf den Körper (z. B. Blutdruckregulierung, Stressabbau) und auch die Psyche profitiert enorm davon. Viele Menschen leben in Gegenwart des Besuchshundes richtig auf. Ältere

Heimbewohner erzählen von den Hunden, die sie früher begleiteten und haben damit reichlich Gesprächsstoff. Menschen, die bis dahin vielleicht wenig Kontakt mit ihren Mitbewohnern hatten, kommen durch die Hunde häufig wieder oder erstmals mit anderen ins Gespräch. Zudem sind das Streicheln des Hundes und das Fühlen des weichen Fells gut für die Motorik und fördern die taktilen Sinne. Wenn Sie sich gemeinsam mit Ihrem Hund sozial engagieren wollen, sollten Sie sich einem entsprechenden Verein anschließen und Ihren Hund schulen (siehe Seite 268).

Hundeschule kennt jeder, Hunde in der Schule gewinnen jedoch erst in den letzten Jahren mehr an Bekanntheit. Die Halter besuchen mit ihren Vierbeinern Schulklassen, um Kindern die Angst vor Hunden nehmen und ihnen den richtigen Umgang mit den Tieren nahe zu bringen. Doch nicht jeder kann und darf einfach mit seinem Hund in die Schule spazieren, sondern muss sich und seinen vierbeinigen Gefährten extra ausbilden lassen. Deswegen ist es sinnvoll, sich einem spezialisierten Verein anzuschließen.

Voraussetzungen für Therapie- und Besuchshunde

Nicht jeder Vierbeiner kann als Co-Therapeut eingesetzt werden. Aus diesem Grund muss vorab mit in diesem Bereich erfahrenen Ausbildern eingeschätzt werden, ob der Hund sich dazu eignet. Erste Voraussetzungen sind eine gute Gesundheit und ein guter Pflegezustand des Tieres. Neben dem sicheren Gehorsam muss er über eine gute Nervenstärke verfügen. Laute und ungewohnte Geräusche und hektische Bewegungen muss er genauso tolerieren wie Berührungen fremder Menschen, ungelenkes oder sogar schmerzhaftes Anfassen sowie Menschen mit ungewohnten Bewegungen und Hilfsmitteln, z. B. Krücken und Rollstühlen. Unangenehmen Situationen sollte er sich durch Weggehen entziehen. Dies und noch mehr sind Bestandteile, die in der gemeinsamen Ausbildung mit dem Halter getestet bzw. erlernt werden, sofern möglich.

Zudem soll der Hund verträglich mit Artgenossen, offen gegenüber Menschen, jedoch nicht ungestüm sein. Eine gute Beziehung zum Menschen ist wichtig. Der Halter muss seinen Hund genau kennen, ihn einschätzen und erkennen können, wann eine Situation zu stressig für den Vierbeiner ist. Bevor ein Mensch-Hund-Team für Besuche in Einrichtungen oder andere therapeutische Maßnahmen eingesetzt wird, müssen meist eine theoretische und praktische Prüfung abgelegt werden. Der Mensch sollte bedenken, dass der Einsatz für ihn persönlich sehr belastend sein kann, da er eventuell mit schweren Erkrankungen oder Schicksalen konfrontiert wird. Die Aufgabe sollte auf den Hund zugeschnitten sein und ihn nicht überfordern. Die Fachleute helfen dabei, Hunde mit den passenden Besuchern zusammenzubringen.

Ausstellungen

Zuchtschauen sind für den Züchter die Möglichkeit, seine Hunde mit anderen zu vergleichen und durch den Ausstellungsrichter bewerten zu lassen. Es ist für ihn auch eine Notwendigkeit: Ohne eine oder mehrere entsprechende Formwertnoten kann kein Hund zur Zucht im Verein eingesetzt werden. Es ist wichtig, dass gute Hunde präsentiert werden, die zur Vergrößerung der Zuchtbasis beitragen können. Zudem bietet sich dadurch interessierten Zuschauern die Möglichkeit, sich ein Bild vom Stand der Rassezucht zu machen. Auch Hundehalter können ihre Vierbeiner auf einer Ausstellung präsentieren. Notwendig ist dazu eine Ahnentafel. Diese muss vom ausrichtenden Verein ausgestellt oder durch den Zuchtverband anerkannt sein. Weiterhin muss eine gültige Tollwutimpfung nachgewiesen werden. Wenn Sie Ihren Hund ausstellen wollen, sollten Sie sich vorher über die Voraussetzungen zur Teilnahme informieren und mit Ihrem Hund das korrekte Vorführen im Ring üben. Manche Vereine bieten auch spezielle Ringtrainings an. Infos zu Ausstellungen gibt es bei den Rassezuchtvereinen und auf deren Homepages.

Richtig und gesund ernähren

Schmecken soll es, gesund und bekömmlich sein. Wenn das Futter Ihres Hundes diese Kriterien erfüllt, ist es genau das richtige. Es gibt verschiedene Möglichkeiten, wie Sie Ihren Vierbeiner mit allem Notwendigen versorgen können.

Rund ums Füttern

Beim Füttern kommt es nicht nur auf das „Was“ an, sondern auch auf das „Wie“. Die Größe der Portionen, die Häufigkeit der Mahlzeiten und der Ort der Fütterung sollten passend für Ihren Vierbeiner sein.

Große Hunde haben einen anderen Energiebedarf als kleine.

Der Moment der Fütterung ist für viele Vierbeiner ein Highlight des Tages: eine gute Möglichkeit für Sie, sich interessant zu machen. Lassen Sie diese Gelegenheit nicht ungenutzt verstreichen.

Wie oft, wann und wo füttern?

Die Fütterung Ihres Hundes strukturiert den Tagesablauf. Haben sich bestimmte Fütterungszeiten eingespielt, stellt sich auch eine Regelmäßigkeit beim Kotabsatz des Hundes ein. Wie lange die Nahrung in Magen und Darm verweilt, ist von Hund zu Hund verschieden, und wird von der Zusammensetzung, der Qualität, der Menge und der Häufigkeit der Mahlzeiten beeinflusst. In der Regel wird ein Hund die unverdauten Reste einer Nahrung spätestens bis zum übernächsten Tag ausscheiden. Zieht ein neuer Hund bei Ihnen ein, müssen sich aus diesem Grund die idealen Gassigehzeiten erst noch einspielen.

Welpen und Junghunde müssen mehrmals am Tag gefüttert werden:
bis zum vierten Lebensmonat vier- bis fünfmal, im vierten und fünften Lebensmonat drei- bis viermal und ab dem sechsten Lebensmonat zwei- bis dreimal. Ab dem neunten Lebensmonat kann man den Hund ein- bis zweimal täglich füttern.
Für die meisten gesunden, erwachsenen Hunde reicht eine einmalige Fütterung täglich aus. Leichter bekömmlich sind jedoch zwei Mahlzeiten am Tag: ein kleines Frühstück und eine größere Portion am späten Nachmittag oder frühen Abend. Besonders bei großen Rassen ist die Aufteilung der täglichen Futterportion auf zwei oder mehr Rationen eine wichtige Maßnahme, um einer Magendrehung vorzubeugen (siehe Seite 248). Auch für kranke, ältere und sportlich aktive Hunde sowie Hündinnen im letzten Drittel der Trächtigkeit und während der Säugephase ist dies eine sinnvolle Maßnahme, um ihnen die Futterverwertung zu erleichtern.
In der Routine des Alltags werden sich bald feste Fütterungszeiten einpendeln. Dabei muss die Hundemahlzeit jedoch nicht immer punktgenau serviert werden. Ein Zeitrahmen von zwei Stunden hat sich bei vielen Haltern bewährt. Diese geben morgens ein Frühstück und die Hauptmahlzeit z. B. zwischen 16.00 Uhr und 18.00 Uhr oder zwischen 17.00 Uhr und 19.00 Uhr. Nach der Mahlzeit sollte der Hund mindestens eine, besser zwei Stunden ruhen, zumindest aber nicht toben, spielen oder sich anderweitig körperlich betätigen – auch das beugt einer Magendrehung vor.
Wählen Sie zuerst einen geeigneten Platz für die Fütterung aus. Achten Sie darauf, dass es dort nicht hektisch zugeht und kein „Durchgangsverkehr“ herrscht, damit der Hund in Ruhe seine Mahlzeiten einnehmen kann. Dazu bietet sich eine Ecke in der Küche an, sofern Ihr Hund die Küche betreten darf (siehe Seite 116).
Dass die Näpfe nach jeder Reinigung gereinigt werden, versteht sich von selbst. Verwenden Sie dafür

Richtig temperiert

Das Futter für Ihren Hund sollte Zimmertemperatur haben. Bewahren Sie die Hundenahrung im Kühlschrank auf, müssen Sie sie deswegen rechtzeitig vor der Fütterung herausnehmen, damit sie nicht zu kalt für den Vierbeiner ist.

normales Spülmittel und spülen Sie mit reichlich Wasser nach. Für große Hunde, besonders solche mit Gelenk- und Rückenproblemen oder Beschwerden beim Schlucken, sollte der Napf erhöht stehen, z. B. auf einem speziellen Gestell.

Tischmanieren

Lassen Sie Ihren Hund absitzen und stellen Sie ihm den Futternapf hin. Er darf sich erst bedienen, wenn Sie das Signal dazu geben: z. B. „Nimm's Dir".
Hunde scheinen eine „innere Uhr" zu besitzen, die ihnen anzeigt, wann für sie wichtige Ereignisse des Tages anstehen. Einige Hunde werden nervös, wenn sich die Fütterung verzögert, andere Hunde fordern die Mahlzeit dann ein, etwa indem sie aufgeregt vor der Anrichte auf und ab laufen, sich vor die Küchentür legen oder bellen. Wenn Ihr Hund zu diesen Gesellen gehört, sollten Sie sich von ihm nicht nötigen lassen. Besser ist es, ihn zu ignorieren oder in sein Körbchen zu schicken. Warten Sie einen Moment, bis der ungeduldige Vierbeiner sich wieder etwas beruhigt hat und füttern Sie erst dann – Sie entscheiden, wann es etwas zu futtern gibt!
Geben Sie dem Hund etwa 20 Minuten Zeit, seine Mahlzeit in Ruhe einzunehmen. Nehmen Sie den Napf dann weg – bis zur nächsten planmäßigen Fütterung. Es macht nichts, wenn der Hund nicht alles aufgefressen hat. Wenn Sie ihm ständig den Napf anbieten, ziehen Sie sich einen mäkeligen Fresser heran. Es macht auch nichts, wenn der Hund dadurch an einem Tag weniger oder gar nichts bekommt. Ein gesunder, erwachsener Hund übersteht ohne Probleme einen Tag ohne Nahrung. Jedoch muss ihm immer frisches Wasser zur freien Verfügung stehen.

Erst der Mensch – dann der Hund?

Oft wird die Empfehlung gegeben, den Hund erst zu füttern, nachdem der Mensch seine Mahlzeit eingenommen hat. Das Privileg des ersten Zugriffs auf die Nahrung soll die Chef-Stellung des Hundehalters unterstreichen. Diese Empfehlung beruht jedoch auf einem Irrglauben: Die Ressource Futter spielt bei unseren Hunden keine Rolle im Rahmen der Rangordnung. Voraussetzung ist natürlich, dass genügend Nahrung zur Verfügung steht, wie das bei der Haltung eines Hundes als Heimtier der Fall ist. Wenn man ein Hunderudel bei der Fütterung beobachtet, kann man feststellen, dass sich jeder so schnell wie möglich nimmt, was er kriegen kann – und zwar unabhängig vom Rang. Sie unterstreichen Ihren Rang nicht dadurch, indem Sie zuerst essen oder dem Hund den Napf wegnehmen. Trotzdem muss der Hund lernen, dass Sie den Napf, Kauknochen oder andere Dinge an sich nehmen. Dies geschieht zur Sicherheit des Hundes, falls er einmal etwas Unbekömmliches oder Giftiges zwischen den Zähnen hat. Das Wegnehmen sollte dann als kooperative Handlung in Form eines Tauschgeschäfts eingeübt werden (siehe Seite 134). So hat jeder der Beteiligten einen Vorteil davon.
Für Hunde ist es auch normal, dass sie sich an Nahrung bedienen, die in ihren Augen übrig geblieben ist – wie der Rest vom Schnitzel, der noch auf dem Teller liegt, während sie abräumen. Hunde eines Haushalts kontrollieren nach dem Fressen ebenfalls, ob es noch einen überzähligen Brocken aus dem Napf des Artge-

Besonders große Hunde mit Problemen der Wirbelsäule profitieren von einem erhöhten Napf.

Tauschgeschäft: So lernt der Hund, Futter abzugeben.

Rechte Seite: Einigkeit beim Spiel bedeutet noch lange keine Einigkeit, wenn es ums Futter geht.

nossen zu ergattern gibt. In der Regel wird das auch geduldet. Meist signalisiert ein Hund die „Freigabe" seines Napfes, indem er weggeht. Stehen Sie vom Tisch auf, kann der Hund das ebenso verstehen. Sie haben also kein Rangordnungsproblem, wenn der Hund sich vom Tisch bedient! Macht der Hund das jedoch unter Ihren Augen, ist er frech.

Nicht jeder Hund ist derart verfressen und ständig auf der Suche nach was Fressbarem – manche tun dies auch nur bei besonderen Leckerbissen. Versorgt sich Ihr Hund jedoch bei jeder sich bietenden Gelegenheit mit herumliegenden Lebensmitteln, kann das gefährlich werden, etwa wenn er Schokolade erwischt (siehe Seite 206). Sie können dann versuchen, ihm das mittels Erziehung abzugewöhnen, z. B. durch das Einsetzen eines Reizunterbrechers (siehe Seite 127) und den Hund dann ins Körbchen schicken. Hilfreich sind auch laut scheppernde (aber ungefährliche) Fallen, die man auf dem Tisch oder der Anrichte aufbaut, um dem Hund die Lust an der Selbstbedienung zu nehmen. Doch nicht jeder Hund lässt sich davon abhalten, die Verlockung ist für viele einfach zu groß. Am besten ist, dem Hund erst gar keine Gelegenheit für eine unerlaubte Zwischenmahlzeit zu bieten und alles Essbare sofort wegzuräumen.

Zwei oder mehr Hunde füttern

Jeder Hund sollte seinen eigenen Napf haben. Um Streitigkeiten um das Futter zu vermeiden, können Sie die Hunde in getrennten Räumen füttern. Dies ist besonders wichtig bei Hunden, die Aggression in Verbindung mit Futter zeigen (Futteraggression). Andernfalls sollten Sie bei der Fütterung anwesend sein und darauf achten, dass sich keiner der Hunde am fremden Napf bedient. Dies kann zu Auseinandersetzungen führen oder einer der Hunde kommt zu kurz, weil er es duldet, dass sein Artgenosse ihm alles wegfrisst: Auf Dauer würde der eine zu dick und der andere wäre unter- oder fehlernährt. Im Anschluss an die Mahlzeit kontrollieren die meisten Vierbeiner, ob der andere etwas übrig gelassen hat und „putzen" den Napf. Verhindern Sie das nur, wenn sich noch viel Futter im Napf befindet oder das Futter z. B. aufgrund einer Allergie für den Hund nicht geeignet ist.

Kleines Ernährungs-ABC

Der Hund stammt vom Wolf ab und ist somit genau wie sein Vorfahre ein Carnivor – ein Fleischfresser. Allzu wörtlich darf man diese Bezeichnung jedoch nicht nehmen: Ein Hund, der ausschließlich Fleisch im Napf hat, wird krank.

Die gleichmäßige Kaubewegung beruhigt den Hund.

Wölfe fressen Beutetiere und Aas, und das beinhaltet nicht nur den Verzehr von Fleisch, sondern z. B. auch von Knochen, Blut, Innereien und Darminhalt. Auf dem Speiseplan stehen unter anderem auch noch Früchte und Wurzeln, mit denen der Wolf in kargen Zeiten auch einmal eine Weile allein über die Runden kommen kann. Der Wolf ist also durchaus flexibel in der Zusammenstellung seiner Nahrung, doch genau wie bei seinem Nachfahren Hund kommt es darauf an, dass alle lebensnotwendigen Stoffe über einen gewissen Zeitraum ausreichend und in einem passenden Verhältnis zueinander aufgenommen werden.

Was ein Hund braucht

Die Hundenahrung sollte sich aus Proteinen (Eiweiß), Fetten und Kohlenhydraten zusammensetzen.
Die Aminosäuren der Proteine verwendet der Körper für Wachstums- und Reparaturvorgänge im Körper. Je besser diese Aminosäuren in die Körperstruktur eingebaut werden können, desto höher ist ihre biologische Wertigkeit. Der im Urin über die Nieren ausgeschiedene Harnstoff ist ein Ausscheidungsprodukt des überzähligen Stickstoffs aus dem Aminosäurestoffwechsel. Ein hoher Harnstoffwert kann die Nieren stark belasten.
Fette werden im Körper eingelagert und stehen langfristig als Energiereserve zur Verfügung.
Kohlenhydrate unterteilt man in verdauliche Kohlenhydrate und nicht verdauliche Faserstoffe (Ballaststoffe). Die verdaulichen Kohlenhydrate (z. B. Mais, Reis, Hirse und Kartoffeln) liefern kurzfristig benötigte Energie, z. B. für Sprints, Sprünge und jede schnelle Leistung. Werden dem Körper mehr Kohlenhydrate zugeführt, als er kurzfristig benötigt, werden diese in Fette umgewandelt.
Weiterhin braucht ein Hund Vitamine, Mineralien und Spurenelemente, um seine Körperfunktionen aufrechtzuerhalten. In welcher Menge diese Komponenten vorhanden sein sollten, hängt von verschiedenen Faktoren ab. Es ist auch wichtig, dass das Verhältnis der Zusammensetzung ausgewogen ist, damit keine Mangel- oder Überversorgung entsteht. Einige Stoffe hemmen die Aufnahme eines anderen. Ein gutes Beispiel dafür ist das Verhältnis von Kalzium und Phosphor in der Nahrung, das beim Hund etwa 1,3 zu 1 betragen sollte. Der Körper scheidet beide Stoffe zusammen aus. Enthält die Nahrung zu viel Phosphor, geht damit auch wichtiges Kalzium verloren, das unter anderem für den Aufbau von Skelett und Zähnen wichtig ist. Im schlimmsten Fall wird bei einem Phosphor-Überschuss sogar den Knochen Kalzium entzogen.

Der Weg der Nahrung

Freut ein Hund sich auf seine Mahlzeit, kann man sehen, wie ihm das Wasser im Maul zusammenläuft – und auf den Boden tropft. Viele Hunde schlingen ihr Futter hastig herunter. Der Speichel dient dazu, die Nahrung gleitfähig zu machen, verdaut diese aber nicht wie beim Menschen vor. Die eigentliche Verdauung findet erst im Magen und hauptsächlich im Dünndarm statt. Durch die Zellen des Dünndarms gelangen die wichtigen Nährstoffe, Vitamine und Mineralien in den Blutkreislauf. Abfallstoffe, die sich durch den Umwandlungsprozess der Nährstoffe in der Leber ansammeln, werden in Form von Urin und mit dem Kot ausgeschieden. Der Dickdarm bearbeitet mit Hilfe von Bakterien weitere, schwer verdauliche Nahrungsbestandteile und entzieht der ihn passierenden Masse Flüssigkeit, die dem Körper wieder zugeführt wird.

Viele Hunde trinken lieber Regen- als Leitungswasser. Das ist in Ordnung, solange es sauber ist.

Frisches Wasser

Trinkwasser muss für den Hund immer zur freien Verfügung und in frischer Qualität bereitstehen – das ist lebenswichtig. Der Napf sollte täglich gereinigt und zweimal am Tag das abgestandene Wasser gegen frisches ausgetauscht werden. Auch wenn Sie mit Ihrem Hund unterwegs sind, sollten Sie ihm zwischendurch öfter die Gelegenheit zum Trinken geben. Hunde, die Trockenfutter bekommen, trinken mehr. Auch im Sommer, wenn der Hund wegen der hohen Temperaturen mehr hechelt und dadurch Flüssigkeit verliert, braucht er mehr Wasser. Trinkt Ihr Hund jedoch plötzlich ohne erkennbaren Grund auffallend mehr, sollten Sie ihn dem Tierarzt vorstellen: Der große Durst kann ein Krankheitsanzeichen sein. Um festzustellen, wie viel ein Hund tatsächlich trinkt, kann man das zur Verfügung gestellte Wasser abmessen.

Hunde stammen von Beutefressern ab. Wild lebende Hunde ernähren sich oft nur von Abfällen.

Welches Futter?

Heute stehen dem Hundehalter so viele Möglichkeiten wie nie zuvor zur Verfügung, um seinen Vierbeiner zu ernähren. Zoofachgeschäfte, Tierärzte und Discounter bieten eine riesige Auswahl Fertigfutter an, er kann es auch selbst zubereiten.

Agilität und ein glänzendes Fell sind Zeichen guter Fütterung.

Es gibt immer mehr Fachliteratur, die dem Hundehalter Anleitung gibt, wie er das Futter für sein Tier selbst zubereiten kann – ob gekocht oder roh. Plausible Gründe, sich für die eine oder andere Variante zu entscheiden, gibt es viele.
So verschieden wie unsere Hunde sind, so individuell ist auch ihre Ernährung: Was für den einen Vierbeiner genau richtig ist, muss es für den anderen noch lange nicht sein. Aus diesem Grund gebe ich auch keine pauschale Empfehlung, sondern stelle Ihnen einige Fütterungsarten vor. Eine sachgerechte Anleitung, um das Futter selbst zuzubereiten, würde allerdings den Rahmen dieses Kapitels sprengen. Das Thema Hundeernährung und die unterschiedlichen Ernährungsphilosophien allein füllen ganze Bücher. Deswegen kann ich Ihnen nur ans Herz legen, sich umfassend über die verschiedenen Möglichkeiten zu informieren und sich mit anderen Hundehaltern, Züchtern, Tierärzten und Tierheilpraktikern über deren Erfahrungen auszutauschen – und sich dann bewusst für eine Fütterungsart zu entscheiden. Im Zweifelsfall gilt: Probieren Sie ruhig etwas Neues aus und lassen Sie Ihren Hund und seinen Allgemeinzustand entscheiden, was in den Napf kommt. Mit der Häufigkeit des Futterwechsels sollte man es jedoch nicht übertreiben und die Umstellung immer langsam vornehmen (siehe Seite 203).

Welches Futter ist das richtige?

An Ihrem Hund erkennen Sie, ob er richtig ernährt ist. Anzeichen dafür sind:

- guter Allgemeinzustand,
- glänzendes Fell,
- typ- und altersentsprechendes Verhalten,
- Appetit beim Fressen,
- ein- bis dreimaliges Kotabsetzen täglich (keine Verstopfung, kein Durchfall),
- gut geformter Kot (nicht zu fest und nicht zu weich),
- normale Farbe des Kots (nicht zu hell oder zu dunkel),
- nicht übermäßig riechender Kot,
- nicht übermäßig riechende Gase (häufige und übel riechende Gase sind ein Anzeichen dafür, dass das Futter nicht zu ihrem Hund passt und nicht gut verdaut oder vertragen wird),
- Normalgewicht.

Fertigfutter

Wenn Sie Ihrem Vierbeiner ein industriell hergestelltes Alleinfutter geben, rate ich zu einem qualitativ hochwertigen Produkt, dessen Inhaltsstoffe klar und umfassend über die gesetzlichen Vorschriften hinaus deklariert sind. Zwar kann auch preiswertes Futter ausgewogen und teuer muss nicht immer gut sein, jedoch sind die Zutaten der hochwertigen Nahrung in der Regel besser verdaulich. Dies trifft besonders auf die verwendeten Eiweißquellen zu, so weisen z. B. Huhn, Lamm und Fisch eine besonders hohe biologische Wertigkeit auf. Je geringer die Verdaulichkeit eines Futters ist, desto mehr Futter wird benötigt, um dem Hund die benötigte Energie zuzuführen. Ob ein Fertigfutter das richtige für Ihren Hund ist, erkennen Sie an Ihrem Vierbeiner: seinem Aussehen und seinem Verhalten (siehe Kasten oben). Und: Lesen Sie die Deklaration der Inhaltsstoffe genau.

Große Qualitätsunterschiede: Wenn Sie Fertigfutter geben, dann ein hochwertiges Produkt.

Individuell zusammengestellt

Es gibt nicht nur Futter für verschiedene Lebensabschnitte, sondern auch angepasst an die Größe oder bei Welpen an die Endgröße des Tieres. Für Hunde mit einem sehr hohen Energiebedarf (z. B. Hunde im Leistungssport) werden spezielle Futtersorten angeboten, ebenfalls für wenig aktive, im Haus lebende Hunde oder Hündinnen während der Trächtigkeit und der Säugephase.

Andere Sorten wurden speziell für übergewichtige oder untergewichtige Hunde und Vierbeiner mit bestimmten Problemen, z. B. Hautreizungen, Gelenkbeschwerden, einer empfindlichen Verdauung oder zur Vorbeugung von Zahnstein entwickelt.

Über den Tierarzt können Sie Diätfutter für Hunde beziehen, die an starkem Übergewicht oder Futtermittelallergien oder speziellen Erkrankungen leiden, z. B. an Herz, Leber, Nieren, Harnwegen, Diabetes, Gebiss, Haut- und Haarkleid; andere Futtersorten sollen der Entstehung von bestimmten Krankheiten vorbeugen. Immer mehr Firmen bieten auch biologisch hergestelltes Futter oder Nahrung für bestimmte Hunderassen an.

Futtertyp

Auf der Verpackung des Futters muss gekennzeichnet sein, um welche Art von Futter es sich handelt. Alleinfutter soll den Hund mit allen notwendigen Nährstoffen in einem ausgewogenen Verhältnis versorgen: Sie müssen nichts zufüttern. Ergänzungsfutter ist nur ein Bestandteil einer kompletten Nahrung, z. B. Fleisch aus der Dose oder Flocken: Sie müssen es mit anderen Komponenten mischen, um eine komplette Mahlzeit für Ihren Hund zuzubereiten. Als Beifutter bezeichnet man alles, was es extra gibt: Snacks, Leckerchen, Hundekekse oder Kauknochen.

Was drin ist

Grundsätzlich dürfen für Tiernahrung nur Fleisch- und Fleischnebenerzeugnisse verwendet werden, die von Schlachttieren stammen, die für den menschlichen Verzehr zugelassen sind. Der Gesetzgeber verpflichtet die Futtermittelhersteller, bestimmte Inhalts- und Zusatzstoffe des Futters auf der Packung

Gehaltvolles Extra: Leckerchen sollten eine maßvolle Belohnung für besondere Leistungen sein.

zu kennzeichnen und die enthaltene Menge anzugeben. Die Aufzählung der Zusammensetzung beginnt mit dem Inhaltsstoff mit dem höchsten Anteil, alle weiteren werden dann absteigend genannt. An erster Stelle sollte Fleisch aufgeführt sein.
Die analytischen Werte der Inhaltsstoffe werden in Prozenten genannt:
Rohprotein kennzeichnet das enthaltene Eiweiß. Dies kann bestehen aus Fleisch, Fleischnebenerzeugnissen, Fisch, Fleisch-, Knochen- und Fischmehl, gekochtem oder getrocknetem Ei oder Sojaerzeugnissen.
Rohasche bezeichnet die mineralischen Bestandteile, wozu auch die Spurenelemente gehören.
Rohfett besteht aus Fetten und Ölen tierischer und pflanzlicher Herkunft.
Rohfaser gibt die nichtverdaulichen Anteile des Futters an, z. B. Rübenschnitzel, Leinsamen und Erdnuss- und Sojabohnenschalen. Diese Ballaststoffe sind für eine funktionierende Verdauung unerlässlich. Sie sollten aber auch nicht in zu großen Mengen enthalten sein, da sie das Kotvolumen dann zu stark vergrößern. Auch bei den Ballaststoffen gibt es Unterschiede, die je nach Produkt gezielt genutzt werden: Rübenschnitzel z. B. enthalten Fettsäuren, die den Darm zusätzlich pflegen.
Wurden Konservierungsstoffe beigegeben, müssen diese auf Packungen ab 10 kg genau ausgewiesen werden, ansonsten reicht die Bezeichnung EG-Zusatzstoff. Farbstoffe muss der Hersteller immer angeben. Zudem müssen bestimmte Zusatzstoffe genannt werden: Kupfer, die Vitamine A, D und E und die verwendeten Antioxidanzien (unter 10 kg ist auch bei Antioxidanzien die Bezeichnung EG-Zusatzstoff ausreichend). Letztere werden dem Futter beigegeben, damit Fette nicht verderben. Es gibt synthetische und natürliche Antioxidanzien (z. B. Vitamin E, Vitamin C und Carotinoide). Durch die Zugabe von natürlichen Antioxidanzien kann auch eine positive Wirkung auf die Körperzellen erreicht werden, da diese die schädigenden Freien Radikalen abfangen.
Aromastoffe und appetitanregende Mittel sowie Verdickungs- und Geliermittel müssen nicht angegeben werden. Viele Hersteller kennzeichnen auch die enthaltenen Mengen an Phosphor und Kalzium (siehe Seite 190).
Tipp: Wenn Sie mehr über die Inhaltsstoffe eines Futters wissen möchten, können Sie sich direkt beim Hersteller erkundigen (die Adresse muss auf der Packung stehen).

Futterarten

Trockenfutter enthält weniger als 10 Prozent Feuchtigkeit. Kühl und trocken gelagert, ist es auch angebrochen wenige Monate haltbar (Haltbarkeitsdatum beachten). Es ist relativ preiswert, wird von mäkeligen Hunden aber nicht immer gerne gefressen. Die Fütterung ist praktisch (auch unterwegs) und man kann es gut für Futterspiele verwenden.
Kaufen Sie Trockenfuttersäcke in einer Größe, deren Inhalt Sie in maximal zwei Monaten verfüttern. Durch das Öffnen der Packung gelangt Sauerstoff an das Futter. Je öfter es mit Sauerstoff in Kontakt kommt, desto schneller verdirbt es bzw. nimmt das Fett Umweltgerüche auf und der Geschmack des Futters leidet. Achten Sie darauf, dass die Packung nach jedem Öffnen wieder luftdicht verschlossen wird, z. B. in einer speziellen Futtertonne. Füllen Sie die benötigte Menge für etwa eine Woche in ein kleineres Gefäß um, dann müssen Sie nicht jedes Mal die große Packung öffnen, um Futter zu entnehmen. Mit Wasser eingeweicht ist es hundgerechter und das Risiko einer Magendrehung ist vermutlich reduziert.

Feuchtfutter enthält etwa 75 Prozent Feuchtigkeit. Gut verschlossen (Dosen z. B. mit einem Plastikdeckel) ist es im Kühlschrank etwa zwei Tage haltbar. Ist die Packung geöffnet oder befindet sich das Futter im Napf, verdirbt es bei Zimmertemperatur rasch, besonders im Sommer. Bei Hunden ist Feuchtfutter meist sehr beliebt, es kann aber Zucker enthalten.

Halbfeuchtfutter enthält etwa 15 bis 30 Prozent Feuchtigkeit, soll kühl und trocken gelagert werden und ist in der geöffneten Packung länger haltbar als Feuchtfutter. Die Akzeptanz ist in der Regel recht hoch, was nicht zuletzt sicher am häufig enthaltenen Zucker liegt.

Immer gleiche Zusammensetzung

Im Herstellungsprozess von Fertigfutter werden wichtige Nährstoffe der Ausgangsprodukte zerstört. Um diesen Verlust auszugleichen, werden bei manchen Herstellern diese Stoffe (dann oft synthetisch) wieder extra zugeführt. Produzenten hochwertiger Hundenahrung arbeiten in der Regel mit schonenderen Herstellungsprozessen, damit nur wenige der Inhaltsstoffe verloren gehen. Dies macht bei der Verwendung qualitativ hochwertiger Zutaten auch Sinn: Warum sollte man teure Ausgangsstoffe verwenden, wenn diese im Rahmen der Herstellung verloren gehen? Auch dies ist ein Grund, um sich bei der Wahl eines Fertigfutters für ein hochwertiges Produkt zu entscheiden. Wenn Sie die Inhaltsstoffe verschiedener Futtermittel vergleichen, müssen Sie immer die darin enthaltene Feuchtigkeit in die Rechnung einbeziehen. Aussagekräftig ist ein Vergleich nur, wenn sich dieser auf die Trockenmasse des Futters bezieht – also auf das Gesamtgewicht abzüglich des enthaltenen Wasseranteils.
Beispiel: Auf der Verpackung ist der Rohproteinanteil für ein Trockenfutter mit 26 % angegeben, für ein Feuchtfutter mit 9,8 %. Das bedeutet aber nicht, dass der Hund bei einer Feuchtfutter-Mahlzeit weniger Protein aufnimmt als bei einer Trockenfutter-Mahlzeit. Denn bezogen auf die Trockenmasse ergibt sich bei Feuchtfutter ein wesentlich höherer Proteinanteil.
Dies sind jedoch nur die analytischen Prozentangaben des Futters. Sie sagen nichts über die Qualität bzw. die biologische Verwertbarkeit der Zutaten aus. Um die enthaltene Energie zu vergleichen, müssen Sie wissen, wie viel Kalorien pro Futtereinheit (z. B. pro 100 g) enthalten sind. Diese Angabe können Sie beim Hersteller erfragen.
Hersteller qualitativ hochwertiger Nahrung sind in der Regel auch um Transparenz bemüht und erklären verständlich, wie ihr Futter zusammengesetzt ist und welche Ausgangsprodukte verwendet werden.

Futter selbst zubereiten

Viele Hundehalter sind nach einer Erkrankung Ihres Tieres dazu übergegangen, das Futter selbst zuzubereiten. Andere wollen ihrem Hund eine natürliche Nahrung bieten. Die weitaus meisten Hundehalter, die das Futter für ihren Hund selbst zubereiten, sind von ihrer Methode überzeugt und verweisen auf die Gesundheit und die Fitness ihres Vierbeiners.

Vor- und Nachteile

Hausmannskost bietet Vorteile: Sie wissen, was in den Napf kommt und können die Zusammensetzung nach den Bedürfnissen Ihres Hundes bestimmen – ohne Konservierungs-, Farb-, Aroma- oder sonstige künstliche Zusatzstoffe.
Um Ihren Vierbeiner ausgewogen zu ernähren, müssen Sie sich intensiv mit dem Thema auseinandersetzen und sich Wissen aneignen. Das Futter für Ihren Hund muss übrigens nicht jeden Tag in der gleichen Zusammensetzung von Nährstoffen, Vitaminen und Mineralien angeboten werden. Wichtig ist, dass sich die Ausgewogenheit in einem Zeitraum von mehreren Wochen einstellt. Wie beim Fertigfutter gilt auch hier: Nur qualitativ hochwertige Ausgangsprodukte garantieren eine gesunde und ausgewogene Ernährung Ihres Hundes.
Das Zubereiten des Futters ist zeitintensiver, als einfach Trockenfutter aus einer Packung zu nehmen oder eine Dose zu öffnen. Dieser Aufwand lässt sich nach einer Anlaufphase etwas reduzieren, indem Sie größere Mengen vorbereiten und dann portioniert einfrieren (sofern eine ausreichend große Gefriertruhe vorhanden ist).

Gekocht oder roh?

Daran scheiden sich die Geister. Durch Erhitzung werden viele Nahrungsbestandteile für den Hund leichter verdaulich und eventuell vorhandene Krankheitskeime und Parasiten werden abgetötet. Allerdings gehen beim Kochen des Futters auch wertvolle Vitamine verloren.
Barfen (das bedeutet: biologisch artgerecht roh füttern) ist in den letzten Jahren immer populärer geworden. Alle Zutaten, auch und insbesondere das

Hausmannskost schmeckt Hunden besonders gut – muss aber hundgerecht sein.

Fleisch, werden dem Hund roh gegeben. Durch die natürlichen und unveränderten Produkte ist die Nährstoffzusammensetzung der einzelnen Zutaten in der Regel in einem optimalen Verhältnis vorhanden, wovon besonders Hunde mit Futtermittelallergien oder Stoffwechselproblemen profitieren. Die Befürworter der Rohfütterung orientieren sich an der Ernährungsweise des Wolfes. Doch selbst innerhalb dieser Ernährungsphilosophie gibt es unterschiedliche Richtungen. Während einige „Barfer" auf die Gabe von Knochen verzichten und stattdessen Knochenmehl als Kalziumspender unter das Futter mischen, gibt es auch solche, die ganze Tiere verfüttern (z. B. Kaninchen, Hühner oder Fische) – die Spannbreite ist weit.

Darf es roh sein?

Ein häufiges Argument gegen die Rohfütterung ist die Infektionsgefahr des Hundes durch die eventuell im Fleisch enthaltenen Krankheitserreger und Parasiten. Die im Magen des Hundes gebildete Salzsäure ist um ein Vielfaches stärker als die des Menschen und kann es mit zahlreichen Erregern aufnehmen. So sind gesunde Hunde in der Regel wenig empfindlich, an einer Salmonelleninfektion zu erkranken. Das kann bei einem immungeschwächten Hund oder einem, der plötzlich auf Rohfütterung umgestellt wird, jedoch ganz anders aussehen.
Da Hunde Zellulose nicht aufschließen können, muss rohes Gemüse püriert werden, damit der Hund es verdauen kann. Alles darf der Hund aber nicht roh bekommen: beispielsweise müssen Kartoffeln und Hülsenfrüchte gekocht werden, genau wie Schweinefleisch, das ungekocht das tödliche Aujeszky-Virus übertragen kann.

Den Körper entgiften

Im Rahmen der Umstellung auf die Rohfütterung sollen Giftstoffe aus dem Körper des Hundes ausgeschieden werden. Dieser Entgiftungsprozess kann – muss aber nicht – von Blähungen, Durchfall, Erbrechen und anderen Symptomen begleitet sein. Diese „Nebenwirkungen" können durch homöopathische Mittel, Heilerde, die Zugabe von Kräutern und anderen Präparaten abgemildert werden. Nachdem alle Gifte aus dem Körper ausgeschieden sind, sollen Allgemeinzustand, Vitalität, Verdauung und Aussehen des Hundes hervorragend sein.

Extras zum Verwöhnen und Beschäftigen

Mit Leckerchen haben Sie eine gute Möglichkeit, Ihren Vierbeiner für gute Leistungen zu belohnen. Manche Hunde sind so verfressen, dass sie sich für jeden Trockenfutterbrocken außerhalb der Mahlzeiten besonders ins Zeug legen. Andere sind anspruchsvoller und lassen sich nur durch außergewöhnliche Happen motivieren. Welche Leckerchen Sie im Training einsetzen, hängt deswegen auch von Ihrem Hund ab.
Grundsätzlich sollten Belohnungshappen für das Training klein und weich sein, damit der Hund sie schnell schlucken kann und sich nicht lange mit kauen aufhält. Da bieten sich kleine Würfel aus gekochtem Hähnchenfleisch, Fleischwurst oder Käse an. Im Zoofachhandel finden Sie spezielle Trainingsleckerlis – diese sollten zuckerfrei sein. Gut eignen sich auch Fleischstreifen, die sich leicht auf die

Sauberkeit ist wichtig

Achten Sie bei der Zubereitung des Rohfutters für den Hund auf Hygiene! Zum Beispiel sind die im Hähnchenfleisch häufig enthaltenen Salmonellen für den gesunden Vierbeiner in der Regel zwar harmlos, können beim Menschen aber zu schweren Erkrankungen führen.

Gesunde Extras

Durch die Gabe einiger Zusätze ins Futter können Sie den Allgemeinzustand Ihres Hundes verbessern oder die Behandlung von Erkrankungen unterstützen (siehe Arthrose, Seite 242). Essenzielle Fettsäuren, die sich z. B. in Distelöl, Nachtkerzenöl und Lachsöl finden, sind gut für Haut und Haarkleid, und geriebene Möhren sind eine natürliche Vitamin- und Ballaststoffquelle. Ein Löffel Joghurt oder Quark reguliert die Verdauung und liefert Kalzium. Ihr Tierarzt wird Sie gern dazu beraten.

Leckerer Snack: Kauartikel reinigen die Zähne.

gewünschte Größe teilen lassen. Kalorienarme Alternativen sind Stücke von Möhren, Gurke, Apfel, Birne, Melone oder Knäckebrot.

Kauartikel wie Kauknochen aus Tierhaut, Ochsenziemer, Rinderohren, Dörrfleisch, Algenstreifen und getrocknete Pansenstreifen dienen der Beschäftigung und der Zahnpflege. Kauprodukte aus tierischen Stoffen sollten am besten heißluftgetrocknet sein. Achten Sie dabei auf hochwertige und ungefärbte Produkte. Hunde mit Zahnproblemen müssen darauf nicht verzichten und können sich z. B. mit Stücken getrockneter Lunge vergnügen.

Alle diese Extras sind oft sehr gehaltvoll. Sie sollten auf die tägliche Gesamtration angerechnet werden und etwas Besonders bleiben, damit der Hund nicht zu dick wird. Braucht Ihr Hund ein Diätfutter, sollten Sie Leckerchen geben, die in das Konzept der Diät passen. Fragen Sie dazu Ihren Tierarzt.

Knochen – ja oder nein?

Zu diesem Thema werden viele Diskussionen geführt. Knochen liefern wertvolles Eiweiß, Mineralstoffe und ungesättigte Fettsäuren, das Mark zusätzlich Vitamine. In rohem Zustand sind Knochen leichter verdaulich. Das Benagen des Knochens ist eine gute Beschäftigungsmaßnahme, zudem reinigt es die Zähne. Wenn man seinem Hund Knochen füttern möchte, sollte man ihn wirklich ganz behutsam über einen langen Zeitraum daran gewöhnen und die Menge nur langsam steigern, um Verdauungsbeschwerden und harten, weißen Knochenkot (der sogar zu Darmverschluss führen kann) zu vermeiden. Die Verdauung alter Hunde kann sich mitunter überhaupt nicht mehr auf Knochen einstellen, wenn sie diese bisher nicht gewohnt sind. Knochen können splittern und zu Verletzungen im Verdauungstrakt führen. Deswegen ist es wichtig darauf zu achten, die richtigen Knochen zu geben. Auf keinen Fall darf man Knochen füttern, die leicht splittern, wie Röhrenknochen von Geflügel oder Rippen vom Rind. Viele Knochen splittern leichter, wenn sie gekocht werden.

Gerade in der Umgewöhnungsphase sollte man die noch relativ weichen Knochen von jungen Schlachttieren geben (z. B. Rippen von Kalb oder Lamm oder Hühnerflügel oder -hälse). Auch hier gilt: Knochen vom Schwein niemals roh anbieten (siehe Seite 196)!

Ein Zuviel an Knochen führt nicht nur zu hartem Kot, häufiges Knochenkauen kann bei Hunden mit weicherem Zahnschmelz zu einem übermäßigen Abrieb der Zähne führen, bei Hunden mit angegriffenem Zahnfleisch kann es die Probleme noch verstärken. Weitere Informationen über die Knochenfütterung finden Sie in Büchern zum Thema Rohfütterung, auch Ihr Tierarzt wird Sie gern beraten.

Wem, was und wie viel?

Die Nahrung muss zum Bedarf des Hundes passen.

Die Energie, die der Hund über sein Futter aufnimmt, muss seinem Bedarf entsprechen. Ein Welpe braucht mehr Energie für das Wachstum, ein erwachsener Hund sollte seine schlanke Linie halten und bei einem Senior darf es meist etwas weniger sein, damit er nicht zunimmt. Für erwachsene Hunde spielt der Erhaltungsbedarf eine wichtige Rolle – die Menge an Energie, die ein Hund bei gleich bleibender Aktivität benötigt, um sein Gewicht zu halten. Am jeweiligen Bedarf des Hundes muss sich auch die Zusammensetzung des Futters orientieren: das Verhältnis von Eiweißen, Fetten, Kohlenhydraten, Vitaminen und Mineralstoffen. Der Bedarf ist von verschiedenen Faktoren abhängig, wie Alter, Rasse oder Typ, Temperament, Art der Haltung (hauptsächlich in der Wohnung oder im Freien), eventuell vorhandenen Erkrankungen und der zu erbringenden Leistung bzw. der Aktivität des Hundes. Eine Fehlversorgung durch eine nicht ausgewogene Ernährung macht sich manchmal erst nach Monaten oder Jahren bemerkbar, mitunter auch durch schwere Erkrankungen.

Auf die schlanke Linie achten

Das Gewicht eines Hundes ist ein wichtiger Faktor für seine Fitness und seine Gesundheit. Ein unterernährter Hund verfügt nicht über die Energie und die Nährstoffe, die seine Körperfunktionen für eine optimale Leistung benötigen: Mangelzustände und Krankheiten können die Folge sein. Übergewicht hingegen macht den Vierbeiner antriebslos und trägt ebenfalls zur Entstehung und Verschlimmerung von Erkrankungen bei. Ziel muss es deswegen sein, das Idealgewicht des Hundes zu erreichen und dauerhaft zu halten.

Wie ist der Ernährungszustand des Hundes?

Eine Voraussetzung zur Erreichung des Idealgewichtes ist es, den Ernährungszustand des Hundes richtig einzuschätzen. Ihr Tierarzt wird Sie bei der jährlichen Routineuntersuchung gerne dazu beraten (siehe Seite 226). Zur Ermittlung des Ernährungszustandes gibt es mehrere Möglichkeiten:

- Sind bei kurzhaarigen Hunden die letzten drei Rippen auf jeder Seite sichtbar oder bei langhaarigen leicht zu tasten, ist das ein Hinweis darauf, dass der Hund gut in Form ist. Treten die Rippen deutlich hervor, ist der Hund zu dünn, sind sie nicht mehr zu sehen oder nur mit Mühe zu tasten, ist der Hund zu dick. Allerdings gibt es dabei je nach Rasse Unterschiede, die berücksichtigt werden müssen. So sieht ein Windhund mit Idealgewicht für viele Laien unterernährt aus; ein Labrador oder ein Molosser mit Idealgewicht wirken hingegen für Nichthundekenner oft zu kräftig.
- Ein Anhaltspunkt für den Ernährungszustand des Hundes können auch das Durchschnittsgewicht oder die Gewichtsspanne sein, die für die Rasse allgemein angegeben werden, z. B. im Rassestandard.
- Wiegen Sie Ihren Hund mindestens einmal im Monat und notieren Sie sich das Ergebnis. Bei kleinen Hunden können Sie sich dazu mit Ihrem Vierbeiner auf dem Arm auf die Waage stellen und dann Ihr eigenes Gewicht abziehen. Große Hunde können Sie bei Ihrem Tierarzt auf einer speziellen Waage wiegen.

Liegt einmal ein Bezugspunkt (Normalgewicht) vor, können Sie die Futtermenge dem entsprechenden Bedarf des Hundes anpassen und ihm gegebenenfalls größere oder kleinere Portionen geben oder zu einer Futtersorte mit einem anderen Energiegehalt wechseln. Dazu geben Sie die Menge, die der Hund als Erhaltungsbedarf für sein Normalgewicht braucht – das ist nicht immer sein aktuelles Gewicht.

Welche Menge?

Die Hersteller von Fertignahrung geben auf der Futterpackung meist Empfehlungen, welche Menge gefüttert werden soll. Da jeder Hund jedoch einen individuellen Energiebedarf hat (siehe unten), sollten diese Angaben als Richtwerte verstanden werden: Der Bedarf Ihres Hundes kann darüber oder darunter liegen. In der Regel können Sie getrost damit beginnen, Ihrem Hund zehn Prozent weniger zu geben, als auf der Packung angegeben ist. Bleibt ein Rest im Napf, können Sie bei der nächsten Mahlzeit entsprechend weniger füttern. Behalten Sie in den kommenden Wochen den Ernährungszustand Ihres Hundes im Auge und erhöhen oder reduzieren Sie gegebenenfalls die tägliche Portion.
Wenn Sie die Mahlzeiten Ihres Hundes selbst zubereiten, finden Sie Hinweise bezüglich der Futtermenge in entsprechender Fachliteratur. Auch diese Angaben sind natürlich nur Richtwerte, die Menge muss eventuell an den Bedarf Ihres Hundes angepasst werden.

Portionieren

Um den Überblick über die täglich gefütterte Menge zu behalten, gibt es eine einfache Möglichkeit: Messen Sie morgens die gesamte Tagesration ab und teilen Sie diese je nach Anzahl der Mahlzeiten ein. Trockenfutter können Sie dazu mit einem Messbecher portionieren (gibt es meist vom Futtermittelhersteller). Füttern Sie Dosenfutter, können Sie mit einem Stift an der Dose markieren, wie viel jeweils entnommen wird.
Selbst zubereitete Nahrung können Sie vorkochen und entsprechend portioniert einfrieren. Dann müssen Sie nur noch rechtzeitig die Tagesration aus der Tiefkühltruhe nehmen und langsam auftauen.

Dicke Hunde haben weniger Lebensfreude und Lebensqualität.

Welpen und Junghunde füttern

Im Welpen- und Junghundalter werden die Grundsteine für die Gesundheit des erwachsenen Hundes und seine Lebenserwartung gelegt. Die ausgewogene Fütterung spielt dabei eine wichtige Rolle, denn nur dadurch kann die angestrebte durchschnittliche Wachstumsrate erreicht werden. So braucht ein Hundekind relativ viel hochwertiges, leicht verdauliches Eiweiß. Zwar benötigt es auch verhältnismäßig mehr Energie und Vitamine pro Kilogramm Körpergewicht als ein erwachsener Hund, zu viel Energie ist jedoch schädlich und kann sogar zu Fettsucht führen. Zu gehaltvolles Futter macht sich bei Welpen und Junghunden zuerst daran bemerkbar, dass sie schneller wachsen als optimal ernährte Altersgenossen gleicher Rasse. Wächst ein Junghund zu rasch, schadet das seinem Skelett, was schwere – nicht zu reparierende – Folgen haben kann. Dies trifft besonders auf große und Riesenrassen zu. Nimmt ein Welpe oder Junghund mehr Energie auf, als er für das Wachstum verbraucht, wird er übergewichtig. Besonders Welpen großer Rassen sollten ein Futter mit relativ geringem Energiegehalt bekommen – sie werden sozusagen „groß gehungert". Übrigens: Die endgültige Größe eines Hundes ist genetisch veranlagt. Durch reichliche Fütterung wird ein Hund nicht größer – nur dick. Immer mehr Experten raten dazu, Welpenfutter maximal bis zum Zahnwechsel zu füttern und ab dann auf ein Futter für erwachsene Hunde umzusteigen.

Das Futter im Welpenalter legt den Grundstein für die Gesundheit des Hundes.

Genauso wichtig wie die optimale Energieversorgung ist eine ausgewogene Gabe von Mineralstoffen, z. B. von Kalzium, das für den Knochenaufbau wichtig ist und in ausreichender Menge zur Verfügung stehen muss. Ein Kalziumüberschuss führt jedoch recht schnell zu Knochenverformungen, hemmt die Aufnahme anderer Mineralstoffe und kann dadurch Mangelerscheinungen verursachen. Wenn Sie Ihren Welpen oder Junghund mit einem hochwertigen Alleinfutter ernähren, dürfen Sie kein Kalzium oder andere Mineralpräparate zusätzlich geben!

Erwachsene Hunde füttern

Je nach Größe und Rasse haben Hunde im Alter von 9 bis 24 Monaten ihre Endgröße erreicht, die meisten sind mit etwa 12 Monaten ausgewachsen. Hat der Hund sein Endgewicht erreicht, sollte es Ziel sein, dies auf einem optimalen Niveau zu halten (siehe Seite 199). Dazu bekommt der durchschnittlich aktive Hund ein „normales" Futter mit einem mittleren Gehalt an Energie, Vitaminen und Mineralstoffen. Wenig aktive Hunde benötigen Futter mit geringerem Energiegehalt, damit sie nicht zu dick werden. Hunde mit hoher Aktivität benötigen eine entsprechend energiereichere Nahrung. Im Fachhandel wird dazu spezielles Fertigfutter angeboten. Diese Spezialnahrung ist gedacht für Hunde, die täglich ausdauernd arbeiten, z. B. Hütehunde im Einsatz, Schlittenhunde in Trainings- und Turnierphasen und andere „Hochleistungssportler", Rettungshunde im Einsatz sowie für Hündinnen im letzten Drittel der Trächtigkeit oder in der Säugephase. Keinesfalls ist dieses Futter für Otto-normal-Hunde gedacht, die drei Stunden am Tag spazieren gehen oder am Wochenende Hundesport betreiben: Diese Vierbeiner wären mit diesem Futter vollkommen überversorgt, was sich nachteilig auf die Gesundheit auswirkt – und die Hunde werden zu dick.

Das ist doch sein einziges Vergnügen …

Häufig rechtfertigen Hundehalter das Übergewicht Ihres (oft älteren) Tieres mit dem Satz: „Fressen ist seine einzige Freude – er hat doch sonst nichts mehr." In diesen Fällen werden die menschlichen Bedürfnisse auf den Hund übertragen. Viele Hunde fressen ohne Maß. Ein Happen mehr im Maul bringt dem Hund kurzfristige Befriedigung, langfristig hat er nur Schaden davon: z. B. Schmerzen beim Laufen aufgrund der überlasteten Gelenke und Kurzatmigkeit, weil sein Herz- und Kreislaufsystem unter der Masse leidet. Es gibt viele Möglichkeiten, dem Hund Abwechslung und Vergnügen im Alltag zu bieten, z. B. durch Denksportaufgaben und Spiele. Auch die Fütterung kann neu gestaltet werden, indem der Hund sich seine (kalorienreduzierten) Mahlzeiten erarbeitet (siehe Seite 207), was auch ein älterer Hund noch lernen kann.

Kastrierte Hunde

Nach einer Kastration haben die meisten Hunde mehr Hunger, manche benehmen sich wie eine Fressmaschine – immer auf der Suche nach etwas Essbarem. Der Stoffwechsel des Hundes stellt sich nach einer Kastration häufig um, was dann zu einem geringeren Energiebedarf führt, bei manchen Tieren bis 30 Prozent weniger. Dies wird auch dadurch gefördert, dass manche kastrierte Hunde sich jetzt weniger bewegen.
Natürlich fällt es schwer, den Vierbeiner so hungrig zu sehen und ihm nicht mehr zu geben, oder seine Mahlzeiten mitunter stark zu reduzieren, damit er nicht zunimmt. Nach etwa einem Vierteljahr sollten sich Fütterung und gegebenenfalls vermehrte Bewegung so weit angepasst haben, dass der Vierbeiner wieder sein Normalgewicht auf die Waage bringt und dies hält.

Untergewichtige Hunde füttern

Nervosität, Stress, Erkrankungen und hohes Alter können auch ein zu geringes Gewicht verursachen. Ebenso kann der Grund darin liegen, dass der Körper mehr Energie verbraucht, als ihm über die Nahrung zugeführt wird. Zahnprobleme oder organische Erkrankungen können die Ursache für eine Futterverweigerung sein. Wenn der Hund zu dünn ist oder nicht mehr frisst, sollte er dringend vom Tierarzt untersucht werden, um das Vorliegen einer Erkrankung auszuschließen, bzw. diese zu behandeln.
Beim Füttern sollte darauf geachtet werden, dass der Hund ein kalorienreicheres, leicht verdauliches Futter bekommt – und zwar so lange, bis er sein Normalgewicht erreicht hat. Bei starkem Untergewicht können Sie die Energie des selbst zubereiteten Futters anpassen oder über Ihren Tierarzt spezielle Futtersorten beziehen, die sehr gehaltvoll sind und extra für zu dünne Hunde entwickelt wurden.
Frisst der Hund nicht, vielleicht, weil er nach einer Erkrankung keinen Appetit hat oder im Alter seine Sinne nachlassen und die Mahlzeiten dann nicht mehr schmecken, kann das Erwärmen des Futters wieder Appetit machen. Bei Trockenfutter reicht es oft schon aus, die Brocken mit warmem Wasser zu übergießen (einzuweichen). Manche Hunde fressen wieder, wenn Sie mit der Hand gefüttert werden. Man muss jedoch aufpassen, dass daraus keine Gewohnheit wird und der Hund später wieder aus dem Napf frisst.

Fütterung kranker Hunde

Angepasste Fütterung unterstützt bei Krankheiten des Hundes die Heilung oder kann ein Fortschreiten der Erkrankung verlangsamen. So hat die Futtermittelindustrie zahlreiche Futtersorten für Hunde entwickelt, die an bestimmten Krankheiten leiden, z. B. Lebererkrankungen (Kupfergehalt reduziert, Eiweiß leicht verdaulich), Nierenerkrankungen (Phosphorgehalt reduziert, leicht verdaulich) und Harnwegserkrankungen (Magnesium-, Kalzium- und Phosphorgehalt reduziert).
Natürlich kann der engagierte Hundehalter das Diätfutter für seinen Vierbeiner auch selbst zubereiten: Informationen dazu gibt es in spezieller Fachliteratur. Wichtig bei der Ernährung kranker Hunde ist immer, auf besonders hochwertige, leicht verdauliche Inhaltsstoffe zu achten, und die Tagesration auf mehrere Portionen zu verteilen.

Leichte Kost

Eine leicht verdauliche Schonkost (z. B. nach Durchfall) können Sie selbst zusammenstellen. Als Eiweißquellen eignen sich gekochtes, mageres Hühnchenfleisch, Magerquark oder Hüttenkäse, dazu gibt es in doppelter Menge gekochten Reis. Zusätzlich können Sie ein Stück gequetschte Banane oder etwas geraspelte Karotte untermischen.

Futtermittelallergie

Bei einer Futtermittelallergie handelt es sich um eine Überreaktion des Immunsystems auf bestimmte Proteine, die im Futter oder in Leckerchen enthalten sind. Häufigste Anzeichen sind Juckreiz, Haut- und Fellveränderungen. Tückisch daran ist: Eine solche Allergie kann ganz plötzlich auftreten, auch wenn der Hund die Nahrung schon jahrelang bekommt, ohne dass es bisher Probleme gab. Bluttests können zwar Tendenzen darüber geben, ob eine Futtermittelallergie vorliegt. Aussagekräftiger ist jedoch eine Aus-

TASSO

schlussdiät für die Dauer von etwa zwei Monaten. Bei dieser Diät darf das Futter keine Proteine besitzen, die im bisherigen Futter des Hundes enthalten sind. In normalem Futter in der Regel nicht enthalten sind z.B. Ente oder Pferd und als Kohlenhydratquelle gekochte Kartoffeln – nur aus diesen Komponenten darf dann das Futter bestehen. Dabei sollte der Hundehalter sich mit dem Tierarzt abstimmen. Verschwinden die Beschwerden, ist die Wahrscheinlichkeit groß, dass es sich um eine Allergie handelt. Zur Bestimmung des Auslösers werden nun weitere Lebensmittel einzeln dem Futter zugefügt. Treten wieder Allergiesymptome auf, hat man den Übeltäter vermutlich gefunden: Dieser muss in Zukunft strikt vom Speiseplan gestrichen werden.

Bei einer Unverträglichkeit liegen hingegen meist Verdauungsbeschwerden vor, die durch ein Lebensmittel verursacht werden. Anzeichen können Blähungen, Durchfall und Erbrechen sein.

Alte Hunde füttern

Wenn Hunde in die Jahre kommen, verändert sich der Stoffwechsel und manche Hunde benötigen ein Viertel bis ein Drittel weniger Energie. Für die Fütterung bedeutet das: Ältere Hunde benötigen ein Futter mit geringerer Energie. Dafür muss aber hochwertiges und leicht verdauliches Eiweiß in ausreichender Menge enthalten sein (z.B. Huhn- oder Lammfleisch), um den Abbau der Muskelmasse nicht unnötig zu beschleunigen. Da der Körper Vitamine nicht mehr so gut speichern kann, müssen auch diese ausreichend – aber nicht überdosiert – im Futter vorhanden sein. Im Gegenzug sollten auch die Mengen und Verhältnisse der in der Nahrung enthaltenen Mineralstoffe den veränderten Gegebenheiten angepasst werden. Dies können Sie erreichen, indem Sie das Futter Ihres Hundes selbst zubereiten oder ein spezielles Senior-Produkt aus dem Fachhandel verwenden.

Betagte Hunde können an Gewicht verlieren, weil Geruchs- und Geschmackssinn nachlassen – sie schmecken ihr Futter dann einfach nicht mehr und fressen weniger (siehe Seite 201).

Haben Hunde ein sehr hohes Alter erreicht, hat ihr Körper häufig Probleme damit, die im Futter enthaltenen Nährstoffe ausreichend aufzunehmen – die Hunde nehmen stark ab, obwohl sie reichlich fressen.

Alte Hunde benötigen oft Futter mit geringerem Energiegehalt.

Linke Seite: Aktive Familienhunde sind mit einem Futter mit normalem Energiegehalt gut versorgt.

Dies kann man auch durch ein sehr kalorienreiches Futter nicht immer ausgleichen, man sollte es aber trotzdem versuchen.

Futter umstellen

Die Verdauung des Hundes muss sich erst auf ein neues Futter einstellen. Wird ein Futterwechsel zu schnell vorgenommen, können Blähungen und Durchfall die Folge sein. Behutsamer und für viele Hunde besser verträglich ist eine langsame Umstellung, was besonders bei Welpen, alten und kranken Hunden der beste Weg ist.

Eine Möglichkeit: Es wird ein Teil des alten Futters (etwa 20 Prozent) durch das neue ersetzt und zwei bis drei Tage in diesem Verhältnis gefüttert. Verträgt der Hund diese Mischung gut, wird der Anteil des neuen Futters auf 40 Prozent erhöht usw., bis nur noch die neue Sorte im Napf ist. Quittiert der Hund die Umstellung jedoch mit Verdauungsbeschwerden, ist es besser, den Anteil des gewohnten Futters wieder zu erhöhen und die Umstellung dann noch langsamer vorzunehmen.

Das Fit-Programm für

Viele Hunde leiden unter Übergewicht – mit nachteiligen Folgen für ihre Gesundheit. Wenn Ihr Vierbeiner zu viel auf die Waage bringt, sollten Sie sein Gewicht reduzieren, damit er wieder an Lebensfreude und Lebensqualität gewinnt.

Beispiel: Ein Dackel, der 7 kg wiegen sollte, leidet schon unter Fettsucht (Adipositas), wenn er 8,4 kg auf die Waage bringt – also 20 Prozent mehr. Bereits bei 10 Prozent (in diesem Fall 700 g) über seinem Normalgewicht kann man von einer beginnenden Fettsucht sprechen.

Übergewicht wirkt sich nachteilig auf den gesamten Körper aus: Stoffwechsel, Herz, Kreislauf und Gelenke leiden darunter. In der Folge können schwere Erkrankungen eintreten oder bereits vorliegende Krankheiten verschlimmert werden – was die Lebenserwartung mitunter drastisch reduziert. Außerdem hat der Hund weniger Freude an der Bewegung. Es beginnt ein Teufelskreis – je weniger der Hund sich bewegt, desto eher nimmt er zu.

Es gibt viele Auslöser, warum ein Hund zu dick ist. So neigen Hündinnen eher zu Übergewicht. Es kann auch eine Rasseveranlagung vorliegen: z. B. Labradore wurden einst gezielt als „gute Fresser" gezüchtet, damit sie sich rasch die für die Arbeit im kalten Wasser nützliche Fettschicht anfuttern. Störungen des Stoffwechsel- oder Hormonhaushalts können ebenso Ursache für das Zuviel auf der Waage sein, z. B. Erkrankungen der Schilddrüse.

In fast allen Fällen ist der Grund für die überflüssigen Pfunde eines Hundes jedoch darin zu finden, dass er weniger Energie verbraucht, als er über die Nahrung aufnimmt. Der Hund bekommt zu viel oder zu gehaltvolles Futter, er erhält mehr Leckerchen zusätzlich zum Futter, als es ihm gut tut, er bedient sich am Napf eines Artgenossen oder einer im Haushalt lebenden Katze oder er hat nicht ausreichend Bewegung, um Energie zu verbrennen.

Ist Ihr Hund übergewichtig, sollten Sie ihn dem Tierarzt zur Untersuchung vorstellen, um Krankheiten als Ursache auszuschließen oder zu behandeln. Dieser kann Sie auch zu den geeigneten Maßnahmen zur Gewichtsreduktion beraten.

Drei Punkte sind bei einem Abnehm-Programm wichtig:

Toben mit Artgenossen macht Spaß und hält fit.

Schwergewichte

1. Verringerung der über die Nahrung aufgenommenen Energie

Dies kann man erreichen, indem man dem Hund weniger füttert, ihm also die tägliche Ration kürzt. Auf keinen Fall sollte man das Tier einfach auf eine Nulldiät setzen – gesünder und langfristig effektiver ist eine langsame und stetige Gewichtsabnahme von ein bis maximal zwei Prozent in der Woche. Sie können Ihrem Hund auch ein fettreduziertes Futter geben (selbst zubereitet oder ein spezielles Produkt vom Tierarzt). Damit der Hund weniger Kalorien zu sich nimmt, sollte man die Belohnungshappen komplett streichen, erheblich reduzieren oder durch kalorienarme Snacks ersetzen (siehe Seite 197). Weiterhin darf der Hund keine Gelegenheit haben, sich anderweitig zu bedienen.

Während der Diät wird Ihr Hund sich einiges einfallen lassen, um einen Happen extra zu bekommen. Manche Vierbeiner benehmen sich dann wie nervöse Nervensägen, die durch Bellen ständig Futter einfordern oder alles Essbare klauen, was nicht gesichert ist. Bleiben Sie standhaft, auch wenn der Hund Sie noch so nervt oder herzzerreißend anschaut! Denken Sie bitte daran: Sie sind nicht herzlos, sondern tun dies für die Gesundheit Ihres Hundes – auch wenn er es nicht versteht.

2. Mehr Bewegung

Bieten Sie Ihrem Hund mehr Bewegung, z. B. durch Spaziergänge, Sport und Spiele. Da ein übergewichtiger Hund häufig eine schlechte Kondition besitzt und die Gelenke unter der Gewichtsbelastung leiden, sollten Sie Dauer und Tempo der Bewegung an seine körperlichen Möglichkeiten anpassen und langsam steigern, um Überforderung zu vermeiden.

3. Gewicht halten

Hat der Hund das Zielgewicht erreicht, sollten Sie durch sorgsame Fütterung und ausreichend Bewegung dafür sorgen, dass er in dieser Topform bleibt. Hier bietet sich gegebenenfalls die Gabe eines Light-Produktes aus dem Zoofachhandel an oder entsprechendes selbst zubereitetes Futter.

Auch wenn es schwer fällt: Sie helfen Ihrem Hund nicht, wenn Sie seinem Betteln nachgeben.

Nicht alles ist gesund!

Hunde wissen in der Regel nicht, welche Nahrung gut für für sie ist. Sie müssen darauf achten, nur bekömmliche Zutaten für die Hundenahrung zu verwenden und gefährliche Lebensmittel außer Reichweite des Vierbeiners aufzubewahren.

Viele Lebensmittel, die sich in Ihrem Haushalt finden, sind für Ihren Vierbeiner nicht bekömmlich oder sogar giftig.

In Schokolade ist der für Hunde giftige Stoff Theobromin enthalten. Je dunkler die Schokolade ist, desto mehr Theobromin enthält sie, am meisten in Bitter- und Blockschokolade. 100 Milligramm Theobromin pro Kilogramm Körpergewicht des Hundes können schon tödlich sein. Diese sind je nach Produkt enthalten in 50 Gramm Milchschokolade, 20 Gramm dunkler Schokolade, 7 Gramm Koch-/Backschokolade, 5 Gramm Kakaopulver oder 5 Gramm 70%iger Schokolade. Für einen 5 Kilogramm schweren Hund können 100 Gramm und für einen 10 Kilogramm schweren Hund 200 Gramm dunkle Schokolade tödlich sein – von den neuerdings so beliebten Schokoladen mit einem sehr hohen Kakaoanteil ist schon eine wesentlich geringere Menge tödlich!

Avocado kann durch den enthaltenen Giftstoff Persin den Herzmuskel schädigen.

Zwiebeln enthalten den Stoff Allylpropyldisulfid, der in großen Mengen die roten Blutkörperchen zerstört und zu Blutarmut führen kann.

Weintrauben und Rosinen sind für Hunde tabu, da der Verzehr zu Vergiftungen mit Magenkrämpfen, Erbrechen, Appetitlosigkeit, Durchfall und auch Nierenversagen mit Todesfolge führen kann.

Eier besitzen viele wertvolle Stoffe für den Hund, wie ungesättigte Fettsäuren, Vitamine und Spurenelemente. Eiklar enthält jedoch einen Stoff, welcher der Verdauung Probleme bereiten kann, zudem hemmt das im Eiklar enthaltene Avidin die Aufnahme von Biotin (Vitamin H). Gekocht dürfen Eier öfter gegeben werden, dann treten diese negativen Eigenschaften nicht auf. Wenn Sie Ihrem Hund frische Eier nicht vorenthalten wollen, sollte es maximal einmal in der Woche ein frisches – am besten nur das Eigelb – sein.

Milch wird von vielen Hunden gerne angenommen, doch nur die wenigsten vertragen den darin enthaltenen Milchzucker (Laktose), was sich in Blähungen und Durchfall bemerkbar macht.

Steinobstkerne (z. B. Aprikose, Kirsche, Pflaume, Zwetsche und Pfirsich) enthalten einen Stoff, der bei Kontakt mit Wasser Blausäure bildet – was zu Vergiftungserscheinungen bis zum Tod führen kann. Bei kleinen Hunden können große Kerne auch zum Darmverschluss führen. Die Kerne muss man immer entfernen, bevor der Vierbeiner ein solches Obststück bekommt, besser sind jedoch Äpfel und Birnen.

Essensreste schmecken dem Hund zwar gut. Das darin reichlich enthaltene Salz kann aber besonders bei Hunden mit Herzerkrankungen zu vermehrten Flüssigkeitsansammlungen im Körper führen, auch

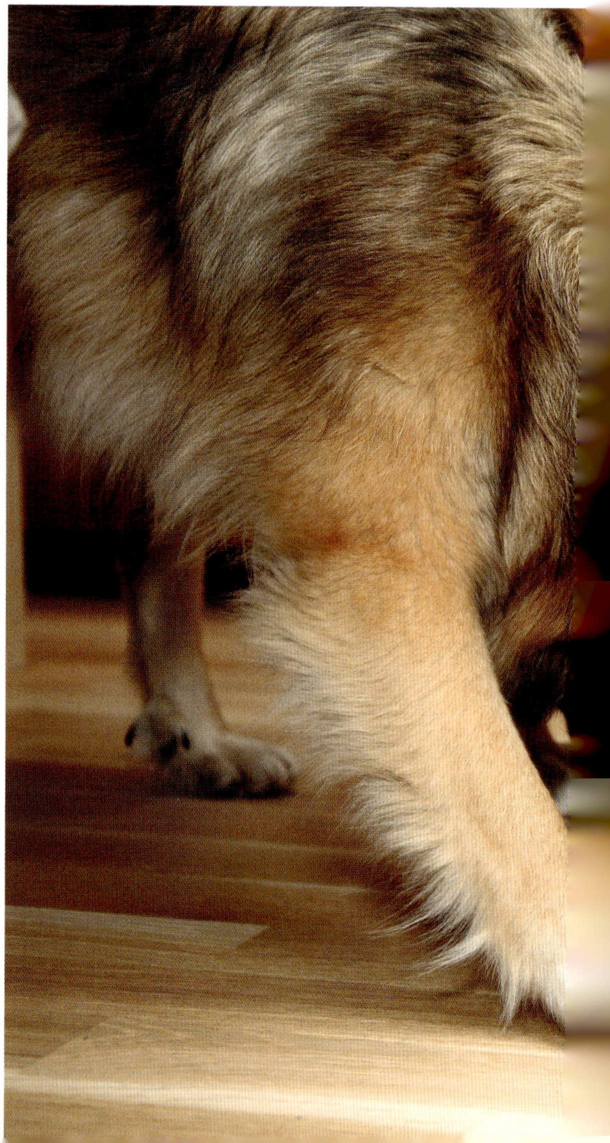

die anderen Gewürze sind für Hunde im Übermaß vorhanden. Dies gilt auch für salzhaltige Snacks, wie Salzstangen oder Chips. Sie können Ihrem Hund z. B. ohne Salz gekochte Nudeln, Kartoffeln, Reis oder Möhren unter das Futter mischen.

Süßigkeiten sind für den Hund tabu! Sie enthalten viel Zucker, der auch bei Hunden (besonders kleinen Tieren mit eng stehenden Zähnen) zu Karies führen kann. Außerdem enthalten Süßigkeiten keine für den Hund nützlichen Nährstoffe, Vitamine oder Mineralien, sondern führen ihm lediglich wertlose Energie zu, die dick macht. Viele Süßigkeiten können für den Vierbeiner sogar giftig sein (siehe Schokolade).

Katzenfutter schmeckt Hunden zwar gut, enthält aber mehr Protein als Hundefutter und das Kalzium/Phosphor-Verhältnis ist für Hunde nicht ideal. Aus diesem Grund ist es als Hundenahrung ungeeignet.

Arbeiten fürs Futter

Sie müssen das Futter für Ihren Hund nicht immer mundgerecht im Napf servieren: Nutzen Sie die Fütterung, um Ihren Vierbeiner zu beschäftigen und ihm Kopfarbeit zu bieten. Wenn Ihr Hund sich gemeinsam mit Ihnen seine Nahrung mit spannenden Aktivitäten erarbeitet, werden Sie für ihn noch wichtiger und interessanter. Natürlich kann er sich damit auch Leckerchen verdienen. Nachfolgend gibt es einige Beispiele:

Üben Sie die Grundkommandos oder Kunststückchen: Für gute Leistung gibt es Futter.

Geben Sie Ihrem Hund einen Teil seiner Mahlzeiten über den Futterbeutel (siehe Seite 165): Wann immer er den Beutel ordentlich apportiert, darf er sich daraus bedienen.

Knifflige Futterspiele erfordern Konzentration und Geduld.

Verstecken Sie Futter in der Wohnung oder beim Spaziergang: Auf Ihr Kommando darf Ihr Hund es suchen und sich schmecken lassen. Tipp: Verstreuen Sie Trockenfutter – statt es im Napf anzubieten – im Zimmer oder Garten, und der Hund muss es sich dann zusammensuchen.

Rollen Sie runde Trockenfutterbrocken in der Wohnung oder beim Spaziergang weit über den Boden. Ihr Hund kann so zumindest etwas Jagdverhalten ausleben – und zwar erlaubt – und Sie werden noch interessanter für ihn.

Bieten Sie Trockenfutter in einem Futterball an: Der Hund muss den Ball über den Boden kullern, dabei fällt immer wieder einmal ein Brocken heraus.

Verstecken Sie das Futter in einem Karton, der mit Papierschnipseln oder Ähnlichem gefüllt ist: Ihr Hund muss in der Kiste wühlen, um die begehrten Happen zu bekommen.

Wickeln Sie Futterbrocken in ein Blatt Papier oder ein altes Handtuch ein: Der Hund hat viel Spaß beim Auspacken.

Testen Sie die Nase Ihres Vierbeiners, indem Sie das Futter in einem von fünf Eierkartons, unter einer von mehreren Schüsseln oder etwas Ähnlichem verstecken: Wie schnell findet er das Versteck?

Denkaufgaben für Fortgeschrittene bieten Spiele aus dem Fachhandel: Der Hund muss sich das Futter erarbeiten, indem er Abdeckungen zur Seite schiebt oder mit den Zähnen entfernt.

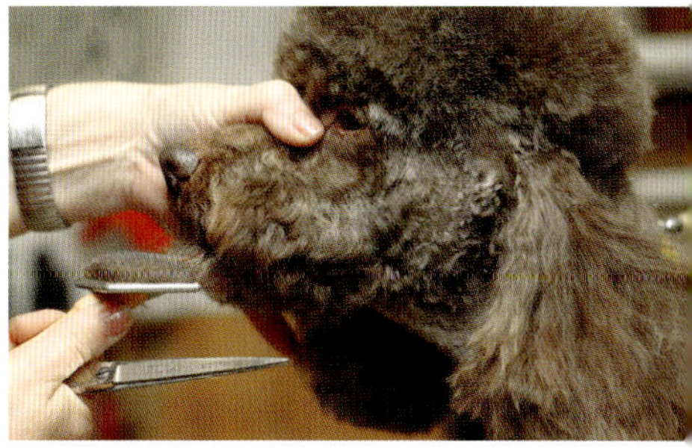

Pflege und Gesundheit

Ihre Fürsorge, Pflege und die medizinische Vorsorge sind wichtig, damit Ihr Hund gesund und unternehmungslustig bleibt. Trotz liebevoller und fachgerechter Zuwendung kann der Hund aber einmal krank werden oder einen Unfall haben. Dann ist es notwendig, schnell und richtig zu handeln.

Die richtige Pflege

Die regelmäßige Pflege Ihres Hundes ist mehr als Kosmetik. Sie bietet Ihnen die Möglichkeit, Krankheitsanzeichen früh zu erkennen und Krankheiten vorzubeugen.

Vorsorge schützt die Zwei- und Vierbeiner.

Sie sind Ihrem vierbeinigen Gefährten bei der Pflege ganz nah – eine Zeit der Verbundenheit. Abtasten, bürsten und kämmen bringen Ihrem Hund Wohlbefinden. Voraussetzung dieses Wellness-Erlebnisses ist, dass Ihr Hund Ihnen vertraut und sich bei der Pflege entspannen kann.

Multitalent Haut

Die Haut schützt den Körper vor schädlichen Einflüssen und ist das Sinnesorgan für taktile und thermische Reize. Die Haut speichert unter anderem Wasser und Fette, ist an der Hormonproduktion beteiligt und produziert unter anderem Talg, den schützenden Farbstoff Melanin, an den Pfoten Schweiß, in den Ohren Schmalz und nicht zuletzt Haare und Krallen. Zusätzlich unterstützt sie die Regulation des Blutdrucks.

Pflege von Haut und Haarkleid

Das Fell und die Haut dienen als Barrieren gegen schädliche Einflüsse aller Art. Sie halten Parasiten, Viren, krankmachende Bakterien, Pilze, Hefen sowie giftige und ätzende Substanzen, Verletzungen, Kälte, Nässe und schädliche Sonnenstrahlen fern.
Nur wenn Haut und Haarkleid intakt sind, können sie ihrer Aufgabe als Schutzschild nachkommen – deswegen ist die sorgsame Pflege so wichtig. Als größtes Organ des Hundes reagiert die Haut jedoch sensibel auf alle Störungen im Körper (wie Krankheiten oder Mangelzustände) oder von außen und ist gleichzeitig der Spiegel der Gesundheit.

Verschiedene Felltypen

Durch Züchtung sind Hunde mit unterschiedlichen Felltypen entstanden. Bei vielen Vierbeinern setzt sich das Fell aus zwei Haartypen zusammen (doppeltes Fell): Das außen liegende Deckhaar hält Nässe ab, die dichtere und feinere Unterwolle hält den Hund warm, wie beim Siberian Husky, Wolfspitz, Deutschen Schäferhund, Golden und Labrador Retriever, Beagle, Langhaardackel und Rottweiler.
Das Fell des Deutschen Boxers, Deutscher Dogge, Whippet und Dalmatiner besitzt nur Deckhaar und keine Unterwolle. Saluki, Pudel und Bedlington Terrier hingegen gehören zu den Vierbeinern, die lediglich Wollhaare unterschiedlicher Textur und kein Deckhaar besitzen. Das krause Haar des Pudels fällt nicht aus, sondern wächst einfach immer weiter.
Ob ein Vierbeiner stark „nach Hund" riecht, hängt nicht in erster Linie von der Länge des Fells ab, sondern von seiner Beschaffenheit. Vierbeiner mit seidigem Fell haben in der Regel wenig oder kaum wahrzunehmenden Eigengeruch. Allerdings: wenn er nass ist, riecht jeder Hund. Riecht ein Hund außergewöhnlich stark, kann das ein Krankheitsanzeichen sein. Streichelt man z. B. einen Labrador oder einen Chesapeake Bay Retriever, fühlen sich die Hände danach häufig etwas fettig an. Die Drüsen in der Haut produzieren mehr Talg als bei vielen anderen Artgenossen, was die Haare in größerem Maße Wasser abweisend macht – sehr praktisch für einen Hund, der für die Arbeit im Wasser gezüchtet wurde.

Beschreibung der Körperteile.

Fellpflege

So verschieden die Felltypen unserer Hunde sind, so unterschiedlich ist deren Pflege. Der Aufwand für das Bürsten kann selbst bei Hunden einer Rasse und mit gleich langem Fell erheblich voneinander abweichen, je nach individueller Haarstruktur. Tägliches kurzes bürsten tut jedem Hund gut, egal ob er langes oder kurzes Fell hat – besonders während des Fellwechsels im Frühjahr und im Herbst. Es regt die Durchblutung an und ist wie eine Massage. Der Züchter Ihres Hundes, Ihr Tierarzt, die Mitarbeiter eines Zoofachgeschäfts oder eines Hundesalons werden Sie gern beraten, welche Pflegemaßnahmen bei Ihrem Hund sinnvoll und notwendig sind, und welche Werkzeuge Sie am besten dafür verwenden.

Eine normale Hundebürste mit Plastiknoppen auf den Metallstiften auf der einen Seite und Nylonborsten auf der anderen Seite oder eine Zupfbürste reicht für viele Hunde aus. Besonders angenehm für Welpen und Hunde mit empfindlicher Haut sind Bürsten mit Naturborsten. Beim Pflegewerkzeug zu sparen lohnt sich nicht. Qualitativ hochwertige Werkzeuge liegen gut in der Hand, erleichtern die Arbeit, verringern den Zeitaufwand und machen die Pflege dadurch auch für den Hund angenehmer.

Bei langem Fell muss regelmäßig gründlich gebürstet werden. In welchen Abständen dies notwendig ist, hängt von der Rasse und dem Fell ab. Bei vielen langhaarigen Hunden, z. B. beim Malteser, ist tägliche Haarpflege wichtig, bei anderen reicht ein wöchentliches Bürsten in der Regel aus, wie bei Bobtails und Langhaarcollies. Beim Bürsten muss man darauf achten, nicht nur oberflächlich zu arbeiten, damit die unteren Haare nicht verfilzen. Dazu scheitelt man Haarsträhnen ab und bürstet diese gründlich durch – so lange, bis das ganze Fell gebürstet ist. Besonders aufmerksam muss man bei den Haaren sein, die durch Reibung schnell verfilzen, wie zwischen den Schenkeln oder unter den Ohren. Striegel eignen sich gut, um Unterwolle auszubürsten, und mit einem Kamm können Sie die Feinarbeit erledigen.

Pudel müssen regelmäßig geschoren werden, damit ihr Fell in Form bleibt.

Verfilztes Haar ist nicht nur ein kosmetisches Problem, sondern kann auch zu Hautirritationen führen und die Entstehung von Infektionen begünstigen. Zudem können sich Parasiten dort unentdeckt einnisten. Haarknoten können Sie mit den Fingern auseinanderzupfen und dann vorsichtig ausbürsten. Das Entfilzen geht leichter, wenn Sie die betroffenen Stellen vorher mit etwas Entfilzungsspray oder Babypuder behandeln. Sie können dem Knoten auch mit einem speziellen Entfilzungsmesser oder einem Kamm mit rotierenden Zinken auf den Pelz rücken. Wird die Prozedur für den Hund zu unangenehm, ist es am besten, den Filz herauszuschneiden.

Das Fell von kurzhaarigen Hunden profitiert von der Pflege mit einer Gumminoppenbürste und dem Abwischen mit einem Ledertuch: Abgestorbenes Haar wird dadurch herausgezogen und der Hauttalg gut verteilt, wodurch das Fell schön glänzt.

Pudel und Bedlington Terrier sind die klassischen Beispiele für Hunde, die geschoren werden. Viele Halter scheren auch ihren langhaarigen Vierbeinern das Fell; dadurch kann besonders älteren Hunden ein heißer Sommer angenehmer gemacht werden. Sie können Ihren Hund zum Scheren in den Hundesalon bringen oder sich eine gute Schermaschine kaufen und dies selbst versuchen. Soll das Hundefell durch die Schur in eine bestimmte Form gebracht werden, bietet sich vorher jedoch der Besuch eines Scherkurses an, um die richtige Technik zu erlernen. Auf keinen Fall darf das Fell zu kurz geschoren werden (mindestens ein bis zwei Zentimeter), damit es keine Verletzungen gibt und die Haut keinen Sonnenbrand bekommt.

Viele rauhaarige Hunde, wie der Rauhaardackel und zahlreiche Terrier, werden getrimmt. Dabei werden mit Hilfe eines speziellen Trimmmessers die abge-

Striegel entfernen überflüssige Unterwolle aus dem Fell.

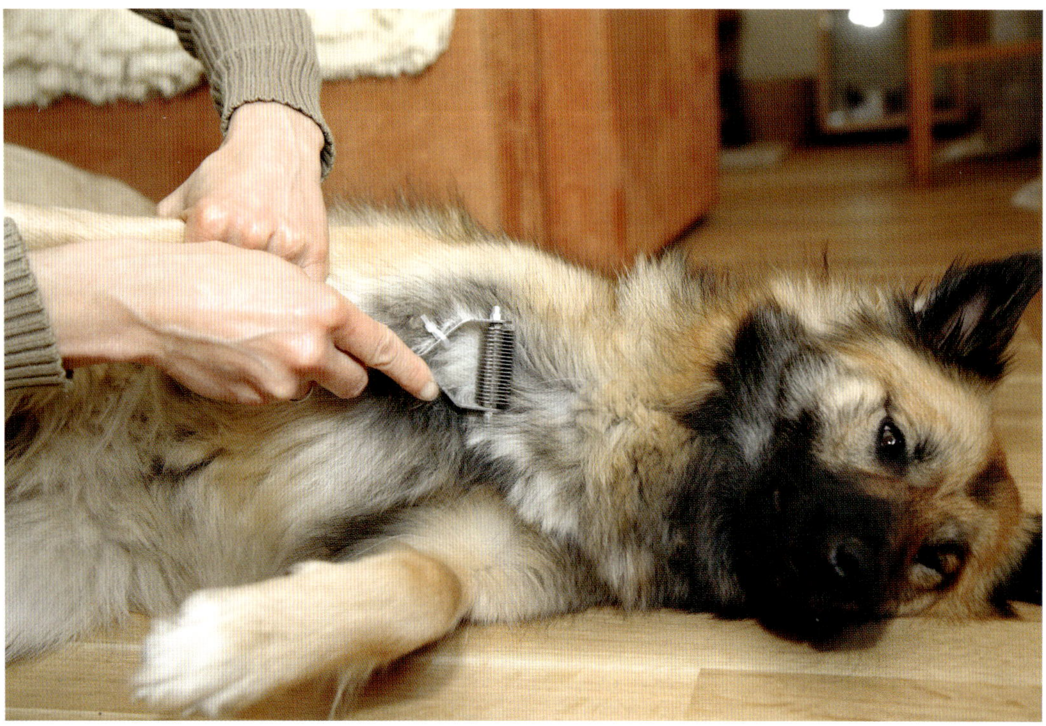

storbenen Haare aus dem Fell gezogen. Anderen Terriern wird das tote Haar einfach mit den Fingern ausgezupft, was mit einem Gummifingerling leicht von der Hand geht. Diese Prozedur ist für den Hund nicht schmerzhaft, für manche Tiere jedoch etwas unangenehm. Hundesalons bieten diesen Pflegeservice an. Wenn Sie das Trimmen oder Scheren lieber selbst übernehmen, sollten Sie es sich vorher vom Züchter zeigen lassen.

Dann gibt es noch die „Haarspezialisten" unter den Hunden, wie den ungarischen Puli oder den Komondor, mit ihren Rastalocken. Soll deren Haarpracht wachsen, darf sie nicht gebürstet werden, sondern die verfilzten Haarsträhnen (Zotten) werden mit den Fingern auseinandergezupft.

Nackthunde oder Artgenossen mit Hautpartien ohne Fell bedürfen besonderer Pflege. Haarlose Stellen müssen regelmäßig eingecremt oder eingeölt werden und mit Sonnenschutzmitteln vor Sonnenbrand geschützt werden. Dies gilt auch für Hunde, die aufgrund einer Erkrankung unter Haarverlust leiden.

Besitzt Ihr Vierbeiner Hautfalten im Gesicht, sollten Sie diese regelmäßig mit einem Tuch und spezieller Pflegelösung vom Tierarzt oder aus dem Fachhandel auswischen. Damit beugen Sie Infektionen und Entzündungen vor.

Routinekontrolle von Haut und Haar

Mindestens einmal in der Woche sollten Sie Haut und Fell Ihres Hundes gründlich untersuchen. Dies lässt sich schön mit einer Schmusestunde verbinden: Dabei können Sie den Hund von oben bis unten bekrabbeln und seine Haut am ganzen Körper abtasten. Fallen Ihnen dabei Umfangsvermehrungen (z. B. Schwellungen oder Verhärtungen) auf, sollten Sie diese vom Tierarzt untersuchen lassen. Meist handelt es sich dabei um harmlose Veränderungen, wie Fettgewebsgeschwülste, Grießbeutel oder Warzen, deren Entwicklung man aber im Auge behalten sollte. Eine Entfernung ist lediglich dann notwendig, wenn die Umfangsvermehrungen schnell wachsen, den Hund stören, aufplatzen und sich entzünden, oder wenn sie dem Tierarzt verdächtig erscheinen. Im Rahmen der Hautkontrolle sollte das Gesäuge wöchentlich nach Knoten und anderen Veränderungen abgetastet werden – frühzeitiges Erkennen von Tumoren kann lebensrettend sein.

Schauen Sie sich auch Haut und Haar des Hundes am ganzen Körper an: Wunden, Krusten, Schorf, Bläschen, Pusteln, Rötungen, vermehrte Schuppenbildung, Flöhe oder Flohkot (siehe Seite 230), stumpfes Fell, vermehrter Haarausfall (nicht bedingt durch den Fellwechsel im Frühjahr und Herbst), andere Veränderungen oder ständiges Lecken einer Hautpartie sind immer ein Grund, um die Ursache vom Tierarzt abklären zu lassen; ggf. ist eine Überweisung an einen auf Hauterkrankungen spezialisierten Fachtierarzt sinnvoll. Haut- und Haarprobleme können auf zahlreiche Stoffwechselstörungen (z. B. Hormon-, Nieren- oder Leberstörungen) oder Allergien hinweisen (siehe Seite 242). Zecken sollten unverzüglich entfernt werden (siehe Seite 231). Vermehrtes Lecken einer Körperstelle kann auf Hautprobleme hinweisen, aber auch Anzeichen für Stress, Unterforderung, Schmerzen, seelische Leiden oder eine Verhaltensstörung sein.

Wohlfühlen muss sein

Hat Ihr Hund so lange Haare über den Augen, dass er dadurch schlechter oder nichts mehr sieht, sollten Sie die Haare kürzen oder mit einem Haargummi zurückbinden. Reiben oder kratzen Haare auf der Hornhaut des Auges, kann dies zu Schäden führen. Grundsätzlich sollten Sie darauf achten, dass die Haarpracht nicht die Bewegungsfähigkeit des Hundes einschränkt oder ihn anderweitig behindert. Im Zweifelsfall plädiere ich immer für den Griff zur Schere, um die Haare zu kürzen – das Wohl des Hundes sollte mehr zählen, als ein in den Augen des Menschen perfektes Äußeres.

Hunde mit Hautfalten brauchen besondere Pflege.

Rechte Seite:
Baden Sie Ihren Hund so selten wie möglich.

Große und schwere Hunde entwickeln besonders an Ellenbogen, Knien oder anderen häufig am Boden aufliegenden Stellen Liegeschwielen, an denen die Haut vermehrt verhornt. Damit sich in der Hornhaut keine Risse bilden und sich entzünden, sollten Sie die Liegeschwielen regelmäßig mit Wund- oder Pflegecreme behandeln.

Ab in die Wanne – wenn der Hund gebadet werden muss

Hin und wieder führt kein Weg daran vorbei, den Hund zu baden – insbesondere wenn er sich in übel riechendem Aas oder Kot gewälzt hat. In den meisten Fällen reicht es aus, den Hund mit lauwarmem Wasser ohne Shampoo abzuduschen. Muss Ihr Hund shampooniert werden, sollten Sie unbedingt ein spezielles Shampoo für Hunde verwenden. Diese sind rückfettend und auf die Bedürfnisse der Hundehaut abgestimmt. Achten Sie darauf, ein Shampoo ohne Parfüm auszuwählen, das möglichst wenig riecht. Bei Hautproblemen verordnet der Tierarzt häufig ein medizinisches Shampoo.
Vor dem Bad sollten Sie Ihren Hund bürsten und die Wanne mit einer rutschfesten Matte auslegen. Legen Sie sich auch schon reichlich alte Dusch- und Handtücher und das verdünnte Shampoo (1 Teil Shampoo auf 5 Teile Wasser) griffbereit. Die Ohren des Hundes sollten Sie mit einem Pfropfen aus einem Stück Papiertaschentuch verschließen, damit kein Wasser in die Gehörgänge gelangt.
Stellen Sie eine lauwarme Wassertemperatur ein, die Ihrer Hand angenehm ist. Jetzt heben Sie den Hund in die Wanne, und duschen Sie ihn gründlich bei den Pfoten beginnend nach oben hin ab. Anschließend wird der ganze Körper das erste Mal shampooniert. Damit kein Shampoo in die Augen gelangt, können Sie die Gesichtspartie mit einem Lappen säubern. Spülen Sie den Hund nun gründlich ab und shampoonieren Sie noch einmal. Nach dem letzten Durchgang wird der Hund so lange mit klarem Wasser abgespült, bis auch der letzte Rest Shampoo aus dem Fell heraus gewaschen ist und das Haar beim Abstreichen „quietscht".
Jetzt gilt es schnell zu sein und in Deckung zu gehen oder dem Hund ein Duschtuch umzulegen: Er wird sich schütteln. Heben Sie ihn aus der Wanne und rubbeln Sie ihn ordentlich ab. Bei kurzhaarigen Hunden reicht das in der Regel zur Trocknung aus, Vierbeiner mit mittellangem oder langem Fell müssen oft noch gefönt werden, besonders in der kalten Jahreszeit. Ist es draußen warm, können Sie mit dem Hund in den Garten oder auf eine Wiese gehen – viele Hunde flitzen sich regelrecht trocken. Ein Nachteil ist dass sie sich wälzen.Passen Sie aber auf, dass Ihr Hund sich nicht erkältet: Zugluft und Kälte ohne Bewegung sind dann besonders gefährlich.

Ohrenpflege

Kontrollieren Sie einmal in der Woche, ob die Ohren Ihres Hundes sauber sind und angenehm riechen. Besonders bei Hunden mit Hängeohren können sich durch das warme Mikroklima im Ohr Erreger wie Bakterien, Pilze und Milben leicht vermehren. Bei Vierbeinern mit Stehohren besteht hingegen eher die Gefahr, dass sich Fremdkörper (z. B. Getreidespelzen) in den Gehörgang setzen.
Reinigen Sie die Ohren Ihres Hundes, wenn sie mit Schmalz verschmutzt sind. Verwenden Sie dazu ein spezielles Pflegetuch oder ein mit alkoholfreier Pflegelösung getränktes und fusselfreies Tuch. Wärmen Sie die Flasche mit der Lotion vorher in der Hand an. Säubern Sie nur das äußere Ohr, dringen Sie bei der Pflege nicht in den Gehörgang ein und achten Sie darauf, Schmalz und Schmutz nicht in den Gehörgang zu schieben. Aus diesem Grund sollten Sie auch keine Wattestäbchen benutzen, sondern einfach das äußere Ohr auswischen. Haare im Gehörgang können den Hund kitzeln und dadurch zu Juckreiz führen, außerdem begünstigen sie Infektionen im Ohr. Entfernen Sie diese Haare mit einer Pinzette oder einer speziellen Haarzupfzange. Natürlich können Sie das

Ohrenentzündung

Eine Ohrenentzündung wird meist verursacht durch Bakterien, Pilze, Parasiten oder Fremdkörper und ist eine schmerzhafte Angelegenheit für den Hund. Typische Anzeichen sind häufiges Kratzen am Ohr, Schiefhalten des Kopfes, häufiges Kopfschütteln (dadurch können Blutergüsse am Außenohr entstehen), Berührungsempfindlichkeit am Ohr und eventuell Probleme mit dem Gleichgewicht. Der Hund gehört dann schnell in tierärztliche Behandlung. Wird der Hund nicht zügig behandelt, kann die Ohrenentzündung chronisch werden.

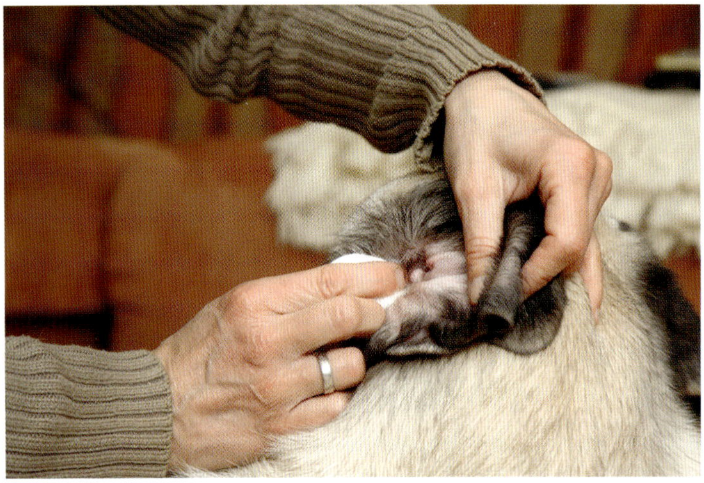

Links: Reinigen Sie nur das äußere Ohr, stärkere Verschmutzungen sollten Sie dem Tierarzt zeigen.

Rechts: Zu starkes Kürzen der Krallen kann die Blutgefäße verletzen.

auch den Mitarbeitern des Hundesalons oder Ihrem Tierarzt überlassen.
Im äußeren Ohr sitzende Fremdkörper kann man meist selbst behutsam entfernen. Fremdkörper im Gehörgang sollte man jedoch vom Tierarzt entfernen lassen. Er sollte auch aufgesucht werden, wenn die Ohren mit dunklem Sekret verschmutzt sind, stark riechen, Sie Ausfluss, Schwellungen, Verhärtungen oder Blutergüsse bemerken, der Hund oft den Kopf schüttelt, schief hält oder sich häufig am Ohr kratzt.

Pfotenpflege

Die Pfoten sind großen Belastungen ausgesetzt: Die Ballen kommen mit zahlreichen Untergründen und Substanzen in Kontakt und tragen das Gewicht des Hundes, in den Zehenzwischenräumen können sich Parasiten einnisten oder Fremdkörper feststecken. Duschen Sie nach einem Spaziergang auf schlammigen oder mit Streusalz präparierten Wegen die Pfoten mit klarem, lauwarmem Wasser ab. Längere Haare rund um Pfote und zwischen den Zehen sollten Sie mit einer abgerundeten Schere kürzen, um schmerzhaften Schmutz- oder Schneeverklumpungen und Haarverfilzungen vorzubeugen. Ansonsten sollten Sie täglich die Zehenzwischenräume auf Fremdkörper kontrollieren. Raue oder rissige Ballen können Sie mit spezieller Pfotenschutzcreme oder Melkfett pflegen, dies bietet sich besonders bei Eis und Schnee an.
Etwa alle zwei Tage oder wenn der Hund sich an einer Pfote leckt oder daran empfindlich ist, sollten Sie die Pfoten Ihres Vierbeiners genauer unter die Lupe nehmen. Fallen Ihnen dabei Wunden, Schwellungen oder Verhärtungen an der Pfote, den Zehen oder den Zehenzwischenräumen, Fremdkörper, ein- oder abgerissene Krallen, gerötete oder nässende Stellen, Pusteln, Bläschen oder ein unangenehmer Geruch auf, sollte der Hund vom Tierarzt untersucht werden.

Krallenpflege

Häufiges Laufen auf hartem Untergrund wie Asphalt unterstützt den Abrieb der Krallen, ist aber nicht schonend für die Gelenke. Zu lange Krallen können dem Hund Schmerzen beim Laufen bereiten, da sie die Pfote anheben und somit Druck auf das Krallenbett ausüben oder die Zehen spreizen. Daumen- oder Afterkrallen werden durch das Laufen nicht abgenutzt und können rund wachsen. Dadurch steigt die Gefahr, dass der Hund daran hängen bleibt und sich die Kralle ganz oder teilweise ausreißt oder sie einwächst. Aus diesem Grund ist es wichtig, die Länge der Krallen mindestens einmal im Monat zu kontrollieren. Zum Kürzen verwendet man eine spezielle Krallenzange. Wenn Sie damit noch keine Erfahrung haben, empfehle ich Ihnen, sich das vom Tierarzt oder Züchter zeigen zu lassen. Denn wenn die Krallen zu weit hinten gekappt werden, verletzt man die innen liegenden Blutgefäße (bei hellen Krallen oft gut zu erkennen): Eine schmerzhafte Angelegenheit für den Hund. Blutungen beim Krallenschneiden kann man stoppen, indem man Kernseife oder Blut stillende Watte gegen die Wunde drückt. Ältere Vierbeiner haben häufig brüchige Krallen, homöopathische Mittel können da Besserung bringen.

Pflege und Kontrolle von Zähnen und Fang

Hundekinder kommen zahnlos zur Welt. Die ersten Milchzähnchen brechen mit zwei bis vier Wochen durch, nach zwei Monaten sollte das Milchgebiss mit 28 Zähnen komplett sein. Zwischen dem vierten und dem siebten Lebensmonat sollten die spitzen Milchzähnchen ausfallen und durch das neue Gebiss mit 42 Zähnen ausgetauscht werden. Damit das möglichst problemlos vonstatten geht, braucht der junge Vierbeiner reichlich Gelegenheit zum Kauen. Trotzdem fallen manchmal einzelne Milchzähne nicht von alleine aus, blockieren die nachwachsenden Zähne und können zu Fehlstellungen führen. Um das zu verhindern, sollten Sie sich das Gebiss des Hundes in der kritischen Zeit einmal täglich anschauen. Stellen Sie fest, dass ein neuer Zahn schon kommt, obwohl der darunter liegende Milchzahn noch fest sitzt, muss der Milchzahn eventuell vom Tierarzt gezogen werden.

Zahnstein und die Folgen

Zahn- und Zahnfleischstörungen gehören zu den häufigsten Fällen in der Tierarztpraxis. Wenn Zahnbeläge mineralisieren, entsteht Zahnstein. Auf dessen rauer Oberfläche vermehren sich Bakterien. Sie dringen in die Zahntaschen ein, führen dort zu Entzündungen und Eiterherden.

Diese Zahnfleischentzündung (Parodontitis) äußert sich durch übel riechenden Geruch aus dem Mund, gerötetes, oft auch blutendes Zahnfleisch und Schmerzen. In der Folge sind Zahnverlust, Futterverweigerung und Abmagerung möglich. Noch schlimmer: Die von den Bakterien produzierten Giftstoffe können über die Blutbahn in den Körper gelangen und dadurch Herz, Leber und Nieren des Hundes schwer schädigen.

Wenn Sie im Rahmen der wöchentlichen Gebisskontrolle Zahnstein, die oben beschriebenen Anzeichen, vermehrtes Speicheln oder abgebrochene oder kariöse Zähne bei Ihrem Hund feststellen, sollte er dem Tierarzt zur Untersuchung vorgestellt werden. Nachhaltig kann Zahnstein nur in Narkose mit einem Ultraschallgerät entfernt werden, zum Schluss poliert der Tierarzt die Zähne glatt. Eventuell müssen bei fortgeschrittener Zahnfleischentzündung sogar geschädigte Zähne und geschädigtes Zahnfleisch operativ entfernt werden.

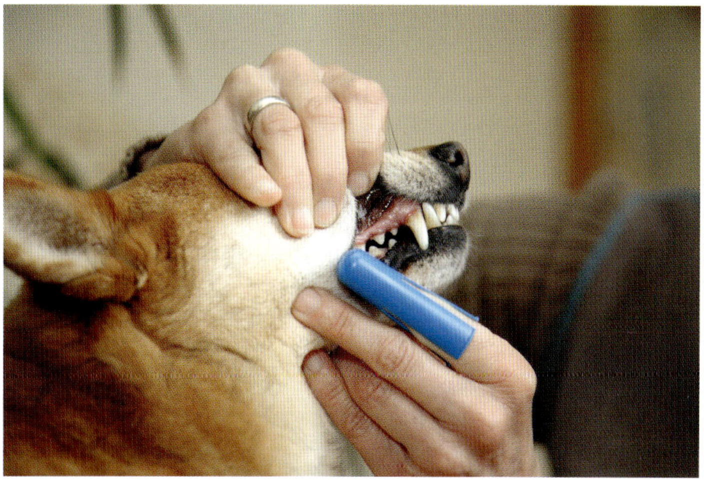

Mit einer auf den Finger aufsteckbaren Bürste geht das Zähneputzen ganz einfach.

Zahnpflege

Um Ihrem Hund die mit einer Zahnfleischentzündung einhergehenden Schmerzen oder die Belastung einer Narkose zur Zahnsteinentfernung zu ersparen, sollten Sie großen Wert auf die vorbeugende Zahnpflege legen. Dazu sollte der Hund einerseits häufig Kauartikel zur Verfügung haben (siehe Seite 197). Diese reduzieren vorhandene Beläge mechanisch durch die Reibung und den beim Kauen produzierten Speichel. Zusätzlich sollten Sie alle ein bis drei Tage die Zähne Ihres Hundes putzen. Verwenden Sie dazu eine spezielle Zahnpasta für Hunde, diese gibt es beim Tierarzt oder im Zoofachgeschäft. Zum Auftragen und Massieren können Sie ein kleines Mull- oder Frotteetuch oder eine Zahnbürste verwenden. Recht

Wie Zahnstein entsteht

Kleine Hunde neigen wegen der geringen Abstände der Zähne eher zu Zahnstein als ihre größeren Artgenossen. Auch die individuelle Zusammensetzung des Speichels (die erblich veranlagt sein kann) spielt scheinbar eine Rolle bei der Entstehung von Zahnstein. Hunde mit wenig Bewegung produzieren weniger Speichel, wodurch sich leichter Zahnstein bildet. Hat ein Hund eine Gebissfehlstellung (Zahnengstand, Über- oder Unterbiss), kann das ebenfalls die Entstehung von Zahnstein begünstigen. Natürlich spielt auch die Ernährung eine Rolle: Zuckerreiches Futter und süße Leckerlis bieten den schädlichen Bakterien reichlich Nahrung, was deren Vermehrung beschleunigt.

neu zur Zahnsteinvorbeugung sind enzymhaltiges Zahngel bzw. enzymhaltige Kaustreifen, die gegen die Bakterien des Zahnbelags wirken. Fragen Sie dazu Ihren Tierarzt.
Schauen Sie sich bei der Zahnpflege auch die Zunge und die Mundschleimhäute an: Schwellungen, Verhärtungen, Eiterherde, Rötungen, Wunden, Blutungen oder Fremdkörper sind immer ein Grund, um den Hund dem Tierarzt vorzustellen.

Pflege der Augen

Die Augen verraten Ihnen eine ganze Menge über das Wohlbefinden Ihres tierischen Gefährten. Schauen Sie deswegen einmal am Tag genauer hin. Ist sein Blick hell, wach und klar? Trübe oder wässrige Augen können darauf hindeuten, dass es Ihrem Hund nicht gut geht.
Krusten in den Augenwinkeln bestehen aus getrocknetem Sekret („Schlaf" in den Augen). Können Sie diese nicht einfach mit dem Finger entfernen, sollten Sie ein mit warmem Wasser angefeuchtetes, fusselfreies Tuch verwenden. Kamillenprodukte können am Auge zu Reizungen führen – sie sind nicht für die Pflege oder Behandlung der Augenpartie geeignet. Sinnvoller sind spezielle Produkte zur Augenpflege. Pflanzliche Augentropfen mit der Bezeichnung „Augentrost" oder „Euphrasia" können auch bei leichten Reizungen am Auge helfen. Achten Sie darauf, dass Ihr Hund keiner Zugluft ausgesetzt ist, etwa bei einer Autofahrt mit offenem Fenster. Auch zu kalt eingestellte Klimaanlagen können die Augen reizen oder eine Erkältung verursachen.

Diese Labradordame ist aufgrund einer Linsentrübung erblindet.

Störungen des Auges

Ihr Hund sollte vom Tierarzt untersucht werden, wenn Sie an den Augen oder den Bindehäuten z. B. Rötungen, Ausfluss oder vermehrtes Tränen, Schwellungen, Größenveränderungen oder sonstige Veränderungen bemerken, der Hund lichtempfindlich ist, oft die Augen zukneift, ständig blinzelt, sich am Auge kratzt oder Sie die Vermutung haben, dass er schlechter sieht. Verfärbungen der Haare unter den Augen sind Anzeichen für starken Tränenfluss. Heftige, plötzliche Reaktionen am Auge können auf eine Verletzung hinweisen, das ist dann ein Notfall und der Hund muss schnell zum Tierarzt.
Die Lider müssen gegebenenfalls operativ korrigiert werden, wenn sie nach innen (Entropium) oder außen (Ektropium) gerollt sind. Bei nach innen gerollten Lidern reiben die Wimpern an der Hornhaut, bei nach außen gerollten Lidern besteht die erhöhte Gefahr einer Bindehautentzündung (Konjunktivitis). Ständiger Augenausfluss kann auf einen Defekt des Tränennasenkanals hinweisen, der nach Absprache mit dem Tierarzt korrigiert werden sollte.
Ab der zweiten Lebenshälfte werden bei vielen Hunden durch altersbedingte Stoffwechselveränderungen die Linsen trüb und wirken bläulich bzw. milchig. Jede Linsentrübung bezeichnet man als Katarakt. Zwar wird das Sehvermögen dadurch mehr oder weniger eingeschränkt, doch die meisten Hunde können die nachlassende Sehkraft durch ihre anderen Sinne ausgleichen und haben keine Beschwerden. Trotzdem sollte man einen Hund mit Linsentrübung vom Tierarzt untersuchen lassen, um ein eventuell vorhandenes Grundleiden zu behandeln. Linsentrübungen können auch angeboren sein oder in jungen Jahren auftreten, z. B. verursacht durch Stoffwechselstörungen (z. B. Diabetes, Vergiftungen), als Folge von Entzündungen und Infekten oder anderen Augenerkrankungen (z. B. Collie-Auge, siehe unten) entstehen oder durch genetische Veranlagung verursacht sein. Dann handelt es sich in der Regel um Grauen Star. Der Stoffwechsel der Augen kann durch Medikamente angeregt werden, eine Operation zur Verbesserung der Sehkraft ist in vielen Fällen ebenfalls möglich.
Es gibt zahlreiche Erkrankungen am Auge. Einige treten bei bestimmten Rassen gehäuft auf und sind erblich bedingt (für manche Rassen stehen schon Gentests zur Verfügung). Zu den erblichen Augenerkrankungen gehört die Progressive Retina Atrophie (PRA), eine nicht heilbare Degeneration der

Netzhaut. Erste Anzeichen sind Nachblindheit, später auch Tagblindheit. Die Collie Eye Anomaly (CEA, Collie-Auge) kommt am häufigsten bei Collies und anderen Hütehunden vor. Betroffene Hunde zeigen Veränderungen der Netzhaut in verschiedenen Schweregraden. Bei leichten Fällen beeinträchtigt es den Hund nicht, in schweren Fällen kann es zur Blindheit durch Netzhautablösung und Blutungen im Auge kommen. Bei der Ceratitis superficialis chronica (wird auch als Schäferhundkeratitis bezeichnet) sind die Hornhaut und eventuell auch die Bindehaut sowie das dritte Augenlid des Hundes chronisch entzündet, was sich durch Auflagerungen auf der Hornhaut äußert.

Nase feucht – Hund gesund?

Eine feuchte und kühle Nase soll für das Wohlbefinden des Hundes stehen. Doch beides ist kein Indiz dafür, dass es einem Hund gut geht. Die Nase ist vielen Umwelteinflüssen ausgesetzt, die ihre Temperatur und Feuchtigkeit beeinflussen. Jedoch sind vermehrter Ausfluss (besonders eitriger Ausfluss), Nasenbluten, eine rissige Haut oder Haarverlust um die Nase mögliche Krankheitsanzeichen, die vom Tierarzt abgeklärt werden sollten. Reibt der Hund sich oft mit der Pfote an der Nase oder niest er häufig, kann sich ein Fremdkörper in der Nase befinden, der vom Tierarzt entfernt werden sollte.

Kontrolle der Geschlechtsteile

Sind Sie Halter eines Rüden, sollten Sie sich mindestens einmal in der Woche seinen Penis anschauen. Tropft es aus dem Bereich der Vorhautöffnung? Entdecken Sie gelblich-grünen, oft übel riechenden Ausfluss aus dem Penis? Ist eine Schwellung oder Rötung der Vorhaut festzustellen? Leckt der Hund sich dort auffallend oft? All das sind Anzeichen eines Vorhautkatarrhs, der tierärztlich behandelt werden muss. Er kann verursacht werden durch Infektionen oder Fremdkörper sowie hormonell bedingt sein (oft bei sexuell überaktiven Hunden). Bei häufig auftretenden Vorhautkatarrhen ist meist eine Kastration sinnvoll. Tasten Sie bei einem unkastrierten Rüden auch die Hoden ab. Haben sich Konsistenz oder Größe verändert? Falls ja, sollte die Ursache vom Tierarzt abgeklärt werden, genau wie alle weiteren Veränderungen, die Ihnen auffallen.

Die Scheide einer Hündin sollten Sie wöchentlich auf Veränderungen kontrollieren. Bei einer unkastrierten Hundedame ist es ratsam, vor einer anstehenden Läufigkeit (siehe Seite 252) täglich die Scheide mit einem Papiertaschentuch abzutupfen. Findet sich Blut auf dem Tuch, hat die Läufigkeit eingesetzt. Zudem müssten dann die Schamlippen geschwollen sein. Auch nach der Hitze ist es wichtig, die Hündin gut im Auge zu behalten, um gegebenenfalls erste Anzeichen einer lebensgefährlichen Gebärmuttervereiterung (siehe Seite 245) zu entdecken.

Inkontinenz

Der inkontinente Hund hat keine Kontrolle über seine Ausscheidungen, was durch eine Infektion (z. B. Blasenentzündung) oder eine Hormonstörung verursacht werden oder in Folge einer Kastration oder anderer Erkrankungen auftreten kann. Inkontinente Hunde verlieren häufig im Schlaf Urin. Prüfen Sie deswegen gegebenenfalls regelmäßig das Schlaflager oder den Ruheplatz des Hundes auf Feuchtigkeit. Wird ein Hund plötzlich unsauber und kann Kot oder Urin nicht mehr wie gewohnt halten, sollte er vom Tierarzt untersucht werden.

Kontrolle des Afters

Wöchentlich steht auch eine Kontrolle des Afters auf dem Pflegeplan. Ist er sauber? Sind weder Rötungen, Verkrustungen, Schwellungen, Verhärtungen oder unangenehmer Geruch festzustellen? Diese Anzeichen können ihre Ursache in einer Verstopfung der Analbeutel haben. Die in den paarigen Analbeuteln am After angelegten Analdrüsen produzieren ein intensiv riechendes Sekret (siehe Seite 42), das durch das Pressen beim Kotabsatz ausgeschieden wird. Weicher Kot, Durchfall, Infektionen, Gewebeschwäche im Alter oder erbliche Veranlagung können dazu führen, dass sich die Analbeutel mit dem enthaltenen Sekret nicht richtig entleeren. Typische Anzeichen dafür sind es, wenn der Hund mit dem Po über den Boden rutscht (Schlitten fährt), sich häufig in der Analregion leckt oder sich öfter plötzlich hinsetzt, so als ob es zwickt. Besteht der Verdacht auf eine Anal-

Vor der Impfung wird der Hund untersucht.

beutelverstopfung, sollte der Hund zum Tierarzt gebracht werden, damit dieser die Analbeutel entleert. Bei manchen Hunden muss das in regelmäßigen Abständen durchgeführt werden. Mit etwas Übung können Sie das auch selbst übernehmen. Sie sollten es sich vorher aber ausreichend vom Tierarzt zeigen lassen, da falsches Vorgehen Verletzungen am After verursachen kann. Werden verstopfte Analbeutel nicht geleert, kann das zu schmerzhaften Entzündungen bis hin zum Analbeutelabszess führen, der unbedingt vom Tierarzt behandelt werden muss. Dieser sollte auch eingeschaltet werden, wenn Ihnen weitere Veränderungen in der Afterregion des Hundes auffallen. Bei älteren Rüden können z. B. Perianaldrüsentumoren entstehen, deren Wachstum durch das Hormon Testosteron begünstigt wird. Aus diesem Grund werden die betroffenen Rüden bei der Entfernung der Tumoren in der Regel auch kastriert.

Impfungen und Impfempfehlungen

Impfungen gehören zur Gesundheitsvorsorge. Sie schützen Hunde vor gefährlichen, oft tödlich verlaufenden Erkrankungen. Tollwut- und Leptospiroseerreger können auch auf Menschen übertragen werden. Aus diesem Grund ist ein ausreichender Schutz nicht nur für Ihren Hund wichtig. Die Impfungen werden in den EU-Heimtierausweis oder Impfpass eingetragen.

Wie funktioniert eine Impfung?

Der Körper des Hundes verfügt über ein komplexes System, um Antigene (z. B. Viren, Bakterien, Pilze und entartete körpereigene Zellen) aufzuspüren und zu bekämpfen. Dazu stehen ihm als „große Armee" Abwehrzellen zur Verfügung, die bei Bedarf aktiviert werden. Antikörper kann man als „Spezialeinheiten" bezeichnen: Diese machen die Antigene unschädlich, auf die sie programmiert sind. Hat ein Hund einmal eine Infektion mit einem bestimmten Virus durchgemacht, erinnert sich sein Immunsystem bei einem erneuten Kontakt daran und kann schnell und effektiv handeln. Bei einer Impfung werden abgeschwächte lebende, abgetötete oder Teile von Erregern gespritzt, die die körpereigene Abwehr auf den Ernstfall vorbereiten sollen, damit eine Ansteckung nicht zu einer Erkrankung führt.

In den ersten Lebenswochen sind die Welpen durch die über die Plazenta und mit der ersten Muttermilch aufgenommenen Antikörper geschützt. Wird die Mutterhündin kurz vor dem Deckakt geimpft, ist der Antikörperspiegel im Blut und in der Muttermilch optimal. Besitzen die Welpen zum Zeitpunkt der Impfung noch Antikörper von der Mutter, mindert das den Impferfolg. Deswegen wird in der Regel ab der achten Woche (ist die Mutter nicht geimpft, auch früher) und später erneut geimpft.

Wie sicher ist eine Impfung?

Eine Impfung garantiert keinen 100-prozentigen Schutz vor einer Infektion. So können z. B. ein Befall mit Parasiten, eine Erkrankung, starker Stress oder ein geschwächtes Allgemeinbefinden des Hundes dazu führen, dass nicht ausreichend Antikörper gegen den Erreger gebildet werden. Deswegen sollte der Vierbeiner etwa zehn Tage vor einer Impfung entwurmt werden. Auch ein hoher Infektionsdruck (viele infizierte Hunde im direkten Umfeld) kann trotz vorhandener Schutzimpfung zu einer Infektion führen, zudem können sich Viren verändern und nicht mehr vom Immunsystem erkannt werden. Vor der Impfung wird der Tierarzt den Hund untersuchen, um sicherzugehen, dass er gesund ist.

Ist impfen gefährlich?

Viele Hundehalter sind verunsichert und befürchten, dass die Impfungen generell oder zu häufige Impfungen ihrem Hund schaden können. Grundsätzlich kann man sagen, dass der Nutzen von sorgsam durchgeführten Impfungen größer ist als der Schaden. Natürlich bleibt immer ein Restrisiko.
Kurzzeitige Impfreaktionen (wie Abgeschlagenheit, Schüttelfrost oder Anschwellen der Impfstelle) sind selten, können aber vorkommen. Deswegen sollten Hunde in den ersten Tagen nach einer Impfung möglichst wenig körperlichen Belastungen und keinem Stress ausgesetzt werden. Bei manchen Hunden (häufig bei Hunden kleiner Rassen, wie Yorkshire Terrier oder Malteser) ist es aus diesem Grund sinnvoll, bei einer Wiederholungsimpfung nicht nur einmal mit einem umfassenden Kombipräparat zu impfen, sondern die Impfung zu splitten und die Impfstoffe auf zwei oder mehr Gaben zeitlich aufzuteilen. Sehr wenige Hunde zeigen allergische Reaktionen auf im Impfstoffpräparat vorhandenen Lösungsmittel. Bei diesen Tieren reicht es in der Regel schon aus, auf ein Präparat eines anderen Herstellers auszuweichen.
Es wird auch immer wieder von bleibenden Impfschäden berichtet. Tatsächlich gibt es eine Immunerkrankung, die mit Impfungen in Zusammenhang gebracht wird, die Fälle sind aber sehr, sehr selten. Das Risiko einer schweren Erkrankung durch eine Infektion ist für einen ungeimpften Hund wesentlich höher und schwerwiegender zu bewerten als das Risiko, dass ein geimpfter Hund eine Nebenwirkung durch die Impfung bekommt. Ziel sollte es sein, mit so wenigen Impfungen wie möglich einen optimalen Impfschutz zu erreichen.

Was muss geimpft werden?

Gegen Tollwut, Staupe, Ansteckende Leberentzündung (HCC), Parvovirose und Leptospirose sollte Ihr Hund immer geimpft werden. Ob eine Impfung zum Schutz vor Borreliose, Zwingerhusten, Coronavirus, Babesiose, Pilzinfektionen oder weiteren Erregern sinnvoll ist, hängt von den Lebensumständen des Hundes und der jeweiligen Gefährdungslage ab.
Um einen möglichst optimalen Impfschutz für Ihren Hund zu erhalten, sollten Sie gemeinsam mit Ihrem Tierarzt ein individuelles Impfschema entwickeln. Dazu gehört es zu entscheiden, welche Impfungen sinnvoll sind und in welchen Intervallen sie durchgeführt werden. Als Richtlinie kann die Impfempfehlung der Ständigen Impfkommission vet. (StIko vet.) im Bundesverband Praktizierender Tierärzte e. V. (bpt) dienen (siehe Kasten), die ggf. individuell abgewandelt wird. Alternativ können Sie auch vor einem anstehenden Impftermin eine Blutuntersuchung vornehmen lassen, um die vorhandenen Antikörper zu ermitteln (Titer). Das gibt Auskunft darüber, ob ein

Nach der Impfung sind viele Hunde müde und brauchen Ruhe.

Impfempfehlungen*

Alter	Grundimmunisierung – Impfung gegen
6 Lebenswochen (nur in gefährdeten Beständen)	Parvovirose
8 Lebenswochen	Staupe, HCC, Parvovirose, Leptospirose
12 Lebenswochen	Staupe, HCC, Parvovirose, Leptospirose, Tollwut
16 Lebenswochen (nicht zwingend, steigert den Impferfolg)	Staupe, Parvovirose, Tollwut
15 Lebensmonate	Staupe, HCC, Parvovirose, Leptospirose, Tollwut

In einem höheren Alter vorgestellte Tiere erhalten ihre Impfungen in denselben Abständen. Ab einem Alter von 12 Lebenswochen ist eine zweimalige Impfung im Abstand von 3 bis 4 Wochen, gefolgt von einer weiteren Impfung nach 1 Jahr, für eine erfolgreiche Grundimmunisierung ausreichend

Wiederholungsimpfung gegen	Wann
Tollwut	Laut der vom Impfstoffhersteller in der Packungsbeilage angegebenen Zeiträume
Staupe, Parvovirose, HCC	Alle drei Jahre sind nach derzeitigem wissenschaftlichen Stand ausreichend
Leptospirose	Jährlich (bei hoher Gefährdung häufiger)

* auszugsweise für die wichtigsten Impfungen aus der Impfempfehlung der Ständigen Impfkommission vet. (StIKo vet.) im Bundesverband Praktizierender Tierärzte e. V., Stand November 2007

Rechte Seite:
Nicht nur im Freien kann sich Ihr Hund mit Erregern infizieren.

ausreichender Schutz gegen eine Infektion vorliegt oder eine Impfung notwendig ist.

Ohne abgeschlossene Grundimmunisierung in die Welpenschule?

Frischgebackene Welpenbesitzer sehen sich oft in der Zwickmühle: Soll der Welpe in die Welpenschule, obwohl noch kein optimaler Impfschutz erreicht ist? Sofern keine besondere Gefährdung vorliegt, z. B. durch in der Region grassierende Parvovirose, sollte man sich für die Hundeschule entscheiden. Fragen Sie dazu Ihren Tierarzt. Die Welpenzeit muss genutzt werden, damit das Hundekind für sein späteres Leben wichtiges Sozialverhalten erlernen kann. Achten Sie dabei auf den Umgang des Welpen: Gerade Hunde von dubiosen Anbietern sind häufig nicht oder nur unzureichend geimpft (siehe Seite 72). So treten Parvovirose und Staupe bei uns wieder vermehrt auf, seitdem immer mehr „preiswerte" Hunde z. B. aus Osteuropa eingeführt werden.

Dagegen wird geimpft

Tollwut: Die Viren werden durch den Speichel infizierter Tiere übertragen, z. B. bei Kontakt mit Hautwunden, zumeist aber durch einen Biss. Wenn das Virus Wochen bis Monate nach einer Infektion dann über die Nervenbahnen das Gehirn erreicht und geschädigt hat, treten Verhaltensveränderungen (auch gesteigerte Aggressivität/Erregung), Apathie (stille Wut), Lähmungen, Gleichgewichtsstörungen und Krämpfe auf. Tollwut ist eine tödlich verlaufende Erkrankung. Besteht bei einem nicht geimpften Tier der Verdacht auf eine Tollwuterkrankung, kann dessen Tötung angeordnet werden, denn ein eindeutiger Nachweis einer Erkrankung kann nur durch die Feststellung der Erreger im Gehirn erbracht werden. Die Einreise nach Deutschland und in andere Länder (siehe Seite 176) ist nur mit gültiger Tollwutschutzimpfung möglich, ebenso wie die Teilnahme an Hunde-Veranstaltungen und -Kursen. Die deutsche Tollwut-Verordnung wurde im Dezember 2005 geändert. Bis dahin waren jährliche Intervalle für die Wiederholungsimpfungen vorgegeben. Nun orientiert man sich an den Angaben der Impfstoffhersteller – in der Regel sind das derzeit maximal drei Jahre, sofern eine ausreichende Grundimmunisierung vorgenommen wurde. Auch Menschen können an Tollwut erkranken (Zoonose).

Staupe: Infizierte Tiere scheiden die Viren mit allen Körperflüssigkeiten aus, auch wenn sie keine Krankheitsanzeichen zeigen. Hunde können sich durch direkten Kontakt bei Artgenossen, oder z. B. bei Füchsen und Mardern anstecken. Etwa vier bis sieben Tage nach einer Ansteckung sind Appetitlosigkeit, hohes Fieber und Ausfluss aus Nase und Augen die ersten

Anzeichen. Fortgeschritten kommt es dann je nach Verlauf zu Durchfall und Erbrechen aufgrund von Magen-Darmentzündungen, oder verursacht durch Lungenentzündung zu Husten und Atemproblemen. Die Hautform geht mit blasigem Hautausschlag einher, auch Sohlenballen und Nasenspiegel können verhornen. Die schwerste Verlaufform schädigt das Gehirn: In der Folge treten z. B. Bewegungs- und Gleichgewichtsstörungen, Krämpfe, Zittern, Lähmungen sowie eventuell Epilepsie und Verhaltensstörungen auf. Die Krankheit kann tödlich verlaufen. Als Folgeschäden können Zahnschmelzdefekte (Staupegebiss) auftreten.

Infektionskrankheiten werden oft von Hund zu Hund übertragen.

Ansteckende Leberentzündung (Hepatitis contagiosa canis): Die Viren werden direkt von Hund zu Hund (ggf. auch ohne Krankheitsanzeichen) oder indirekt durch Speichel, Urin oder Kot übertragen. Auch genesene Hunde können das Virus noch einige Monate lang ausscheiden. Die Krankheitsanzeichen ähneln denen der Staupe, jedoch tritt bei der ansteckenden Leberentzündung eine massive Blutungsneigung auf. Durch Leberschädigung kommt es zu Erbrechen, Durchfall, Bauchschmerzen und Schleimhautblutungen. In der Folge können unter anderem Hornhauttrübungen bis zur Erblindung auftreten. Die Erkrankung kann zum Tod führen, bei Welpen sogar ohne vorherige Anzeichen.

Leptospirose (Stuttgarter Hundeseuche, Weilsche Krankheit): Die Erreger sind weltweit vorkommende Bakterien. Anstecken kann sich ein Hund durch Schleimhautkontakt z. B. bei einem Artgenossen oder durch das Trinken aus einem Gewässer oder einer Pfütze, die mit dem Urin infizierter Tiere (häufig von Ratten) verunreinigt ist. Die Überträger müssen keine Krankheitsanzeichen zeigen. Etwa ein bis zwei Wochen nach einer Infektion zeigen sich die ersten Krankheitsanzeichen, z. B.: Appetitlosigkeit, Schlappheit, hohes Fieber, Erbrechen, Durchfall, Atembeschwerden, Schmerzen und Lähmungen. Zudem können Leber- und Nierenerkrankungen auftreten. Die Krankheit kann tödlich verlaufen. Auch Menschen können an Leptospirose erkranken (Zoonose).

Parvovirose: Infizierte Hunde verbreiten die Viren über den Kot, der über Monate lang ansteckend bleibt. Auch durch an Schuhen haftenden Kot kann man die Viren verbreiten. Typische Anzeichen sind Magen-Darmentzündungen, hohes Fieber, Erbrechen und schwerste, oft blutig-wässrige Durchfälle. Die Parvovirose kann zu einer tödlichen Herzerkrankung führen, die besonders Welpen bis zur zwölften Lebenswoche betrifft, und die dann plötzlich und ohne vorherige Anzeichen sterben. Überlebt der Hund, können als Folge Herzschäden bleiben. Parvovirose kann auch bei erwachsenen Hunden tödlich verlaufen. Neue Virustypen können von Hund zu Katze und umgekehrt übertragen werden.

Infektiöse Tracheobronchitis (Zwingerhusten, Hundegrippe): Die Erstinfektion erfolgt durch Viren (hauptsächlich Canines Parainfluenzavirus). Oft kommen noch Bakterieninfektionen (z. B. *Bordetella bronchiseptica*) hinzu, die den Krankheitsverlauf verschlimmern. Durch Tröpfcheninfektion (z. B. Husten und Niesen) werden die Erreger von Hund zu Hund übertragen – hauptsächlich überall dort, wo es viele Hunde gibt, wie auf dem Hundeplatz, auf Auslaufflächen, im Tierheim oder auf Ausstellungen. Etwa 3 bis 14 Tage nach einer Ansteckung kommt es zu starkem, trockenem Husten, geschwächtem Allgemeinzustand und beim schweren Verlauf auch zur Lungenentzündung. Die Erkrankung ist in der Regel mit Medikamenten behandelbar. Da mehrere Viren und Bakterien zu den Verursachern zählen, bietet eine Impfung nicht immer einen ausreichenden Schutz.

Borreliose: Die Bakterien werden durch den Speichel einheimischer Zecken (Holzbock) auf den Hund übertragen (siehe Seite 230). Im Krankheitsverlauf treten Mattigkeit und Schwäche, Appetitlosigkeit und zeitweise, wechselnde Lahmheiten an verschiedenen Gelenken auf. Borreliose kann unbehandelt dauerhafte Gelenkschäden zur Folge haben. Neben dem Zustand des Hundes erfolgt die Diagnose durch eine oder zwei Blutuntersuchungen. Vorbeugend ist Zeckenschutz wichtig, behandelt wird die Erkrankung mit Antibiotika. Eine Impfung kann dann sinnvoll sein, wenn man sich mit seinem Hund in besonders gefährdeten Gebieten aufhält. Jedoch richtet sich die Impfung nur gegen einen hauptsächlich in Amerika vorkommenden Borrelienstamm. Es gibt aber mehrere Stämme, die eine Erkrankung verursachen.

Babesiose: Die auch als Hundemalaria bezeichnete Erkrankung galt bisher als eingeschleppte Infektionskrankheit, die z. B. im Mittelmeerraum vorkommt (siehe Seite 264). Übertragen werden die krank machenden Einzeller von Auwald- und Braunen Hundezecken. Inzwischen kommen auch in Deutschland immer mehr dieser Zecken vor (siehe Seite 231). Sind sie mit dem Blutparasiten infiziert, kann dieser durch einen Zeckenbiss übertragen werden. Bei einer Erkrankung werden u. a. die roten Blutkörperchen zerstört, hinzu kommen Blutgerinnungsstörungen. Eine Erkrankung zeigt sich etwa eine Woche nach dem Zeckenbiss durch hohes Fieber. Hinzu kommen blasse Schleimhäute durch die Blutarmut und Blutungsneigung, Müdigkeit, Appetitlosigkeit, roter/dunkler Urin, die Vergrößerung z. B. von Leber und Milz und Gelbsucht. Unbehandelt führt die Hundemalaria nach wenigen Tagen zum Tod des Hundes. Eine ausreichende Vorbeugung gegen Zecken ist wichtig (siehe Seite 232). Eine Impfung ist dann sinnvoll, wenn man sich mit seinem Hund in gefährdeten Gebieten aufhält.

Canines Coronavirus (CCV): Das Virus ist bei Hunden weit verbreitet, überlebt in der Umwelt aber nur kurz. Übertragen wird es durch den Kot oder das Beschnuppern der Analregion infizierter Tiere – auch ohne Krankheitsanzeichen. Typische Krankheitsanzeichen sind Durchfälle, doch nicht jeder infizierte Hund erkrankt daran. Zusätzliche Infektionen, z. B. mit *E. coli*-Bakterien komplizieren häufig das Krankheitsbild. Eine Erkrankung ist jedoch in der Regel gut behandelbar, und eine Impfung nur in Ausnahmefällen nach Empfehlung des Tierarztes bei besonderer Gefährdungslage sinnvoll.

Viele Infektionskrankheiten können von Hund zu Hund übertragen werden.

Gut betreut

Den Hund nicht trösten: Plaudern Sie im Warteraum mit anderen, dann ist die Situation nicht so bedrohlich für den Hund.

Der Tierarzt ist nicht nur Ihr Ansprechpartner, wenn der Hund krank ist, sondern berät Sie auch in allen Punkten rund um die Gesundheitsvorsorge. Mindestens einmal im Jahr sollten Sie Ihren Vierbeiner routinemäßig untersuchen lassen, was man häufig mit der Impfung verbinden kann.

Der Tierarzt wird Sie und Ihren Vierbeiner ein Hundeleben lang begleiten. Daher ist es wichtig, dass Sie sich dort kompetent und einfühlsam betreut wissen. Schauen Sie sich mehrere Tierarztpraxen in Wohnortnähe an. Folgende Kriterien sind wichtig:

- Der Tierarzt bildet sich regelmäßig fort und ist auf dem aktuellen Wissensstand der Kleintiermedizin.
- Er handelt praktisch und führt die Untersuchungen und Behandlungen durch, die sinnvoll und Erfolg versprechend sind – aber nicht mehr.
- Er geht liebevoll und einfühlsam mit seinen tierischen Patienten um.
- Er hat ein offenes Ohr für die Sorgen der Tierhalter und erklärt die Diagnose ohne Fachchinesisch – mit verständlichen Worten.
- Er erläutert die beabsichtigte Behandlung, bespricht die Risiken und die Erfolgsaussichten und gibt (soweit möglich) einen Zeitplan für die Behandlung vor.
- Er führt die anfallenden Untersuchungs- und Behandlungskosten nachvollziehbar auf.
- Er verweist Patienten an spezialisierte Fachtierärzte oder Tierkliniken, wenn dies sinnvoll ist.
- Er oder eine kompetente Vertretung ist auch im Notfall erreichbar und macht gegebenenfalls auch Hausbesuche.
- Seine Praxis ist soweit ausgestattet, dass er die wichtigsten Röntgen- und Ultraschalluntersuchungen sowie bestimmte Blut- und Urintests vornehmen kann.

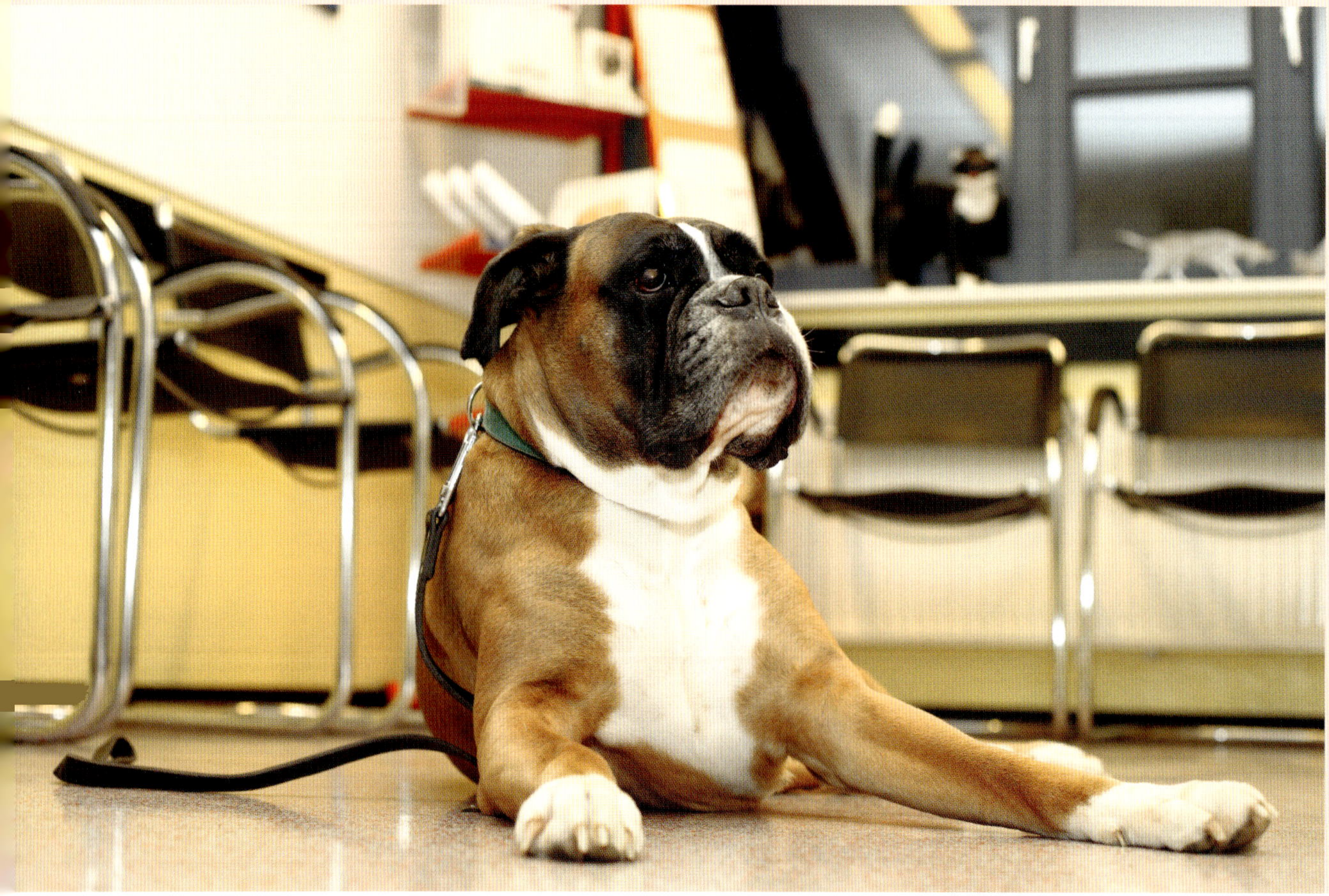

beim Tierarzt

Tierkliniken und Fachtierärzte werden in der Regel eingeschaltet, wenn die Diagnoseerstellung oder die Behandlung eines kranken Hundes die Möglichkeiten des Tierarztes vor Ort übersteigen. Neben der Spezialisierung auf ein bestimmtes Fachgebiet steht diesen Veterinären meist auch eine umfangreichere Praxisausstattung zur Verfügung.

Es gibt inzwischen immer mehr Physiotherapeuten für Hunde. Physiotherapie in all ihren Variationen kann bewegungseingeschränkten Hunden – z. B. bei Erkrankungen der Gelenke oder Wirbelsäule oder nach Operationen an Bewegungs- oder Stützapparat – helfen, ihre Mobilität wieder zu erlangen oder zu erhalten, was die Lebensqualität von Tier und Mensch erheblich verbessern kann. Auch alte Hunde oder Hunde, die Sport betreiben, profitieren von Physiotherapie.

Bei der Behandlung ihrer Hunde vertrauen immer mehr Menschen auf die Naturheilkunde. Homöopathie, Kräuterheilkunde, Akupunktur, Magnetfeld- und Bachblütentherapie sind nur einige der zahlreichen Möglichkeiten. Naturheilkunde ersetzt die Schulmedizin nicht, kann aber häufig zur Heilung von Erkrankungen oder Linderung von Beschwerden beitragen und die Therapie unterstützen. Gerade bei der Kräutermedizin gibt es zahlreiche Mittel, die bei bestimmten Beschwerden angewandt werden, z. B. hat sich Arnica in der Schmerzbehandlung bewährt, wirkt Kamillenblütentee desinfizierend unter anderem bei Harnwegserkrankungen, die Gerbstoffe des Schwarzen Tees oder des Eichenrinden-Tees helfen bei Durchfall, und Mariendistelpräparate wirken regulierend in der Leber. Es gibt auch in der Praxis bewährte homöopathische Kombinationspräparate für verschiedene Beschwerden. In vielen Fällen beruht die Naturheilkunde jedoch auf der ganzheitlichen Behandlung des Patienten und ist individuell. Zudem

Eine gute technische Ausstattung hilft bei der Diagnose von Erkrankungen.

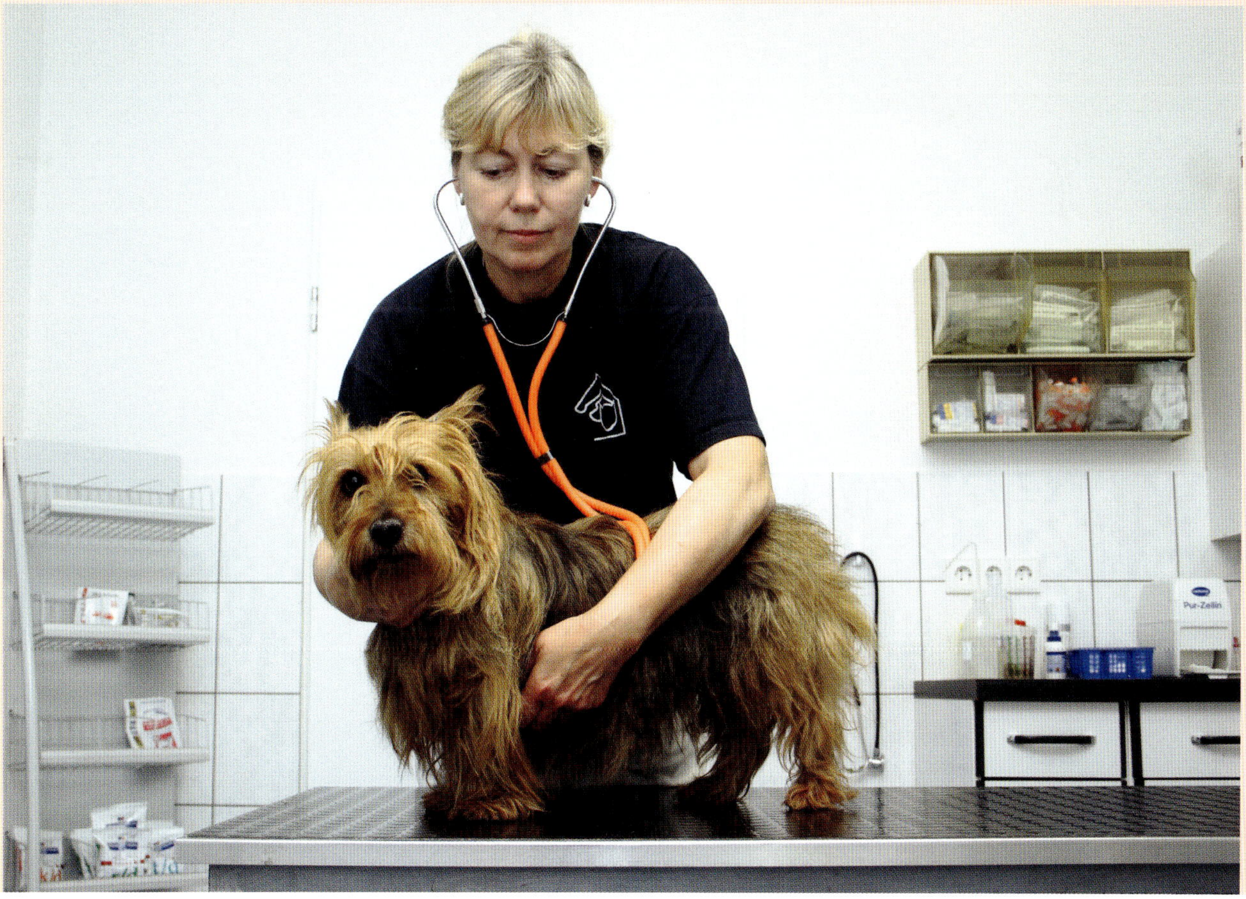

können auch diese Behandlungsformen bei falscher Anwendung zu unerwünschten Nebenwirkungen führen. Aus diesem Grund gebe ich in diesem Kapitel keine Anleitung zur Selbstbehandlung, sondern empfehle Ihnen, sich gegebenenfalls an einen Tierarzt mit Zusatzausbildung oder einen gut ausgebildeten Tierheilpraktiker zu wenden – viele Tiere haben schon davon profitiert. Lassen Sie sich eventuell die Ausbildungsbescheinigungen zeigen.

Das tierärztliche Honorar: Die von der Bundesregierung erlassene Gebührenordnung für Tierärzte (GOT) ist die bindende Grundlage für die Berechnung von tierärztlichen Leistungen. Die in der GOT aufgeführten Leistungen muss der Tierarzt dem Tierhalter mit dem ein- bis dreifachen Gebührensatz in Rechnung stellen, was sich z. B. nach dem Schwierigkeitsgrad und der Dauer der Behandlung oder dem Zeitpunkt der Behandlung (in der Sprechstunde, nachts, an Wochenenden oder Feiertagen) richtet. Zu den nach GOT berechneten Leistungen kommen noch Medikamente, Verbrauchsmittel (wie Einmalspritzen und Nahtmaterial), Labor-, Porto- und Fahrtkosten und die Mehrwertsteuer hinzu. Da der Verlauf einer Behandlung nie vorhersehbar ist, kann der Tierarzt zwar eine Einschätzung über die entstehenden Kosten, aber keinen verbindlichen Kostenvoranschlag abgeben.

Krankenversicherung: Ob sich für Ihren Hund der Abschluss lohnt, können Sie nur durch einen Vergleich der Leistungen der verschiedenen Anbieter ermitteln. Manche Versicherer tragen die Kosten für Vorsorgemaßnahmen, ambulante und stationäre Behandlung werden häufig nur bis zu einer jährlichen Höchstgrenze oder einem festgelegten Satz übernommen. Bei anderen Versicherern ist der Rücktransport eines kranken oder verletzten Tieres aus dem Ausland inklusive, andere zahlen nur für Operationen infolge einer Verletzung oder Erkrankung. Für ältere Hunde wird mitunter eine Selbstbeteiligung oder ein höherer Beitrag verlangt, manche Versicherer nehmen nur Hunde bis zu einem festgelegten Höchstalter auf. Fragen Sie Ihren Tierarzt nach seinen Erfahrungen mit einer Hundekrankenversicherung. Viele Halter greifen auf die altbewährte Methode zurück, monatlich 50 bis 100 Euro für tierärztliche Behandlungen zu sparen: Umso besser, wenn die Rücklage nicht benötigt wird.

Die Hunde-Apotheke zu Hause

Zu Hause und ggf. im Auto sollte immer eine Apotheke für den Hund griffbereit sein. Stellen Sie die Ausstattung der Apotheke mit dem Tierarzt zusammen. Verwenden Sie bei Notfall-Medikamenten möglichst kleine Packungsgrößen, kontrollieren Sie regelmäßig das Haltbarkeitsdatum und tauschen Sie abgelaufene oder verbrauchte Medikamente oder Hilfsmittel gegen neue aus. Lagern Sie die Hausapotheke kühl und trocken.

Zusammenstellung einer Apotheke für den Hund:

- Mullbinden
- Mullkompressen
- Elastische Binden
- Selbsthaftende Binden
- Wasserfestes Klebeband
- Verbandwatte
- Verbandschere
- Einmalhandschuhe
- Digitales Fieberthermometer
- Vaseline für das Fieberthermometer
- Pinzette (zum Entfernen von Fremdkörpern)
- Zeckenentferner
- Kleine Stabtaschenlampe (um z. B. Mund oder Ohren zu untersuchen)
- Cold-/Hot-Pack
- Einmalspritzen (zum Spülen der Augen oder Eingeben von Flüssigkeiten)
- Desinfektionslösung
- Wundsalbe
- Kreislauftropfen
- Leichtes Schmerzmittel (z. B. Arnica D6)
- Mittel gegen Durchfall
- Blutstillendes Mittel (z. B. bei einer Krallenverletzung)
- Paraffinöl (z. B. bei Verstopfung, siehe Seite 244)
- Maulkorb
- Hundeschuh
- Rettungsdecke
- Ggf. regelmäßig einzunehmende Medikamente oder weitere Notfallmedikamente bei chronischen Erkrankungen (z. B. bei allergischen Hunden oder Epileptikern)

Parasiten

Parasiten sind nicht nur lästig, einige können sogar tödlich verlaufende Krankheiten auf den Hund übertragen. Manche Parasiten des Hundes befallen auch den Menschen.

Trotz bester Pflege kann ein Hund sich Parasiten einhandeln.

Jeder Vierbeiner handelt sich irgendwann in seinem Leben Parasiten ein – das hat nichts mit guter oder schlechter Haltung zu tun. Wie stark ein Hund durch einen Parasitenbefall belastet wird, hängt in vielen Fallen jedoch von seinem Allgemeinzustand ab: Eine gute Immunabwehr wird besser mit den ungebetenen Gästen fertig. Die Vorbeugung gegen Parasiten und die richtige Behandlung bei einem Befall sind wichtige Bestandteile der Gesundheitsvorsorge.

Flöhe

Flöhe ernähren sich mehrmals täglich vom Blut ihrer Wirte. Einige Minuten nach dem Stich rötet sich die Stelle und juckt, der Hund kratzt sich und die so entstandene Wunde kann sich entzünden. Flöhe können den Hund mit Gurkenkernbandwürmern infizieren und eine Allergie auslösen (siehe Seite 242). Die Blutsauger sind nicht speziell an einen Wirt gebunden, sondern können auch Menschen anzapfen. An warmen Plätzen halten sie sich das ganze Jahr über.

Flohbefall erkennen und behandeln: Kleine, oft in einer Linie verlaufende, rote Pünktchen verraten die Parasiten. Besser kann man einen Flohbefall aber am Kot der Blutsauger erkennen: An dunklen Krümeln auf der Haut, die sich durch Anfeuchten rotbraun färben (gut erkennbar, wenn man die „Krümel" auf ein Papiertaschentuch legt). Bei der regelmäßigen Pflege des Hundes und besonders bei einem Verdacht auf einen Flohbefall sollten Sie die Haare mit einem feinzinkigen, speziellen Flohkamm kämmen. Liegt ein Befall vor, bleiben der Flohkot und eventuell der eine oder andere Floh im Kamm hängen.
Die weitaus meisten Flöhe (vor allem ihre ersten drei Entwicklungsstadien: Eier, Larven und Puppen) leben jedoch nicht auf dem Hund, sondern in der Umgebung in dunklen Ritzen, in Polstern oder im Teppichboden. Aus diesem Grund müssen bei einem Flohbefall Hund und Umgebung behandelt werden, will man die Plagegeister dauerhaft loswerden.
Besser als die Behandlung eines bestehenden Befalls ist die Vorbeugung, denn der Hund kann sich die Blutsauger jederzeit beim Kontakt mit Artgenossen, Katzen oder Igeln einhandeln. Bei Ihrem Tierarzt bekommen Sie entsprechende Mittel. Meist werden Spot-on-Präparate zum Aufträufeln auf die Haut verwendet, die in regelmäßigen mehrwöchigen Abständen aufgetragen werden und je nach Produkt auch gegen Zecken, Milben oder Würmer wirken.

Zecken

Zecken (Spinnentiere) sind Blut saugende Parasiten, die sich in den letzten Jahren zu einem immer größeren Problem für Mensch und Hund entwickeln. Sie übertragen zahlreiche Krankheiten, z. B. über ihren Speichel. Nicht jeder Zeckenstich macht den Hund krank – Voraussetzung ist, dass die Zecke selbst infiziert ist. Dabei ist der Prozentsatz infizierter Zecken regional unterschiedlich hoch. In unseren Breitengraden kommen drei Zeckenarten als Krankheitsüberträger in Betracht:

Der Gemeine Holzbock (*Ixodes ricinus*) findet sich in Wäldern, an Wegrändern und in hohen Wiesen, wo er „im Vorbeigehen" von seinem Opfer mitgenommen wird – von Bäumen lassen sich Zecken nicht fallen. Er überträgt Borrelioserreger (siehe Seite 225), die Canine Anaplasmose (siehe Seite 243) und einen Erre-

Übermäßiges Kratzen kann auf Parasitenbefall oder ein Hautproblem deuten.

ger, der Hirnhautentzündung (FSME) bei Mensch und Hund verursacht.

Die Braune Hundezecke (*Rhipicephalus sanguineus*) wurde aus wärmeren Klimazonen eingeschleppt und kann Hunde mit Babesiose (siehe Seite 225) und Ehrlichiose (siehe Seite 245) anstecken.

Die Auwaldzecke oder Buntzecke (*Dermacentor reticulatus*) findet sich in feuchteren Gebieten und kann den Hund mit Babesien infizieren (Babesiose).

Zeckenentfernung: Suchen Sie sich und Ihren Hund nach einem Spaziergang in gefährdeten Gebieten, im hohen Gras oder Unterholz, gründlich ab. Mit einem hellen Mikrofasertuch können Sie einige Tiere regelrecht abwischen. Nach einem Waldspaziergang habe ich bei einem meiner Hunde einmal mehr als 40 Zecken gezählt! Schauen Sie vor allem gründlich an Stellen nach, wo es warm und die Haut dünn ist: z. B. an den Schenkelinnenseiten, in den Achseln, am Hals sowie an und in den Ohren – besonders bei Hängeohren. Nicht entdeckte Zecken krabbeln so lange herum, bis sie eine geeignete Stelle zum Blut saugen gefunden haben.

Entfernen Sie Zecken möglichst schnell, denn manche Krankheiten können offenbar schon kurz nach dem Einstich übertragen werden. Beträufeln Sie die Zecke nicht mit Öl, Klebstoff oder Alkohol! Durch diesen Stress geben die Blutsauger besonders viel des gefährlichen Speichels ab. Vermeiden Sie es, die Zecke beim Herausziehen zu quetschen, dadurch würden Sie den Speichel in den Hund hineindrücken. Es gibt verschiedene Werkzeuge zur Entfernung der Blutsauger, die Sie im Zoofachhandel oder beim Tierarzt bekommen: z. B. Zangen, Hebel, Schlaufen oder spezielle Pinzetten. Probieren Sie aus, womit Sie am besten zurechtkommen. Setzen Sie das Werkzeug direkt über der Haut an und ziehen oder hebeln Sie die Zecke beherzt heraus. Sie müssen die Zecke dabei nicht drehen: Der Stechapparat der Zecke besitzt kein Gewinde. Anschließend können Sie die Stelle mit einem antibiotischen Desinfektionsmittel säubern.

Damit die Zecke keinen weiteren Schaden anrichten kann, sollten Sie sie abtöten. Ein abgerissener und in der Haut verbliebener Zeckenkopf ist nicht tragisch und wird in der Regel nach einigen Tagen von der Haut abgestoßen. Behandeln Sie die Stelle mit einer antibiotischen Salbe.

Zeckenvorbeugung: Die Monate von März bis Oktober gelten als typische Zeckenzeit. Von Ihrem Tierarzt können Sie Präparate beziehen, die dem Hund auf die Haut geträufelt werden (Spot on). Hundertprozentige Sicherheit vor einem Zeckenbefall geben sie aber nicht. Diese Mittel verteilen sich auf der Haut und dringen in die obere Hornhaut ein. Sie sind nicht wasserlöslich, also darf der Hund im Sommer auch baden gehen. Sie verlieren ihre Schutzwirkung erst nach Wochen durch die Abstoßung der Hautschuppen und müssen aus diesem Grund in regelmäßigen Abständen aufgetragen werden. Es gibt auch Halsbänder mit schützenden Wirkstoffen – diese sind in ihrer Wirksamkeit nicht zu vergleichen mit den herkömmlichen „Flohhalsbändern". Lassen Sie sich vom Tierarzt beraten, welche Mittel für Ihren Hund geeignet sind.

Milben

Es gibt verschiedene Hauterkrankungen, die durch Milben (Spinnentiere) hervorgerufen werden. Anzeichen für einen Milbenbefall sind starker Juckreiz und dadurch aufgekratzte Hautpartien (häufig dann zusätzlich mit Bakterien infiziert und entzündet), Pusteln, Borken, Krusten und bei starkem Befall auch Haarverlust. Es gibt zahlreiche verschiedene Milben, unter anderem:

Sarcoptes-Milben (Grabmilben) verursachen Räude; diese äußert sich durch plötzlich auftretenden starken Juckreiz, blutig gekratzte Hautpartien am Unterbauch sowie häufig borkige Veränderungen an Ellbogen und Ohrrändern. Andere Haustiere können ebenfalls mit *Sarcoptes*-Milben angesteckt werden. Auch beim Menschen kann es nach dem Kontakt mit den Milben des Hundes zu einer Trugräude (Pseudokrätze) kommen, obwohl die Grabmilben in der Regel wirtsspezifisch sind. Daher geht man auch davon aus, dass es sich um eine Zoonose handelt. Bei einem Befall sollte zusätzlich eine Umgebungsdesinfektion durchgeführt werden.

Demodex-Milben (Haarbalgmilben) finden sich im Grunde auf jedem Hund, können bei immungeschwächten Tieren (vor allem Welpen) aber Demodikose verursachen. Bei der lokalisierten Form treten Hautveränderungen und Haarausfall rund um die Augen, Nase, Lefzen und/oder Gliedmaßen auf. Vermutlich durch erbliche Veranlagung begünstigt, kann bei wenigen Hunden eine generalisierte Demodikose auftreten, wobei große Bereiche des Körpers betroffen sind. Obwohl anfangs meist mit wenig Juckreiz verbunden, kann eine Erkrankung durch eine zusätzliche bakterielle Infektion der betroffenen Stellen (sekundäre Infektion) mit starken Schmerzen und Juckreiz einhergehen. Andere Haustiere oder Menschen werden nicht angesteckt.

Herbstgrasmilben (*Neotrombicula autumnalis*) kann sich der Hund beim Laufen durch Gras je nach Witterung von August bis November einhandeln. Man kann die kleinen, orange-roten Larven (nur diese leben als Parasiten) mit bloßem Auge erkennen. Sie ernähren sich nach dem Anritzen der Haut von Gewebsflüssigkeit und Lymphe ihrer Wirtstiere und verursachen stark juckende Quaddeln. Meist sitzen sie an den Pfoten zwischen den Zehen (der Hund leckt und benagt sich dort unablässig), können aber auch andere Hautpartien befallen. Der Speichel kann allergische Reaktionen auslösen, es können bakterielle Infektionen dazukommen oder Hautentzündungen entstehen. Auch der Mensch kann sich mit Herbstgrasmilben anstecken (in der Regel aber eher durch den Kontakt der Haut mit Gras als über den Hund). In der Wohnung kann sich diese Milbenart nicht weiterentwickeln.

Otodectes-Milben werden als Ohrmilben bezeichnet, nur selten erkranken Bereiche außerhalb des Ohres. Die Anzeichen können starker Juckreiz am Ohr und dunkles Ohrsekret sein. Selten ist eine Übertragung auf den Menschen möglich (Zoonose).

Milbenbehandlung: Der Tierarzt stellt die Diagnose über ein Hautgeschabsel: Dabei wird eine kleine Hautstelle mit einem Skalpell abgeschabt und die abgelöste Haut unter dem Mikroskop untersucht. Der Nachweis von Milben gelingt jedoch nicht immer. Milbenbefall wird mit entsprechenden Präparaten vom Tierarzt behandelt, vorbeugend kann man ein Spot-on-Präparat verwenden.

Würmer

Würmer zählen zu den Innenparasiten (Endoparasiten). Die für unsere Hunde hauptsächlich relevanten Würmer sind Spulwürmer, Peitschenwürmer, Hakenwürmer und Bandwürmer (z. B. Fuchsbandwurm). Diese Parasiten nutzen Hunde als Endwirte zur Weiterentwicklung und Vermehrung. Wurmeier sind sehr klein und im Kot mit bloßem Auge nicht zu erkennen, lediglich abgestoßene Bandwurmglieder kann man manchmal als „kleine Reiskörner" im Kot sehen, bei massivem Befall werden mitunter Würmer erbrochen oder mit dem Kot ausgeschieden.
Hunden mit guten Abwehrkräften merkt man einen Befall meist nicht an. Welpen oder Hunde mit schwächerem Immunsystem können jedoch erheblich darunter leiden, was sich in Schwäche, struppigem Fell, Entwicklungsstörungen und schweren Durchfällen äußern kann. Als Folge eines massiven Hakenwurmbefalls kann das zu Blutarmut und im Extremfall zum Tod des Hundes führen – besonders gefährdet sind Welpen.
Viele Würmer können als Fehlwirt auch den Menschen infizieren (Zoonose). Dabei können Spul- und Hundebandwürmer Organe schädigen, Hakenwürmer Entzündungen verursachen und eine zu spät erkannte Fuchsbandwurminfektion kann zum Tod führen.

Ansteckungsmöglichkeiten/Infektionswege für den Hund: Hunde können Würmer auf vielseitigen Wegen bekommen:

- durch das Fressen oder Beschnuppern infizierten Tierkots,
- durch das Fressen infizierter Tiere (z. B. Mäuse),
- durch das Ablecken der Pfoten oder des Fells, wenn daran Wurmeier haften,
- Welpen stecken sich häufig schon im Mutterleib an und sollten aus diesem Grund ab der zweiten Lebenswoche regelmäßig entwurmt werden,
- Wurmeier können an den Schuhen oder den Pfoten haftend in die Wohnung getragen werden,
- Bandwurmeier können sich z. B. durch Wind und Regen verbreiten,
- durch das Verschlucken von Flöhen kann der Hund sich mit Gurkenkernbandwurmfinnen (Finnen sind ein bestimmtes Entwicklungsstadium des Bandwurms) infizieren und
- Hakenwurmlarven können sich bei Hund und Mensch durch die Haut bohren und so in den Körper gelangen.

Jagdglück mit Folgen: Wenn der Hund die Maus frisst, kann er sich dabei Würmer einhandeln.

Übertragung von Würmern

Sie können sich nicht nur über Ihren Hund mit Würmern anstecken. Die Infektion mit dem Fuchsbandwurm kann z. B. auch bei der Gartenarbeit oder beim Verzehr ungewaschener, im Wald gesammelter Früchte und Beeren erfolgen. Hakenwurmlarven können sich durch die Haut bohren, beispielsweise wenn man barfuß über eine Wiese läuft.

Entwurmung: Ihr Tierarzt kann Ihnen wirksame Präparate geben, um Ihren Hund zu entwurmen, entweder als Lösung, als Tabletten oder als Spot-on-Präparat. Entwurmungen wirken aber nicht vorbeugend, sondern helfen nur bei einem Befall.
In welchen Abständen Entwurmungen vorgenommen werden sollten, hängt wesentlich von der Wahrscheinlichkeit eines Wurmbefalls ab. Bei normaler Gefährdungslage wird in der Regel die halbjährliche Entwurmung empfohlen, bei hoher Gefährdungslage die vierteljährliche, und grundsätzlich nach einem Flohbefall und vor einer Impfung.
Es besteht auch die Möglichkeit, gesammelte Kotproben beim Tierarzt abzugeben und auf Würmer und ihre Entwicklungsstadien untersuchen zu lassen (die Kosten dafür sind relativ gering). Dies bietet zwar keine 100%ige Sicherheit, dass der Hund tatsächlich wurmfrei ist, liefert aber gute Anhaltspunkte. Lassen Sie sich vom Tierarzt beraten, wie Ihr Hund am besten wurmfrei gemacht wird. **Achtung:** Manche Hunde, besonders einiger Hütehundrassen, vertragen bestimmte Parasitenmittel aufgrund eines Gendefekts, des MDR-1-Defekts, nicht (siehe Seite 234)!

Starker Hakenwurmbefall kann für Welpen gefährlich sein.

Weitere vorbeugende Maßnahmen – auch zum eigenen Schutz:

- Waschen Sie sich nach dem Streicheln des Hundes die Hände.
- Würmer können durch engen Kontakt mit dem Hund, z. B. wenn er das Gesicht ableckt, übertragen werden.
- Waschen Sie regelmäßig alle Hundetextilien.
- Reinigen Sie Futternäpfe nach der Mahlzeit, Wassernäpfe einmal täglich.
- Entfernen Sie Hundekot im Garten, um eine Wiederansteckung des Hundes durch den eigenen, möglicherweise infizierten, Kot zu verhindern.
- Verhindern Sie nach Möglichkeit, dass Ihr Hund Aas oder Tierkot frisst.

MDR1-Defekt

Bei Hunden einiger Hütehund- und Windhunderassen kann ein Gendefekt der Blut-Hirn-Schranke vorliegen: der sogenannte MDR1-Defekt, der mit einer Ivermectin-Empfindlichkeit verbunden ist. Im Europäischen Raum sind z. B. Langhaar und Kurzhaar Collie, Australian Shepherd, Shetland Sheepdog, Border Collie, Bobtail, Wäller und der Weiße Schäferhund betroffen, in anderen Ländern auch weitere Rassen, die nicht von der FCI anerkannt sind (z. B. English Shepherd, Longhaired Whippet, Silken Windhound, McNab). MDR1 wirkt in der Blut-Hirn-Schranke wie eine Schutzbarriere des Gehirns und verhindert, dass im Blut zirkulierende Giftstoffe und Arzneistoffe in das zentrale Nervensystem gelangen. Bei den vom MDR1-Defekt betroffenen Hunden können bestimmte Arzneistoffe das Gehirn erreichen und zu gravierenden Vergiftungen führen. Als Folge können Koordinationsstörungen, Zittern, Erbrechen, vermehrter Speichelfluss, Koma und im Extremfall der Tod des Hundes eintreten.

Aus diesem Grund ist es wichtig, bei betroffenen Hunden keine Medikamente mit diesen Wirkstoffen zu verabreichen, bei anderen keinesfalls überzudosieren – weisen Sie Ihren Tierarzt darauf hin. Unverträgliche Wirkstoffe können z. B. in Entwurmungs- oder anderen Parasitenmitteln (Ivermectin, Doramectin, Moxidectin), Durchfallmitteln (Loperamid), Herzmit-

teln (Digoxin, Chinidin, Verapamil und Diltiazem) und bei Mitteln gegen Übelkeit und Erbrechen (Ondansetron und Domperidon) enthalten sein. Weiterhin sollte man darauf achten, dass der Hund keinen Kot z. B. von Pferden oder Schafen frisst, wenn diese zuvor entwurmt wurden.
Betroffene Hunde sind nicht krank, sondern überempfindlich gegen bestimmte Arzneistoffe, was eine Behandlung im Krankheitsfall erschweren kann. Der Gen-Defekt wird für den Hund in der Regel nur relevant, wenn er diesen von beiden Eltern geerbt hat. Er kann aber auch nur Träger des Defekts sein, ohne dass dies Auswirkungen auf ihn hat, allerdings kann er dann das defekte Gen an seine Nachkommen vererben. Verschiedene Einrichtungen führen Gentests zur Diagnostik des MDR1-Defekts durch (benötigt wird dazu eine Blutprobe), z. B. das Institut für Pharmakologie und Toxikologie im Fachbereich Veterinärmedizin der Justus-Liebig-Universität Gießen. Nähere Informationen unter www.uni-giessen.de/mdr1defekt.

Bobtails gehören zu den Hunden, die vom MDR1-Defekt betroffen sein können.

Giardien

Giardien sind einzellige Geißeltierchen, die als Parasiten im Darm leben. Bei starker Vermehrung schädigen sie die Darmschleimhaut, in der Folge treten (eventuell auch blutiger) Durchfall und Erbrechen auf. Ist ein Hund durch eine Infektion mit diesen Einzellern erkrankt, nennt man das Giardiose.
Häufigste Ansteckungsquelle sind sicher die Aufnahme des Erregers über Trinkwasser, Aas oder direkt von Hund zu Hund, etwa durch das Beschnüffeln des Afters oder des Kots eines infizierten Tieres. Das Risiko einer Ansteckung hängt von der regionalen Verbreitung des Erregers ab. Die Zysten (das infektiöse Entwicklungsstadium des Einzellers) werden mit dem Kot ausgeschieden und können in der Umwelt bis zu mehreren Monaten lang lebensfähig bleiben. Auch Menschen und Katzen können sich mit Giardien infizieren (Zoonose). Ob ein Hund an Giardiose erkrankt, hängt wesentlich von der Leistungsfähigkeit seines Immunsystems ab.
Die Diagnose erfolgt durch die Untersuchung einer Kotprobe. Die Behandlung muss mehrmals wiederholt werden, um alle Entwicklungsstadien des Parasiten zu eliminieren. Zudem gibt es ein Entwurmungsmittel, dass auch gegen Giardien wirkt.

Krankheitsanzeichen und Notfälle

Als Hundehalter kennen Sie Ihren Vierbeiner am besten. Deswegen fällt es Ihnen sicher schnell auf, wenn Ihr Hund sich anders verhält als sonst. Dies ist die beste Gewähr, um Ihrem tierischen Gefährten im Falle einer Erkrankung schnell zu helfen.

Ein gesunder Hund ist aktiv und unternehmungslustig.

Im Abschnitt Pflege des Hundes sind bereits Krankheitsanzeichen angegeben, die eine tierärztliche Untersuchung notwendig machen. Für den Halter ist es trotzdem nicht immer leicht einzuschätzen, ob es sich „lediglich“ um Unwohlsein oder um Krankheitsanzeichen handelt. Deswegen ist es wichtig, Ruhe zu bewahren, die Situation einzuschätzen und dementsprechend zu handeln – so helfen Sie Ihrem vierbeinigen Freund am besten. Bei den folgenden Beschwerden sollten Sie Ihren Hund lieber einmal zuviel beobachten als einmal zuwenig.

Krankheitsanzeichen

Kein Kotabsatz: Ein bis zwei Tage ohne Kotabsatz können durchaus vorkommen. Kommen andere Krankheitsanzeichen dazu, ist das ein Notfall.

Erbrechen: Wenn der Hund nach der Aufnahme von Gras erbricht, einmal nach der Fütterung seine Mahlzeit von sich gibt und diese dann wieder frisst oder ein großes Stück Kauknochen erbricht, ist das meist normal. In der Regel helfen bei Bedarf ein halber oder ganzer Tag fasten und das Füttern von Schonkost (siehe Seite 201). Häufiges Erbrechen ist ein Notfall, besonders wenn der Hund zusätzlich keinen Kot absetzt (siehe Seite 244) oder andere Krankheitsanzeichen dazu kommen.

Durchfall: Nach Aufregung oder je nachdem, was ein Hund gefressen hat, ist es nicht ungewöhnlich, wenn sein Kot nicht so gut geformt ist wie sonst, oder er an einem Tag einmal Durchfall hat. In der Regel helfen ein halber oder ganzer Tag fasten und das Füttern von Schonkost (siehe Seite 201). Anhaltender oder blutiger Durchfall muss unbedingt vom Tierarzt abgeklärt werden. Vor allem bei Jungtieren sollte man nicht zu lange warten, da dann die Gefahr einer Austrocknung besteht.

Kein Hunger: Auch bei einem Hund kann es vorkommen, dass er einen Tag lang nichts frisst – ein Fastentag schadet nicht. Kommen jedoch andere Krankheitsanzeichen dazu oder frisst der Hund am nächsten Tag immer noch nicht, sollte er vom Tierarzt untersucht werden.

Schwäche: Ist ein Hund schnell erschöpft, auffallend lustlos oder wird er schnell müde, sollte er spätestens am nächsten Tag dem Tierarzt zur Untersuchung vorgestellt werden.

Husten: Husten kann ein Fremdkörper im Rachen, eine Infektion, eine Allergie oder z. B. eine Herzerkrankung (siehe Seite 246) zugrunde liegen. Wenn nach zwei Tagen keine Besserung eintritt, sollte der Hund vom Tierarzt untersucht werden – möglichst schnell muss er zum Tierarzt, wenn andere Krankheitsanzeichen dazu kommen, z. B. Fieber.

Schmerzen: Hunde sind oft sehr tapfer und zeigen nicht, dass sie Schmerzen haben. Starke Schmerzen liegen deswegen in der Regel vor, wenn der Hund dies eindeutig zeigt, z. B. durch Aufschreien oder Stöhnen, Berührungsempfindlichkeit an bestimmten Körperstellen oder auch plötzliche Aggression (der Hund wehrt sich aus Angst vor Schmerzen, wenn er angefasst wird). Weitere Hinweise können starkes Hecheln, Unruhe, Zähneknirschen, Unsicherheit, Zittern, ständiges Belecken bestimmter Körperstellen und das Vermeiden von bestimmten Bewegungen oder sehr vorsichtige, langsame Bewegungen sein. Verkrampft ein Hund sich, hängt das meist mit Schmerzen zusammen, etwa bei einer harten Bauchdecke. Bei starken Bauch- oder Rückenschmerzen verkrampft der Hund sich so stark, dass er einen Katzenbuckel macht. Auch „traurige" Augen oder ein leidender Blick zeigen an, dass der Hund sich nicht wohl fühlt. Haben Sie den Eindruck, dass ein Hund unter starken Schmerzen leidet, sollte er schnellstmöglich zum Tierarzt gebracht werden, ebenso beim Auftreten weiterer Krankheitsanzeichen.

Bewegungsstörungen: Leichtes Lahmen oder Hinken können Sie ein oder zwei Tage lang beobachten. Bessert es sich nicht, sollte der Hund untersucht werden. Kommen andere Krankheitsanzeichen dazu, läuft der Hund auf drei Beinen, hat er starke Schmerzen beim Aufsetzen eines Laufes, torkelt er oder läuft er unsicher, muss er schnellstmöglich zum Tierarzt, ebenso wie nach einem Unfall.

Fieber: Die normale Körpertemperatur des Hundes liegt im Durchschnitt zwischen 37,5 °C und 39 °C, bei Welpen und kleinen Hunden auch etwas höher. Große Hunde und ältere Vierbeiner weisen eher Temperaturen im unteren Bereich oder etwas darunter auf. Zudem gibt es individuelle Schwankungen von Tier zu Tier. Hat ein Hund über mehrere Tage lang eine erhöhte Temperatur (etwa 0,5 °C über dem Normalwert), sollte er dem Tierarzt vorgestellt werden. Ein dringender Tierarztbesuch ist angeraten, wenn der Hund plötzlich hohes Fieber (40 °C) oder Untertemperatur (unter 37 °C) hat oder andere Symptome dazu kommen.

Im Notfall richtig handeln

Bemerken Sie bei Ihrem Hund eines oder mehrere der folgenden Krankheitsanzeichen, handelt es sich um einen Notfall. Bringen Sie den Hund unverzüglich zum Tierarzt – schnelles Handeln kann sein Leben retten. Bei anderen Veränderungen oder Beschwerden können Sie in der Regel einen Tag lang abwarten, ob sich der Zustand des Hundes bessert. Ist das nicht der Fall oder kommen weitere Krankheitsanzeichen dazu, sollte der Hund schnellstmöglich vom Tierarzt untersucht werden.

Notfälle sind:

- Heftige allergische Reaktionen
- Apathie, ggf. zusätzlich Schockbehandlung (siehe Seite 240)!
- Alle Probleme rund um die Atmung, wie flache, schnelle, langsame oder schwere Atmung und Atemnot. Ggf. zusätzlich Schockbehandlung (siehe Seite 240)
- Der Hund hatte Kontakt mit einer ätzenden Substanz
- Verletzungen am Auge
- Zukneifen eines oder beider Augen, gerötete Augen, eitriger Ausfluss aus den Augen, Lichtempfindlichkeit

Stacheldraht kann zu schlimmen Verletzungen führen.

- Ausfallerscheinungen wie Torkeln, Bewusstlosigkeit, Orientierungslosigkeit
- Plötzliche Bewegungseinschränkung, z. B. wenn der Hund nicht mehr springen kann
- Große Blutverluste durch Verletzung oder Erkrankung
- Durchfall hält länger als einen Tag an oder der Kot ist dünn wie Wasser oder dem Kot ist Blut beigemischt
- Häufiges Erbrechen, Erbrechen von Blut
- Hohes Fieber oder Untertemperatur (siehe Seite 237)
- Augen und Schleimhäute sind gelb gefärbt
- Der Hund hat etwas Giftiges gefressen
- Kein Kotabsatz in den letzten beiden Tagen
- Krämpfe, Anfälle
- Schmerzen beim Laufen, Auftreten oder Springen, Laufen auf drei Beinen
- Lähmungserscheinungen wie Nachziehen eines Beines, Schwanz kann nicht gehoben werden
- Erweiterte Pupillen
- Der Hund hat starke Schmerzen (siehe Seite 237)
- Hund trinkt auffallend viel
- Eitriger Ausfluss aus der Scheide
- Schleimhäute sind blass
- Starkes Speicheln
- Schmerzen beim Urinabsatz bzw. Urinabsatz ist nicht möglich
- Plötzliche Verhaltensveränderung wie Aggressivität, Angst, Unsicherheit, starke Unruhe und Rastlosigkeit
- Größere Verletzungen, Wunden
- Knochenbrüche
- Verletzungen der Wirbelsäule
- Verbrennung
- Vergiftungserscheinungen (siehe Seite 241)
- Würgen, erfolglose Versuche zu Erbrechen
- Starkes Zittern, Schüttelfrost

In einer Notfallsituation hängt das Leben Ihres Hundes von Ihrem fachgerechten und beherzten Eingreifen ab. Aus diesem Grund kann ich Ihnen nur eindringlich ans Herz legen, einen Erste-Hilfe-Kurs zu besuchen. In Ihrer Nähe gibt es bestimmt einen Tierarzt oder eine Institution, die solche Tagesseminare anbietet. Durch die praktische Übung werden Sie in die Lage versetzt, in einer Notsituation zielgerichtet und schnell handeln können.

Rufen Sie bei einem Notfall den Tierarzt an und bringen Sie den Hund so schnell wie möglich in die Praxis. Der Tierarzt kann Ihnen telefonisch erste Instruktionen geben und sich auf den Notfall vorbereiten. Speichern Sie die Nummern Ihres Tierarztes und der nächstgelegenen Tierklinik in den Telefonbüchern Ihres Festnetz- und Ihres Mobiltelefons. Erste Hilfe soll die Zeit bis zur tierärztlichen Behandlung überbrücken, darf aber nicht dazu dienen, länger mit der Versorgung durch den Tierarzt zu warten, und macht diese niemals überflüssig.

Fieber messen

Am besten verwenden Sie ein digitales Fieberthermometer. Streichen Sie die Spitze mit Vaseline ein, heben Sie den Schwanz des Hundes hoch und führen Sie die Spitze vorsichtig in den After ein. Halten Sie das Thermometer beim Messen etwas schräg, damit es an der Wand des Enddarms anliegt. Wenn es piept, ziehen Sie das Thermometer vorsichtig heraus. Ist der Hund bei der Messung sehr unruhig, sollte er von einer weiteren Person festgehalten werden.

Die normale Körpertemperatur liegt zwischen 37,5 °C und 39 °C, bei Welpen und kleinen Hunden auch etwas höher. Große oder ältere Vierbeiner weisen eher Temperaturen im unteren Bereich oder etwas darunter auf.

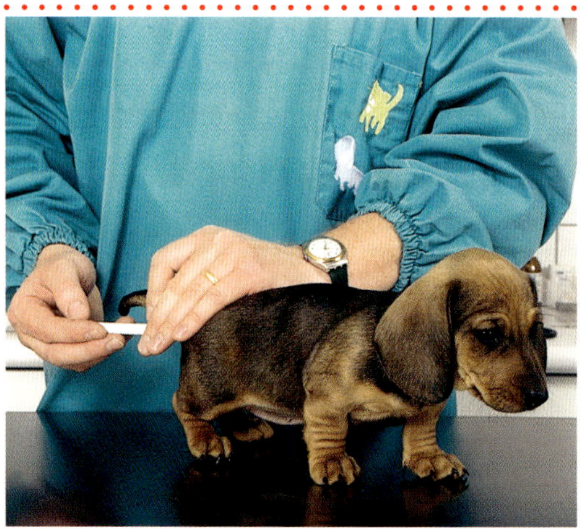

Fieber messen beim Hund geht leichter, wenn eine zweite Person hilft.

Maßnahmen bei einem Notfall

Nachfolgend sind Beispiele aufgeführt, welche Maßnahmen Sie bei einem Notfall ergreifen sollten.

Reaktionsvermögen des Hundes testen

Testen Sie zuerst, ob der Hund auf Ansprache, Antippen oder Zwicken in die Zehenzwischenhaut reagiert. Reagiert ein verletzter Hund, müssen Sie sich gegebenenfalls selbst schützen, denn in Panik und vor Schmerzen kann jeder Hund beißen.

Hat der Hund keine Atemprobleme, sollten Sie ihm einen Maulkorb anziehen oder alternativ aus einem Stück Mull, einer Krawatte oder einem Nylonstrumpf eine Maulschlaufe herstellen. Machen Sie dazu einen Halbknoten und ziehen Sie diesen nicht zu, sodass Sie eine offene Schlaufe erhalten. Führen Sie nun das Band mit dem Knoten nach unten über den Fang, ziehen die Schlaufe zu und führen die Enden hinter den Hals, um Sie dort zu verknoten.

Verletzte Hunde sollte man immer anleinen, da sie in diesem Zustand weglaufen können. Ist der Hund bewusstlos, sollten Sie ihn auf die rechte Seite legen und seine Atemwege freihalten, indem Sie die Zunge nach vorne ziehen. Geben Sie keine Flüssigkeit ein! Nach einer Kopfverletzung sollte der Kopf höher gelegt werden. Wichtig: Halten Sie den Hund mit einer Decke warm.

Atmung des Hundes testen – Beatmung

Prüfen Sie, ob der Hund atmet: Beim Auflegen der Hand auf den Brustkorb können Sie spüren, ob dieser sich senkt. Wenn Sie ein Ohr dicht vor die Nase des Hundes halten, können Sie hören, ob er atmet. Halten Sie einen Spiegel vor die Nase des Hundes, prüfen Sie, ob dieser durch die Atemluft beschlägt.

Atmet der Hund, sollten Sie seine Atemwege freihalten, indem Sie ihn auf die Seite legen und seine Zunge nach vorne ziehen.

Ist die Atmung des Hundes erschwert, müssen Sie prüfen, ob sich ein Fremdkörper im Rachen befindet. Findet sich ein Fremdkörper im Rachen, ist es ideal, wenn eine zweite Person den Fang des Hundes offen hält, während Sie versuchen, den Fremdkörper mit einer abgerundeten Pinzette zu entfernen. Kleine Hunde können Sie dazu auch hochheben und mit dem Kopf nach unten halten und behutsam schütteln, damit sich der Fremdkörper löst.

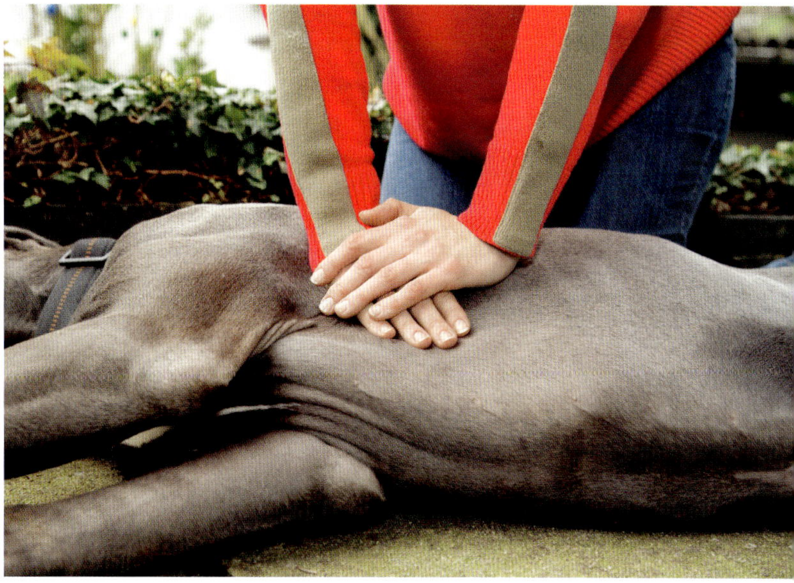

In einem Erste-Hilfe-Kurs lernen Sie Herz-Lungen-Wiederbelebung.

Wird die Atmung durch eine Schwellung infolge eines Insektenstiches im Rachen behindert, müssen Sie den Hals durch kalte Umschläge kühlen (ist nichts anderes vorhanden, geht dies auch mit einer tiefgefrorenen Packung Gemüse) und dem Hund Eiswürfel in den Mund legen bzw. kaltes Wasser trinken lassen. Ist keine Atmung festzustellen, fühlen Sie jedoch einen Puls (siehe unten), müssen Sie eine Beatmung beim verletzten Tier durchführen.

Großer Hund: Halten Sie den Fang mit Ihren Händen geschlossen, legen Sie, wenn gewünscht, ein Taschentuch auf die Nase, umschließen Sie die Nase mit Ihrem Mund und blasen Sie etwa 15 Mal pro Minute ordentlich Luft in die Nase des Hundes.

Kleiner Hund: Halten Sie den Fang mit Ihren Händen geschlossen, legen Sie, wenn gewünscht, ein Taschentuch auf Nase und Fang, umschließen Sie Fang und Nase mit Ihrem Mund und blasen Sie etwa 20 Mal pro Minute vorsichtig dosiert Luft in die Nase des Hundes. Prüfen Sie durch Auflegen einer Hand auf den Brustkorb des Hundes, ob sich dieser hebt und senkt.

Herz-Kreislauf-Funktion des Hundes testen – Wiederbelebung

Fühlen Sie den Puls des Hundes an der Innenseite eines Oberschenkels. Der Puls in Ruhe beträgt etwa 80 bis 120 Schläge pro Minute. Ein schwacher und schneller Puls ist ein Anzeichen für einen Schock (siehe Seite 240).

Legen Sie im Notfall einen provisorischen Verband an, der Tierarzt macht dann den „richtigen“.

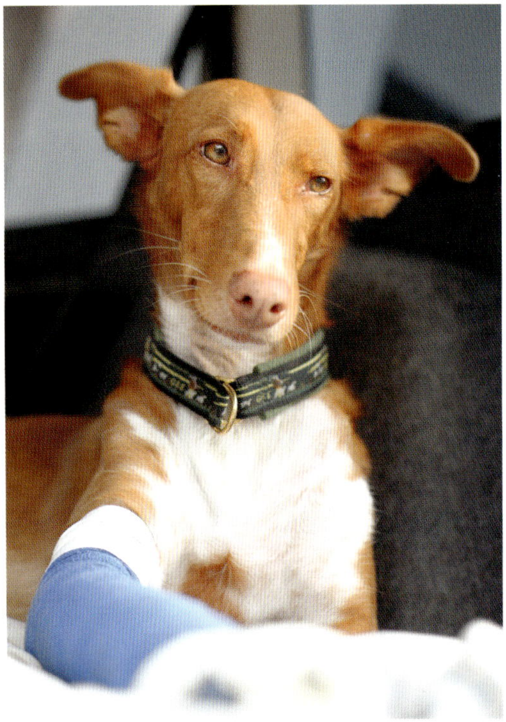

Sind keine Herztöne zu hören, müssen Sie eine Herz-Lungen-Wiederbelebung durchführen. Zeigt sich nach maximal 15 Minuten kein Erfolg, kann man nicht mehr helfen – der Hund ist tot.
Großer Hund: Legen Sie den Hund auf die rechte Seite und setzen Sie sich hinter ihn. Legen Sie beide Hände übereinander in Höhe des Ellenbogens (vierte bis sechste Rippe) auf den Brustkorb. Drücken Sie nun maximal fünf Zentimeter tief auf den Brustkorb. Drücken Sie 10 Mal in schneller Folge – nun beatmen Sie zweimal (siehe Seite 239). Dann wieder Herzmassage, zweimal Beatmung usw.

Schock

Ein Schock ist ein lebensgefährlicher Zustand, der zum Multiorganversagen führen kann. Erste Anzeichen können allein oder in Kombination auftreten: Schwäche, Bewegungsunfähigkeit, der Hund scheint desorientiert zu sein, Umfallen, gesteigerter Durst, Erbrechen, Bewusstlosigkeit, Hund fühlt sich kalt an, flache rasche Atmung, blasse Schleimhäute (nach Druck auf das Zahnfleisch dauert es länger als zwei Sekunden, bis es wieder zu einer normal rosa Farbe wechselt), schwacher und schneller Puls. Bringen Sie den Hund schnellstmöglich zum Tierarzt. Legen Sie den Hund für den Transport auf die Seite, halten Sie die Atemwege frei, decken Sie den Hund zu und lagern Sie seinen Kopf etwas tiefer.

Kleiner Hund: Legen Sie den Hund auf die rechte Seite und umfassen Sie den Brustkorb in Höhe des Ellenbogens (vierte bis sechste Rippe) mit einer Hand. Drücken Sie den Brustkorb nun maximal zwei Zentimeter tief zusammen. Drücken Sie 10 mal in schneller Fol-ge – nun beatmen Sie zweimal (siehe oben). Dann wieder Herzmassage, zweimal Beatmung usw.

Der Hund hat Krämpfe

Während eines Krampfanfalls (z. B. aufgrund einer Epilepsie) sollte man den Hund nicht anfassen, da er in diesem Zustand beißen kann, aber man sollte alle Gegenstände außer Reichweite bringen, an denen er sich verletzen kann, bzw. die Umgebung auspolstern. Stecken Sie dem Hund, wenn möglich, eine zusammengelegte Socke oder eine Packung Papiertaschentücher in den Fang, damit er sich nicht auf die Zunge beißt. Stellen Sie laute Musik oder Umgebungsgeräusche ab und decken Sie die Augen des Hundes zu (die Pupillen sind vergrößert und schützen den Hund nicht vor Lichteinfall). Versuchen Sie nicht, eventuelles „Zappeln“ des Hundes durch Festhalten zu unterbinden. Für Epileptiker gibt es Notfallpräparate, die der Hundehalter dem Tier verabreichen kann.

Wunden und Brüche versorgen

Blutet der Hund aufgrund einer Verletzung stark, müssen Sie die Blutung zum Stillstand bringen, etwa indem Sie mit einer Kompresse oder der flachen Hand auf die Wunde drücken. Blutungen an Gliedmaßen können Sie stoppen, indem Sie das Bein oberhalb der Blutung abbinden. Nicht stark blutende Wunden sollten Sie mit einem sauberen Tuch abdecken.
Ein einfacher Verband mit ausreichender Wundabdeckung reicht zur Erstversorgung aus – der Tierarzt wird sich die Wunde sowieso genau ansehen und dann einen fachmännischen Verband anlegen. Achten Sie darauf, nicht zu fest zu verbinden, um die Blutversorgung der betroffenen Stelle nicht zu unterbinden. Bei Pfotenverbänden ist es wichtig, zwischen den Zehen auszupolstern, damit diese nicht gedrückt werden, die Pfoten nicht schwitzen und sich daraufhin ein Ekzem bildet.
Im Falles eines Knochenbruchs sollten Sie nicht versuchen, den Bruch zu richten – das ist Sache des Tierarztes! Versuchen Sie, das gebrochene Körperteil beim Transport möglichst wenig zu bewegen.

Was tun bei Fremdkörpern?

Nägel in Pfoten, ein Stock im Halsbereich oder ein Angelhaken im Rachen sind nur einige Beispiele für mögliche Fremdkörper. Entfernen Sie diese nicht (sofern durch den Fremdkörper keine Atemnot verursacht wird), sondern überlassen Sie das dem Tierarzt. Ansonsten riskieren Sie starke Blutungen, zudem kann der Tierarzt die Situation besser einschätzen, wenn er sieht, wie der Fremdkörper sitzt.

Was tun bei Vergiftungen?

Rufen Sie schnellstens den Tierarzt oder eine Giftnotrufzentrale (siehe Seite 267) an und lassen Sie sich instruieren. Geben Sie nach Möglichkeit an, was Ihr Hund gefressen oder womit er in Kontakt gekommen ist (Verpackung oder Probe zum Tierarzt mitbringen). Führen Sie nicht eigenmächtig Erbrechen herbei und geben Sie keine Flüssigkeiten ein.
Vergiftungsanzeichen können einzeln oder in Kombination auftreten und sind: starkes Speicheln bis hin zu Schaum vor dem Mund, Schwäche, Zittern, Kreislaufprobleme, Bewusstlosigkeit, Krämpfe, Krampfanfälle, Lähmungen, starkes Erbrechen (eventuell blutig), blutiger Urin, starker Durchfall (eventuell blutig), Atembeschwerden, Atemnot, Blutungsneigung, Blutergüsse, Veränderung der Pupillen, gerötete Schleimhäute und Schmerzen.

Was tun bei einem Autounfall?

Sichern Sie die Unfallstelle ab. Bergen Sie den Hund und leinen Sie ihn an. Führen Sie, wenn notwendig, Beatmung oder eine Herz-Lungen-Wiederbelebung durch. Bringen Sie den Hund zur Untersuchung zum Tierarzt, auch wenn keine Verletzungen erkennbar sind. Ein wichtiger Hinweis auf innere Verletzungen ist es z. B. für den Tierarzt, ob der Hund Blut im Urin hat. Geben Sie auch sonst alles Auffällige an.

Tipp: Bei einem Autounfall kann der Hund verstört sein und bei sich bietender Gelegenheit weglaufen. Sie sind dann eventuell nicht in der Lage, die Unfallhelfer auf Ihren Hund aufmerksam zu machen. Tragen Sie, wenn Sie mit Hund im Auto unterwegs sind, zusammen mit ihrem Personalausweis immer einen Zettel im Geldbeutel, der auf den Vierbeiner hinweist und eine kurze Beschreibung mit wichtigen Informationen zum Tier. Dieser Zettel sollte auch eine Betreuungsperson nennen, die sich um das Tier kümmert, falls das Ihnen und nahen Angehörigen nicht möglich sein sollte.

Bringen Sie den Hund nach einem Unfall zum Tierarzt, auch wenn er unverletzt scheint.

Transport eines verletzten oder bewusstlosen Hundes

Wichtig ist eine ruhige und sichere Lage des Hundes – die Atemwege müssen immer frei sein. Wenn Sie allein sind, sollten Sie einen verletzten großen Hund mit den Armen unter dem Körper umfassen und ihn dann hochheben. Besser funktioniert der Transport mit einer zweiten Person: Dann können Sie den Hund auf einem Mantel oder einem stabilen großen Tuch tragen oder ein Brett (z. B. eine Tür, Regalbrett) als Trage benutzen. Passen Sie auf, dass der Hund nicht hinunter fällt.
Ideal ist im Auto die Bauchbrustlage: Stützen Sie den Hund durch Polster z. B. aus Handtüchern so ab, dass er auf dem Bauch liegt, die Beine sollten neben und nicht unter dem Körper liegen. Legen Sie z. B. ein Kissen so unter den Hals, dass die Luftröhre möglichst gerade liegt, aber nicht die Nasenöffnungen verdeckt. Liegt der Hund auf der Seite, sollten die Vorderbeine nach vorne und die Hinterbeine nach hinten gestreckt sein. Jedoch nicht, wenn Sie eine Verletzung an der Wirbelsäule vermuten: Dann sollte während des Transports die Körperhaltung des Tieres möglichst nicht verändert werden.

Häufige Krankheiten des Hundes

Alle nachfolgend aufgeführten Krankheiten erfordern eine umgehende tierärztliche Behandlung. Die Beschreibung der Krankheiten soll keine Anleitung zur Diagnoseerstellung oder Selbstbehandlung sein, sondern über die Krankheit informieren.

Unterkühlung kann eine Ursache für eine Blasenentzündung sein.

Der Tierarzt wird eine individuell auf das Tier abgestimmte Behandlung einleiten, die von den nachfolgend aufgeführten Therapiemöglichkeiten abweichen kann. Die Behandlung der aufgeführten Krankheiten kann in allen Fällen durch homöopathische Mittel und Pflanzenheilkunde (Phytotherapie) sowie häufig auch durch Akupunktur unterstützt werden.

Allergie

Ursache: Das Immunsystem reagiert auf bestimmte, eigentlich harmlose Stoffe (Allergene) der Umwelt überempfindlich, was zu entzündlichen Reaktionen führt. Es gibt unzählige Allergene, auf die ein Hund reagieren kann, üblicherweise handelt es sich dabei um Eiweiße oder Eiweißverbindungen. Häufig ist z. B. die Futtermittelallergie (siehe Seite 201). Bei einer Flohallergie reagiert der Hund auf die Eiweiße des Flohspeichels – schon ein einziger Floh kann durch seine Bisse heftige Reaktionen auslösen. Liegt eine Hausstauballergie vor, sind die Ausscheidungen der Hausstaubmilben die Allergene.

Anzeichen/Beschwerden: Am häufigsten sind Haut- und Fellveränderungen, möglich sind auch gerötete und gereizte Bindehäute, Schlappheit, Durchfall und Erbrechen.

Behandlung: Bei starken Reaktionen (z.B. nach Insektenstich) lebensgefährlicher Notfall! Diagnose je nach vermuteter Allergie durch spezielle Fütterung, Blutuntersuchung oder Prick-Test. Der Hund sollte – sofern umsetzbar – jeden Kontakt mit den Allergenen vermeiden: Bei einer Hausstauballergie z. B. nicht im mit Teppichboden ausgelegten Schlafzimmer übernachten, ausreichende Vorbeugung bei Flohallergie (siehe Seite 230). Der Tierarzt kann auch eine Hyposensibilisierung vornehmen. Im akuten Fall wird in der Regel Kortison zur Unterdrückung der Entzündung und zur Juckreizlinderung verabreicht.

Arthritis (Gelenkentzündung)

Ursache: Überbelastung, Verletzung, Infektion (z. B. Borreliose, siehe Seite 225), rheumatische Autoimmunerkrankung oder als Folge von Arthrose. Es können nicht heilbare Gelenkschädigungen auftreten

Anzeichen/Beschwerden: Schmerzen bei Bewegung, Bewegungsunlust, Bewegungsstörungen, schlechtes Allgemeinbefinden, evtl. Fieber, Appetitlosigkeit.

Behandlung: Entzündungshemmende und schmerzstillende Medikamente, ggf. Antibiotika, Physiotherapie (in der Nachbehandlung, nicht bei akuter Erkrankung!). Vorbeugung durch hochwertiges Futter und Gelenk schonenden Sport bzw. Bewegung.

Arthrose (Gelenkverschleiß)

Ursache: Häufig bei älteren Hunden, durch ererbte Fehlstellungen, Unfälle, Arthritis usw. Der betroffene Gelenkknorpel ist teilweise oder ganz abgenutzt. Dadurch können Knochen gegen Knochen reiben und im fortgeschrittenen Stadium Arthritis und Veränderungen des Knochengewebes auftreten.

Anzeichen/Beschwerden: Schmerzen bei Bewegung, Lahmen oder Steifheit, besonders nach Ruhe; Hund „läuft sich ein".

Behandlung: Schmerzstillende Medikamente, ggf. Physiotherapie, Unterstützung des Gelenkknorpels durch Glucosamin (Extrakt aus der Grünlippmuschel) und Chondroitinsulfat.

Bandscheibenvorfall

Ursache: Durch Verschleiß oder Überbelastung wird die Bandscheibe geschädigt und drückt in der Folge auf Nerven und Rückenmark, kann erblich veranlagt sein. Häufig sind Hunde mit langem Rücken betroffen, daher die Bezeichnung „Dackellähme".
Anzeichen/Beschwerden: Notfall! Schmerzen bei Bewegung, eingeschränkte Bewegungsfähigkeit, Lähmungen, evtl. Kot- und Harn-Inkontinenz oder nicht absetzen von Kot und/oder Urin.
Behandlung: Medikamente (z. B. Kortison), ggf. Operation, weitere Unterstützung der Behandlung durch Magnetfeldtherapie und Physiotherapie. Nicht immer kann die Bewegungsfähigkeit des Hundes wieder hergestellt werden.

Bauchspeicheldrüsenentzündung (Pankreatitis)

Ursache: Übermäßige Produktion von Verdauungsenzymen, dadurch verdaut die Bauchspeicheldrüse sich selbst. Eventuell erblich bedingte Veranlagung.
Anzeichen/Beschwerden: Erbrechen, Schwäche, hochgradige Schmerzen in der vorderen Bauchregion, Austrocknung, Verdauungsbeschwerden, aufgeblähter Bauch, Kot farb- und konsistenzverändert (oft gelb-glitschig) oder kein Kotabsatz, mitunter auch hohes Fieber. Kann im akuten Fall Schock zur Folge haben und tödlich enden.
Behandlung: Im aktuten Fall lebensgefährlicher Notfall! Der Tierarzt gibt Mittel, um die Enzymbildung zu hemmen, meist auch Schmerzmittel und Antibiotika.

Blasenentzündung

Ursache: Bakterielle Infektion, oft z. B. begünstigt durch Unterkühlung (besonders bei Nässe) und Harnsteine (siehe Seite 246).
Anzeichen/Beschwerden: Schmerzen beim Urinabsatz (Hund versucht häufig erfolglos Urin abzusetzen), häufiger Harndrang, gekrümmter Rücken, plötzliche Inkontinenz, evtl. Blut im Urin.
Behandlung: Diagnose durch Urinuntersuchung. Der Tierarzt wird in der Regel Antibiotika, schmerzlindernde und entkrampfende Mittel geben und ggf. die Grunderkrankung behandeln (z. B. Harnsteine). Zudem sollte der Hund warm gehalten werden.

Massage wirkt schmerzlindernd bei vielen Erkrankunges des Bewegungsapparates.

Canine Anaplasmose

Ursache: Anaplasmose-Bakterien werden durch Zecken übertragen (siehe Seite 230). Die Bakterien zerstören die roten Blutkörperchen des Hundes.
Anzeichen/Beschwerden: Anämie (Blutarmut), Fieber, Appetitlosigkeit, Schwäche, Abgeschlagenheit und Lahmheiten in Folge von Gelenkentzündungen.
Behandlung: Antibiotika.

Cognitive Dysfunktion (CD)

Ursache: Veränderungen im Zentralnervensystem (Nervenschäden und Degeneration) bei alten Hunden. Die Auswirkungen sich ähnlich wie bei Menschen, die an Alzheimer erkrankt sind.
Anzeichen/Beschwerden: Es können einzelne oder mehrere Anzeichen auftreten. Desorientierung, plötzliche Unsauberkeit, scheinbar unmotiviertes Bellen,

Auch Hunde können an Demenz leiden, sind dann oft verwirrt und orientierungslos.

Jaulen, Winseln, Verschiebung oder Veränderung des Wach- und Schlafrhythmus, Verhaltensveränderung (z. B. Unsicherheit, Angst, Aggression, Spielverhalten, Begrüßungsritual), Nichterkennen von bekannten Personen oder Tieren, Sturheit, Rastlosigkeit, Unruhe, Zittern und Stereotypien.
Behandlung: Gründliche Untersuchung, die Anzeichen können auch auf andere Erkrankungen hinweisen. Medikamente können die Hirnfunktion unterstützen, evtl. zusätzlich Verhaltenstherapie. Wichtig ist es, Stress vom Hund fernzuhalten. Als vorbeugende Maßnahme sollte man den Hund durch Denksportaufgaben geistig fit halten.

Schaschlik samt Rezept gefressen: Auf dem Röntgenbild sieht man die Fleischspieße und die Büroklammer.

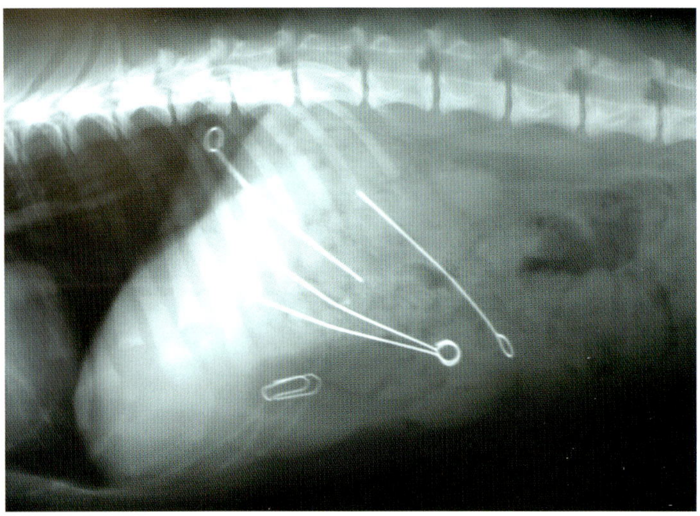

Darmentzündung

Ursache: Infektionen, Parasitenbefall, Vergiftung, falsche Fütterung.
Anzeichen/Beschwerden: Mittlere bis starke Durchfälle, unter Umständen blutig, geschwächtes Allgemeinbefinden, Bauch schmerzt und ist angespannt.
Behandlung: Bei schwerem Durchfall bzw. bei Welpen Notfall! Der Tierarzt gibt in den meisten Fällen Kortison, oft auch Antibiotika und entkrampfende Medikamente und ggf. Infusion, um Flüssigkeitsmangel auszugleichen. Hilfreich sind zudem ein Fastentag (Wasser mit Traubenzucker und Elektrolyten geben) und Schonkost (siehe Seite 201). Anschließend Gabe spezieller Bakterienpräparate, um die Darmflora wieder herzustellen.

Darmverschluss

Ursache: Durch Erkrankung, Darmverschlingung, Darmeinstülpung oder Fremdkörper im Darm wird der Darm an einer Stelle verschlossen, der Kot wird nicht weiter transportiert.
Anzeichen/Beschwerden: Erbrechen, es wird kein Kot abgesetzt, aufgeblähter Bauch, Koliken, schwaches Allgemeinbefinden bis hin zur Apathie und Schock, kann tödlich enden.
Behandlung: Lebensgefährlicher Notfall! Diagnose durch Vorbericht des Halters, sofern er weiß, was der Hund gefressen hat, Röntgen, Ultraschall oder Spiegelung. Ggf. Entfernung des Fremdkörpers im Rahmen einer Spiegelung, häufig Operation.
Bei Verstopfung (Allgemeinbefinden des Hundes nicht geschwächt) kann bei kleineren Fremdkörpern nach Absprache mit dem Tierarzt die Ausscheidung des Fremdkörpers durch die Gabe von Sauerkraut und Paraffinöl unterstützt werden.

Diabetes (Zuckerkrankheit)

Ursache: Erbliche Veranlagung, Störung der Insulinrezeptoren im Alter, Fehlernährung, Übergewicht, Infektion oder Bauchspeicheldrüsentumor. Meist produziert die Bauchspeicheldrüse nicht genug Insulin, dadurch ist der Blutzuckergehalt zu hoch.

Anzeichen/Beschwerden: Starker Durst und gesteigerte Wasseraufnahme, mehr und häufigerer Urinabsatz, schwaches Allgemeinbefinden bis hin zur Apathie, Gewichtsabnahme, Erbrechen und Übelkeit, leichte Infektanfälligkeit.
Behandlung: Regelmäßige Kontrolle des Blutzuckerspiegels, angepasste Ernährung bzw. Diät, mehrere kleine Mahlzeiten täglich, Zuführung von Insulin, z. B. durch Injektionen.

Dirofilariose

Ursache: Eingeschleppte Infektionskrankheit (siehe Seite 201)! Rundwürmer nisten sich im Herzen ein, die Larven werden durch Stechmücken übertragen, das gesamte Herz-Kreislaufsystem kann schwer geschädigt werden.
Anzeichen/Beschwerden: Schwäche, Husten, Atemprobleme, Wasser in der Lunge.
Behandlung: Behandlung mit Anti-Wurmmitteln und Therapie der Symptome.

Ehrlichiose

Ursache: Eingeschleppte Infektionskrankheit (siehe Seite 264)! Durch Zecken (siehe Seite 231) übertragene Bakterieninfektion.
Anzeichen/Beschwerden: Blutarmut (Anämie) durch Störung der Blutkörperchenbildung, Fieber, Futterverweigerung, Atembeschwerden, geschwollene Lymphknoten, eitriger Ausfluss aus Augen und Nase, Durchfall, evtl. Krämpfe, Lähmungen und Arthritis, kann chronisch werden.
Behandlung: Frühzeitige Behandlung mit Antibiotika verspricht guten Erfolg.

Epilepsie

Ursache: Aufgrund einer Funktionsstörung des Großhirns senden die Nervenzellen unkontrolliert Signale, der Hund bekommt dadurch einen Anfall. Ursachen können z. B. erbliche Veranlagung, Vergiftung, Stoffwechselstörungen, Infektionen, Nieren- oder Leberschäden oder ein Hirntumor sein. Allgemein unterscheidet man zwei Arten, jedoch ist die genaue Zuordnung mitunter schwierig. Bei der primären oder idiopathischen Epilepsie (häufig erblich) ist die Ursache nicht bekannt. Sie tritt meist in den ersten Lebensjahren auf.

Schützen Sie Ihren Hund vor der Reise vor gefährlichen Krankheiten.

Bei der sekundären Epilepsie werden die Anfälle durch Veränderungen oder Erkrankungen im Gehirn oder anderen Organen verursacht. Wird die Grunderkrankung erfolgreich behandelt und ist das Gehirn noch nicht permanent geschädigt, treten keine Anfälle mehr auf.
Anzeichen/Beschwerden: Die Anfälle können sehr unterschiedlich aussehen und mehrere oder einzelne Anzeichen haben, z. B. Krämpfe, Umfallen, Bewusstlosigkeit, Torkeln, Orientierungslosigkeit, unkontrollierter Harn- und Kotabsatz, Zittern, Zuckungen, Kopfschütteln oder unmotiviertes Bellen. Möglich sind im Rahmen der Anfälle auch Verhaltensveränderungen wie Aggression oder Angst. Schwere Anfälle können tödlich enden.
Behandlung: Notfall (siehe Seite 240)! Der Hund muss gründlich und umfassend untersucht werden. Die Behandlung erfolgt durch die lebenslange Gabe von Schlaf- und/oder Beruhigungsmittel (Anti-Epileptika), um überschießende Reaktionen der Gehirnzellen und Nerven zu verhindern bzw. abzuschwächen. Trotzdem können dann noch Anfälle auftreten. Die Behandlungschancen sind umso höher, je früher die Therapie beginnt.

Gebärmuttervereiterung (Pyometra)

Ursache: Bakterien gelangen über den während der Läufigkeit (siehe Seite 252) geöffneten Muttermund in die Gebärmutter. In der Folge tritt eine Entzündung bzw. eine Vereiterung der Gebärmutter auf. Die dabei entstehenden Giftstoffe verursachen eine Blutvergiftung und führen zu Nierenversagen. Man unterscheidet zwischen einer geschlossenen (kein Ausfluss erkennbar) und einer offenen (eitriger Scheidenaus-

fluss) Gebärmutterentzündung. Liegt eine geschlossene Pyometra vor, kann die Gebärmutter platzen. Zu spät oder unbehandelt ist eine Pyometra tödlich. Häufig betroffen sind Hündinnen mit ausgeprägten Scheinschwangerschaften und alte Hündinnen.
Anzeichen/Beschwerden: Anfangs meist gesteigerter Durst und Abgeschlagenheit, evtl. auch andere Verhaltensveränderungen. Bei offener Pyometra Ausfluss und vermehrtes Lecken im Genitalbereich. Bei fortgeschrittener Erkrankung Fieber, Austrocknung, Koordinationsstörung (die Eiterbakterien bilden Giftstoffe, die das Nervensystem schädigen und zur Vergiftung führen), Apathie bis hin zum Schock (siehe Seite 240).
Behandlung: Lebensbedrohlicher Notfall – besonders bei der geschlossenen Pyometra! Üblicherweise wird die Hündin kastriert und dabei die Gebärmutter ganz herausgenommen (siehe Seite 258). Wichtig: Die Hündin etwa zehn Wochen nach der Läufigkeit gut beobachten und beim ersten Verdacht auf eine Gebärmuttervereiterung den Tierarzt aufsuchen.

Harnsteine

Ursache: Störung des Stoffwechsels, oft erblich bedingt. Besonders betroffen sind ältere Hunde, Hunde, die zu wenig trinken, nicht ausreichend Gelegenheit bekommen sich zu lösen oder falsch gefüttert werden.
Anzeichen/Beschwerden: Schmerzen beim Urinabsatz (häufige vergebliche Versuche, Urin abzusetzen), gestörter Urinabsatz, plötzliche Inkontinenz, evtl. Blut im Urin und immer wiederkehrende Blasenentzündung.
Behandlung: Diagnose durch Urinuntersuchung und Röntgen-/Ultraschalluntersuchung. Der Tierarzt wird in der Regel Antibiotika, schmerzlindernde- und entkrampfende Mittel geben und ggf. die Harnwege spülen. Spezielle Diäternährung beugt Harnsteinen vor.

Herzinsuffizienz

Ursache: Herzschwäche, in deren Folge sich Blut in dem kleinen Kreislauf der Lungen staut und sich im umliegenden Gewebe Wasser ansammelt. Ursache kann eine Schwäche des Herzmuskels sein (dabei vergrößert sich das Herz und die Herzklappen schließen nicht mehr richtig) oder ein Herzklappenfehler sein. Häufig sind ältere Hunde betroffen, es kann auch eine erbliche Veranlagung vorliegen.
Anzeichen/Beschwerden: Kurzatmigkeit, häufiges Hecheln, Husten in Ruhe und bei Aufregung, Rastlosigkeit, Schwäche, Leistungsabfall, geringe Belastbarkeit, Bewegungsunlust, plötzliche, kurze Ohnmacht.
Behandlung: Diagnose durch Abhören des Herzens, EKG, Ultraschalluntersuchung, Herz- und Lungenröntgen. Der Tierarzt verordnet Mittel, um das Herz zu stärken (Herzglykoside) und/oder um den Blutdruck zu senken (ACE-Hemmer).

Hüftgelenksdysplasie (HD)

Ursache: Eine Deformation des Hüftgelenks (zu flache oder fehlgebildete Hüftpfanne oder Oberschenkelkopf mit falscher Winkelung oder Fehlbildung) verhindert, dass der Oberschenkelkopf passgenau in der Pfanne sitzt, wodurch Reibung entsteht. In der Folge treten Knorpelverschleiß und evtl. Arthrose und Wucherungen auf.
Anzeichen/Beschwerden: Anfangs nur durch unsichere, wackelige Bewegungen erkennbar, das Laufen wirkt instabil. Später meist Schmerzen bei Bewegung, besonders beim Aufstehen, Bewegungsunlust und Bewegungsstörungen wie Lahmen.
Behandlung: Diagnose durch Röntgenuntersuchung in Narkose. Je nach Schweregrad und Alter des Hundes Anpassung der Fütterung, Einsatz von Physiotherapie, entzündungshemmenden Mitteln, Schmerzmitteln, evtl. Operation bis hin zum künstlichen Hüftgelenk.

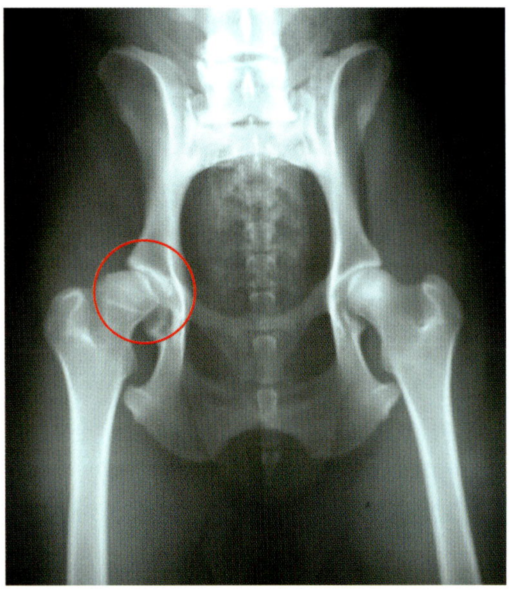

Einseitige Hüftgelenksdysplasie: Die Veränderungen an Oberschenkelkopf und Hüftpfanne (im Kreis) sind deutlich.

Krebs

Ursache: Körperzellen können sich z. B. durch erbliche Veranlagung, Infektionen, Strahlung oder Giftstoffe verändern. Bösartige (maligne) Gewebeveränderungen werden als Krebs bzw. Krebstumoren (Tumoren sind Gewebeverhärtungen) bezeichnet. Die Krebszellen können Zellen des umliegenden Gewebes umprogrammieren, dadurch produzieren auch diese Krebszellen. Bösartige Tumoren streuen in den Körper und erzeugen Tochtergeschwülste (Metastasen).
Anzeichen/Beschwerden: Jedes Gewebe des Körpers kann betroffen sein, die Anzeichen sind vielfältig. Krebstumoren in der Haut können meist getastet werden. Je nach Grad der Erkrankung geschwächtes Allgemeinbefinden, je nach Lage des Tumors Organstörungen oder Entzündungen als Folge.
Behandlung: Diagnose unter anderem durch Blutuntersuchung, je nach Krebsart z. B. auch Ultraschall, Röntgen, Computertomographie. Häufig ist eine Operation möglich. Der Langzeiterfolg hängt vor allem davon ab, ob bereits Tochtergeschwülste bestehen, ggf. Bestrahlung und Chemotherapie.

Kreuzbandriss

Ursache: Die Kreuzbänder befinden sich in den Kniegelenken. Ein Riss kann die Folge eines Unfalls (z. B. Verdrehung des Beins) sein. Meist jedoch führt dauerhafte Über- oder Fehlbelastung (z. B. durch Übergewicht, Arthritis oder Knochendeformation) zu kleinen Rissen eines oder beider Bänder. Dadurch kann es durch eine leichte, unbedachte Bewegung reißen.
Anzeichen/Beschwerden: Plötzliches Lahmen (das manchmal auch wieder verschwindet), Schmerzen, Bewegungsunlust.
Behandlung: Meist Operation (wenn der Bluterguss im Knie zurückgegangen ist), zudem entzündungshemmende und schmerzstillende Medikamente, erst Ruhigstellung, dann Physiotherapie.

Leberfunktionsstörung

Ursache: Verschiedene Ursachen können zu akuten oder chronischen Funktionsstörungen oder Entzündungen führen, z. B. Virusinfektionen (siehe Seite 224), bakterielle Infektionen, Schock, Verletzungen, Vergiftungen, Medikamentengabe und als Folge anderer Erkrankungen.

Verdrehen des Knies kann zum Kreuzbandriss führen.

Anzeichen/Beschwerden: Die Leber ist das Stoffwechselzentrum. Schädigungen können Auswirkungen auf den ganzen Körper haben. Die Anzeichen sind vielfältig und nicht immer eindeutig, wie schwaches Allgemeinbefinden, Appetitlosigkeit mit Gewichtsverlust, Erbrechen, hellerer Kot, Durchfall, veränderter Körpergeruch, Gelbfärbung des Augapfels in Folge einer Gelbsucht, Fieber, Apathie, Flüssigkeitsansammlung im Körper, Krämpfe oder Schock (siehe Seite 240).
Behandlung: Bei akuter Erkrankung lebensgefährlicher Notfall! Die Diagnose erfolgt durch Blutuntersuchung und Ultraschall, ggf. auch Untersuchung einer Gewebeprobe der Leber. Mögliche Vergiftungsauslöser müssen vermieden werden. Die Behandlung richtet sich nach der Ursache. Oft werden unter anderem z. B. Kortison und/oder Antibiotika gegeben. Die Leber ist ein sehr regenerationsfähiges Organ. Daher sind die Behandlungschancen meist recht gut, wenn die Schädigung noch nicht zu weit vorangeschritten ist. Den Heilungsprozess kann man durch ein Ergänzungsfuttermittel mit Mariendistelfrucht unterstützen. In der Folge ist eine spezielle Leberschondiät wichtig.

Leishmaniose

Ursache: Eingeschleppte Infektionskrankheit (siehe Seite 264). Wird durch Einzeller verursacht, die durch Sandmücken übertragen werden. Es gibt eine Haut- und eine Eingeweideform.
Anzeichen/Beschwerden: Unspezifische Anzeichen. Je nach Verlaufsform z. B. schwaches Allgemeinbefin-

den, Fieber, Gewichtsverlust, Durchfall, Haarverlust (besonders an der Nase, den Ohrspitzen und um die Augen), kann tödlich enden.
Behandlung: Notfall! Diagnose durch Blutuntersuchung und Gewebeproben von Lymphknoten oder Knochenmark, Therapie je nach Verlaufsform.

Magendrehung

Ursache: Wenn der mit Gasen, Nahrung oder Wasser gefüllte Magen sich um seine eigene Achse dreht, werden Mageneingang und -ausgang abgeschnürt. Es bilden sich vermehrt Gase, die nicht entweichen können. Dabei werden Organe geschädigt und Blutgefäße abgerissen oder abgeschnürt. Betroffenes Gewebe bzw. betroffene Organe werden nicht mehr mit Blut versorgt und können absterben. Es folgen Schock, Multiorganversagen und unbehandelt nach 30 Minuten bis wenigen Stunden der Tod des Hundes. Obwohl die meisten Magendrehungen im Ruhezustand oder Schlaf und vorwiegend abends und nachts auftreten, werden folgende Punkte als Risikofaktoren diskutiert: Wenn der Hund nach dem Fressen spielt oder tobt, sich auf dem Boden rollt, sich wälzt oder Treppen läuft. Denn der Magen wird durch die Bewegung in Schwingungen versetzt und der „Aufhängeapparat" kann sich dehnen – genau wie bei der Fütterung mit nur einer großen Mahlzeit täglich – sodass sich der Magen um seine eigene Achse drehen kann. Hunde großer Rassen gelten als besonders gefährdet, aber auch kleine Hunde können eine Magendrehung bekommen. Als weitere Risikofaktoren gelten erbliche Veranlagung, Stress, hohes Alter, ein häufig stark gefüllter Magen sowie verdorbenes, kohlenhydratreiches und aus anderen Gründen stark gärendes oder quellendes Futter und andere Organerkrankungen, die die Magenentleerung behindern.
Anzeichen/Beschwerden: Ein aufgeblähter Bauch, Unruhe, Würgen, Speicheln, erfolglose Versuche zu Erbrechen, flache, schwere und schnelle Atmung bis zur Atemnot, Apathie, Schmerzen und Berührungsempfindlichkeit des Bauches, Schockanzeichen (siehe Seite 240)
Behandlung: Lebensgefährlicher Notfall! Nur eine schnelle Schockbehandlung und eine Operation können einem Hund mit Magendrehung das Leben retten. Zur Vorbeugung einer weiteren Drehung wird der Magen an der Bauchwand festgenäht. Weitere Maßnahmen sind täglich mehrere kleine Mahlzeiten mit leicht verdaulicher Nahrung sowie als allgemeine Empfehlung mindestens eine Stunde Ruhe nach den Mahlzeiten, besser zwei!

Niereninsuffizenz

Ursache: Schädigung des Nierenfunktionsgewebes, dadurch filtert und entgiftet die Niere das Blut nicht mehr ausreichend. Dies hat Auswirkungen auf sämtliche Organe und kann tödlich enden. Die akute Niereninsuffizienz wird z. B. verursacht durch Infektionen, Entzündungen, Verletzungen, Herzinsuffizienz oder andere Erkrankungen. Am häufigsten sind ältere Tiere betroffen.
Anzeichen/Beschwerden: Erste Anzeichen werden oft erst bemerkt, wenn 60 % bis 70 % des Nierengewebes geschädigt sind. Gesteigerter Durst und vermehrter Urinabsatz, oft plötzliche Inkontinenz, bei akuter Erkrankung auch kein Urinabsatz mehr. Im fortgeschrittenen Stadium Erbrechen, Durchfall, Schlappheit, schwaches Allgemeinbefinden, veränderter Körpergeruch, Zittern, oft Appetitlosigkeit und Gewichtsverlust, Austrocknung und Wasseransammlung im Bauch. Es können weitere Anzeichen bzw. Folgen auftreten, z. B. Anfälle, Blutarmut und Infektanfälligkeit. Wird eine akute Erkrankung nicht ausreichend therapiert, kann sie chronisch werden und ist dann unheilbar.
Behandlung: Lebensgefährlicher Notfall! Gerade bei frühzeitiger Erkennung einer akuten Niereninsuffizienz ist die Erkrankung oft heilbar oder man kann zumindest über einen längeren Zeitraum ein stabiles Allgemeinbefinden erreichen. Diagnose durch Urin- und Blutuntersuchung und Ultraschall. Der Tierarzt wird Infusionen geben, um den Flüssigkeitsverlust auszugleichen, Mittel gegen den Brechreiz verabreichen und mit weiteren Medikamenten je nach Fall behandeln. Wichtig ist die Einhaltung einer Nierendiät.

Osteochondrosis dissecans (OCD)

Ursache: Entwicklungsstörung des Skeletts durch Erkrankung des Gelenkknorpels. Betroffen sind vor allem schnell wachsende Junghunde bis 12 Monaten. Dabei lösen sich Knorpelstücke und damit verbundenes Knochengewebe ab. Neben erblicher Veranlagung, Knochenbrüchen und Störungen des Hormonhaushalts ist vor allem falsche Fütterung (z. B. zu hoher Energie- oder Kalziumgehalt des Futters) die

Ursache. Nicht zu korrigierende Gelenkschäden können die Folge sein.
Anzeichen/Beschwerden: Schmerzen, bestimmte Knochenpunkte rufen auf Druck heftige Schmerzreaktionen hervor, Lahmheit, vermehrte Beschwerden beim Laufen, Steifheit nach Ruhe.
Behandlung: Diagnose mittels Röntgenuntersuchung, evtl. Operation, Schmerzmittel und Änderung der Fütterung.

Prostatavergrößerung

Ursache: Änderungen des Hormonhaushalts führen bei vielen unkastrierten Rüden zu einer Prostatavergrößerung, dabei ändert sich auch die Gewebestruktur. In der Regel ist das gutartig. Jedoch kann die Prostata so groß werden, dass der Hund Beschwerden hat, wenn die Prostata beim Kotabsetzen gegen den Enddarm drückt. Die Anzeichen können auch auf andere Prostataerkrankungen hinweisen. Unbehandelt kann eine ausgeprägte Prostatavergrößerung schwere Verletzungen verursachen.
Anzeichen/Beschwerden: Anfängliche Entleerungsstörungen der Harnblase bleiben oft unbemerkt. Anzeichen einer stark vergrößerten Prostata sind Schmerzen und Beschwerden beim Absetzen des Kots (der Hund sucht lange nach einem geeigneten Platz zur Verrichtung), flach geformter Kot, Eiter- oder Blutstropfen am Penis.
Behandlung: Diagnose durch Abtastung und Röntgen- und/oder Ultraschalluntersuchung. Zur kurzzeitigen Behandlung kann man Hormone geben, damit die Prostata wieder schrumpft. Eine langfristige und bessere Lösung bei stark vergrößerter Prostata ist die Kastration des Rüden. Vorbeugend sollte bei Rüden spätestens ab vier oder fünf Jahren beim jährlichen Tierarzt-Check auch die Prostata abgetastet werden.

Schilddrüsenunterfunktion

Ursache: Funktionsstörung der Schilddrüse, dadurch entsteht ein Mangel an Schilddrüsenhormonen. Kann erblich bedingt sein oder z. B. Folge eines Tumors, einer Entzündung, Gewebeschrumpfung sein oder nach einer Kastration auftreten. Während eine Überkunktion der Schilddrüse beim Hund selten ist, sind Unterfunktionen recht häufig anzutreffen.
Anzeichen/Beschwerden: Gewichtszunahme, schwacher Allgemeinzustand, Antriebsschwäche, oft auch Durchfall, Haut- und Haarveränderungen (z. B. stumpfes Fell). Hormonell bedingte Verhaltensveränderungen können auftreten, z. B. Aggression, Unsicherheit und Angst, schnelles Erreichen eines hohen Erregungszustandes.
Behandlung: Durch Blutuntersuchung werden die Werte der Schilddrüsenhormone ermittelt. Die Behandlung erfolgt durch die Gabe der Hormone in Tablettenform.

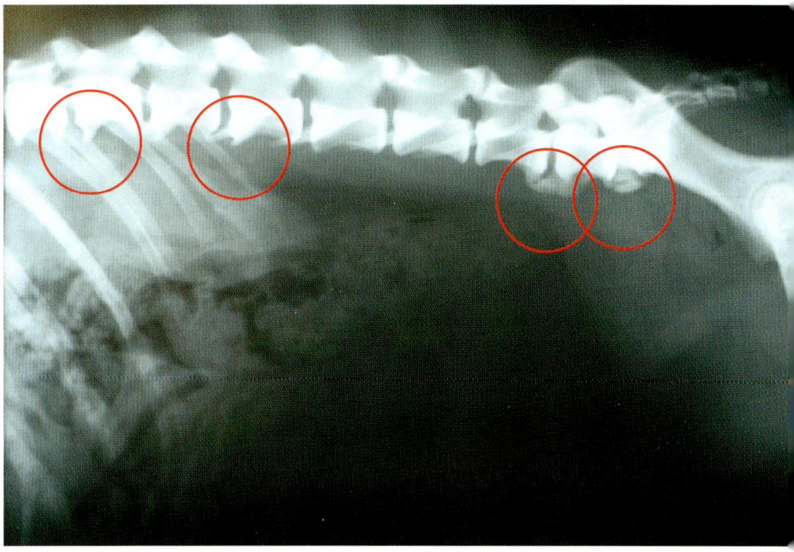

Spondylarthrose: Verbundene Wirbel (Markierungen rechts). Spitzen an den Wirbeln im Anfangsstadium (links).

Spondylose/Spondylarthrose

Ursache: Verkalkung der Wirbelsäule, dadurch bilden einzelne Wirbel feste Brücken miteinander. Spondylose kann erblich bedingt sein.
Anzeichen/Beschwerden: Bei Spondylose im Lendenwirbelbereich im Anfangsstadium Hinterhandschwäche (dadurch Probleme z. B. beim Steigen von Treppen oder dem Einsteigen in das Auto), Schmerzen bei Bewegung, Bewegungsunlust, Bewegungsstörungen wie Lahmen, eingeschränkte Bewegungsfähigkeit, verkrampfte Rückenhaltung. Sind die Wirbel im fortgeschrittenen Stadium durch die Verkalkungen miteinander verbunden und versteift, treten in der Regel keine Dauerschmerzen mehr auf, trotzdem kann der Hund noch Schmerzen haben.
Behandlung: Nicht heilbar. Der Tierarzt wird ggf. entzündungshemmende und schmerzlindernde Mittel verordnen und Physiotherapie empfehlen.

Wenn der Hund

Ihre gewissenhafte Pflege und Betreuung sind neben der tierärztlichen Versorgung die wichtigsten Garanten dafür, dass es Ihrem kranken Hund schnell wieder besser geht.

Wird Ihr Hund operiert, muss er vorher nüchtern sein. Fragen Sie Ihren Tierarzt, wie viele Stunden er vor der Operation nichts fressen und trinken darf und ggf. ob und wie er regelmäßig einzunehmende Medikamente bekommen soll. Bei der Pflege eines kranken oder operierten Hundes sollten Sie sich genau vom Tierarzt instruieren lassen, welche Maßnahmen die Genesung unterstützen. Braucht der Hund Ruhe oder gezielt Bewegung? Soll er bestimmte Bewegungen vermeiden, z. B. ins Auto zu springen oder Treppen zu laufen? Wann nach einer Operation darf er wieder fressen, trinken und ggf. notwendige Medikamente bekommen? Wie und was soll er fressen? In welchen Abständen müssen Wunden versorgt oder Verbände erneuert werden? Darf er Kontakt mit Artgenossen haben? Muss er einen Trichter oder Kragen tragen, um sich nicht an Wunden zu lecken oder eine Naht aufzubeißen? Wann muss er wieder in der Praxis vorgestellt werden? Schreiben Sie alle Fragen auf, die Ihnen einfallen und lassen Sie sich diese zufriedenstellend beantworten. Geben Sie Ihrem Hund bei einer Erkrankung und nach einer Operation viel Fürsorge und liebevolle Zuwendung – das fördert seine Genesung.

Spaß beim Spaziergang trotz Trichter, und der Boxer kann sich nicht am verletzten Ohr kratzen.

Wenn der Hund Medikamente braucht

Jeder Hundehalter wird einmal in die Lage kommen, seinem Hund Medikamente geben zu müssen. Verabreichen Sie Medikamente entsprechend der Anweisung des Tierarztes oder des Beipackzettels. Geben Sie vergessene oder später ausgespuckte und gefundene Medikamente nicht doppelt oder noch einmal ein – das könnte zu einer Überdosierung führen. Setzen Sie dann bis zur nächsten Tablettengabe aus oder fragen Sie im Zweifelsfall Ihren Tierarzt. Wenden Sie die Medikamente so lange an, wie vom Tierarzt verordnet und beenden Sie die Verabreichung nicht vorzeitig – das gefährdet den Behandlungserfolg. Notieren Sie sich, wann welche Medikamente gegeben werden müssen, hängen Sie den Zettel auch für andere Familienmitglieder gut sichtbar auf. Stimmen Sie sich mit den anderen Familienmitgliedern ab, wer wann welche Arznei gibt. Zur besseren Übersicht können Sie die einzelnen Tablettengaben auch auf einer Liste notieren und jeweils abhaken.

Tabletten eingeben

Manche Hunde nehmen Tabletten einfach mit dem Futter oder verpackt in Leckerchen, Käse, Fleischwurst, Leberwurst oder Brot ein. Prüfen Sie immer genau, ob die Tablette wirklich gefressen wurde und nicht im Napf oder auf dem Boden liegt. Achten Sie darauf, dass nicht andere Hunde oder Katzen die Nahrung mit den versteckten Tabletten erwischen. Immer mehr Medikamente kommen als schmackhafte Kautabletten auf den Markt, viele Hunde fressen diese wie ein Leckerchen aus der Hand – Ihr Tierarzt wird Sie gerne informieren.
Nicht jeder Hund nimmt seine Arznei mit einem leckeren Happen ein, diesen Vierbeinern muss man die Tablette anders verabreichen. Öffnen Sie dazu den Fang des Hundes. Manche Hunde machen bereitwillig mit. Bei anderen können Sie den Fang mit einer Hand von oben umfassen und mit Daumen und Zeigefinger die Lefzen zwischen die Zähne schieben. Der Hund öffnet den Mund – nun müssen Sie beherzt sein, das Gebiss auseinander halten und die Tablette

krank ist …

so weit wie möglich nach hinten auf die Zunge legen. Bringen Sie nun schnell Ihre Finger in Sicherheit und halten Sie den Fang geschlossen. Streichen Sie dann mit der Hand über die Kehle, um den Schluckreflex auszulösen – loben Sie den Vierbeiner dabei. Wenn Sie sich sicher sind, dass der Hund abgeschluckt hat (meist, wenn er sich die Schnauze danach leckt), können Sie ihn loslassen. Oft ist es hilfreich, schnell ein Leckerchen hinterher zu geben.
Alternativ können Sie es aber auch mit einem Tablettengeber versuchen, den es beim Tierarzt gibt. Wichtig ist dabei, dass Sie einem sich eventuell sträubenden Hund nicht nachgeben (soweit keine Gefahr für Sie besteht) und ihm dadurch nicht vermitteln, dass er sich der Tablettengabe widersetzen kann. Das muss funktionieren, schließlich kann einmal die Gesundheit des Hundes von einer regelmäßigen Tabletteneinnahme abhängen. Viele Hunde zeigen sich kooperativer, wenn es danach ein Leckerchen gibt.

Flüssigkeiten eingeben

Sofern das Medikament es erlaubt, können Sie Tropfen auf etwas Leckeres auftragen und dem Hund geben. Ansonsten können Sie die Flüssigkeiten in einer Kunststoff-Einmalspritze ohne Nadel aufziehen, die Spritze relativ weit hinten zwischen die Zähne des Hundes schieben und die Spritze zusammen drücken. Passen Sie dabei die Geschwindigkeit an, damit der Hund sich nicht verschluckt.

Globuli eingeben

Globuli sind Kügelchen aus Zucker, die als Träger für homöopathische Präparate dienen. In der Regel dürfen sie nicht mit etwas Essbarem verabreicht werden. Fassen Sie die Globuli nicht mit der Hand an, um den Wirkstoff nicht „abzureiben", sondern schütten Sie sich die gewünschte Menge auf einen Kunststofflöffel. Viele Hunde lecken die süßen Kügelchen dann einfach vom Löffel. Macht Ihr Hund das nicht, können Sie die Globuli mit Hilfe des Löffels zwischen die hinteren Lefzen und das Zahnfleisch des Unterkiefers geben. Dort lösen die Kügelchen sich dann auf.

Hautsalbe

Ziehen Sie Einmalhandschuhe an, wenn dies in der Packungsbeilage angegeben ist. Reiben Sie die Salbe nach Anweisung ein und achten Sie darauf, dass der Hund sich die Salbe nicht sofort ableckt. Versucht er es hartnäckig, können Sie die Stelle mit einem luftigen Verband schützen oder dem Hund ein dünnes Kleidungsstück aus Baumwolle anziehen, das die behandelte Hautpartie bedeckt. Auch ein Spaziergang oder ein anschließendes Spiel können für Ablenkung sorgen.

Arznei für die Augen und die Ohren

Um dem Hund Salbe und Tropfen für die Augen zu verabreichen, fixieren Sie mit einer Hand den Kopf und ziehen mit den Fingern Ober- und Unterlid des Auges etwas auseinander. Bringen Sie nun mit der anderen Hand das Medikament nach Tierarzt- oder Packungsanweisung ein. Berühren Sie aber das Auge nicht mit der Spitze der Tube oder Flasche. Einfacher geht es, wenn Sie sich die Salbe erst auf einen Finger geben (Hände vorher gut waschen) und dann vom inneren zum äußeren Rand in die Bindehäute streichen.
Ohrensalbe oder -lotion sollten Sie ebenfalls nach Gebrauchsanweisung des Medikaments eingeben. Wärmen Sie das Präparat gegebenenfalls etwas an, damit das kalte Mittel im Ohr nicht so unangenehm ist, anschließend einmassieren. Wehrt sich der Hund, sollten Sie sich eventuell Jemanden zu Hilfe holen.

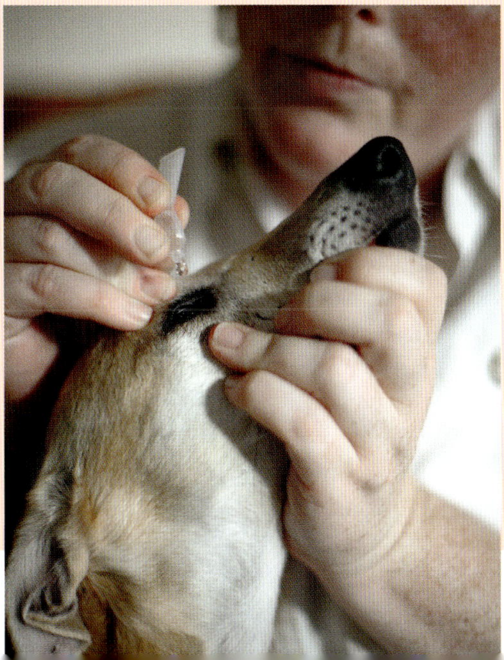

Loben Sie den Hund, wenn er kooperativ ist, hinterher gibt es ein Leckerchen.

Rund um die Fortpflanzung

Rund um das Thema Hündin und Trächtigkeit gibt es immer noch viele Ammenmärchen und Falschinformationen, die sich hartnäckig unter Hundefreunden halten. Ein Grund, sich diesem Thema intensiver zu widmen.

Die Dauer des Sexualzyklus kann bei Hündinnen variieren.

Eine Trächtigkeit beugt weder Scheinschwangerschaften, noch Gebärmuttervereiterung oder Gesäugetumoren vor. Weder Hündin noch Rüde werden im Alter wehmütig auf den versagten Kindersegen zurückblicken – Hunde leben in der Gegenwart und nicht in der Vergangenheit. In einem Rudel pflanzen sich üblicherweise nur die ranghöheren Tiere fort. Für ein rangtieferes Rudelmitglied ist es also normal, keinen Nachwuchs zu zeugen – somit ist das generell kein großer Stressfaktor.

Läufigkeit

Die erste Läufigkeit und damit die Gebärfähigkeit setzen bei vielen Hündinnen zwischen dem siebten und neunten Lebensmonat ein, bei großen mitunter erheblich später. Die meisten Hundedamen machen zwei Läufigkeiten im Jahr durch; ein bis drei Läufigkeiten gelten jedoch als normal. Durch Störungen kann die Läufigkeit öfter auftreten oder ausbleiben. In welchen Abständen sie auftritt, ist vom individuellen Sexualzyklus der Hündin abhängig, bei den meisten aber recht regelmäßig. Dabei können die einzelnen Phasen je nach Hündin unterschiedlich lang sein, wodurch sich auch verschiedene Angaben in der Literatur erklären. Notieren Sie sich Anfang und Dauer der Blutung (siehe Seite 219) und der Standhitze, das gibt Ihnen wichtige Anhaltspunkte. Der Sexualzyklus setzt sich zusammen aus vier Phasen.

Scheinträchtigkeit

Die Scheinträchtigkeit ist ein Wolfserbe und eine besondere Form der Kooperation. Im Wolfsrudel unterstützen rangniedere Wölfinnen die ranghöhere Wölfin bei der Welpenaufzucht. Leben im Haushalt eines Hundehalters mehrere Hündinnen, kann man häufig feststellen, dass diese im gleichen Zeitraum läufig sind – ihre Zyklen sind synchronisiert.
Jede nicht trächtige Hündin macht nach der Läufigkeit eine durch Hormone verursachte Scheinträchtigkeit durch. Oft hat diese Scheinträchtigkeit keine sichtbaren Anzeichen oder das Gesäuge ist nur leicht geschwollen, und die Hündin verhält sich wie gewohnt. Bei manchen Hündinnen sind die Auswirkungen der Scheinträchtigkeit jedoch sehr ausgeprägt: Sie verhalten sich, als ob sie tatsächlich Nachwuchs erwarten würden. Die Hündin ist dann meist anhänglicher, manche Hündinnen wollen nicht mehr raus, jammern oder sammeln Spielzeuge und bemuttern diese, als wären es Babys. Das Gesäuge kann stark anschwellen und Milch produzieren, und um den fiktiven Geburtstermin herum baut die Hündin ein Nest.

Maßnahmen bei ausgeprägter Scheinträchtigkeit

Homöopathische Mittel und Kräuter können in manchen Fällen Besserung bringen (siehe Seite 227). Räumen Sie alle Spielzeuge weg, die die Hündin an Welpen statt annehmen könnte. Lenken Sie die Hündin durch mehr Spaziergänge, Spiele oder gemeinsames Arbeiten ab und fordern Sie ihre Konzentration – ohne sie zu überfordern. Kühlen Sie das Gesäuge mit Umschlägen aus essigsaurer Tonerde. Drücken Sie nicht an den Zitzen, das regt die Milchbildung unnötig an. Lassen Sie die Hündin vom Tierarzt untersuchen, wenn das Gesäuge rot, heiß oder hart wird, sich das Allgemeinbefinden der Hündin verschlechtert oder sie Fieber bekommt. Gegebe-

Der Sexualzyklus der Hündin

Zyklusphase		Dauer in Tagen	Was passiert?
LÄUFIGKEIT	Vorbrunst (Proöstrus)	Im Mittel 8 bis 10, kann aber auch nur 3 oder über 20 Tage dauern	blutiger Scheidenausfluss, Schamlippen sind stark geschwollen, Eibläschen (Follikel) wachsen heran, Verhaltensveränderungen und gesteigerte Aggressivität gegen andere Hündinnen sind möglich, keine Empfängnisbereitschaft Hormonell: erhöhter Östrogenspiegel
LÄUFIGKEIT	Brunst (Östrus, Standhitze)	Etwa 5 bis 10	klarer bzw. heller Scheidenausfluss, leicht geschwollene, teigige Schamlippen, Eisprung findet statt, Verhaltensveränderungen und gesteigerte Aggressivität gegen andere Hündinnen sind möglich, Hündin ist empfängnisbereit und fordert Rüden durch Abspreizen der Rute zum Deckakt auf, reflexartiges Abspreizen der Rute bei Berührung an der Kruppe Hormonell: Gelbkörper werden gebildet, Östrogenwert fällt ab, Progesteronwert steigt und löst den Einsprung aus
Nachbrunst (Metöstrus)		Bei trächtigen Tieren 59 bis 66 (endet mit der Geburt)	kein Scheidenausfluss, Schamlippen haben normale Größe, Hündin duldet sexuell motiviertes Aufreiten des Rüden nicht mehr, Hündin ist häufig anhänglicher, keine Empfängnisbereitschaft Hormonell: Progesteronwert ist anfangs sehr hoch und fällt im Laufe des Metöstrus langsam und stetig ab, Prolaktinspiegel steigt, Relaxinwert steigt an und fällt gegen Ende des Metöstrus wieder ab
		Bei nicht trächtigen Tieren etwa 80 bis 90 (endet, wenn Progesteron unter einen bestimmten Wert fällt)	kein Scheidenausfluss, Schamlippen haben normale Größe, Hündin duldet sexuell motiviertes Aufreiten des Rüden nicht mehr, Hündin macht nun eine Scheinträchtigkeit durch (siehe unten), je nach Ausprägung sind Verhaltensveränderungen möglich, keine Empfängnisbereitschaft Hormonell: Progesteronwert ist anfangs sehr hoch und fällt im Laufe des Metöstrus langsam und stetig ab, Prolaktinspiegel steigt, Relaxinwert steigt nicht an
Ruhephase (Anöstrus)		durchschnittlich 90 bis 120, variiert erheblich	kein Scheidenausfluss, Schamlippen haben normale Größe, keine Empfängnisbereitschaft, üblicherweise keine durch Sexualhormone verursachten Verhaltensveränderungen Hormonell: Gegen Ende des Antöstrus steigt der Östrogenwert an und kündigt den nächsten Proöstrus an, dabei kann klarer Scheidenausfluss auftreten

nenfalls wird der Tierarzt Hormone verordnen, um gegenzusteuern. Nach einer ausgeprägten Scheinträchtigkeit ist die Gefahr einer Gebärmuttervereiterung erhöht (siehe Seite 245): Erste Anzeichen sind meist plötzlich gesteigerter Durst und manchmal Abgeschlagenheit – dann sollten Sie schnellstens zum Tierarzt.

Zeigt eine Hündin ausgeprägte Auswirkungen einer Scheinträchtigkeit, ist das auch nach den künftigen Läufigkeiten zu erwarten. Dies sollte man zum Anlass nehmen, um sich mit dem Tierarzt über eine Kastration der Hündin zu beraten (siehe Seite 259). Eine tatsächliche Trächtigkeit der Hündin verbessert die Prognose nicht und hat auch keinen vorbeugenden Charakter (das trifft auch auf die Entstehung von Gesäugetumoren zu).

Diese drei Hormone, spielen u. a. bei Trächtigkeit und Scheinträchtigkeit eine Rolle:

Progesteron wird von den Gelbkörpern gebildet und als Schwangerschaftshormon bezeichnet, da es u. a. die Durchblutung und den Aufbau der Gebärmutterschleimhaut fördert und deren Abbau verhindert sowie die Gebärmutter entspannt. Die Progesteron-Werte sind bei trächtigen und nichtträchtigen Hündinnen annähernd gleich. Prolaktin stimuliert das Wachstum der Gesäugedrüsen sowie die Milchproduktion und ist bei der trächtigen Hündin ab der fünften Woche nur geringfügig höher, als bei der nicht tragenden Hündin. Relaxin tritt im Zusammenhang mit der Geburt auf und entspannt die Geburtswege. Der Wert steigt bei der tragenden Hündin ab der dritten Woche an, jedoch nicht bei der nicht tragenden Hündin.

Für jedes dieser Hundekinder muss eine Familie gefunden werden.

Trächtigkeitsverhütung

Dieses Thema spielt besonders bei Hundehaltern eine Rolle, die eine Hündin und einen Rüden halten. Nicht immer gibt es die Möglichkeit, die Tiere während der Läufigkeit der Hündin zu trennen. Bei einer Trennung in verschiedenen Zimmern desselben Hauses kann der Rüde sehr leiden, wenn er den Duft seiner heißen Hundedame in der Nase hat, das kann bis zur Futterverweigerung und Gewichtsabnahme gehen. Und ein Moment der Unachtsamkeit – eine nicht richtig geschlossene Tür – reicht schon aus, damit die beiden Gelegenheit zur Nachwuchszeugung haben. Ein Schutzhöschen, dass der Hündin während der Läufigkeit angezogen wird, schützt Ihre Möbel, Teppiche etc. vor Blutflecken, ist aber kein Verhütungsmittel und schützt nicht vor vierbeinigem Kindersegen!

Hormonelle Verhütung: Der Tierarzt kann Hormone spritzen, welche die Läufigkeit und damit auch die Empfängnisbereitschaft der Hündin unterdrücken. Diese Methode sollte nur in Ausnahmefällen und keinesfalls regelmäßig angewendet werden, da sie die Entstehung einer Gebärmuttervereiterung und von Diabetes mellitus begünstigt. Ob nach den Hormongaben auch Gesäugetumoren gehäuft auftreten, ist nicht bestätigt, aber auch nicht widerlegt.

Sterilisation und Kastration: Es hängt nicht, wie häufig noch angenommen, vom Geschlecht des Tieres ab, welche Operation vorgenommen wird. Vielmehr handelt es sich bei Sterilisation und Kastration um zwei völlig verschiedene Eingriffe:

Bei der Sterilisation werden beim Rüden die Samenleiter und bei der Hündin die Eileiter abgebunden bzw. getrennt. Das Sexualverhalten wird dadurch nicht beeinträchtigt: Der Rüde produziert nach wie vor die gleichen Mengen Testosteron und die Hündin wird weiterhin läufig. Die Produktion von Geschlechtshormonen und damit das Sexualverhalten bleiben in vollem Umfang erhalten.

Bei der Kastration werden die hormonbildenden Zentren der Geschlechtsorgane entfernt (beim Rüden die Hoden, bei der Hündin die Eierstöcke). Bei der Hündin wird üblicherweise zusätzlich die Gebärmutter ganz oder teilweise entfernt. Die Produktion von Sexualhormonen wird dadurch in der Regel ganz aufgehoben, was weit reichende Folgen für den ganzen Stoffwechsel hat. Bei der Hündin ist die Operation aufwändiger und risikoreicher als beim Rüden.

Kryptorchismus: Wenn bei einem unkastrierten Rüden einer oder beide Hoden nicht vollständig abgestiegen und in der Leiste oder in der Bauchhöhle verblieben sind, bezeichnet man das als Kryptorchismus, was meist erblich veranlagt ist. Im Hodensack sind dann keine Hoden zu fühlen. Nicht abgestiegene Hoden können entarten und bösartige Tumoren entwickeln. Manchmal unterstützen bei jungen Rüden Massagen oder homöopathische Mittel den Abstieg des in der Leiste, seltener des in der Bauchhöhle verbliebenen Hodens. Hilft das nicht, sollte ein nicht abgestiegener Hoden (besonders, wenn er in der Bauchhöhle verblieben ist) spätestens bei einem Lebensalter von zwei Jahren entfernt werden.

Nachwuchs will gut überlegt sein

Wenn man sich die vielen – oft „weggeworfenen" – Hunde in den Tierheimen anschaut, kommt man schnell selbst zu dem Schluss, dass der eigene Hund nicht auch noch Nachwuchs bekommen muss. Zudem können während der Trächtigkeit und Geburt Komplikationen auftreten, die das Leben und die Gesundheit der Hündin gefährden. Rüden, die bereits gedeckt haben, zeigen sich im Umgang mit anderen Hundemännern oft schwieriger.

Aus diesem Grund finden Sie hier auch keine Anleitung zur Zucht, sondern nur kurze Informationen rund um Vorbereitung der Zucht, Deckakt, Trächtigkeit und Geburt.

Zuchtvorbereitungen

Wer trotzdem züchten möchte, sollte sich einem vom VDH anerkannten Zuchtverein anschließen (siehe Seite 69). Der Zuchtwart und andere Züchter können wertvolle Ratschläge geben. Zudem ist es wichtig, sich beim Tierarzt und durch Fachliteratur gründlich über das Thema Zucht, Trächtigkeit, Geburt und Welpenaufzucht zu informieren.

Lassen Sie Ihren Hund untersuchen, bevor er Nachwuchs bekommt. Nur mit wirklich gesunden Tieren sollte gezüchtet werden. Stehen für Erkrankungen, die bei der Rasse gehäuft auftreten, auch für die Rasse Ihres Hundes Gentests zur Verfügung, sollten diese ebenfalls vorgenommen werden.

Erlaubt Ihre Wohnsituation die Welpenaufzucht? Sie sollten zumindest ebenerdig wohnen und einen Garten besitzen. Erkundigen Sie sich beim Zuchtverein nach den entsprechenden Voraussetzungen. Die Zuchtstättenregistrierung und die Erfüllung der Auflagen sind mitunter kostenintensiv. Holen Sie sich gegebenenfalls die Genehmigung des Vermieters ein. Der Zuchthund muss eine Zuchtzulassung vom Verein oder des Trägerverbandes haben.

Haben Sie ausreichend Zeit, sich um die Hundekinder zu kümmern? Vierbeinigen Nachwuchs aufzuziehen ist sehr aufwändig und erfordert viel Fachwissen. Während der Trächtigkeit und der Geburt kann es zu Komplikationen kommen – die das Leben der Hündin oder der Welpen gefährden und kostenintensive tierärztliche Behandlungen notwendig machen. Sind Sie bereit, das in Kauf zu nehmen? Mit ernsthafter Hundezucht wird man nicht reich.

Gibt es ausreichend verantwortungsvolle Menschen, die ein Hundekind des Wurfes bei sich aufnehmen werden? Es gibt durchaus Würfe mit zwölf Hundebabys: Wenn diese nicht alle vermittelt werden, haben Sie das Haus voller kleiner Halbstarker, die Ihnen die Bude auf den Kopf stellen.

Der Deckakt

Hunde fragen beim Kindermachen nicht nach dem Einverständnis ihrer Menschen. Eine heiße Hündin wird sich bei passender Gelegenheit selbst auf die Suche nach einem Kindsvater machen, und ein potenter Rüde wird jede Möglichkeit nutzen, um sein Erbgut weiterzugeben.

Bietet sich die Chance, kann es ganz schnell gehen: Der Rüde führt seinen Penis in die Scheide ein, dieser schwillt an und die Hunde hängen aneinander. Nun kann man nur noch abwarten, bis sie wieder von einander ablassen. Eine gewaltsame Trennung kann zu schweren Verletzungen bei der Hündin und beim Rüden führen und darf deswegen keinesfalls vorgenommen werden! Entdeckt man die beiden in Flagranti, sollte man den Tierarzt anrufen und besprechen, wie nun vorzugehen ist. Durch frühzeitige Verabreichung eines Hormonpräparats kann der Tierarzt die Einnistung der befruchteten Eier verhindern oder eine eventuell bestehende Trächtigkeit abbrechen, was für die Hündin durch den erheblichen Eingriff in den Hormonhaushalt jedoch sehr belastend sein kann. Besser ist es, es ohne ernsthafte Zuchtabsichten erst gar nicht so weit kommen zu lassen!

Eine läufige Hündin lässt Rüden fast jedes Hindernis überwinden.

Läufigkeit kommt von „Weglaufen“

Führen Sie eine läufige Hündin während der Empfängnisbereitschaft nur angeleint spazieren und wachen Sie mit Argusaugen über ihre Jungfräulichkeit. Haben Rüden den Duft einer verlockenden Hundedame in der Nase, brechen sie eventuell auch in eingezäunte Gärten ein, um sich fortzupflanzen – auch eine läufige Hündin kann sich trotz eines vermeintlich sicheren Gartenzauns aus dem Staub und auf Partnersuche machen.

Ist die Hündin trächtig?

Es gibt folgende Möglichkeiten, um eine Trächtigkeit der Hündin festzustellen:
Ab drei Wochen nach der Empfängnis: Ultraschalluntersuchung (früheste, sichere Methode).
Ab 26. Tag nach der Empfängnis: Ein Bluttest, mit dem die Werte des Hormons Relaxin ermittelt werden. Allerdings ist das Ergebnis nicht immer aussagekräftig.
In der vierten Woche nach der Empfängnis: Tierärzte und erfahrene Züchter können die Fruchtkörper ertasten (Ampullenstadium). Zwischen dem 30. und dem 50. Tag kann man die Fruchtkörper nicht tasten.
Ab dem 50. Tag nach der Empfängnis: Röntgenuntersuchung.
Ab der siebten Woche nach der Empfängnis: Die Welpen sind durch die Bauchdecke zu fühlen.
Ab der achten Woche nach der Empfängnis: Der Tierarzt kann die Herztöne der Ungeborenen abhören.

Trächtigkeit

Eine Trächtigkeit dauert durchschnittlich 63 Tage (63 plus/minus 5 Tage nach dem Deckakt gelten allgemein als normal). Im letzten Drittel der Trächtigkeit nimmt die Hündin an Bauchumfang zu, nun benötigt sie auch ein energiereicheres Futter. Ab der siebten Woche werden Gesäuge und Zitzen größer. Die Milchbildung findet erst kurz vor der Geburt statt. Trächtige Hündinnen suchen oft mehr Zuwendung, können aber auch launisch sein.
Spätestens zwei Wochen vor der Geburt sollte man der Hündin eine Wurfkiste bereitstellen, in der sie ihre Jungen zur Welt bringen kann. Wenige Tage oder Stunden vor dem Geburtstermin beginnt die Hündin darin zu scharren. Einen Tag vor der Geburt werden viele Hündinnen nervös und fressen nicht mehr, manche erbrechen kurz vorher. Ein sicheres Anzeichen für die bevorstehende Geburt ist die Körpertemperatur der Hündin, die in der letzten Trächtigkeitswoche in der Regel auf einem stabilen Wert bleibt. Sinkt diese um 1 °C, ist innerhalb der nächsten 12 bis 24 Stunden mit der Geburt zu rechnen.

Geburt

Die Geburt hat drei Stadien. Im **Öffnungsstadium** treten Senkwehen auf und der Körper richtet sich auf das Ereignis ein. In der **Austreibungsphase** treten die Presswehen auf. Das **Nachgeburtsstadium** folgt in der Regel auf die Geburt eines jeden Welpen mit der Ausscheidung der Nachgeburt (Eihäute und Mutterkuchen).
Mit den ersten Presswehen wird der erste Welpe geboren. Der Geburtsverlauf kann von Hündin zu Hündin unterschiedlich sein. Die Geschwister kommen üblicherweise in Abständen von 15 Minuten bis zu zwei Stunden auf die Welt. Sofern die Fruchtblase bei der Geburt nicht reißt, öffnet die Hündin sie mit den Zähnen, leckt den Welpen trocken, durchbeißt die Nabelschnur (sofern sie nicht vom Halter getrennt wird) und frisst meist die Nachgeburt. Gesunde Welpen werden sich bald robbend auf die Suche nach den Zitzen machen (siehe Seite 50).
Ob der Halter unterstützend eingreifen muss, ist abhängig von der Erfahrung der Mutter, ihrem Verhalten sowie eventuell auftretenden Komplikationen.
Der Tierarzt muss verständigt werden, wenn

- die Abstände zwischen den Geburten sehr lange sind,
- ein Welpe im Geburtskanal feststeckt,
- die Vermutung besteht, dass nach dem Einstellen der Wehentätigkeit noch ein Welpe oder eine Nachgeburt in der Hündin verblieben sind,
- sich das Befinden der Hündin verschlechtert,
- die Hündin Fieber bekommt,
- die Hündin apathisch wirkt,
- oder ein Welpe nur schwache Lebenszeichen zeigt.

Die Hündin benötigt während der Säugephase der Welpen ein energiereiches und leicht verdauliches Futter. Sie braucht nun viel Ruhe – Stress sollte möglichst von ihr ferngehalten werden.

Mehrere Hündinnen im Haus haben oft synchrone Zyklen.

Kastration –

Legen gesundheitliche Gründe eine Kastration nahe, gibt es keinen Zweifel am Sinn dieses Eingriffs. In anderen Fällen ist die Argumentation dafür oder dagegen aber nicht immer einfach, und immer vom Einzelfall abhängig.

In den vorhergehenden Kapiteln wurde das Thema „Kastration" an den passenden Stellen bereits angesprochen. Kastration war lange Zeit die einzig praktizierte operative Verhütung beim Hund. In der letzten Zeit sind wieder Diskussionen aufgekommen, ob es manchmal besser ist, einen Hund zu sterilisieren statt zu kastrieren. Nach wie vor ist dieses Thema sehr emotional belegt. Pauschal lässt sich sicherlich keine Empfehlung geben, ob für einen Hund eine Sterilisation oder Kastration sinnvoller ist – das hängt immer vom Einzelfall ab.
Die Sterilisation ist jedoch keineswegs immer eine „sanfte" Alternative, da auch hier in der Folge, vor allem im fortgeschrittenen Alter, Erkrankungen wie Gebärmuttervereiterung oder -veränderung, Entartung der Eierstöcke oder je nach Rasse Haarausfall auftreten können.
Im Rahmen einer Verhaltenskorrektur (siehe Seite 144) ist die Kastration nur in wenigen Fällen – und dann auch immer begleitend mit einem Erziehungstraining – eine geeignete Maßnahme.
Um abzuschätzen, ob eine Kastration auch die gewünschte Wirkung beim Rüden erzielt, kann eine sogenannte chemische Kastration vorgenommen werden. Dabei werden dem Rüden einmalig Stoffe gespritzt, die zeitbegrenzt für etwa vier Wochen die Wirkung männlicher Hormone hemmen (Antiandrogene). Obwohl sie nicht immer ganz aussagekräftig ist, kann die chemische Kastration oft Tendenzen eines Verhaltens nach einer operativen Kastration aufzeigen, z. B. bei Rüden mit gesteigertem Sexualverhalten. Als Testlauf aufgrund von anderen Verhaltensproblemen vorwiegend bei Rüden ist die chemische Kastration meist jedoch weniger wegweisend.
Kastriert man eine aggressive Hündin, oder einen Rüden, der aus Angst aggressiv reagiert, kann man

Einsichten: Diese Rüden sind alle unkastriert und verstehen sich trotzdem.

ja oder nein?

durch den Eingriff sogar eine Verschlimmerung des Grundproblems erreichen. Wie jede Operation sind Sterilisation und Kastration immer mit einem Risiko verbunden und sollten niemals leichtfertig oder aus Bequemlichkeit vorgenommen werden. Eine Entscheidung sollte mit Einbeziehung kompetenter Fachleute und unter Abwägung aller Für und Wider individuell getroffen werden.

Wann ist der beste Zeitpunkt?

Liegen gesundheitliche Gründe für eine Kastration vor, z. B. eine Hoden- oder Prostataerkrankung oder eine Gebärmuttervereiterung, erübrigt sich die Frage nach dem richtigen Zeitpunkt: Dann muss schnell gehandelt werden!
Liegt keine dringende medizinische Notwendigkeit vor, wird in der Regel empfohlen, Hunde je nach Größe und Rasse zwischen dem 12. und 18. Lebensmonat zu kastrieren, dann sind die meisten ausgewachsen. Bei der Hündin fällt dies üblicherweise zwischen die erste und zweite Läufigkeit. Dadurch ist auch das Risiko von später auftretenden Gesäugetumoren reduziert. Eine Kastration nach der zweiten Läufigkeit vermindert das Risiko meist nicht mehr. Kastriert man eine Hündin vor der ersten Läufigkeit, beläuft sich das spätere Risiko eines Gesäugetumors annähernd gegen Null. Jedoch findet dieser Eingriff dann in einer wichtigen Phase der körperlichen und geistigen Entwicklung statt – viele früh kastrierte Hunde bleiben kindlicher und können nur schwer eine stabile Persönlichkeit entwickeln. Durch eine frühe Kastration wird die Wachstumsphase verlängert, daraus können orthopädische und Kreislaufprobleme entstehen sowie eine Fehlversorgung mit Mineralien aufgrund des geänderten Hormonhaushalts. Deswegen raten die meisten Tierarzte und Hundetrainer von einer frühen Kastration ab – zumal das Risiko von Gesäugetumoren gar nicht so hoch ist, wie allgemein angenommen. Die Kastration einer Hündin sollte in der Phase niedriger Aktivität der Sexualhormone (im Anöstrus) vorgenommen werden, frühestens zehn Wochen nach der Läufigkeit.

Risiken und Nebenwirkungen einer Kastration

Eine Kastration beeinflusst weder das Lernvermögen noch die Arbeitsbereitschaft eines Hundes negativ. Es gibt jedoch verschiedene Nebenwirkungen, die auftreten können, u. a:
Eine Kastration eines Hundes ohne dringende medizinische Gründe vor der Beendigung der Pubertät ist abzulehnen, da dadurch erhebliche negative Auswirkungen auf Körper und Verhalten bestätigt sind (siehe links). Hündinnen und auch Rüden bleiben kindlicher und können nicht so konzentriert mitarbeiten, können keine reife Persönlichkeit entwickeln und viele zeigen sich mit Hunden gleichen Geschlechts aggressiv.
Kastrierte Rüden werden von Geschlechtsgenossen oft bestiegen, was auch Aggression auslösen kann.
Hunde können nach einer Kastration mehr Hunger haben oder unabhängig davon bei gleich bleibender Fütterung und Aktivität an Gewicht zunehmen. Einer Gewichtszunahme muss man durch Anpassung der Fütterung und Bewegung frühzeitig entgegensteuern (siehe Seite 204).
Kastrierte Hündinnen können im Alter inkontinent werden und Harnträufeln zeigen. Vor allem große Hündinnen sind betroffen. Hormongaben (Östrogen) oder Medikamente, die direkt auf den Blasenschließmuskel wirken (Ephedrin), können das Problem in vielen Fällen bessern oder beheben. Bei Hündinnen steigt auch die Gefahr einer Osteoporose.
Fellveränderungen sind möglich – das Fell kann wolliger, feiner und/oder stumpf (besonders bei Hunden mit feinem Haar, wie Langhaardackel, Setter, Cocker Spaniel, Afghane) und seltener dünner werden oder es fällt stellenweise aus.
Nach einer Kastration kommt es bei Rüden zu einem erschwerten Muskelaufbau und in der Folge häufig einem schnelleren Muskelabbau, da das Muskelwachstum u. a. durch Testosteron stimuliert wird.
Bei auffälligen Veränderungen nach der Kastration sollte man den Hund vom Tierarzt untersuchen lassen, die Ursache kann auch in einer anderen Erkrankung oder Störung liegen, z. B. der Schilddrüse.

Hunde-Senioren

Alte Hunde haben einen ganz besonderen Charme. Die graue Schnauze, der sanfte Blick, die Vertrautheit und die gefestigte Persönlichkeit machen die Seniorenzeit für viele Hundehalter zur besten im gemeinsamen Leben.

Alte Hunde haben meist eine besondere Beziehung zu ihrem Menschen.

Der Alterungsprozess läuft häufig unbemerkt ab: Erst zeigen sich vereinzelt graue Haare, dann stellt man fest, dass der Vierbeiner nicht mehr die Ausdauer hat wie früher, oder nun ruhiger wird und mehr schläft. Pauschal kann man sagen, dass große Hunde ab sechs Jahren und kleine Artgenossen ab acht Jahren als alt gelten. Wann ein Hund alt ist, lässt sich jedoch gar nicht so genau sagen, da neben dem Lebensalter auch die körperliche Fitness und die Vitalität eine Rolle spielen – wer sich jung fühlt, ist auch jung. Während manche Vierbeiner mit acht Jahren schon deutlich an Aktivität verloren haben, hüpfen andere noch wie junge Hunde über die Wiese und halten ihre Menschen auf Trab.
Mit einem alten Hund zusammen zu leben ist ein Geschenk: Im Laufe der Jahre hat sich eine Vertrautheit eingestellt, die einem ein junger und ungestümer Hund niemals entgegenbringen kann. Genießen Sie die Zeit mit Ihrem Hundesenior und freuen Sie sich darüber, dass Sie sich in- und auswendig kennen – keine Geheimnisse mehr. Denken Sie manchmal daran zurück, welchen Unfug Ihr Vierbeiner als Jungspund angestellt hat und seien sie froh darüber, dass Sie nun mit einer gefestigten Persönlichkeit zusammen leben, die gelernt hat, mit Ihren Macken klar zu kommen. So lassen sich auch anstrengende und herausfordernde Zeiten meistern, die das Leben mit einem alten und vielleicht kranken Hund manchmal mit sich bringen.

Bedürfnisse des vierbeinigen Seniors

Betagte Hunde haben andere Ansprüche an die Ernährung (siehe Seite 203). Je nach körperlichem Zustand muss auch die Bewegung angepasst werden: Häufigere und dafür kürzere Spaziergänge sind dann sinnvoll. Doch solange der Hund noch mitlaufen kann und will, darf er seine Menschen natürlich auch auf längeren Touren begleiten, dann geht man wenn nötig eben etwas langsamer und macht häufiger Pausen. Auf die Gelenke und die Wirbelsäule muss man nun vielleicht mehr Rücksicht nehmen und belastende Bewegungsabläufe wie Springen nach Möglichkeit vermeiden. Umso wichtiger ist aber gleichmäßiges Bewegungs- und Konditionstraining, um die Muskeln zu erhalten, die eine wichtige Stützfunktion im Körper ausüben.
Mit zunehmendem Alter stellen sich manchmal Krankheiten ein. Neben der geringeren Regenerationsfähigkeit der Zellen und den Auswirkungen auf die Organe ist das Immunsystem nicht mehr so leistungsfähig. Aus diesem Grund ist es sinnvoll, den vierbeinigen Senior zweimal jährlich vom Tierarzt durchchecken zu lassen. Krankheitssymptome soll man nicht nur als Anzeichen des Alters werten, oft verbergen sich dahinter Erkrankungen, die behandelt werden können. Plötzliche Unsauberkeit kann z. B. auf eine Blasenentzündung, und Trägheit kann auf eine Herzerkrankung hinweisen. Zumindest lässt sich durch entsprechende tierärztliche Versorgung die Lebensqualität des Tieres verbessern, wovon der Mensch ebenfalls profitiert.
Auch das Verhalten des Vierbeiners kann sich mit dem Alter ändern. So werden viele ältere Hunde anhänglicher und vertragen eine Trennung von ihren Menschen nicht mehr so gut wie früher. Andere benötigen mehr Ruhe und gehen Trubel aus dem Weg. Manche werden regelrecht stur oder entwickeln

Ticks. Ausgeprägte Verhaltensveränderungen können auf eine Erkrankung hinweisen (siehe Seite 243). Alte Hunde frieren meist schneller und brauchen ein warmes und bequemes Plätzchen. Durch ein Nachlassen der Sinnesleistungen werden Hundesenioren mitunter schreckhaft (z. B. wenn sie angefasst werden), weil sie nicht mitbekommen, was sich in ihrer direkten Umgebung abspielt. Sie schlafen meist recht fest und erschrecken bei einer Störung dann umso leichter. In diesen Fällen ist es wichtig, sie vor einer Berührung durch Ansprechen oder Sichtzeichen auf sich aufmerksam zu machen.

Leider werden betagte Hunde viel zu oft von ihrem Menschen auf das Sofa verbannt. Sie haben gar nicht mehr die Chance zu zeigen, zu welchen Leistungen sie noch fähig sind. Dabei ist das Fordern und Fördern des Hundes im Alter wichtig, um seine körperliche und seine geistige Gesundheit möglichst lange zu erhalten. Lassen Sie Ihren Hundesenior an Ihrem Leben teilhaben – nehmen Sie ihn mit, wann immer es geht. Dabei kommt es darauf an, den Hund nicht zu überfordern und ihm Leistungen abzuverlangen, die er zu erbringen im Stande ist. Auch ein alter Hund kann noch lernen. Es ist herrlich zuzusehen, wie ein betagter Vierbeiner aufblüht, wenn er mit Frauchen oder Herrchen arbeiten darf und sich dabei ins Zeug legt.

Wenn das Ende naht

Nachdem man hoffentlich viele schöne Jahre mit seinem tierischen Gefährten verbracht hat, steht irgendwann einmal der Abschied bevor. Der älteste mir bekannte Hund wurde 20 Jahre alt. Eine so lange gemeinsame Zeit mit ihrem Hausgenossen ist nur wenigen Hundehaltern vergönnt. Die durchschnittliche Lebensspanne beträgt 12 Jahre, einige Hunde sterben schon viel jünger – und immer ist es für den Halter viel zu früh. Manchmal kommt der Abschied schnell und überraschend, ein anderes Mal kündigt er sich durch eine schwere Krankheit an oder ist aufgrund eines hohen Alters zu erwarten. Auch wenn man sich bemüht, sich auf die endgültige Trennung einzustellen, richtig vorbereitet ist man nie.

Man kann jedoch versuchen, sich und seinem Hund den letzten Lebensabschnitt zu erleichtern, indem man ihm Unterstützung gibt und versucht, ihm so lange wie möglich seine Lebensqualität zu erhalten. Der Tierarzt ist ein wichtiger Ansprechpartner und Betreuer in dieser Zeit. Die Einschläferung des Hundes zu veranlassen ist ein schwerer Schritt. Auch bei dieser Entscheidung ist der Rat des Tierarztes wichtig. Wenn bei einer Erkrankung durch die medizinische Versorgung keine Besserung zu erwarten ist und die Lebensqualität des Hundes auf Dauer erheblich eingeschränkt ist, sollte man ihn gehen lassen. Aus selbstsüchtigen Gründen am Tier festzuhalten und ihm dadurch seine Würde zu nehmen, kann nicht der richtige Weg sein. Eine große Rolle spielt auch die Lebensqualität der menschlichen Familie: Leiden die Familienmitglieder und liegen die Nerven blank, eventuell wegen einer lange bestehenden dauerhaften Pflegebelastung eines schwer kranken und nicht mehr heilbaren Hundes, kann auch das ein Anlass sein, sich mit dem Tierarzt über eine Einschläferung zu unterhalten.

Ist aus Sicht der beteiligten Personen eine Einschläferung das Beste für das Tier, sollte man sich von seinem tierischen Gefährten verabschieden ohne ihn dabei aufzuregen. Wie man das gestaltet, ist immer eine individuelle Angelegenheit. Oft gelingt das durch das Schaffen eines Momentes der innigen Vertrautheit. Vielleicht kann man sich dabei für die unvergessliche gemeinsame Zeit bedanken – das macht auch das Loslassen leichter.

Man ist es seinem Hund schuldig, ihn auf seinem letzten Weg zu begleiten und ihm durch die Anwesenheit Halt zu geben. Viele Tierärzte kommen dafür nach Hause, damit der Hund sich nicht aufregt und in seiner gewohnten Umgebung bleiben kann. Ist das nicht möglich, sollte man in der Praxis einen Termin vereinbaren, möglichst außerhalb der Sprechstunde. Die Einschläferung ist für den Hund ein sanfter Tod ohne Schmerzen, da der Tierarzt erst ein Narkosemittel spritzt und danach das Mittel, das seinem Leben ein Ende setzt.

Nachlassende Sinnesleistungen

Hunde können ein Nachlassen ihrer Sinnesorgane in der Regel gut ausgleichen (siehe Seite 129) und auch blind oder taub ein ausgefülltes Leben haben, wenn der Mensch es ihnen bietet. Taubheit oder Blindheit sind keine Gründe, einen Hund einzuschläfern. Hunde haben die hervorragende Eigenschaft, das Beste aus einer Situation zu machen – dabei kann ihnen ihr Mensch helfen.

Der alte Hund bleibt unvergessen, auch wenn ein neuer kommt.

Bestattung

Es bleibt dem Hundehalter überlassen, ob er den Tierkörper beim Tierarzt lässt und dieser dann in einer Tierkörperbeseitigungsanstalt zu Sondermüll verbrannt wird. Die Bestattung im eigenen Garten wird außerhalb von Wasserschutzgebieten in aller Regel genehmigt, sofern über dem Tierkörper mindestens 50 cm Erde liegen. Fragen Sie auf dem Ordnungsamt nach. Eine Bestattung außerhalb des eigenen Grundstücks ist nicht erlaubt.

Eine andere Möglichkeit ist die Bestattung auf einem Tierfriedhof (das Grab wird für einen Zeitraum gepachtet). Alternativ kann man den Hundekörper in einer Einzel- oder Sammeleinäscherung verbrennen lassen. Die Asche kann vom Tierbestattungsinstitut auf einer zugelassenen Fläche verstreut oder unter einem Baum vergraben werden. Auf Wunsch erhält man nach einer Einzeleinäscherung die Asche in einer Urne mit nach Hause. Es gibt verschiedene Tierbestattungsunternehmen, die die Beerdigung oder Einäscherung des Tierkörpers als Leistung anbieten. Manche Tierfriedhöfe sind Tierschutzvereinen angeschlossen. Ihr Tierarzt kann Ihnen Adressen nennen.

Den Verlust bewältigen

Es ist normal, dass man nach dem Tod des geliebten Tieres trauert. Wie man das macht, ist individuell vom Menschen abhängig. Es ist wichtig, die Trauer zuzulassen, auch wenn andere dem vielleicht mit Unverständnis gegenüberstehen. Verständnisvolle Familienmitglieder und befreundete Hundehalter können in dieser Zeit eine wichtige Stütze sein. Kinder verstehen mitunter nicht, warum der geliebte Freund nicht mehr da ist. Ehrlichkeit ist oft der beste Weg, die Angelegenheit zu erklären. Auf jeden Fall muss der Tod des Tieres dem Kind einfühlsam vermittelt werden. Dabei ist es immer vom Kind, seiner Beziehung zum Tier, seinem Alter und seiner persönlichen Reife abhängig, wie es mit diesem Verlust umgeht. Andere im Haushalt lebende Hunde trauern vielleicht auch, machen einfach weiter wie gehabt oder werden plötzlich aktiver – viele Reaktionen sind möglich. Man sollte das Verhalten nicht unter moralischen Aspekten bewerten. Viel Zuwendung ohne zu verhätscheln, gemeinsames Arbeiten und weiterhin klare Regeln helfen dem Hund am besten über den Verlust des Artgenossen hinweg.

Und nun?

Ob und wie schnell ein neuer Hund einzieht, ist immer eine sehr persönliche Entscheidung der Familie. Für manche Menschen ist es wichtig, dass der leere Platz schnell wieder ausgefüllt wird, andere brauchen lange, um sich einem neuen Gefährten widmen zu können – es gibt kein richtiges und kein falsches Verhalten. Ein neuer Hund kann den alten nicht ersetzen und macht ihn nicht vergessen. Mit einem neuen Hund kommt eine neue Persönlichkeit ins Haus – mit Bedürfnissen und Charakterzügen, die sich vielleicht gänzlich vom Vorgänger unterscheiden und auch anstrengend sein können. Das zu akzeptieren ist notwendig, will man eine gute Beziehung zum Hund aufbauen. Vor allem: Ein neuer Hund kann ganz andere Anforderung an seinen Menschen stellen – das sollte man als Herausforderung und Bereicherung sehen, und sich und den Hund nicht durch ständige Vergleiche in der Entwicklung hemmen. Es ist eine Freude, bisher vielleicht nicht gekannte Eigenschaften und Talente am Neuen zu entdecken und zu lernen, das Beste daraus zu machen. Ich habe mit jedem neuen Hund wieder viel dazu gelernt, meine alten haben trotzdem ihren sicheren Platz in meinem Herzen. Und jeder neue Hund profitiert von den Erfahrungen, die ich bisher mit diesen wunderbaren Geschöpfen gesammelt habe.

Verzeichnisse

Glossar

Abszess: Durch Entzündung verursachte umkapselte Eiteransammlung.

Ahnentafel: Abstammungsurkunde des Hundes, auch Stammbaum genannt. In der Ahnentafel sind mehrere Generationen der Vorfahren aufgeführt. In der Regel gilt es auch als Eigentumsnachweis, wenn man als Eigentümer auf der Ahnentafel notiert ist.

Allergen: Bezeichnet Stoffe, die eine Überempfindlichkeitsreaktion des Immunsystems (Allergie) auslösen.

Art: Für den Artbegriff gibt es keine einheitliche Definition. So bezeichnet er Lebewesen, die sich untereinander fortpflanzen und deren Nachkommen ebenfalls fortpflanzungsfähig sind, bzw. Gruppen von Lebewesen, die sich durch gemeinsame, unverwechselbare Merkmale von anderen Gruppen abgrenzen. Der Artbegriff ist eine Einheit in der biologischen Klassifizierung von Lebewesen.

Autoimmunerkrankung: Bezeichnet Krankheiten, die durch übermäßige Reaktionen des Immunsystems gegen eigenes Körpergewebe entstehen.

Beutegreifer: Bezeichnet Tiere, die sich hauptsächlich von Fleisch ernähren.

Biologische Wertigkeit: Bezeichnet den Grad, mit dem in der Nahrung enthaltene Eiweiße in körpereigene Strukturen eingebaut werden können.

Deckakt: Paarung.

Domestikation: Bezeichnet den Prozess, der durch Züchtung aus Wildtieren Haustiere macht.

Eingeschleppte Infektionskrankheit: Tritt in warmen Klima auf, z. B. häufig im Mittelmeerraum. Dazu gehören Babesiose, Ehrlichiose, Leishmaniose, Dirofilariose und → Hepatozoonose. Durch die fortschreitende Klimaerwärmung ist es jedoch wahrscheinlich, dass diese Erkrankungen in absehbarer Zeit auch in Nordeuropa anzutreffen sind, wie bei der Babesiose (siehe Seite 225) schon geschehen. Vor einer Urlaubsreise mit Hund sollten Sie sich bei Ihrem Tierarzt nach einem sinnvollen Schutz für ihr Tier informieren. Wichtig ist insbesondere eine gute Parasitenvorbeugung (siehe Seite 230). Im Urlaub sollte man Hunde nicht in der Dunkelheit ausführen und Gebiete mit hohem Parasitenaufkommen meiden. Grundsätzlich sollte man überlegen, ob man Hunde für einen zwei- oder dreiwöchigen Urlaub einem solchen Risiko aussetzt.

Ekzem: Hautentzündung.

Fang: Die Schnauze des Hundes

FCI: Die Fédération Cynologique Internationale (F.C.I.) ist die Weltorganisation der → Kynologie, der 82 Mitglieds- und Partnerländer angeschlossen sind (Stand November 2007). Die der F.C.I. angeschlossenen Organisationen erkennen gegenseitig die Abstammungsurkunden und Richter an.

Genpool: Bezeichnet die Gesamtheit der Erbanlagen, die in einer → Population vorhandenen sind.

Gesichtsfeld: Bezeichnet den Bereich, der überblickt werden kann, ohne dass dabei der Kopf gedreht wird.

Hepatozoonose: Durch Einzeller verursachte Krankheit (→ Eingeschleppte Infektionskrankheit). Der Hund nimmt die Einzeller auf, wenn er eine infizierte Braune Hundezecke frisst, z. B. nachdem er sich die Zecke aus der Haut gebissen hat. Anzeichen für Hepatozoonose sind Schwäche, Appetitlosigkeit, Gewichtsabnahme, Fieber, starke Schmerzen, blutiger Durchfall und geschwollene Lymphknoten. Die Heilungschancen sind gering.

Hinterbiss: → Rückbiss.

Hündin: Der weibliche Hund.

Inzest: Häufig verwendeter Begriff für die Verpaarung eng miteinander verwandter Tiere (Eltern/Kinder/Geschwister).

Inzucht: Verpaarung miteinander verwandter Tiere, in der Regel definiert bis zum sechsten Verwandtschaftsgrad (Cousin/Cousine). Häufig eingesetzte Praktik in der Hundezucht, geht bei konsequenter Umsetzung zu Lasten der Erbgesundheit der Nachkommen. Verpaarung eng miteinander verwandter Tiere → Inzest.

Kampfhunde: Bezeichnet ursprünglich Hunde, die gezielt für Hundekämpfe gezüchtet oder in Hundekämpfen eingesetzt wurden. Wird heute als nicht korrekter und meist willkürlicher Begriff für Hunde verwendet, die als gefährlich angesehen oder einer bestimmten Hundegruppe zugeordnet werden → Listenhunde.

Klassifizierung Wolf: Der Wolf (*Canis lupus*) gehört zur Ordnung der Carnivora (Raubtiere), zur Familie der Canidae (Hunde, Hundeartigen) und zur Gattung *Canis* (Echte Hunde).

Knickrute: Bezeichnet die erblich bedingte Verwachsung von Wirbeln der Rute, dadurch kann die Rute geknickt sein, manchmal sind die Verwachsungen lediglich als „Knubbel" zu fühlen. Gilt bei vielen Rassen als Fehler, der den Hund von der Zuchtverwendung ausschließt.

Körung: Bezeichnet die Zulassung eines Hundes für die Zuchtverwendung.

Kruppe: Bezeichnet den hinteren Teil des Rückens eines Tieres vom letzten Lendenwirbel bis zum Rutenansatz.

Kupieren: Amputation von Körperteilen. Seit 1998 ist es in Deutschland gemäß Tierschutzgesetz verboten, Wirbeltieren Körperteile ganz oder teilweise zu amputieren. Ausnahmen gibt es u. a., wenn eine tierärztliche Indikation geboten ist, der Eingriff bei jagdlich zu führenden Hunden für die vorgesehene Nutzung unerlässlich ist und tierärztliche

Bedenken nicht entgegenstehen oder zur Verhinderung der unkontrollierten Fortpflanzung oder – soweit tierärztliche Bedenken nicht entgegenstehen – zur weiteren Nutzung oder Haltung des Tieres eine Unfruchtbarmachung vorgenommen wird. Die betrifft bei Hunden auch und vor allem das Kupieren von Rute und Ohren – diese dürfen zum Zweck des Kupierens auch nicht ins Ausland gebracht und wieder eingeführt werden. Auf Ausstellungen in Deutschland sind kupierte Hunde nicht mehr zugelassen. Dies betrifft Hunde, deren Ohren nach dem 01. 01. 1987 und/oder deren Rute nach dem 01. 06. 1998 kupiert wurden. Ausnahmen gibt es nur bei Hunden zur jagdlichen Verwendung (s. o.) bzw. mit nachgewiesener medizinischer Indikation.

Kynologie: Bezeichnet die Wissenschaft von den Hunden bzw. Hundeartigen.

Läufe: Die Beine eines Hundes.

Lefzen: Die Lippen eines Hundes.

Linienzucht: Bezeichnet die abgeschwächte Form der → Inzucht.

Listenhunde: Bezeichnet Hunderassen, die in Gesetzen bzw. in Verordnungen aufgelistet sind und von denen laut Definition der erlassenden Behörde eine besondere Gefährlichkeit ausgeht. Diese Listen sind jedoch willkürlich zusammengefasst. Wissenschaftler und Fachleute haben in zahlreichen Gutachten ausgeführt, dass von einem Hund nur aufgrund der Zugehörigkeit zu einer bestimmten Rasse keine erhöhte Gefährlichkeit ausgeht.

Mäuselsprung: Bezeichnet einen bestimmten Bewegungsauflauf (Hochspringen), den Hundeartige beim Fangen von Kleinsäugern (z. B. Mäusen) zeigen.

Merle-Faktor: Der Faktor bezeichnet eine Erbanlage, die Farbverdünnungen verursacht und zu Scheckungen im Fell führen kann. Bei Merle-Hunden können blaue Augen auftreten. Zwei Hunde mit Merle-Faktor dürfen nicht miteinander verpaart werden, da die Nachkommen tot, lebensunfähig oder stark behindert sein können.

Meute: Hunde, die in größerer Anzahl zur jagdlichen Verwendung gehalten werden, z. B. Foxhound-Meute.

Mittelmeerkrankheit: → Eingeschleppte Infektionskrankheit.

Parforce-Jagd: Die Jäger reiten hinter der Hundemeute her, die Wild verfolgt. Die Parforce-Jagd auf lebendes Wild ist in Deutschland seit 1932 verboten, stattdessen wird eine künstliche Fährte gelegt.

Pariahunde: Bezeichnet verwilderte und sich selbst überlassene Haushunde, die in der Nähe von Siedlungen leben.

Pigment: Farbstoffe im Körpergewebe, dadurch bekommt z. B. die Hundenase eine schwarze Farbe.

Population: Bezeichnet eine definierte Gruppe von Tieren, die sich fortpflanzen. Zur Definition der Gruppe in der Hundezucht werden in der Regel Faktoren herangezogen, nach denen die Gruppe selektiert wird. So können z. B. die erfassten Hunde einer Rasse, oder die Hunde mit einer bestimmten Farbe innerhalb einer Rasse als Population bezeichnet werden.

Prägung: Bezeichnet Erlerntes, das nur in einer bestimmten Lebensphase aufgenommen und nicht mehr vergessen wird.

Prick-Test: Dabei trägt der Tierarzt Allergene auf die Haut auf und ritzt oder sticht die Haut an (ist meist schmerzlos). Reagiert die Haut innerhalb einer bestimmten Zeit auf dieses → Allergen, geht man von einer Allergie auf diesen Stoff aus.

Rasse: Damit werden Untereinheiten einer Art bezeichnet, die sich in bestimmten Merkmalen von anderen Untereinheiten dieser Art unterscheiden. Ob ein Hund einer bestimmten Rasse angehört, wird im Rahmen einer Typbestimmung durch den Vergleich mit dem Rassestandard ermittelt – heute ggf. auch durch Tests des Erbgutes.

Raubzeug: Bezeichnet je nach Sprachgebrauch Raubtiere oder Tiere, die Nutzwild oder Gelegen nachstellen.

Reisekrankheit: → Eingeschleppte Infektionskrankheit.

Reizschwelle: Beschreibt den Grad, auf welche Reize ein Hund regiert. Hunde mit einer niedrigen Reizschwelle reagieren schon auf geringe Reize (sind leicht reizbar), Hunde mit einer hohen Reizschwelle reagieren erst auf stärkere Reize (bleiben länger gelassen). Hunde mit niedriger Reizschwelle sind auch aggressionsbereiter und lassen sich schneller auf Auseinandersetzungen und Beißereien ein, was ihre Haltung und Führung oft schwierig macht. Für die Haltung als Familienhund eignen sich Hunde mit hoher Reizschwelle am besten. Durch züchterische Selektion kann die Reizschwelle beeinflusst werden.

Rückbiss: Bezeichnet eine bestimmte Position der Schneidezähne – die oberen stehen je nach Ausprägung mehr oder weniger weit vor den unteren. Ursache ist ein verkürzter Unterkiefer. Gilt als Zahn- bzw. Gebissfehler.

Rüde: Der männliche Hund.

Rute: Der Schwanz eines Hundes.

Schärfe: Bezeichnet das Aggressionspotenzial des Hundes, was durch Zucht und Training gesteigert werden kann. Mannschärfe ist das Aggressionspotenzial des Hundes gegenüber Menschen. Raubzeugschärfe ist das Aggressionspotenzial des Hundes gegenüber wehrhafter Beute → Raubzeug.

Scherengebiss: Bezeichnet eine bestimmte Position der Spitzen der Schneidezähne – die oberen liegen eng vor den unteren.

Sichtlaut: Bezeichnet den Laut eines Hundes, der beim Hetzen eines Wildes mit Sichtkontakt gegeben wird.

Spurlaut: Bezeichnet den Laut eines Hundes, der bei der Verfolgung einer Spur gegeben wird (ohne das Wild zu sehen).

Stammbaum: → Ahnentafel.

Stereotypie: Bezeichnet Verhaltensstörungen, die sich in den immer gleichen und wiederholten Handlungen zeigen, z. B. ständiges Hin- und Herlaufen auf einer bestimmten Strecke, ständiges Lecken oder ständiges Hin- und Herwiegen des Kopfes.

Überbiss: → Vorbiss.

Unterbiss: → Rückbiss.

VDH: Der Verband für das Deutsche Hundewesen (VDH) ist die führende Interessenvertretung deutscher Hundehalter. Der Dachverband betreut fast 170 Mitgliedsorganisationen. In den dem VDH angeschlossenen Zuchtvereinen werden über 250 verschiedene Hunderassen gezüchtet. Der VDH ist der → FCI angeschlossen.

Verlorensuche: Bezeichnet die Suche mit Hunden nach angeschossenem Wild.

Vorbiss: Bezeichnet eine bestimmte Position der Schneidezähne – die unteren stehen je nach Ausprägung mehr oder weniger weit vor den oberen. Gilt als Zahn- bzw. Gebissfehler.

Wachstumsrate: Bezeichnet die prozentuale Gewichts-/Größenzunahme in einem festgelegten Zeitraum.

Welpentest: Diese Tests haben das Ziel, das Wesen eines Welpen zu bestimmen.

Wesen: Das Wesen des Hundes ist die Gesamtheit seiner angeborenen und erworbenen Verhaltensweisen, sowie seiner augenblicklichen inneren Zustände, mit welchen er auf die Umwelt reagiert (aus: Weidt/Berlowitz, 1998).

Widerrist: Bezeichnet den höchsten Punkt des Rückens am Schulterblatt.

Wild: Bezeichnung für wild lebende Tiere, jagdlich bezieht es sich auf jene, die dem Jagdrecht unterliegen.

Wurf: Bezeichnet alle Welpen, die nach einer Trächtigkeit geboren werden.

Zangengebiss: Bezeichnet eine bestimmte Position der Spitzen der Schneidezähne – obere und untere treffen genau aufeinander.

Zahnengstand: Meist erblich bedingt. Durch einen zu kleinen Kiefer oder zu große Zähne haben die durchbrechenden Zähne des bleibenden Gebisses nicht ausreichend Platz zur Verfügung und wachsen nicht korrekt.

Zoonose: Bezeichnet Krankheiten und Infektionen, die zwischen Mensch und Tier sowie Tier und Mensch übertragen werden können.

Literatur

Bloch, G.: Der Wolf im Hundepelz, Franckh-Kosmos, Stuttgart 2004.

Bloch, G.: Die Pizza-Hunde, Franckh-Kosmos, Stuttgart 2007.

Bogitzky, A.: Grundkurs Erste Hilfe für den Hund, Ulmer, Stuttgart 2000.

Coppinger, R. und L.: Hunde, Animal Lern, Bernau 2003.

Del Amo, C.: Hundeschule Step-by-Step, Ulmer, Stuttgart 2007.

Del Amo, C.: Probleme mit dem Hund, Ulmer, Stuttgart 2007.

Del Amo, C.: Spiel- und Spaßschule für Hunde, Ulmer, Stuttgart 2006.

Del Amo, C.: Trainingskarten für Welpen, Ulmer, Stuttgart 2006.

Del Amo, C.: Welpenschule, Ulmer, Stuttgart 2006.

Feddersen-Petersen, D.: Hundepsychologie, Franckh-Kosmos, Stuttgart 2004.

Gansloßer, U. und Sollero-Zubiri, C. (Hrsg.): Wilde Hunde, Filander, Fürth 2006.

Gansloßer, U.: Säugetierverhalten, Filander, Fürth 1998.

Gansloßer, U.: Verhaltensbiologie für Hundehalter, Franckh-Kosmos 2007.

Jung, H. und Döring, D. und Falbesaner, U.: Der tut nix!, Ulmer, Stuttgart 2007.

Kopp-Ulrich, C.: Mehrere Hunde halten, Ulmer, Stuttgart 2007.

Laser, B. Clickertraining. Cadmos, Brunsbeck 2006.

Laukner, A.: Hunde füttern, Ulmer, Stuttgart 2006.

Lehari, G.: Ulmers Großes Lexikon der Hunderassen, Ulmer, Stuttgart 2004.

Lübbe-Scheuermann, P. und Thurau, U.: Das Kosmos Buch vom Apportieren, Franckh-Kosmos, Stuttgart 2007.

Meyer, H. und Zentek, J.: Hunde richtig füttern, Ulmer, Stuttgart 2004.

Ohl, F. und Endenburg, N.: Hund und Kind, Ulmer, Stuttgart 2007.

Ohl, F.: Hunde wirklich verstehen, Ulmer, Stuttgart 2006.

Ohl, F.: Körpersprache des Hundes, Ulmer, Stuttgart 1999.

Schäfer, S. L. und Messika, B. R.: B.A.R.F. - Artgerechte Rohernährung für Hunde, Kynos, Mürlenbach 2005.

Schmidt-Röger, H. und Blank, S.: Wenn Hunde älter werden, Dorling Kindersley, München 2006.

Wachtel, H.: Das Buch vom Hund, Cadmos, Lüneburg 2002.

Weidt, H. und Berlowitz, D.: Das Wesen des Hundes, Natur Buch, 1998.

Zimen, E.: Der Hund, Goldmann, 1992.

Adressen

Verbände rund um den Hund

Verband für das Deutsche Hundewesen (VDH)
Westfalendamm 174
44141 Dortmund
Tel.: (0231)5 65 00-0
www.vdh.de

Der Österreichische Kynologenverband (ÖKV)
Siegfried Marcus-Str. 7
A-2362 Biedermannsdorf
Tel.: ++43(0)2236 / 710 667
www.oekv.at

Schweizerische Kynologische Gesellschaft SKG/SCS
Länggassstrasse 8
CH-3012 Bern
Tel.: ++41(0)31 306 62 62
www.hundeweb.org

Fédération Cynologique Internationale (F.C.I.)
Generalsekretariat
Place Albert 1er, 13
B-6530 THUIN/Belgien
Tel.: ++32(71)59 12 38
www.fci.be

Deutscher Hundesportverband e. V. (dhv)
Gustav-Sybrecht-Str. 42
44536 Lünen
Tel.: (023)87 80 10
www.dhv-hundesport.de

Tierschutz

DEUTSCHER TIERSCHUTZBUND e. V.
Baumschulallee 15
53115 Bonn
Tel.: (0228) 60 49 60
www.tierschutzbund.de

Bundesverband Tierschutz e. V.
Essenberger Str. 125
47443 Moers
Tel.: (0 28 41) 2 52 44
www.bv-tierschutz.de

Bund gegen Missbrauch der Tiere e. V.
Viktor-Scheffel-Str. 15
80803 München
Tel.: (089) 38 39 52 - 0
www.bmt-tierschutz.de

Tiermedizin

Bundesverband Praktizierender Tierärzte e. V. (bpt)
Hahnstraße 70
60528 Frankfurt am Main
Tel.: (069) 669818-0
www.tieraerzteverband.de

Tierärztliche Vereinigung für Tierschutz e. V. (tvt)
Bramscher Allee 5
49565 Bramsche
Tel.: (0 54 68) 92 51-56
www.tierschutz-tvt.de/home.html

Tierregistrierung

Deutsches Haustierregister
Baumschulallee 15
53115 Bonn
Tel.: (0228) 60 49 60
www.deutsches-haustierregister.de

TASSO e. V.
Frankfurter Str. 20
65795 Hattersheim / Germany
Tel.: (6190) 93 73 00
www.tiernotruf.org

ifta - Basis für bewusste Tierhaltung e. V. (Internationale Zentrale Tierregistrierung)
Weiherstrasse 8
D-88145 Maria Thann
Tel.: 00800-43820000 (weltweit gebührenfrei)
www.tierregistrierung.de

Internet

www.bhv-net.de
Berufsverband der Hundeerzieher/innen und Verhaltensberater/innen e. V.

www.ig-hundeschulen.de
Interessengemeinschaft unabhängiger Hundeschulen e. V.

www.ggtm.de
Gesellschaft für Ganzheitliche Tiermedizin e. V.

www.zzf.de
Zentralverband Zoologischer Fachbetriebe

www.vetpharm.uzh.ch/perldocs/index_x.htm
Giftdatendank der Universität Zürich

www.apotheken.de/index.php?fkt=9&clearsess=1
Suchmaschine für Giftnotrufzentralen

www.ivh-online.de
Industrieverband Heimtier e. V.

www.yellopet.de
Haustier-Portal

www.zergportal.de
ZERG ist das zentrale Webdatenbanksystem für Tierfreunde, in dem in Not geratene Tiere erfasst werden.

www.gkf-bonn.de
GKF - Gesellschaft zur Förderung Kynologischer Forschung e. V.

www.gzsdw.de
Gesellschaft zum Schutz der Wölfe e. V.

www.hunde-helfen-kids.de
Hunde helfen Menschen e. V. mit der Aktion
„Keine Angst vor'm großen Hund"

www.lebenmittieren.de
Leben mit Tieren e. V. (Tierbesuchsdienst)

www.mensch-heimtier.de
Forschungskreis Heimtiere in der Gesellschaft

www.iemt.ch (at)
Institut für interdisziplinäre Erforschung der Mensch-Tier-Beziehung (IEMT), Schweiz (Österreich)

http://hunde.yellopet.de/Hundehaltung_Erziehung/Hundegesetze_Hundeverordnungen.htm
Hundegesetze & Hundeverordnungen

Dank

Bei der Arbeit an diesem Buch haben mich viele Menschen auf die unterschiedlichste Weise unterstützt. Ihnen allen – auch den hier nicht genannten – gilt mein herzlicher Dank.
Durch das komplette oder teilweise Gegenlesen des Manuskripts und ihre wertvollen Ratschläge und Informationen haben mir geholfen:
PD Dr. Dr. habil. Udo Gansloßer, Zoologisches Institut, Universität Greifswald. Die Hundetrainerin Susanne Blank aus Sulzbach am Taunus (Hundeschule Susanne Blank) und die Tierärztinnen Stefanie Hallack aus Weilburg, Katja Hinderink aus Tolkkinen/Finnland sowie Tanja Hiepler aus Isselburg, Ines Röger-Diehl aus Dillenburg, zudem die Hundetrainerinnen Elke Landrock-Bill aus Sinn-Edingen (Hundeschule FIT FOR DOGS), Anne Neumann aus North Vancouver/Canada, Michaela Möller aus Rhede (Family Dogs Welpenschule) und Annette Jägering aus Rhede (Hundeschule Sitz & Platz) sowie Dorothea Körber und Joachim Spahn aus Herborn, die Züchterin Afghanischer Windhunde, Salukis und Rauhaardackel, Meike Dehaney, aus Künzell (von der Irmingsul), Gabriele Schröter aus Westoverledingen – internationale Windhundrichterin und Übersetzerin kynologischer Fachliteratur/Seminare, Simone Pulverich aus Herborn und Sabine Hochhäuser von der Krambambulli Jagdhundhilfe e. V. in Breitscheid. Zudem die Tierärztinnen Dr. Christiane Cleff-Matzak aus Dreikirchen, Dr. Eva Köhnen von der Tierarztpraxis Dr. Ariane Volpert in Bad Soden, die Tierärztin und Ausbilderin für Border Collies zur Hütearbeit, Sandra Bremicker aus Rhede sowie die Hundetrainerin für tiergestützte Pädagogik und Therapie Anke Rochelt aus Stadtallendorf (Hundeschule Teamwork) und Andrea Hauser vom Arbeiter-Samariter-Bund Ortsverband Schwerin e. V. und Noël Haidle aus Niefern.
Für die Beratung zu Teilbereichen des Impfthemas danke ich Prof. Dr. Uwe Truyen, Direktor des Instituts für Tierhygiene und Öffentliches Veterinärwesen der Universität Leipzig sowie dem Bundesverband Praktizierender Tierärzte e. V. in Frankfurt und für die Beratung zum Thema MDR1-Defekt Dr. Joachim Geyer vom Institut für Pharmakologie und Toxikologie im Fachbereich Veterinärmedizin der Justus-Liebig-Universität Gießen.
Weiterhin danke ich allen meinen zwei- und vierbeinigen Fotomodels und dem Team der Tierarztpraxis Dr. Theo Schöne und Dr. Birgit Schepp-Schöne und dem Team der Tierärztlichen Klinik in Löhnberg für die Erlaubnis, in ihren Praxen fotografieren zu dürfen.
Dem Team des Ulmer Verlages danke ich für die gute Zusammenarbeit.
Ich danke meinem Mann Stefan, der mich unterstützt und immer Verständnis für die Arbeit an diesem Buch gezeigt hat, meinen Eltern, die mir nicht nur mit ihrer Dackelzucht die Liebe zu Tieren gegeben haben und insbesondere meiner Mutter für ihre Unterstützung. Einen Dank verdienen auch all die Hunde, die meinen Lebensweg begleitet, mich inspiriert und die mir gezeigt haben, dass es ständig neue Seiten an ihnen zu entdecken gibt.

Register

Bildquellen

Alle Fotos bis auf die folgenden stammen von Heike Schmidt-Röger.

Umschlagfoto groß: animals-digital, T. Brodmann
Behling, S.: S. 101, 132, 144, 205
Bildagentur Waldhäusl / Imagebroker / Krause-Wieczorek: S. 100
Bildagentur Waldhäusl / Arco Digital Images / Schaeffer T.: S. 172
Hempfling, A.: S. 32, 243
Juniors/Juniors Tierbildarchiv: S. 103, 225
Klein, J.-L. & M.-L. Hubert, Lupstein: S. 24, 181, 238
Springorum, A.: S. 104
Stuewer, S.: S. 254
Tierfotoagentur / R. Richter: S. 21l.
Tracy Morgan (c) Dorling Kindersley: S. 150.

Röntgenfotos S. 244, 246, 249 (Originale Kleintierpraxis Dr. Theo Schöne)

Impressum

In diesem Buch sind die Namen von Medikamenten, die zugleich eingetragene Warenzeichen sind, als solche nicht besonders kenntlich gemacht. Es kann also aus der Bezeichnung der Ware mit dem für diese eingetragenen Warenzeichen nicht geschlossen werden, dass die Bezeichnung ein freier Warenname ist.
Die Markennamen wurden nur beispielhaft aufgeführt. Hinsichtlich der in diesem Buch angegebenen Dosierungen von Medikamenten usw. wurde die größtmögliche Sorgfalt beachtet. Gleichwohl werden die Leser aufgefordert, die entsprechenden Beipackzettel der Hersteller zur Kontrolle heranzuziehen.
Die beispielhafte Auflistung von Medikamenten bzw. Wirkstoffen ist kein Beweis dafür, dass diese in Deutschland zugelassen sind. Der behandelnde Tierarzt ist aufgefordert, die jeweilige (Zulassungs-)Situation zu überprüfen.
Die in diesem Buch enthaltenen Empfehlungen und Angaben sind vom Autor mit größter Sorgfalt zusammengestellt und geprüft worden. Eine Garantie für die Richtigkeit der Angaben kann aber nicht gegeben werden. Der Autor und der Verlag übernahmen keinerlei Haftung für Schäden und Unfälle.

Bibliografische Information der Deutschen Nationalbibliothek
Die Deutsche Nationalbibliothek verzeichnet diese Publikation in der Deutschen Nationalbibliografie; detaillierte bibliografische Daten sind im Internet über http://dnb.d-nb.de abrufbar.

Wollgrasweg 41, 70599 Stuttgart (Hohenheim)
E-Mail: info@ulmer.de
Internet: www.ulmer.de
Lektorat: Antje Springorum
Umschlagentwurf und Innenlayout: red.sign, Anette Vogt, Stuttgart
Herstellung und dtp: Ulla Stammel
Reproduktionen: brk reproduktions gmbh, Stuttgart
Druck und Bindung: Printer, Trento
Printed in Italy

ISBN 978-3-8001-5376-3

Die Autorin

Heike Schmidt-Röger ist freie Journalistin, Lektorin und Fotografin mit dem Spezialgebiet Heimtiere. Sie ist Verfasserin mehrerer Bücher und zahlreicher Artikel für Tageszeitungen, Zeitschriften und Magazine.
www.schmidt-roeger-foto.com (Homepage der Autorin)